BestSelection ベストセレクション

2025

数学 重要問題集

大学入学 共通テスト

目次

◆本書の構成と利用法◆

　本書は数学Ⅰ・A・Ⅱ・B・Cの内容を単元別に配列し，さらに各単元の**前半が「基本問題」，後半が「実践問題」**という構成にしています。これは，教科書の内容を確実にマスターした上で，大学入学共通テスト（以下，「共通テスト」という。）に対処できるような実践的な力を養成することを目的として編集したためです。数学B・Cは4問のうち3問を選ぶ選択問題となりますが，本書では，数学Bの「数列」，「確率分布と統計的な推測」，数学Cの「ベクトル」，「複素数平面と平面上の曲線」をすべて扱いました。

基本問題		教科書の例題や節末問題等に掲載された典型的かつ重要な問題です。単元の基礎固めが短期間で完成するだけでなく，幅広く偏りなく学習できるので新傾向の問題にも対応する力が付きます。制限時間は5〜10分が目安です。
	スケジュール	総問題数149題（1日10題ペース　約15日間で完成）
	公式集 （リンク）	基本問題を解くために必要な公式がすぐに確認できるように，基本問題の掲載ページの下部には対応する公式集のページ数を示してあります。公式を忘れていたり，解決のための方針が立たなかったりした場合など，すぐに解答を見るのではなく，まず公式を確認してからもう一度自分の力で解こうと努力してみることを勧めます。なお，公式集とのリンクがない基本問題もあります。
	SKILL	別冊解答には必要に応じて解答末尾に「解法の指針や重要公式等」を枠で囲んで掲載しています。これが「SKILL」です。問題を解くためのヒントとして，また答え合わせ後の公式確認として役立ててください。
実践問題		実力養成を目的とした共通テスト形式の問題です。過去のセンター試験や試行調査の問題を可能な限り集めて出題パターン等を分析し，応用力が身に付くように，また問題の意図や流れを的確につかみ，早く解答する力を養うことができるように工夫して構成しました。さらに問題のレベルを以下のように3段階に分け，解答目標時間とあわせて表示しました。
	スケジュール	総問題数48題（1日3題ペース　16日間で完成）
	レベル表示	★　　　やや易しいレベルの問題，問題量や計算量がやや少ない問題 ★★　　標準レベルの問題 ★★★　やや難しいレベルの問題，問題量や計算量がやや多い問題
	最重要問題	編集した実践問題48題の中から，特に重要と思われる内容を含む問題や，今後出題される可能性が高い問題等を**25題**選びました。これを仕上げると一通りの対策ができるようにも配慮してあります。
	別冊解答 （MARKER）	問題の出題意図や着眼点，考え方などを解答の冒頭に「MARKER」としてまとめました。問題の流れや重要なポイントを確認するときに参考にしてください。また，必要に応じて解答には関連する公式集の番号を示しています。
総仕上げ問題		問題集の最後には来年度共通テストに向け，最後の総仕上げができるように「総仕上げ問題」を掲載しました。共通テスト直前対策として活用してください。

◆解答上の注意◆

1　問題文の ア ， イウ などには，特に指定がない限り，数字（0〜9），符号（−，＋）または文字（a〜z）が入ります。ア，イ，ウ，…の一つ一つは，これらいずれか一つに対応します。それらを解答用紙のア，イ，ウ，…で示された解答欄にマークして答えましょう。

〈例1〉　 アイウ に −26 と答えたいとき

ア	イ	ウ	エ	オ	カ	キ	ク	ケ	コ	サ	シ	ス	セ	ソ
−	2	6												

〈例2〉　 エオカ に $2ab$ と答えたいとき

ア	イ	ウ	エ	オ	カ	キ	ク	ケ	コ	サ	シ	ス	セ	ソ
			2	a	b									

2　分数形で解答する場合は，既約分数で答えましょう。符号は分子に付け，分母に付けてはいけません。

〈例3〉　$\dfrac{キク}{ケ} = -\dfrac{4}{5}$ と答えたいときは，$\dfrac{-4}{5}$ として

ア	イ	ウ	エ	オ	カ	キ	ク	ケ	コ	サ	シ	ス	セ	ソ
						−	4	5						

3　小数の形で解答する場合は，指定された桁数の一つ下の桁を四捨五入して答えましょう。また，必要に応じて指定された桁まで 0 を付け足しましょう。

〈例4〉　 コ ． サシ に 6.7 と答えたいときは，6.70 として

ア	イ	ウ	エ	オ	カ	キ	ク	ケ	コ	サ	シ	ス	セ	ソ
									6	7	0			

4　問題の文中の二重四角で表記された ス などには，選択肢から一つを選んで答えましょう。

〈例5〉　 ス に④と答えたいとき

ア	イ	ウ	エ	オ	カ	キ	ク	ケ	コ	サ	シ	ス	セ	ソ
												④		

◆リサーチ　共通テスト数学◆

1．共通テスト分析

⑴ 2023年度　共通テスト講評

数学Ⅰ・A…問われる知識についてはそれほど程度の高い内容は見受けられなかったものの，問題文から情報を整理して，数学的な考察をする力が求められる問題が多かった。第2問【2】のバスケットボールのシュートのような日常を題材にした問題や，第5問のように「手順」から自分で実際に図をかいて処理をする問題など，誘導にしたがって解く問題がある一方，第1問【2】の四面体の体積のように，導出過程を自力で見出す力を求められる問題も出題された。

数学Ⅱ・B…各大・中問の冒頭を中心に，公式・性質を正確に理解しているかどうかが問われる問題が多く出題された。第2問【2】の開花日時の予測や第4問の複利計算のように，現実を題材にした問題が見受けられ，上手に誘導に乗れるかも含め，問題文から読み取る力が求められている。ここ数年と同様に，第3問に「確率分布と統計的な推測」分野の問題が配置されているため，解答欄への注意が必要となる。

⑵ 2025年度　共通テストについて

数学Ⅰ・A………100点満点，70分という点は変わらないが，数学Aの「数学と人間の活動」が出題範囲から除外されたため選択問題がなくなり，全問必答となる。小・中学校で学習した内容については出題の対象となるため，例えば四分位数や箱ひげ図を考察に用いる問題が出題される可能性はある。また，同じ冊子に「数学Ⅰ」のみを出題範囲とした問題も掲載される。自分の解く問題がどちらのものかをよく確認するようにしたい。

数学Ⅱ・B・C…100点満点であることは変わらないが，時間が70分となり，従来と比べて10分長くなる。数学Bの「数列」「統計的な推測」，数学Cの「ベクトル」「平面上の曲線と複素数平面」の合計4項目のうち3項目を選択して解答することになるため，時間の余裕があるわけではない。試作問題では「数列」「統計的な推測」「ベクトル」「平面上の曲線と複素数平面」の順に並んでいたが，どの選択問題がどの項目に該当するかを瞬時に判断し，間違いのないように解答したい。

※　いずれの科目も，旧教育課程履修者用の問題が同一の問題冊子に掲載されているため，よく確認し間違いのないよう注意したい。

2．分野ごとの試験対策（指針）

【数学Ⅰ】

数と式…絶対値を含む方程式・不等式，2次方程式・2次不等式について，これらを連立させたり，整数解を考えさせたりする問題は重要である。また，無理数の計算，対称式に関する問題，やや複雑な式の値や因数分解といった計算はもちろん，方程式・不等式に関する文章問題にも対応できるようにしておきたい。

集合と論証…不等式，自然数に関する条件，整数の剰余，素数などを題材にした「必要条件・十分条件」に関する問題が重要である。問題を解くにあたって，集合の包含関係と真偽の関係，条件の否定，命題の逆・裏・対偶，ド・モルガンの法則を適切に活用できるようにしたい。

2次関数…2次関数のグラフの頂点，平行移動，x軸との共有点に関する問題や2次関数の最大値・最小値を求める問題が重要である。文章問題などにも対応できるように，場合分けして最大値・最小値を考察することもできるようにしたい。

図形と計量…正弦定理・余弦定理等を用いて三角形の辺の長さ，内角の大きさ，面積，外接円や内接円の半径および立体（三角錐や球など）の表面積や体積を求める問題が重要である。図を用いて考察する力を養いたい。

データの分析…散布図やヒストグラム・箱ひげ図の読み取りに関する問題が頻出している。全体の問題量が多く，読解力・思考力・分析力等が必要である。また，代表値や四分位数，四分位範囲および分散，標準偏差，共分散，相関係数の定義や意味を理解して，正しく求められるようにしたい。仮説検定の考え方は誘導がつくと想定はされるが，検証の仕方に慣れが必要なので，教科書など

の問題を反復して理解しておきたい。

【数学A】

場合の数と確率…問題の意図を正確につかみ，簡単な規則のもとで起こる事象について，整理して数え上げたり，余事象・排反事象・和事象などの理解のもとにきちんと確率を求めたりすることが大切である。また，反復試行の確率を含む独立試行の確率や条件付き確率，期待値の問題にも慣れておきたい。

図形の性質…相似，円に内接する四角形の性質，接弦定理，方べきの定理とその逆，角の二等分線の性質，メネラウス・チェバの定理，三角形の内心・外心・重心等の性質を，図形問題の考察に活用できるようにしたい。一方，作図や空間図形に関しては，基本事項をおさえておけばよい。数学Ⅰ・Aは全問必答となったことからも，「図形と計量」の分野との融合問題には注意したい。

【数学Ⅱ】

式と証明・高次方程式…3次方程式の解について誘導に従って考察する問題や整式の除法，因数定理，2次方程式の解と係数の関係，複素数の計算，相加平均と相乗平均の関係を用いて最小値などを求める問題も重要である。二項定理に関する問題にも慣れておきたい。計算量が多いので，手早く確実に処理できるよう練習しておきたい。

図形と方程式…直線や円の方程式，分点公式，2点間の距離の公式，2直線の平行・垂直条件および点と直線の距離等の公式が重要である。不等式の表す領域と最大・最小に関する問題にも慣れておきたい。

三角関数…この分野は公式が非常に多いので，きちんと整理し身に付けておきたい。特に加法定理，2倍角・半角の公式，合成等が重要である。適当な置き換えによって三角方程式・不等式の解を考察する問題や三角関数の最大値・最小値を求める問題等をおさえておきたい。関数の周期，度数法と弧度法等に関する問題や，図形との融合問題にも対処できるようにしたい。

指数関数・対数関数…指数・対数の計算に慣れていることが前提となる。また，相加平均と相乗平均の関係など，他の分野の事柄と融合されることも多い。底と真数に関する条件も確認しておきたい。指数関数と対数関数のグラフの位置関係を問う問題や常用対数を用いて近似値を求める問題にも慣れておきたい。

微分法と積分法…平均変化率，微分係数の定義，曲線の接線の方程式，二つ以上の曲線で囲まれる図形の面積，3次関数の最大・最小や極値条件などが重要である。場合分けして処理する力，図形的に考察する力および複数のグラフの位置関係を把握する力などを養っておきたい。

【数学B】

数列…等差数列・等比数列や階差数列の一般項とその和，一般項と数列の和の関係，部分分数に展開して分数式の和を求める方法などは必須事項である。さらに，いろいろな漸化式により与えられる数列，群に分けられた数列，(等差)×(等比)型の数列の和などを誘導に従って考察し，的確に処理する力を身に付けたい。数学的帰納法も出題されたことがあるので，基本事項をおさえておきたい。

確率分布と統計的推測…正規分布表を用いて確率を求めることは必須事項である。正規分布の標準化をはじめ，標本平均や，母平均・母比率の推定，仮説検定についても演習を重ねて慣れておきたい。

【数学C】

ベクトル…ベクトルの内積，分点公式，平行・垂直条件，点が直線上や平面上にある条件などは必須事項である。平面ベクトル，空間ベクトルいずれに関する出題についても，誘導に従って手際よく計算し，問題を処理する力を養いたい。また，位置関係を把握して図形的に考察すると解きやすい問題があることも念頭に置きたい。ベクトル方程式やベクトルの終点の存在範囲に関する問題もしっかりと準備しておきたい。

複素数平面と平面上の曲線…ド・モアブルの定理や複素数平面上での点の回転移動については必須事項である。複素数を極形式で表したときの意味と合わせて理解しておきたい。また，放物線・楕円・双曲線の基本性質については理解していることが前提となる。2次曲線の平行移動や接線の方程式，極座標での点の位置の表現などが重要である。余裕があれば離心率について確認しておくとよいだろう。

基本問題

001 整式の加法，減法および因数分解

(1) 二つの整式の和が $3x^2 + 4x - 6$，差が $5x^2 - 2x - 4$ であるとき，この二つの整式は
$\boxed{ア}\,x^2 + x - \boxed{イ}$ と $\boxed{ウ}\,x^2 + \boxed{エ}\,x - \boxed{オ}$ である。

(2) 整式 $C = 2x^2 + xy - 6y^2 + 7x - 7y + 3$ がある。このとき，

$6y^2 + 7y - 3 = \left(\boxed{カ}\,y + \boxed{キ}\right)\left(\boxed{ク}\,y - \boxed{ケ}\right)$ であるから，整式 C は

$C = \left(\boxed{コ}\,x - \boxed{サ}\,y + \boxed{シ}\right)\left(x + \boxed{ス}\,y + \boxed{セ}\right)$ と因数分解できる。

ア	イ	ウ	エ	オ	カ	キ	ク	ケ	コ	サ	シ	ス	セ

002 分母の有理化，整数部分・小数部分

$A = \dfrac{2}{3 - \sqrt{5}}$ の整数部分を a，小数部分を b とする。A の分母を有理化すると

$\dfrac{\boxed{ア} + \sqrt{\boxed{イ}}}{\boxed{ウ}}$ であるから，$a = \boxed{エ}$，$b = \dfrac{\sqrt{\boxed{オ}} - \boxed{カ}}{\boxed{キ}}$ となる。

また，このとき，$\dfrac{1}{a} - \dfrac{1}{b} = \dfrac{\boxed{ク}\sqrt{\boxed{ケ}}}{\boxed{コ}}$，$a^2 + ab + 2b^2 = \boxed{サ}$ である。

ア	イ	ウ	エ	オ	カ	キ	ク	ケ	コ	サ

003 対称式

$x = \dfrac{\sqrt{3}+1}{\sqrt{3}-1}$, $y = \dfrac{\sqrt{3}-1}{\sqrt{3}+1}$ のとき, $x + y = \boxed{\text{ア}}$, $xy = \boxed{\text{イ}}$, $x^2 + y^2 = \boxed{\text{ウエ}}$

である。また, $x^4 + y^4 = \boxed{\text{オカキ}}$, $\dfrac{y}{2(x-1)} + \dfrac{x}{2(y-1)} = \dfrac{\boxed{\text{クケ}}}{\boxed{\text{コ}}}$ である。

ア	イ	ウ	エ	オ	カ	キ	ク	ケ	コ

004 連立不等式

(1) 連立不等式 $\begin{cases} x - 3 < 5x \\ \dfrac{x-3}{7} > \dfrac{x-2}{4} \end{cases}$ の解は, $\dfrac{\boxed{\text{アイ}}}{\boxed{\text{ウ}}} < x < \dfrac{\boxed{\text{エ}}}{\boxed{\text{オ}}}$ である。

(2) 二つの不等式 $\dfrac{x+3}{2} - \dfrac{2x-3}{3} < 3$ ……①, $2(x-1) \leqq a - x$ ……② を同時に満たす整

数 x がちょうど 4 個あるのは, 定数 a の値の範囲が $\boxed{\text{カ}} \leqq a < \boxed{\text{キ}}$ のときである。

ア	イ	ウ	エ	オ	カ	キ

005 不等式の応用，絶対値を含む方程式，不等式

(1) 自宅から $3.6\,\mathrm{km}$ 離れた駅まで，はじめは毎分 $60\,\mathrm{m}$ で歩き，途中から毎分 $140\,\mathrm{m}$ で走った。出発してから 40 分以内で駅に着いたとき，毎分 $140\,\mathrm{m}$ で走った時間は $\boxed{\text{アイ}}$ 分以上である。

(2) 方程式 $|1-2x|=6$ の解は，$x=\dfrac{\boxed{\text{ウエ}}}{\boxed{\text{オ}}}$ または $x=\dfrac{\boxed{\text{カ}}}{\boxed{\text{オ}}}$ である。

(3) 二つの不等式 $|2x-1|\leqq 7$ ……① と $|3x+2|>5$ ……② がある。不等式①の解は，$\boxed{\text{キク}}\leqq x \leqq \boxed{\text{ケ}}$ であり，不等式②の解は，$x<\dfrac{\boxed{\text{コサ}}}{\boxed{\text{シ}}}$，$\boxed{\text{ス}}<x$ である。

さらに，①，②を同時に満たす整数 x の個数は，$\boxed{\text{セ}}$ である。

ア	イ	ウ	エ	オ	カ	キ	ク	ケ	コ	サ	シ	ス	セ

006 絶対値と場合分け

(1) 不等式 $|3x-6|<x+2$ の解は，$\boxed{\text{ア}}<x<\boxed{\text{イ}}$ である。

(2) $A=\sqrt{a^2-4a+4}+\sqrt{a^2+6a+9}$ とおく。

$\boxed{\text{ウ}}\leqq a$ のとき，$A=\boxed{\text{エ}}\,a+\boxed{\text{オ}}$

$\boxed{\text{カキ}}\leqq a<\boxed{\text{ウ}}$ のとき，$A=\boxed{\text{ク}}$

$a<\boxed{\text{カキ}}$ のとき，$A=\boxed{\text{ケコ}}\,a-\boxed{\text{サ}}$ である。

さらに，$0<a<1$ のとき，$A-2|a-1|=\boxed{\text{シ}}\,a+\boxed{\text{ス}}$ である。

ア	イ	ウ	エ	オ	カ	キ	ク	ケ	コ	サ	シ	ス

007 共通部分と和集合

$U = \{x \mid x$ は 10 より小さい自然数$\}$ を全体集合とする。$A = \{1, 3, 5, 7, 9\}$，
$B = \{2, 3, 5, 7\}$，$C = \{7, 8, 9\}$ について考えてみよう。

(1) $A \cap \overline{B} = \boxed{\text{ア}}$，$\overline{A} \cap B = \boxed{\text{イ}}$，$A \cup \overline{C} = \boxed{\text{ウ}}$，$A \cap B \cap C = \boxed{\text{エ}}$，

$A \cup B \cup C = \boxed{\text{オ}}$，$A \cap B \cap \overline{C} = \boxed{\text{カ}}$ である。

$\boxed{\text{ア}} \sim \boxed{\text{カ}}$ の解答群（同じものを繰り返し選んでもよい。）

⓪ $\{3, 5\}$　　① $\{1, 2, 3, 4, 5, 6, 7, 9\}$　　② $\{7\}$

③ $\{1, 2, 4, 6, 8, 9\}$　　④ $\{1, 9\}$　　⑤ $\{1, 3, 5\}$

⑥ $\{1, 2, 3, 5, 7, 8, 9\}$　　⑦ $\{4, 6, 8\}$　　⑧ $\{2\}$

(2) $\overline{B \cap C}$ と等しいものは $\boxed{\text{キ}}$，$\overline{B \cup C}$ と等しいものは $\boxed{\text{ク}}$ である。

$\boxed{\text{キ}}$，$\boxed{\text{ク}}$ の解答群

⓪ $\overline{B} \cap C$　　① $B \cup \overline{C}$　　② $\overline{B} \cup C$　　③ $B \cup \overline{C}$　　④ $\overline{B} \cup \overline{C}$　　⑤ $\overline{B} \cap \overline{C}$

ア	イ	ウ	エ	オ	カ	キ	ク

008 部分集合と共通部分・和集合

(1) 自然数全体を全体集合とし，$A = \{1, 3, 5, 6, 9, 11, 17, 19\}$，$B = \{k, 2k+1\}$ とする。
このとき，$A \supset B$ となるような k の値は小さい順に $\boxed{\text{ア}}$，$\boxed{\text{イ}}$，$\boxed{\text{ウ}}$ である。

(2) 全体集合 $U = \{x \mid x$ は 20 以下の正の偶数$\}$ の部分集合 A，B について，
$\overline{A} \cap B = \{x \mid x$ は 4 の倍数, $x \in U\}$，$\overline{A} \cup B = \{2, 4, 6, 8, 12, 14, 16, 20\}$，$A \cap B = \{6\}$
である。このとき，$A = \left\{ \boxed{\text{エ}}, \boxed{\text{オカ}}, \boxed{\text{キク}} \right\}$，$\overline{A \cup B} = \left\{ \boxed{\text{ケ}}, \boxed{\text{コサ}} \right\}$ である。ただし，$\boxed{\text{オカ}} < \boxed{\text{キク}}$ とする。

ア	イ	ウ	エ	オ	カ	キ	ク	ケ	コ	サ

009 命題の真偽と条件の否定

(1) (i) 命題A「$a^2 - 3a + 2 = 0$ ならば $a = 1$ である」の真偽を調べると $\boxed{\text{ア}}$ となる。

(ii) 命題B「$a^2 - 3a + 2 \neq 0$ ならば $a \neq 1$ である」は，命題Aの $\boxed{\text{イ}}$ であり，命題Bの真偽を調べると $\boxed{\text{ウ}}$ となる。

(iii) 命題C「$|x - 5| < 1$ ならば $x^2 > 4$ である」の真偽を調べると $\boxed{\text{エ}}$ となる。

(iv) 命題D「$x^2 \leq 4$ ならば $|x - 5| \geq 1$ である」は，命題Cの $\boxed{\text{オ}}$ であり，命題Dの真偽を調べると $\boxed{\text{カ}}$ となる。

$\boxed{\text{ア}} \sim \boxed{\text{カ}}$ の解答群（同じものを繰り返し選んでもよい。）

⓪ 真	① 偽	② 逆	③ 裏	④ 対偶

(2) 条件「$x^2 - 5x + 6 = 0$」の否定は $\boxed{\text{キ}}$ である。

$\boxed{\text{キ}}$ の解答群

⓪ $x = 2$ または $x = 3$	① $x = 2$ かつ $x = 3$
② $x \neq 2$ または $x \neq 3$	③ $x \neq 2$ かつ $x \neq 3$

ア	イ	ウ	エ	オ	カ	キ

0 1 0 必要条件・十分条件

x, y を実数とする。

(1) $(x-1)(y-2)=0$ であることは $|x-1|+|y-2|=0$ であるための ア 。

(2) $x>1$ かつ $y>1$ であることは $x+y>1$ であるための イ 。

(3) $x=3$ または $y=-1$ であることは $xy+x-3y-3=0$ であるための ウ 。

(4) △ABC が鈍角三角形であることは ∠A $>90°$ であるための エ 。

　ア ～ エ の解答群（同じものを繰り返し選んでもよい。）

> ⓪ 必要条件であるが，十分条件でない
>
> ① 十分条件であるが，必要条件でない
>
> ② 必要十分条件である
>
> ③ 必要条件でも十分条件でもない

ア	イ	ウ	エ

01 太郎さんと花子さんのクラスでは，数学の授業で先生から次のような**宿題**が出された。

(1)

$\boxed{\text{宿題}}$ 実数 x に対して，

$$A = (x + 1)(x + 2)(5 - x)(6 - x)$$
$$B = Ax(4 - x)$$

とおく。

(a) $x = 2 + \sqrt{2}$ のときの B の値を求めよ。

(b) $A = 120$ となるような x の値はいくつあるか。

太郎さんと花子さんは，二つの整式 A，B を整理していくことについて話している。

太郎：この整式 B について，A を用いずに表すと
$$B = x(x + 1)(x + 2)(4 - x)(5 - x)(6 - x)$$
となるね。

花子：x の式が 6 個かけ算されているのね。このうちの 2 つずつを組合せて少し整理できないかな。例えば，$X = x(4 - x)$ とおいてみるとか。

太郎：確かにそのようにおくと，整数 n に対して，
$$(x + n)(n + 4 - x) = X + n^2 + \boxed{\text{ア}}\, n$$
となるから，例えば，$n = -1$ のときは，
$$(x - 1)\left(\boxed{\text{イ}} - x\right) = X - \boxed{\text{ウ}}$$
になるね。

花子：そうね。これで二つの整式 A，<u>B が X を使ってもう少し整理された形になる</u>ね。

下線部について，整式 B を X で表すと $\boxed{\text{エ}}$ となる。

$\boxed{\text{エ}}$ の解答群

⓪ $X(X + 1)(X + 2)$ ① $X(X + 1)(X + 4)$

② $X(X + 5)(X + 12)$ ③ $(X + 1)(X + 2)(X + 3)$

④ $(X + 1)(X + 4)(X + 9)$ ⑤ $(X + 1)(X + 5)(X + 12)$

---

(2)

> 花子：$x = 2 + \sqrt{2}$ のときの X の値は
>
> $$X = \boxed{\text{オ}}$$
>
> だから，(a)の答えは
>
> $$B = \boxed{\text{カキク}}$$
>
> だとわかるね。
>
> 太郎：(b)についても考えよう。$A = 120$ のとき，
>
> $$X = \boxed{\text{ケ}}, \boxed{\text{コサシ}}$$
>
> だね。それぞれの X の値について，$x(4 - x) = X$ を満たす x の値を考えると，
>
> $A = 120$ となる x の値は全部で $\boxed{\text{ス}}$ 個あるね。

$A = 120$ となるときの x の値で最大のものは $\boxed{\text{セ}}$ である。

$\boxed{\text{セ}}$ の解答群

⓪ 1	① 2	② 3	③ 7
④ $2 - \sqrt{6}$	⑤ $2 - 2\sqrt{6}$	⑥ $2 + \sqrt{6}$	⑦ $2 + 2\sqrt{6}$

（2018年センター本試　改）

ア	イ	ウ	エ	オ	カ	キ	ク	ケ	コ	サ	シ	ス	セ

02　自然数 n に関する次の条件 p, q, r, s を考える。

p：n は 3 で割ると 2 余る数である。

q：n は 4 で割ると 2 余る数である。

r：n は 12 で割ると 2 余る数である。

s：n は偶数である。

これについて，次の問いに答えよ。

(1)　条件「p かつ q」を満たす最小の自然数は　**ア**　である。

(2)　条件 q, s の否定をそれぞれ $\bar{q}$, $\bar{s}$ で表す。このとき，

「p かつ q」は r であるための　**イ**　。

$\bar{q}$ は $\bar{s}$ であるための　**ウ**　。

「r かつ s」は「p かつ s」であるための　**エ**　。

イ　～　**エ**　の解答群（同じものを繰り返し選んでもよい。）

⓪　必要十分条件である

①　必要条件であるが，十分条件でない

②　十分条件であるが，必要条件でない

③　必要条件でも十分条件でもない

---

(3) 自然数全体の集合を全体集合 U とし，条件 p, q, s を満たす自然数全体の集合をそれぞれ P, Q, S とする。

 (i) 要素が満たす条件を示すことにより，集合 S は $S = \{2m \mid m$ は自然数$\}$ と表せる。次の ⓪～⑤ のうち，集合 P を正しく表しているものは 　オ　 である。

　　　オ　 の解答群

⓪　$P = \{2k + 3 \mid k$ は自然数$\}$　　①　$P = \{3k + 2 \mid k$ は自然数$\}$

②　$P = \{2k + 1 \mid k$ は自然数$\}$　　③　$P = \{3k - 1 \mid k$ は自然数$\}$

④　$P = \{2k - 1 \mid k$ は自然数$\}$　　⑤　$P = \{3k - 2 \mid k$ は自然数$\}$

 (ii) 3つの集合 P, Q, S を表す図は 　カ　 である。　カ　 については，最も適当なものを，次の ⓪～③ のうちから一つ選べ。

⓪　　　　　　　　①　　　　　　　　②　　　　　　　　③

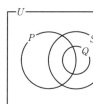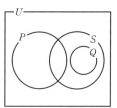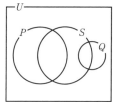

ア	イ	ウ	エ	オ	カ

03　太郎さんと花子さんは，数学の授業で先生から出された**宿題**について話している。二人の会話を読んで，下の問いに答えよ。

宿題　関数 $f(x) = a|x-1| + |x-2|$ について，$0 \leqq x \leqq 3$ を満たすすべての x で $-1 \leqq f(x) \leqq 1$ が成り立つような定数 a の値が存在すれば，その値を求めよ。

花子：$f(x)$ の式を，絶対値記号を使わずに表してみましょうか。

太郎：x の値によって場合分けが必要だね。$x < \boxed{\text{ア}}$, $\boxed{\text{ア}} \leqq x < \boxed{\text{イ}}$, $\boxed{\text{イ}} \leqq x$ の3つの場合に分けることができるね。

---

(1)　$f(x)$ を絶対値記号を使わずに表すと，次のようになる。

$x < \boxed{\text{ア}}$ のとき $\qquad f(x) = \left(\boxed{\text{ウ}}\right)x + \left(\boxed{\text{エ}}\right)$

$\boxed{\text{ア}} \leqq x < \boxed{\text{イ}}$ のとき $\quad f(x) = \left(\boxed{\text{オ}}\right)x + \left(\boxed{\text{カ}}\right)$

$\boxed{\text{イ}} \leqq x$ のとき $\qquad f(x) = \left(\boxed{\text{キ}}\right)x + \left(\boxed{\text{ク}}\right)$

$\boxed{\text{ウ}} \sim \boxed{\text{ク}}$ の解答群（同じものを繰り返し選んでもよい。）

⓪　$-a-2$ 　　① $-a-1$ 　　② $-a$ 　　③ $-a+1$ 　　④ $-a+2$

⑤　$a-2$ 　　⑥ $a-1$ 　　⑦ a 　　⑧ $a+1$ 　　⑨ $a+2$

太郎：それぞれの場合について $-1 \leqq f(x) \leqq 1$ が成り立つような a の値を調べればよいのだろうけど，ちょっと大変そうだね。

花子：まずは $f(0)$, $f\left(\boxed{\text{ア}}\right)$, $f\left(\boxed{\text{イ}}\right)$, $f(3)$ の値を調べてみましょう。

太郎：となると，$f\left(\boxed{\text{ア}}\right) = \boxed{\text{ケ}}$ だから，それ以外について調べればいいね。$x = 0$, $\boxed{\text{イ}}$, 3 のときに $-1 \leqq f(x) \leqq 1$ を満たせばよいから…あっ，$a = \boxed{\text{コ}}$ だけになるね。ということは，これが問題の答えだね。

花子：ちょっと待って，本当にそうかしら。「$0 \leqq x \leqq 3$ を満たすすべての x で $-1 \leqq f(x) \leqq 1$ が成り立つ」ことを条件 p とすると，

$-1 \leqq f(0) \leqq 1$ であることは，条件 p が成り立つための $\boxed{\text{P}}$ 条件，

$-1 \leqq f\left(\boxed{\text{イ}}\right) \leqq 1$ であることは，条件 p が成り立つための $\boxed{\text{Q}}$ 条件，

$-1 \leqq f(3) \leqq 1$ であることは，条件 p が成り立つための $\boxed{\text{R}}$ 条件

だから，確かめることがあるはずよ。

コ の解答群

| ⓪ -2 | ① -1 | ② 0 | ③ 1 | ④ 2 |

P , Q , R に当てはまるものの組合せとして正しいものは サ である。

サ の解答群

	P	Q	R
⓪	必要	必要	必要
①	必要	必要	十分
②	必要	十分	必要
③	必要	十分	十分

	P	Q	R
④	十分	必要	必要
⑤	十分	必要	十分
⑥	十分	十分	必要
⑦	十分	十分	十分

(2) 下線部について，花子さんは確かめるべきことがらについて検討した。次の文章は，花子さんが検討した結果をノートにまとめたものである。

── 花子さんのノート ──

$a =$ コ のとき，$0 \leqq x <$ ア で $f(x) =$ シ ，

ア $\leqq x <$ イ で $f(x) =$ ス ， イ $\leqq x \leqq 3$ で $f(x) =$ セ

したがって，問題の条件を満たす実数 a は ソ 。

シ ～ セ の解答群（同じものを繰り返し選んでもよい。）

| ⓪ -1 | ① 0 | ② 1 | ③ $-x-2$ | ④ $x-2$ |
| ⑤ $-2x+3$ | ⑥ $2x-3$ | ⑦ $-3x+4$ | ⑧ $3x-4$ | |

ソ の解答群

| ⓪ 存在しない | ① $a =$ コ のみである |
| ② 二つ以上存在する | ③ 存在するかしないかわからない |

ア	イ	ウ	エ	オ	カ	キ	ク	ケ	コ	サ	シ	ス	セ	ソ

011 2次関数の最大・最小

(1) 2次関数 $y = -x^2 + 4x - 3$ $(0 \leq x \leq 5)$ は $x = \boxed{\text{ア}}$ のとき最大値 $\boxed{\text{イ}}$，

$x = \boxed{\text{ウ}}$ のとき最小値 $\boxed{\text{エオ}}$ をとる。

(2) 2次関数 $y = 2x^2 + 3x + 1$ の頂点の座標は $\left(\dfrac{\boxed{\text{カキ}}}{\boxed{\text{ク}}}, \dfrac{\boxed{\text{ケコ}}}{\boxed{\text{サ}}} \right)$ であるから，定義域を

$-3 \leq x \leq -1$ とすると，$x = \boxed{\text{シス}}$ のとき最大値 $\boxed{\text{セソ}}$，$x = \boxed{\text{タチ}}$ のとき最小値

$\boxed{\text{ツ}}$ をとる。

ア	イ	ウ	エ	オ	カ	キ	ク	ケ	コ	サ	シ	ス	セ	ソ	タ	チ	ツ

012 放物線の平行移動

(1) 放物線 $y = -2x^2 + 4x - 4$ を x 軸方向に -3，y 軸方向に 5 だけ平行移動した放物線の方

程式は $y = \boxed{\text{アイ}} x^2 - \boxed{\text{ウ}} x - \boxed{\text{エ}}$ である。

(2) 二つの放物線 $y = 4x^2 - 12x + 5$ ……① と $y = 4x^2 - 8x + 3$ ……② がある。放物線①は

放物線②を x 軸方向に $\dfrac{\boxed{\text{オ}}}{\boxed{\text{カ}}}$，$y$ 軸方向に $\boxed{\text{キク}}$ だけ平行移動したものである。

また，x 軸方向に 2，y 軸方向に -4 だけ平行移動すると②に移されるような放物線の方程

式は，$y = \boxed{\text{ケ}} x^2 + \boxed{\text{コ}} x + \boxed{\text{サ}}$ である。

ア	イ	ウ	エ	オ	カ	キ	ク	ケ	コ	サ

013 放物線の対称移動

(1) 放物線 $y = 2x^2 - 8x + 9$ を原点に関して対称移動した放物線の方程式は

$y = \boxed{\text{アイ}} x^2 - \boxed{\text{ウ}} x - \boxed{\text{エ}}$ である。

(2) 放物線 $y = x^2 - x - 1$ を直線 $x = -1$ に関して対称移動した放物線の方程式は

$y = x^2 + \boxed{\text{オ}} x + \boxed{\text{カ}}$ である。

ア	イ	ウ	エ	オ	カ

014 ２次関数の最大・最小（定数項にのみ文字を含む）

a を定数とするとき，２次関数 $y = -2x^2 + 3x + a$ の頂点の座標は

$\left(\dfrac{\boxed{\text{ア}}}{\boxed{\text{イ}}}, \ a + \dfrac{\boxed{\text{ウ}}}{\boxed{\text{エ}}} \right)$ である。

以下，定義域を $0 \leq x \leq 2$ とする。$x = \boxed{\text{オ}}$ のとき，この関数は

最小値 $a - \boxed{\text{カ}}$ をとる。

さらに，この関数の最大値が $\dfrac{3}{2}$ となるような a の値は $\dfrac{\boxed{\text{キ}}}{\boxed{\text{ク}}}$ である。

ア	イ	ウ	エ	オ	カ	キ	ク

015 2次関数の最大・最小（軸の方程式や定義域に文字を含む）

(1) $a > 0$ とする。2次関数 $y = x^2 - 4x + 1$ $(0 \le x \le a)$ の最小値を求めよう。

$0 < a <$ ア のとき，最小値は $a^2 -$ イ $a +$ ウ

ア $\le a$ のとき，最小値は エオ をとる。

(2) $a > 0$ とする。2次関数 $y = x^2 - 4ax + 4a^2 + 8a - 8$ $(0 \le x \le 2)$ の最小値を求めよう。

2次関数は $y = \left(x -$ カ $a\right)^2 +$ キ $a -$ ク と変形できるから，

$0 < a < 1$ のとき最小値 ケ $a -$ コ ，$1 \le a$ のとき，最小値 サ $a^2 -$ シ

をとる。

ア	イ	ウ	エオ	カ	キ	ク	ケ	コ	サ	シ

016 最大・最小の応用

$\angle C = 90°$，$AC = 4$，$BC = 8$ の $\triangle ABC$ がある。

最初，点Pは点Cに，点Qは点Bにあり，同時に出発して点Pは辺CA上を毎秒1の速さで点Aまで動き，点Qは辺BC上を毎秒2の速さで点Cまで動くものとする。

このとき，$\triangle CPQ$ の面積は，2点P，Qが出発してから

ア 秒後に最大値 イ をとる。

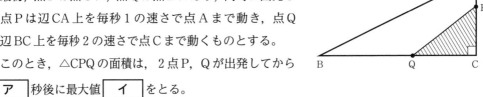

ア	イ

017 2次関数の決定

(1) 軸が直線 $x = 2$ で，2点 $(1, 3)$，$(4, -3)$ を通る放物線の方程式は

$$y = \boxed{\text{アイ}}\, x^2 + \boxed{\text{ウ}}\, x - \boxed{\text{エ}} \quad である。$$

(2) 3点 $(1, -3)$，$(3, 1)$，$(6, -8)$ を通る放物線の方程式は

$$y = \boxed{\text{オ}}\, x^2 + \boxed{\text{カ}}\, x - \boxed{\text{キ}} \quad である。この放物線と x 軸の交点を A，B とするとき$$

線分 AB の長さは $\boxed{\text{ク}}$ である。

(3) 放物線と x 軸の二つの交点の x 座標が -2 と 1 であり，点 $(2, 8)$ を通るとき，この放物線

の方程式は $y = \boxed{\text{ケ}}\, x^2 + \boxed{\text{コ}}\, x - \boxed{\text{サ}}$ である。

ア	イ	ウ	エ	オ	カ	キ	ク	ケ	コ	サ

018 2次方程式，重解条件

(1) 2次方程式 $2x^2 - 5x - 2 = 0$ の解のうち小さい方を α とすると

$$\alpha = \frac{\boxed{\text{ア}} - \sqrt{\boxed{\text{イウ}}}}{\boxed{\text{エ}}} \quad であり，\alpha は不等式 \boxed{\text{オ}} を満たす。$$

$\boxed{\text{オ}}$ の解答群

⓪ $-1 < \alpha < -\dfrac{3}{4}$ ① $-\dfrac{3}{4} < \alpha < -\dfrac{1}{2}$ ② $-\dfrac{1}{2} < \alpha < -\dfrac{1}{4}$

③ $-\dfrac{1}{4} < \alpha < 0$

(2) x の2次方程式 $x^2 + 2mx + 3m + 10 = 0 \cdots\cdots (*)$ が重解をもつような定数 m の値は，

$\boxed{\text{カキ}}$，$\boxed{\text{ク}}$ である。$m = \boxed{\text{ク}}$ のとき，方程式 $(*)$ の重解は $x = \boxed{\text{ケコ}}$ である。

ア	イ	ウ	エ	オ	カ	キ	ク	ケ	コ

019 2次不等式

(1) 2次不等式 $6x^2 - 5x - 6 > 0$ の解は $x < \dfrac{\boxed{\text{アイ}}}{\boxed{\text{ウ}}}$, $\dfrac{\boxed{\text{エ}}}{\boxed{\text{オ}}} < x$ である。

(2) 2次不等式 $x^2 + 2x + 1 > 0$ の解は $\boxed{\text{カ}}$，2次不等式 $-x^2 + 2x - 3 < 0$ の解は $\boxed{\text{キ}}$ である。

$\boxed{\text{カ}}$，$\boxed{\text{キ}}$ の解答群

⓪ 解はない ① $x = -1$ ② $x = -1$ 以外のすべての実数 ③ すべての実数

(3) 連立不等式 $\begin{cases} x^2 - 2x - 3 \leqq 0 \\ 2x^2 + 4x - 3 > 0 \end{cases}$ の解は $\dfrac{\boxed{\text{クケ}} + \sqrt{\boxed{\text{コサ}}}}{\boxed{\text{シ}}} < x \leqq \boxed{\text{ス}}$ である。

ア	イ	ウ	エ	オ	カ	キ	ク	ケ	コ	サ	シ	ス

020 判別式，絶対不等式

(1) 2次方程式 $x^2 - (k+3)x + 1 = 0$ が実数解をもつような定数 k の値の範囲は $k \leqq \boxed{\text{アイ}}$, $\boxed{\text{ウエ}} \leqq k$ である。

(2) すべての実数 x に対して，$x^2 - kx + 3 > 0$ となるような定数 k の値の範囲は $\boxed{\text{オカ}} \sqrt{\boxed{\text{キ}}} < k < \boxed{\text{ク}} \sqrt{\boxed{\text{ケ}}}$ である。

(3) すべての実数 x に対して，2次不等式 $kx^2 - 2\sqrt{3}x + k + 2 \leqq 0$ が成り立つような定数 k の値の範囲は $k \leqq \boxed{\text{コサ}}$ である。

ア	イ	ウ	エ	オ	カ	キ	ク	ケ	コ	サ

021 2次方程式の解の条件と2次関数のグラフ

2次方程式 $x^2 + kx + k + 3 = 0$ ……(∗) がある。ただし，k は定数とする。

(1) 2次方程式(∗)が異なる二つの正の解をもつような k の値の範囲は

$$\boxed{\text{アイ}} < k < \boxed{\text{ウエ}}$$ である。

(2) 2次方程式(∗)が1より大きい解と1より小さい解を一つずつもつような k の値の範囲は

$$k < \boxed{\text{オカ}}$$ である。

ア	イ	ウ	エ	オ	カ

022 2次不等式の解と整数問題

2次不等式 $x^2 - (a + 2)x + 2a < 0$ ……(∗) がある。ただし，a は定数とする。

(1) 2次不等式(∗)は $\left(x - \boxed{\text{ア}}\right)\left(x - \boxed{\text{イ}}\right) < 0$ と変形できるから，$a = \boxed{\text{ウ}}$ のとき(∗)は解がない（解をもたない）。ただし，$\boxed{\text{ア}}$，$\boxed{\text{イ}}$ は解答の順序を問わない。

(2) 2次不等式(∗)を満たす整数 x がちょうど2個であるような a の値の範囲は

$$\boxed{\text{エオ}} \leqq a < \boxed{\text{カ}}, \quad \boxed{\text{キ}} < a \leqq \boxed{\text{ク}}$$ である。

ア	イ	ウ	エ	オ	カ	キ	ク

04 (1) x に関する不等式 $x^2 - (k+1)x + k < 0$ について考える。

(i) $k = 3$ のとき，この不等式の解は $\boxed{\text{ア}} < x < \boxed{\text{イ}}$ となる。

(ii) $x^2 - (k+1)x + k = 0$ の判別式 D を考えると，$D = \left(k - \boxed{\text{ウ}}\right)^2$ と表されるため，

不等式が成り立つような実数 x が存在しないとき，$k = \boxed{\text{エ}}$ であることがわかる。

(iii) 不等式が整数解をもたないとき，k のとりうる値の範囲は

$$\boxed{\text{オ}} \leqq k \leqq \boxed{\text{カ}}$$

である。また，不等式を満たす整数解が 3 個以下となるような整数 k の値は $\boxed{\text{キ}}$ 個

あり，そのうち最小のものは $\boxed{\text{クケ}}$，最大のものは $\boxed{\text{コ}}$ である。

(2) x に関する不等式 $(k-1)x^2 - (k-1)x + k > 0$ について考える。

(i) $k = 0$ のとき,この不等式の解は $\boxed{\text{サ}} < x < \boxed{\text{シ}}$ となる。

(ii) 不等式が 2 次不等式とならない場合は,$k = \boxed{\text{ス}}$ のときに限られる。$k = \boxed{\text{ス}}$ のとき,この不等式の解は $\boxed{\text{セ}}$ である。

$\boxed{\text{セ}}$ の解答群

⓪ 実数解なし   ① $x = 1$ のみ

② すべての実数 x ③ 1 以外のすべての実数

(iii) 不等式が 2 次不等式である場合,つまり $k \neq \boxed{\text{ス}}$ の場合を考える。このとき,すべての実数 x について不等式が成り立つ条件は,2 次方程式 $(k-1)x^2 - (k-1)x + k = 0$ の判別式を D とすると $\boxed{\text{ソ}}$ である。

$\boxed{\text{ソ}}$ の解答群

⓪ $k < 1$ かつ $D > 0$ ① $k < 1$ かつ $D < 0$

② $k < 1$ または $D > 0$ ③ $k < 1$ または $D < 0$

④ $k > 1$ かつ $D > 0$ ⑤ $k > 1$ かつ $D < 0$

⑥ $k > 1$ または $D > 0$ ⑦ $k > 1$ または $D < 0$

(iv) (ii)・(iii)からわかる,不等式がすべての実数 x について成り立つような定数 k の値の範囲は $\boxed{\text{タ}}$ である。

$\boxed{\text{タ}}$ の解答群

⓪ $k > 1$ ① $k \geq 1$ ② $k < 1$ ③ $k \leq 1$

ア	イ	ウ	エ	オ	カ	キ	ク	ケ	コ	サ	シ	ス	セ	ソ	タ

05 a を定数とする。x の 2 次関数 $f(x) = x^2 - 2(a+3)x + 2a^2 + 8a + 4$ について，$y = f(x)$ のグラフを G とする。

(1) グラフ G が表す放物線の頂点の y 座標は $a^2 +$ $\boxed{\text{ア}}$ $a -$ $\boxed{\text{イ}}$ である。

(2) グラフ G と x 軸が $x > 2$ の部分で異なる 2 つの交点をもつための条件について，次のように考えてみる。

   条件Ⅰ：G が x 軸と異なる 2 点で交わる

   条件Ⅱ：G の頂点の x 座標が 2 より大きい

   条件Ⅲ：$f(2) > 0$

(i) 条件Ⅰ，Ⅱをともに満たすグラフは $\boxed{\text{ウ}}$，

 条件Ⅱ，Ⅲをともに満たすグラフは $\boxed{\text{エ}}$ である。

A
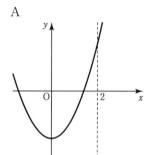

B
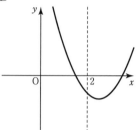

C
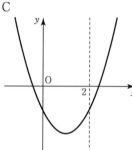

D
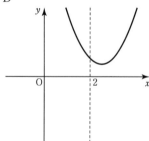

E
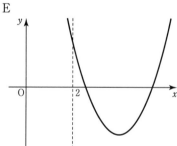

$\boxed{\text{ウ}}$，$\boxed{\text{エ}}$ の解答群

⓪ AとB	① AとC	② AとD	③ AとE	④ BとC
⑤ BとD	⑥ BとE	⑦ CとD	⑧ CとE	⑨ DとE

(ii) グラフが条件Ⅰを満たすのは，$\boxed{\text{オ}}<a<\boxed{\text{カ}}$ のときである。

同様に条件Ⅱ，Ⅲについても考えると，グラフ G と x 軸が $x>2$ の部分で異なる2つの交点をもつのは，$\boxed{\text{キ}}<a<\boxed{\text{ク}}$ のときである。

$\boxed{\text{オ}}\sim\boxed{\text{ク}}$ の解答群（同じものを繰り返し選んでもよい。）

⓪　$-1-\sqrt{6}$	①　$-1+\sqrt{6}$	②　-1
③　$-2-\sqrt{3}$	④　$-2+\sqrt{3}$	⑤　2
⑥　$-1-\sqrt{2}$	⑦　$-1+\sqrt{2}$	⑧　$-1-\sqrt{3}$　⑨　$-1+\sqrt{3}$

(3) グラフ G が表す放物線の頂点の x 座標が -5 以上 -1 以下の範囲にあるとする。

このときの2次関数 $y=f(x)$ の $-5\leqq x\leqq-1$ における最大値 M について考える。

(i) a の値の範囲は $-\boxed{\text{ケ}}\leqq a\leqq-\boxed{\text{コ}}$ である。

(ii) 2次関数 $f(x)$ が最大値をとるときの x の値に対し，G 上の点 $(x,\ f(x))$ は $\boxed{\text{サ}}$。

$\boxed{\text{サ}}$ の解答群

⓪　放物線 G の頂点と一致する

①　2点 $(-5, f(-5)),(-1, f(-1))$ のうち，放物線 G の軸から近い方の点と一致する

②　2点 $(-5, f(-5)),(-1, f(-1))$ のうち，放物線 G の軸から遠い方の点と一致する

③　点 $(-3,\ f(-3))$ と一致する

(iii) $-\boxed{\text{ケ}}\leqq a\leqq-\boxed{\text{シ}}$ のとき　$M=\boxed{\text{ス}}a^2+\boxed{\text{セソ}}a+\boxed{\text{タチ}}$

$-\boxed{\text{シ}}\leqq a\leqq-\boxed{\text{コ}}$ のとき　$M=\boxed{\text{ツ}}a^2+\boxed{\text{テト}}a+\boxed{\text{ナニ}}$ である。

ここで，2次関数 $f(x)$ の $-5\leqq x\leqq-1$ における最小値が 24 のとき

$a=-\boxed{\text{ヌ}}-\sqrt{\boxed{\text{ネノ}}}$ であり，このときの最大値 M は

$M=\boxed{\text{ハヒ}}-\boxed{\text{フ}}\sqrt{\boxed{\text{ヘホ}}}$ である。

ア	イ	ウ	エ	オ	カ	キ	ク	ケ	コ	サ	シ	ス	セ	ソ	タ	チ

ツ	テ	ト	ナ	ニ	ヌ	ネ	ノ	ハ	ヒ	フ	ヘ	ホ

0 6 関数 $f(x) = ax^2 + bx + c$ について，$y = f(x)$ の
グラフをコンピュータのグラフ表示ソフトを用いて
表示させる。

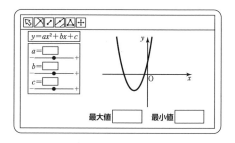

このソフトでは，a, b, c の値を入力すると，その
値に応じたグラフが表示される。また，入力した値
に応じて，$f(x)$ の最大値と最小値が表示される。

このとき，次の問いに答えよ。

(1) a, b, c をある値に定めたところ，最小値には -5 と表示された。ただし，a, b の少なくと
も一方は 0 でないものとする。

(i) 関数 $f(x)$ の定義域は実数全体である。このとき，a は条件　**ア**　を満たし，グラフは
　　イ　が表示される。

　　ア　の解答群

　　⓪ $a > 0$　　① $a \leqq 0$　　② $a < 0$　　③ $a \neq 0$

　　イ　の解答群

　　⓪ 上に凸である放物線　　① 下に凸である放物線
　　② 右上がりの直線　　　　③ 右下がりの直線

(ii) 最小値が -5 であることから，a, b, c は条件　**P**　$+ \dfrac{\text{Q}}{\text{R}} = -5$ を満たす。こ

　　のときのP, Q, R に当てはまるものの組合せとして正しいものは　**ウ**　である。

　　ウ　の解答群

	⓪	①	②	③	④	⑤
P	$-c$	$-c$	c	c	c	$-c$
Q	b^2	$-b^2$	$-b^2$	$-b^2$	b^2	b^2
R	$4a$	$2a$	$4a$	$2a$	2	2

(2) 使用しているグラフ表示ソフトでは，定義域を制限した関数のグラフをかく機能があることがわかった。この機能を用いて，定義域を制限した関数 $f(x)$ が次の**条件(A)**を満たすように a, b, c の値と定義域を定める。

　　条件(A)：$x=0$ のとき最小値 -5 をとる。

(i) $y=f(x)$ のグラフが直線となり，かつ関数 $f(x)$ の最大値が 3 であるとき，**条件(A)**を満たすような定義域は b の値によって異なり，

$$\boxed{\text{エ}} \text{ のとき } \frac{\boxed{\text{オ}}}{b} \leqq x \leqq 0, \quad \boxed{\text{カ}} \text{ のとき } 0 \leqq x \leqq \frac{\boxed{\text{キ}}}{b}$$

となる。

$\boxed{\text{エ}}$ ， $\boxed{\text{カ}}$ の解答群（同じものを繰り返し選んでもよい。）

⓪ $b>0$	① $b \geqq 0$	② $b<0$	③ $b \neq 0$

(ii) **条件(A)**を満たすように a, b, c の値と定義域を定めたところ，関数 $f(x)$ は最大値 -2 をとり，表示されたグラフは頂点が $(2, -1)$ である放物線の一部であった。このとき，$a=\boxed{\text{クケ}}$, $b=\boxed{\text{コ}}$, $c=-\boxed{\text{サ}}$ であり，定義域は $\boxed{\text{シ}} \leqq x \leqq \boxed{\text{ス}}$ である。

(iii) 定義域を $0 \leqq x \leqq 3$ と定めた。このとき，**条件(A)**を満たすように a, b, c の値を定めて得られる関数 $f(x)$ は $\boxed{\text{セ}}$ と $\boxed{\text{ソ}}$ である。

$\boxed{\text{セ}}$ ， $\boxed{\text{ソ}}$ の解答群（解答の順序は問わない。）

⓪ $f(x)=-x^2-5$	① $f(x)=-x^2-6x-5$
② $f(x)=-x^2+6x-5$	③ $f(x)=2x^2+4x-5$
④ $f(x)=-3x^2+6x-5$	⑤ $f(x)=x^2-4x-5$

ア	イ	ウ	エ	オ	カ	キ	ク	ケ	コ	サ	シ	ス	セ	ソ

基本問題

023 三角比の相互関係，$90° - \theta$ および $180° - \theta$ の三角比

(1) $90° < \theta < 180°$ とする。

$\sin\theta = \dfrac{1}{5}$ のとき，$\cos\theta = \dfrac{\boxed{アイ}\sqrt{\boxed{ウ}}}{\boxed{エ}}$，$\tan\theta = \dfrac{\boxed{オ}\sqrt{\boxed{カ}}}{\boxed{キク}}$ である。

(2) $0° < \theta < 90°$ とする。このとき，

$\sin(90° - \theta)\cos(180° - \theta) - \cos(90° - \theta)\sin(180° - \theta) = \boxed{ケコ}$ である。

(3) $0° < \theta < 90°$ とする。$\sin\theta - \cos\theta = \dfrac{1}{3}$ のとき，

$\sin\theta\cos\theta = \dfrac{\boxed{サ}}{\boxed{シ}}$，$\sin\theta + \cos\theta = \dfrac{\sqrt{\boxed{スセ}}}{\boxed{ソ}}$ である。

ア	イ	ウ	エ	オ	カ	キ	ク	ケ	コ	サ	シ	ス	セ	ソ

024 三角比を用いた方程式，不等式および2直線のなす角

(1) $0° \leqq \theta \leqq 180°$ とする。等式 $\sin\theta = \dfrac{1}{2}$ を満たす θ の値は，$\boxed{アイ}°$ および $\boxed{ウエオ}°$ であり，不等式 $\cos\theta \leqq -\dfrac{1}{\sqrt{2}}$ の解は，$\boxed{カキク}° \leqq \theta \leqq \boxed{ケコサ}°$ である。さらに，不等式 $\tan\theta < \sqrt{3}$ の解は，$\boxed{シ}° \leqq \theta < \boxed{スセ}°$ および $\boxed{ソタ}° < \theta \leqq \boxed{チツテ}°$ である。

(2) 2直線 $y = x$ と $y = -\dfrac{1}{\sqrt{3}}x$ のなす鋭角は，$\boxed{トナ}°$ である。

ア	イ	ウ	エ	オ	カ	キ	ク	ケ	コ	サ	シ	ス	セ	ソ	タ	チ	ツ	テ	ト	ナ

025 正弦定理

(1) △ABC において，$B = 75°$，$C = 60°$，$AB = 2\sqrt{6}$ のとき，△ABC の外接円の半径を R とすると $R = \boxed{ア}\sqrt{\boxed{イ}}$ であり，$BC = \boxed{ウ}$ である。

(2) △ABC において，$AB = 2\sqrt{3}$，$AC = \sqrt{6}$，$B = 30°$ のとき，$C = \boxed{エオ}°$ または $\boxed{カキク}°$ である。

ア	イ	ウ	エ	オ	カ	キ	ク

026 余弦定理と四角形の面積

円に内接する四角形ABCDにおいて，AB = CD = 5，AD = 8，∠BAD = 60° である。このとき，

(1) BD = $\boxed{\text{ア}}$ である。

(2) ∠BAD + ∠BCD = 180° が成り立つことを用いると，∠BCD = $\boxed{\text{イウエ}}$° であり，

BC = $\boxed{\text{オ}}$ である。

(3) 四角形ABCDの面積は $\dfrac{\boxed{\text{カキ}}\sqrt{\boxed{\text{ク}}}}{\boxed{\text{ケ}}}$ である。

ア	イ	ウ	エ	オ	カ	キ	ク	ケ

027 三角形の計量

(1) AB = 7，BC = 6，CA = 5 である△ABCの辺BC上に，点DをBD = $\dfrac{7}{2}$ となるようにとる。このとき，$\cos B = \dfrac{\boxed{\text{ア}}}{\boxed{\text{イ}}}$ であり，AD = $\dfrac{\sqrt{\boxed{\text{ウエオ}}}}{\boxed{\text{カ}}}$ である。

(2) AB = 5，CA = 3，∠BAC = 60° である△ABCにおいて，∠Aの二等分線と辺BCの交点をEとすると，AE = $\dfrac{\boxed{\text{キク}}\sqrt{\boxed{\text{ケ}}}}{\boxed{\text{コ}}}$ である。

ア	イ	ウ	エ	オ	カ	キ	ク	ケ	コ

026▶p. 229〈21〉〈22〉 027▶p. 229〈21〉〈22〉

028 外接円，内接円の半径

△ABC において，AB = 4，BC = 7，CA = 5 のとき

(1) $\cos A = \dfrac{\boxed{アイ}}{\boxed{ウ}}$ ，$\sin A = \dfrac{\boxed{エ}\sqrt{\boxed{オ}}}{\boxed{カ}}$ である。

(2) △ABC の外接円の半径を R，内接円の半径を r とすると，

$R = \dfrac{\boxed{キク}\sqrt{\boxed{ケ}}}{\boxed{コサ}}$ ，$r = \dfrac{\sqrt{\boxed{シ}}}{\boxed{ス}}$ である。

ア	イ	ウ	エ	オ	カ	キ	ク	ケ	コ	サ	シ	ス

029 正弦・余弦定理の応用

(1) △ABC において，AB $= 2(\sqrt{3} + 1)$，AC $= 4$，$A = 60°$ のとき，BC $= \boxed{ア}\sqrt{\boxed{イ}}$ であり，$B = \boxed{ウエ}°$ である。

(2) △ABC において，$a : b : c = 3 : 7 : 5$ であるとき，

$\sin A : \sin B : \sin C = \boxed{オ} : \boxed{カ} : \boxed{キ}$ であり，この三角形の最も大きい角は $\boxed{クケコ}°$ である。

(3) △ABC において，$b - c = 2$，$\cos A = \dfrac{\sqrt{5}}{3}$ であり，△ABC の面積は $\dfrac{1}{3}$ である。このとき，$c = \sqrt{\boxed{サ}} - \boxed{シ}$ である。

ア	イ	ウ	エ	オ	カ	キ	ク	ケ	コ	サ	シ

030 鈍角三角形の成立条件と余弦定理

△ABC において，3辺の長さが x，$x+2$，$x+4$ であるとき

(1) △ABC が鈍角三角形となるための x の値の範囲は $\boxed{\ \text{ア}\ }<x<\boxed{\ \text{イ}\ }$ である。

(2) △ABC の最大角が $120°$ となるような x の値は $\boxed{\ \text{ウ}\ }$ である。

ア	イ	ウ

031 折れ線の最小値

$AB=BC=CA=8$，$CD=5$，$AD=7$ の四面体 ABCD がある。

(1) $\angle ACD=\boxed{\ \text{アイ}\ }°$ である。

(2) 辺 AC 上に点 P をとり，$l=BP+PD$ とおくと，l の最小値は $\sqrt{\boxed{\ \text{ウエオ}\ }}$ である。

ア	イ	ウ	エ	オ

032 空間図形の計量

四面体 OABC において，OA = OB = OC = 4，AB = BC = CA = $2\sqrt{6}$ である。辺 AB の中点を M，頂点 O から直線 CM に引いた垂線を OH とする。∠OMC = θ とする。

(1) $\cos\theta = \dfrac{\boxed{\text{ア}}}{\sqrt{\boxed{\text{イ}}}}$ であり，OH $= \boxed{\text{ウ}}\sqrt{\boxed{\text{エ}}}$ である。

(2) 四面体 OAMH の体積は $\dfrac{\boxed{\text{オ}}\sqrt{\boxed{\text{カ}}}}{\boxed{\text{キ}}}$ である。

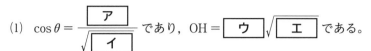

ア	イ	ウ	エ	オ	カ	キ

032 ▶ p. 229〈21〉 　図形と計量 | **35**

実践問題

07 太郎さんと花子さんは，中心角が $90°$ であるおうぎ形をしたケーキを三等分する方法について話している。

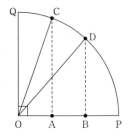

いま，右の図のように，辺 OP 上に2点 A，B を，4点 O，A，B，P がこの順に並ぶようにとり，A，B を通り OP に垂直な直線と，弧PQ との交点をそれぞれ C，D とする。

なお，必要に応じて 212 ページの三角比の表を用いてもよい。

(1) 太郎さんと花子さんが会話をしている。

太郎：ケーキを三等分したいから，OA ＝ AB ＝ BP となるように点 A，B をとったら，線分 OC と線分 OD でケーキを三等分できるかな？

花子：実際に計算して確かめてみましょう。∠DOP について，$\cos \angle \text{DOP} = \dfrac{\boxed{\text{ア}}}{\boxed{\text{イ}}}$

だから，212 ページの三角比の表を使うと……
あれ？　この表からは ∠DOP を求めることができないわ。

太郎：それなら，$0° < x < 90°$ を満たす x について $\boxed{\text{ウ}}$ という関係式が成り立つことが使えないかな。

花子：なるほど，その関係式を使うと ∠ODB はおよそ $\boxed{\text{エ}}$，∠DOP はおよそ $\boxed{\text{オ}}$
となるから，この方法ではケーキを三等分することはできないとわかるわね。

$\boxed{\text{ウ}}$ の解答群

⓪ $\sin(90° - x) = \cos x$ 　 ① $\sin(90° + x) = \cos x$ 　 ② $\tan(180° - x) = -\tan x$

③ $\cos(90° + x) = -\sin x$ 　 ④ $\sin(180° - x) = \sin x$ 　 ⑤ $\tan(90° - x) = \dfrac{\cos x}{\sin x}$

$\boxed{\text{エ}}$，$\boxed{\text{オ}}$ については，最も適当なものを，次の⓪〜⑨のうちから一つずつ選べ。
ただし，同じものを繰り返し選んでもよい。

⓪ $30°$ 　 ① $32°$ 　 ② $38°$ 　 ③ $42°$ 　 ④ $44°$

⑤ $46°$ 　 ⑥ $48°$ 　 ⑦ $50°$ 　 ⑧ $52°$ 　 ⑨ $60°$

(2) 太郎さんと花子さんが引き続き会話をしている。

> 太郎：じゃあ，三等分するにはどうすればよいだろう。
>
> 花子：角度から考えてみたらどうかしら。$\overset{\frown}{QC} = \overset{\frown}{CD} = \overset{\frown}{DP}$ となるのは，
>
> $\angle COP = \boxed{\text{カキ}}^\circ$ のときだから，このとき $\cos \angle COP = \dfrac{\boxed{\text{ク}}}{\boxed{\text{ケ}}}$ となるわね。
>
> 太郎：そうか。ということは，$OA : AP = \boxed{\text{コ}} : \boxed{\text{サ}}$ となるように点 A をとれば，
>
> $\angle COP = \boxed{\text{カキ}}^\circ$ になるね。
>
> 花子：点 D の位置も，辺 OQ 上に点 E を $OQ \perp DE$，$QE = EO$ となるようにとって考えれ
>
> ば，$\angle DOQ = \boxed{\text{カキ}}^\circ$ になって，ケーキを三等分することができるわね。

図形と計量

ア	イ	ウ	エ	オ	カ	キ	ク	ケ	コ	サ

08 あるクラスで，三角形に引いた線分の長さを求める**宿題**が出された。

宿題 △ABC は，AB = 3，AC = 2，∠BAC = 60° である。

線分 BC 上に ∠BAP = ∠CAP となる点 P をとるとき，線分 AP の長さを求めよ。

---

(1) 太郎さんは線分 AP が角の二等分線であることに注目し，花子さんは △ABC の面積を求めることができるところに注目した。線分 AP の長さは，いずれの方法でも求めることが可能である。

太郎さんの答案

BC = $\sqrt{\boxed{ア}}$，AP は ∠BAC の二等分線であるので　BP = $\dfrac{\boxed{イ}\sqrt{\boxed{ア}}}{\boxed{ウ}}$

△ABC について余弦定理を用いると　$\cos B = \dfrac{\boxed{エ}\sqrt{\boxed{オ}}}{\boxed{カ}}$

△ABP について余弦定理を用いて　AP = $\dfrac{\boxed{キ}\sqrt{\boxed{ク}}}{\boxed{ケ}}$

花子さんの答案

△ABC の面積は　$\dfrac{\boxed{コ}\sqrt{\boxed{サ}}}{\boxed{シ}}$

AP = x とすると，△ABP = $\dfrac{\boxed{ス}}{\boxed{セ}}x$，△APC = $\dfrac{\boxed{ソ}}{\boxed{タ}}x$

$\dfrac{\boxed{ス}}{\boxed{セ}}x + \dfrac{\boxed{ソ}}{\boxed{タ}}x = \dfrac{\boxed{コ}\sqrt{\boxed{サ}}}{\boxed{シ}}$　より　AP = $\dfrac{\boxed{キ}\sqrt{\boxed{ク}}}{\boxed{ケ}}$

---

(2) 次の授業でも，同様に三角形に関して線分の長さを求める**課題**が出された。太郎さんと花子さんと先生は，この課題について話している。

課題 右の △ABC について，AB = p，AC = q，BP = r，

CP = s，∠BAP = ∠CAP である。AP の長さを求めよ。

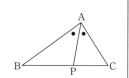

太郎：文字が多いから，この前の私の解き方だと計算が複雑になるなあ。

花子：∠BAC の大きさがわからないから，面積からでも簡単には出すことができないわ。何かいい方法はないかしら。

先生：△ABP と △APC に注目すれば，2 通りの方法で線分 AP の長さを表せそうですね。

太郎：なるほど，少しわかってきました。花子さんと協力して解いてみます。

先生のアドバイスを踏まえて太郎さんと花子さんは次の解答を作成した。

─ 二人の解答 ─

$AP = x$，$\angle APB = \theta$ とおき，△ABP に余弦定理を用いると $p^2 =$ チ ……①

$\angle APC = 180° - \theta$ と，関係式 $\cos(180° - \theta) =$ ツ より，

△APC に余弦定理を用いると $q^2 =$ テ ……②

①，②から $\cos\theta$ を消去し，整理すると

$\quad (r + s)x^2 = (p^2 - r^2)s + (q^2 - s^2)r$

ここで，$\angle BAP = \angle CAP$ より，$ps = qr$ であるので $AP =$ ト

チ , ツ , テ の解答群（同じものを繰り返し選んでもよい。）

⓪ $x^2 + r^2 + 2rx\cos\theta$ ① $x^2 + r^2 - 2rx\cos\theta$

② $x^2 + s^2 + 2sx\cos\theta$ ③ $x^2 + s^2 - 2sx\cos\theta$

④ $r^2 + s^2 + 2rs\cos\theta$ ⑤ $r^2 + s^2 - 2rs\cos\theta$

⑥ $\sin\theta$ ⑦ $\cos\theta$ ⑧ $-\sin\theta$ ⑨ $-\cos\theta$

ト の解答群

⓪ $\sqrt{pq + rs}$ ① $\sqrt{pr + qs}$ ② $\sqrt{ps + qr}$

③ $\sqrt{pq - rs}$ ④ $\sqrt{pr - qs}$ ⑤ $\sqrt{ps - qr}$

ア	イ	ウ	エ	オ	カ	キ	ク	ケ	コ	サ	シ	ス	セ	ソ	タ	チ	ツ	テ	ト

最重要	レベル	時間
✓	★	10分

09 $AB=5\sqrt{2}$，$\angle ACB=45^\circ$ である△ABCについて，次の問いに答えよ。

(1) △ABCの外接円Oの半径は **ア** である。

外接円Oの，点Cを含む弧AB上にある点Pについて考える。

(2) $PA=2\sqrt{2}PB$ となるのは $PA=$ **イ** $\sqrt{\text{ウ}}$ のときである。

(3) $\sin\angle PBA$ の値が最大となるときのPAの長さと△PABの面積について，太郎さんは次のように考えた。

太郎さんの考え方

外接円Oの半径を R として **エ** 定理を用いると，$\sin\angle PBA=\dfrac{\text{オ}}{\text{カ}\,R}$ とわかる。

$R=$ **ア** であるから，線分 **オ** の長さが最大となるとき，$\sin\angle PBA$ も最大となる。

エ の解答群

⓪ 正接　① 三角　② 三平方の　③ 正弦　④ 余弦

オ の解答群

⓪ AC　① BC　② PA　③ PB　④ OP

線分 **オ** の長さが最大となるのは **キ** である。

キ については，最も適当なものを，次の⓪～③のうちから一つ選べ。

⓪ 点Pが頂点Cと一致するとき　① 線分PAが円Oの直径となるとき
② $AC\perp BP$ となるとき　③ $\angle BAP=90^\circ$ のとき

　一方，花子さんは次のように考えた。

花子さんの考え方

$\angle$PBA は $\boxed{\text{ク}}$ の範囲の角だから，$\sin\angle$PBA の範囲は $\boxed{\text{ケ}}$，よって $\sin\angle$PBA の最大値は $\boxed{\text{コ}}$ となる。

$\boxed{\text{ク}}$ の解答群

⓪　$0° < \angle\mathrm{PBA} < 135°$　　①　$0° \leqq \angle\mathrm{PBA} \leqq 180°$　　②　$45° < \angle\mathrm{PBA} < 90°$

③　$90° < \angle\mathrm{PBA} < 150°$　　④　$0° < \angle\mathrm{PBA} \leqq 45°$

$\boxed{\text{ケ}}$ の解答群

⓪　$0 < \sin\angle\mathrm{PBA} < \dfrac{1}{\sqrt{2}}$　　①　$0 < \sin\angle\mathrm{PBA} \leqq \dfrac{1}{\sqrt{2}}$

②　$0 < \sin\angle\mathrm{PBA} \leqq 1$　　③　$0 \leqq \sin\angle\mathrm{PBA} \leqq 1$

④　$\dfrac{1}{2} < \sin\angle\mathrm{PBA} < 1$　　⑤　$\dfrac{1}{\sqrt{2}} < \sin\angle\mathrm{PBA} < 1$

　どちらの考え方のときも，$\sin\angle$PBA の値が最大となるときの PA の値は $\boxed{\text{サシ}}$，このとき $\triangle$PAB の面積は $\boxed{\text{スセ}}$ である。

(4)　$\triangle$PAB の面積が最大となるとき，$\triangle$PAB の面積は $\dfrac{\boxed{\text{ソタ}}\left(\sqrt{\boxed{\text{チ}}}+\boxed{\text{ツ}}\right)}{\boxed{\text{テ}}}$ である。

ア	イ	ウ	エ	オ	カ	キ	ク	ケ	コ	サ	シ	ス	セ	ソ	タ	チ	ツ	テ

データの分析

(本)(問)(題)

033 四分位範囲と外れ値

次のデータは，ある 40 人のクラスで実施したテストの得点を並べたものである。

73	67	65	62	60	58	58	56	48	45
45	44	43	42	42	41	41	40	40	40
40	40	39	38	36	36	35	35	34	33
33	32	31	31	29	27	25	22	19	14

このデータにおいて，四分位範囲は アイ である。

また，以下のような値を外れ値としたとき，外れ値の個数は ウ である。

「(第 1 四分位数) − 1.5 × (四分位範囲)」以下のすべての値

「(第 3 四分位数) + 1.5 × (四分位範囲)」以上のすべての値

ア	イ	ウ

42 | 数学 I   033 ▶ p. 230〈26〉

０３４ 箱ひげ図

右の箱ひげ図は，ある高校のP組とQ組の英語
のテストの成績を表したものである。次の問いに
答えよ。

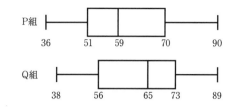

(1) P組のデータの範囲は ┃ アイ ┃ であり，

第1四分位数は ┃ ウエ ┃ である。

(2) Q組の四分位範囲は ┃ オカ ┃ であり，四分位偏差は ┃ キ ┃ . ┃ ク ┃ である。

(3) 四分位範囲が大きいのは ┃ ケ ┃ であり，P組，Q組のデータがどちらも単峰な分布のと

き平均点が高いのは ┃ コ ┃ と考えられる。なお，単峰な分布とは，ヒストグラムなどに表

したときに山が一つだけあるものをいう。

┃ ケ ┃ ， ┃ コ ┃ の解答群

① P組　　② Q組

ア	イ	ウ	エ	オ	カ	キ	ク	ケ	コ

035 分散・標準偏差

次の表は，あるクラスについて 1 カ月に読んだ本の冊数をまとめた度数分布表である。下の問いに答えよ。ただし，$5.55^2 \fallingdotseq 30.8$，$5.60^2 \fallingdotseq 31.4$，$5.65^2 \fallingdotseq 31.9$，$5.70^2 \fallingdotseq 32.5$ である。また，小数の形で解答する場合，指定された桁数の一つ下の桁を四捨五入し，解答せよ。

本の数	5	10	15	20	25
人数	2	3	6	7	2

このとき，平均値は $\boxed{\text{アイ}}$ （冊），分散は $\boxed{\text{ウエ}}$. $\boxed{\text{オ}}$ ，

標準偏差は $\boxed{\text{カ}}$. $\boxed{\text{キ}}$ （冊）である。

ア	イ	ウ	エ	オ	カ	キ

036 分散の性質

ある 20 点満点の試験を 2 つの会場 A，B で実施した。

会場 A で試験を受けたのは 40 人であり，この全員の得点の合計は 400 点，それぞれの得点を 2 乗したものの合計は 5000 であった。

これより，会場 A の 40 人の得点の平均は $\boxed{\text{アイ}}$ 点，分散は $\boxed{\text{ウエ}}$ ，標準偏差は $\boxed{\text{オ}}$ 点であることがわかる。

また，会場 B で試験を受けたのは 60 人であり，平均は 13 点，標準偏差は 9 点であった。

よって，2 つの会場 A，B の合計 100 人でのこの試験の平均は $\boxed{\text{カキ}}$. $\boxed{\text{ク}}$ 点，分散は $\boxed{\text{ケコ}}$. $\boxed{\text{サシ}}$ である。

ア	イ	ウ	エ	オ	カ	キ	ク	ケ	コ	サ	シ

0️⃣3️⃣7️⃣ 共分散と相関

(1) 右の表は，ある8人の生徒のテストの結果である。国語，数学のテストの得点の平均値をそれぞれ $\bar{x}$, $\bar{y}$ とし，共分散を s_{xy} とする。

国語	8	4	7	6	9	5	4	5
数学	4	10	6	9	3	8	7	9

このとき，$\bar{x} = \boxed{\text{ア}}$ （点），$\bar{y} = \boxed{\text{イ}}$ （点）であり，$s_{xy} = \boxed{\text{ウエ}}\,.\,\boxed{\text{オ}}$ である。

(2) 2つの変量 x, y の共分散について述べた文のうち，正しくないものは $\boxed{\text{カ}}$ である。

$\boxed{\text{カ}}$ については，最も適当なものを，次の⓪～②のうちから一つ選べ。

⓪ x と y に正の相関があるときには，共分散は正の値をとる。

① x と y に相関がみられないときには，共分散は負の値をとる。

② 共分散が負の値をとるときには，x と y の相関係数は負の値をとる。

ア	イ	ウ	エ	オ	カ

038 相関係数と散布図

右の表は，ある店に並べられている6種類のパンについての，5月と6月の売上個数の結果である。5月，6月の売上個数の

5月の売上個数 x	4	5	7	5	6	9
6月の売上個数 y	2	5	6	4	5	8

平均値をそれぞれ $\bar{x}$，$\bar{y}$，標準偏差を s_x，s_y とし，相関係数を r とする。ただし，小数の形で解答する場合，指定された桁数の一つ下の桁を四捨五入し，解答せよ。また，$\sqrt{3} = 1.73$，$\sqrt{5} = 2.24$，$\sqrt{7} = 2.65$ として計算せよ。

このとき，$\bar{x} = \boxed{\text{ア}}$（個），$\bar{y} = \boxed{\text{イ}}$（個），$s_x = \dfrac{\boxed{\text{ウ}}}{\sqrt{\boxed{\text{エ}}}}$，$s_y = \dfrac{\boxed{\text{オ}}\sqrt{\boxed{\text{カ}}}}{\sqrt{\boxed{\text{エ}}}}$

であり，$r = \boxed{\text{キ}}.\boxed{\text{クケ}}$ である。また，5月の売上個数を横軸，6月の売上個数を縦軸にとった散布図は $\boxed{\text{コ}}$ である。

$\boxed{\text{コ}}$ については，最も適当なものを，次の ⓪～② のうちから一つ選べ。

⓪
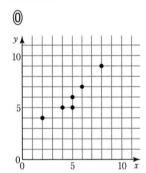

①
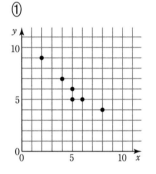

②
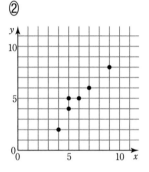

ア	イ	ウ	エ	オ	カ	キ	ク	ケ	コ

039 仮説検定の考え方

　ある施設の利便性に関するアンケート調査を施設の利用者30人に行ったところ，「便利だと思う」と回答したのは21人だった。この結果から「この施設は便利だと思う人の方が多い」といえるかどうかを，次の方針で考えることにした。

---方針---

・"この施設の利用者全体のうちで「便利だと思う」と回答する割合と，「便利だと思う」と回答しない割合が等しい"という仮説をたてる。

・この仮説のもとで，利用者から抽出した30人のうち21人以上が「便利だと思う」と回答する確率が5％未満であればその仮説は誤っていると判断し，5％以上であればその仮説は誤っているとは判断しない。

　次の表は，30枚の硬貨を投げる実験を1000回行ったとき，表が出た枚数ごとの回数の割合を示したものである。

表の枚数	0	1	2	3	4	5	6	7	8	9	
割合	0.0%	0.0%	0.0%	0.0%	0.0%	0.0%	0.0%	0.0%	0.1%	0.8%	
表の枚数	10	11	12	13	14	15	16	17	18	19	
割合	3.2%	5.8%	8.0%	11.2%	13.8%	14.4%	14.1%	9.8%	8.8%	4.2%	
表の枚数	20	21	22	23	24	25	26	27	28	29	30
割合	3.2%	1.4%	1.0%	0.0%	0.1%	0.0%	0.1%	0.0%	0.0%	0.0%	0.0%

　この硬貨を投げる実験において，30枚の硬貨のうち21枚以上が表となった回数の割合は
| ア | . | イ | ％である。これを，30人のうち21人以上が「便利だと思う」と回答する確率とみなして方針に従うと，

　　"「便利だと思う」と回答する割合と，「便利だと思う」と回答しない割合が等しい"

という仮説は | ウ | ，この施設は便利だと思う人の方が | エ | 。

| ウ | の解答群

| ⓪ 誤っていると判断され　　　① 誤っているとは判断されず |

| エ | の解答群

| ⓪ 多いといえる　　　① 多いと結論づけることはできない |

ア	イ	ウ	エ

実践問題 ■■■■■■

10 (1) 100人ずつのグループ I，II でハンド
ボール投げをした結果を右の箱ひげ図に
表した。

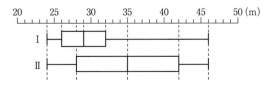

このグループ I および II に関して述べ
た文A～Eについて，必ず正しいといえ
るものの組合せは ア である。

A．グループ I よりグループ II の範囲のほうが大きい。

B．グループ I よりグループ II の四分位範囲のほうが大きい。

C．グループ II の平均値は 35 m である。

D．グループ II で記録が上位 20% の人の記録は，少なくとも 42 m 以上である。

E．グループ I で記録がよいほうから 25 番目の人の記録は 32 m である。

ア の解答群

⓪ A，B ① B，C ② B，D ③ C，D

④ C，E ⑤ A，B，D ⑥ A，B，E ⑦ C，D，E

(2) ある店で過去 50 日間，一日の来店者数を調べて，次のヒストグラムが得られた。同じデー
タを箱ひげ図で表したものは，下の図の イ である。

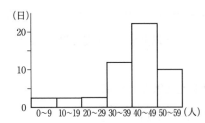

イ については，最も適当なものを，次の⓪～③のうちから一つ選べ。

⓪

①

②

③

(3)　次の散布図Ⅲ～Ⅵは，4種類のデータの，変量 x と変量 y の関係を表している。

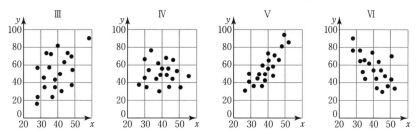

これらに関して述べた文A～Dについて，必ず正しいといえるものの組合せは　ウ　である。

A．Ⅲは正の相関があり，相関係数は正の値をとる。

B．Ⅳの相関係数はほかのデータに比べて0に近い値をとる。

C．ⅤよりもⅢのほうが相関係数の値は大きい。

D．Ⅵの相関係数は正の値をとる。

ウ　の解答群

⓪　A，B　　　①　A，C　　　②　A，D　　　③　B，C

④　B，D　　　⑤　C，D　　　⑥　A，B，C　　　⑦　B，C，D

ア	イ	ウ

11 ある40人のクラスで，4月に100点満点の数学のテスト，6月に100点満点の社会のテスト，6月と12月に130点満点の数学のテストを実施した。次の3つの散布図はこれらのテストの点数のデータをまとめたものである。散布図Ⅰは6月の社会，Ⅱは6月の数学，Ⅲは12月の数学のテストの点数を縦軸にとり，横軸には，すべて4月の数学のテストの点数をとってある。

Ⅰ 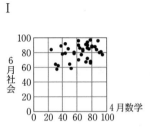 Ⅱ 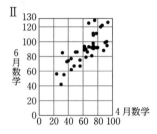 Ⅲ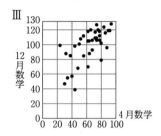

(1) これらの散布図について述べた，次のA～Eの意見のうち必ず正しいといえるものの組合せは □ ア □ である。

A　散布図Ⅰで表された2つのデータの間の相関の方が，散布図Ⅱで表された2つのデータの間の相関より弱い。

B　散布図Ⅰで表されたデータの間には，負の相関がある。

C　散布図Ⅱ，Ⅲで表された2つのデータの間には，それぞれ正の相関がある。

D　4月の数学で80点以上を取った生徒は，すべて，6月の社会でも80点以上を取っている。

E　4月の数学で80点以上を取った生徒は，すべて，6月の数学でも80点以上を取っている。

□ ア □ の解答群

⓪　A, B　　　①　B, C　　　②　B, E　　　③　C, E

④　A, B, C　　⑤　A, C, E　　⑥　A, D, E　　⑦　A, C, D, E

(2) 各生徒の 4 月の数学のテストの点数を x，6 月の数学のテストの点数を y とする。また，6 月の数学のテストの点数に課題提出点を 20 点分加えることとした。6 月はクラス全員が課題を提出したので全員に 20 点を与える。点数 y に課題提出点を加え，さらに，100 点満点に換算した点数を z とする。このとき，

$$z = \boxed{\ \text{イ}\ }$$

である。

y の分散を V_y，z の分散を V_z とおくと，$\dfrac{V_z}{V_y} = \boxed{\ \text{ウ}\ }$ となる。また，x と y の共分散を P，x と z の共分散を Q とすると，$\dfrac{Q}{P} = \boxed{\ \text{エ}\ }$ となる。さらに，x と y の相関係数を R，x と z の相関係数を S とすると，$\dfrac{S}{R} = \boxed{\ \text{オ}\ }$ となる。

$\boxed{\ \text{イ}\ }$ の解答群

⓪ $\dfrac{5}{6}(x + 20)$　　① $\dfrac{5}{6}x + 20$　　② $\dfrac{4}{5}x + 20$

③ $\dfrac{2}{3}(y + 20)$　　④ $\dfrac{2}{3}y + 20$　　⑤ $\dfrac{8}{13}y + 20$

$\boxed{\ \text{ウ}\ }$，$\boxed{\ \text{エ}\ }$，$\boxed{\ \text{オ}\ }$ の解答群（同じものを繰り返し選んでもよい。）

⓪ $\dfrac{3}{2}$　　① $\dfrac{2}{3}$　　② $-\dfrac{3}{2}$　　③ $-\dfrac{2}{3}$　　④ $\dfrac{4}{9}$

⑤ $\dfrac{9}{4}$　　⑥ $-\dfrac{4}{9}$　　⑦ $-\dfrac{9}{4}$　　⑧ 1　　⑨ -1

ア	イ	ウ	エ	オ

12 ある学年で実施された数学と英語のテストについて，次のようなデータが得られた。

教科	満点	平均点	標準偏差
数学	100	59	11.4
英語	200	116	24.6

(1) このデータを見ながら，太郎さんと先生が話している。二人の会話を読んで，下の問いに答えよ。

> 太郎：英語と数学では英語のテストの方が57点も平均点が高いようですね。数学の問題が難しすぎたのではないでしょうか。
>
> 先生：いえ，満点が違うから単純に比較することができませんよ。
>
> 太郎：なるほど，よく見たら，英語のテストは満点が数学の2倍になっていますね。これでは単純に比較することはできないですね。
>
> 先生：英語の点数を $\frac{1}{2}$ 倍にすることで，100点満点に換算して比べることができますよ。やってみましょう。
>
> 太郎：えーと，100点満点に換算すると，英語の平均点は アイ 点になりますね。
>
> 先生：その通りですね。このように換算すれば，満点が異なるテストでも比較することができますね。

(2) 次の(a)～(c)は，英語の点数を 100 点満点に換算したときの代表値について，元の代表値と比較した結果を述べたものである。

(a) 英語の点数を 100 点満点に換算したときの英語の標準偏差は ウ 。

(b) 英語の点数と数学の点数の共分散は エ 。

(c) 英語の点数と数学の点数の相関係数は オ 。

ウ ， エ ， オ の解答群（同じものを繰り返し選んでもよい。）

> ⓪ 100 点満点に換算したほうが，元に比べて 4 倍になる
>
> ① 100 点満点に換算したほうが，元に比べて 2 倍になる
>
> ② 100 点満点に換算しても元と等しい
>
> ③ 100 点満点に換算したほうが，元に比べて 0.5 倍になる
>
> ④ 100 点満点に換算したほうが，元に比べて 0.25 倍になる

ア	イ	ウ	エ	オ

(基)(本)(問)(題)

040 二つ以上の集合の要素の個数

100以下の自然数の集合を全体集合 U とし，そのうち2の倍数の集合を A，3の倍数の集合を B，7の倍数の集合を C とする。このとき，

(1) $n(A) = \boxed{\text{アイ}}$，$n(C) = \boxed{\text{ウエ}}$，$n(A \cap C) = \boxed{\text{オ}}$，$n(A \cup C) = \boxed{\text{カキ}}$，

$n(A \cap \overline{C}) = \boxed{\text{クケ}}$ である。

(2) $n(A \cap B \cap C) = \boxed{\text{コ}}$，$n(A \cup B \cup C) = \boxed{\text{サシ}}$ である。

ア	イ	ウ	エ	オ	カ	キ	ク	ケ	コ	サ	シ

041 順列および重複順列

0，1，2，3，4，5の6種類の数字を用いて4桁の整数をつくる。

(1) 同じ数字は1回しか使えないとすると，異なる整数は $\boxed{\text{アイウ}}$ 個できる。

(2) このうち，5の倍数は $\boxed{\text{エオカ}}$ 個，3の倍数は $\boxed{\text{キク}}$ 個できる。

(3) 同じ数字を何度用いてもよいとすると，異なる整数は $\boxed{\text{ケコサシ}}$ 個できる。

ア	イ	ウ	エ	オ	カ	キ	ク	ケ	コ	サ	シ

042 円順列

a, b, c, d, e, f の異なる6色がある。

図形(ア)　図形(イ)

(1) 図形(ア)をこの異なる6色すべてを使って塗り分けるとする。

　異なる塗り方は全部で アイウ 通りある。

　その中で, 色aとbが中心に関して点対称の位置に塗られる

場合は エオ 通りあり, 色a, b, cがどれもそれぞれ隣り合わないように塗られる場合は

カキ 通りある。

(2) 図形(イ)で示される, 立方体の6面に異なる6色を1面ずつ塗るときの塗り方は全部で

クケ 通りある。(ただし, (1), (2)とも, 回転して同じになるものは, 同じ塗り方とする。)

ア	イ	ウ	エ	オ	カ	キ	ク	ケ

043 組分け問題

　9冊の異なる本を次のように分ける方法について考えよう。

(1) 4冊, 3冊, 2冊の3組に分ける方法は アイウエ 通りある。

(2) 3冊ずつ3人の友人にあげる方法は オカキク 通りある。

(3) 3冊ずつ3組に分ける方法は ケコサ 通りある。

(4) 5冊, 2冊, 2冊の3組に分ける方法は シスセ 通りある。

ア	イ	ウ	エ	オ	カ	キ	ク	ケ	コ	サ	シ	ス	セ

場合の数と確率

044 同じものを含む順列

JJIKKYO の 7 個の文字をすべて並べてできる順列を考える。

(1) 順列は全部で $\boxed{\text{アイウエ}}$ 個できる。

(2) すべての順列のうち，JJ が隣り合うものは $\boxed{\text{オカキ}}$ 個あり，JJ も KK も隣り合うものは $\boxed{\text{クケコ}}$ 個ある。

(3) すべての順列のうち，同じ文字が隣り合わないものは $\boxed{\text{サシス}}$ 個ある。

ア	イ	ウ	エ	オ	カ	キ	ク	ケ	コ	サ	シ	ス

045 最短経路の数

右の図のような格子状の道について考える。

(1) 点 P から点 Q へ行く最短経路は全部で $\boxed{\text{アイウ}}$ 通りある。

(2) (1)で求めた最短経路のうち，点 R を通るものは $\boxed{\text{エオカ}}$ 通りある。

また，点 R を通り，点 S を通らないものは $\boxed{\text{キク}}$ 通りあり，

2 点 R，S をともに通らないものは $\boxed{\text{ケコ}}$ 通りある。

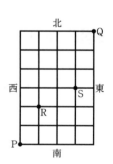

ア	イ	ウ	エ	オ	カ	キ	ク	ケ	コ

046 重複順列の応用

A, B, C, D, Eの5人を, Ⅰ, Ⅱ, Ⅲの3部屋に入れるとする。Ⅰの部屋だけが空き部屋となるような入れ方は全部で アイ 通りある。また, 空き部屋がないような入れ方は, 全部で ウエオ 通りある。

ア	イ	ウ	エ	オ

047 和事象および余事象の確率

赤球5個, 白球3個, 青球2個が入っている袋から, 同時に2個の球を取り出すとき, 2個とも同じ色である確率は $\dfrac{アイ}{ウエ}$ であり, 異なる色である確率は $\dfrac{オカ}{キク}$ である。

また, 同時に4個の球を取り出すとき, 白球が少なくとも1個入っている確率は, $\dfrac{ケ}{コ}$ である。

ア	イ	ウ	エ	オ	カ	キ	ク	ケ	コ

048 反復試行の確率

1枚の台紙と，赤と青のシールがたくさんある。さいころを投げて3の倍数が出たときは赤のシールを，それ以外の場合には青のシールを台紙の上に左から順番に貼っていく。さいころを5回投げたとき，

赤のシールが3枚，青のシールが2枚貼られている確率は $\dfrac{\boxed{アイ}}{\boxed{ウエオ}}$

ちょうど5回目に3枚目の赤のシールが貼られる確率は $\dfrac{\boxed{カ}}{\boxed{キク}}$

赤と青のシールが交互に貼られている確率は $\dfrac{\boxed{ケ}}{\boxed{コサ}}$

青のシールが3枚だけ連続して貼られている部分を含んでいる確率は $\dfrac{\boxed{シス}}{\boxed{セソタ}}$ である。

ア	イ	ウ	エ	オ	カ	キ	ク	ケ	コ	サ	シ	ス	セ	ソ	タ

049 数直線上を移動する点の位置の確率

数直線上を動く点Pがある。原点を出発して，さいころを1回投げるごとに，4以下の目が出たときには数直線上を正の向きに1だけ進み，5以上の目が出たときには負の向きに1だけ進むものとする。さいころを5回投げたとき，点Pの座標が1である確率は $\dfrac{\boxed{\text{アイ}}}{\boxed{\text{ウエオ}}}$ である。

また，5回投げる間に一度も点Pの座標が -2 にならない確率は $\dfrac{\boxed{\text{カキ}}}{\boxed{\text{クケ}}}$ である。

ア	イ	ウ	エ	オ	カ	キ	ク	ケ

050 条件付き確率

赤球3個と白球1個が入っている袋Aと，赤球1個と白球3個が入っている袋Bがある。袋Aから1個の球を取り出して袋Bに入れ，よく混ぜたのち袋Bから1個の球を取り出して袋Aに入れるとき，袋Aの赤球，白球の個数が最初と同じになる確率は $\dfrac{\boxed{\text{ア}}}{\boxed{\text{イ}}}$ である。

また，袋Aから2個の球を取り出して袋Bに入れ，よく混ぜたのち袋Bから2個の球を取り出して袋Aに入れるとき，袋Aの赤球，白球の個数が最初と同じになる確率は $\dfrac{\boxed{\text{ウエ}}}{\boxed{\text{オカ}}}$ である。

ア	イ	ウ	エ	オ	カ

051 期待値

赤球5個と白球4個が袋に入っている。この袋から3個の球を同時に取り出す。

(1) 取り出した3個の球のうち，白球が1個も含まれない事象の確率 p_0 は $p_0 = \dfrac{\boxed{\text{ア}}}{\boxed{\text{イウ}}}$,

白球がちょうど1個含まれる事象の確率 p_1 は $p_1 = \dfrac{\boxed{\text{エオ}}}{\boxed{\text{カキ}}}$ である。

(2) 取り出した3個の球に含まれる白球の個数の期待値は $\dfrac{\boxed{\text{ク}}}{\boxed{\text{ケ}}}$ である。

ア	イ	ウ	エ	オ	カ	キ	ク	ケ

052 原因の確率

二つの袋A，Bがあり，Aには赤球3個と白球2個，Bには赤球3個と白球5個が入っている。さいころを投げて3の倍数が出たときには袋Aから，それ以外のときは袋Bから球を1個取り出す。袋Aから球を1個取り出す事象を A，袋Bから球を1個取り出す事象を B，赤球を取り出す事象を R とするとき，$P(A) = \dfrac{\boxed{\text{ア}}}{\boxed{\text{イ}}}$，$P(B) = \dfrac{\boxed{\text{ウ}}}{\boxed{\text{エ}}}$，

$P_A(R) = \dfrac{\boxed{\text{オ}}}{\boxed{\text{カ}}}$ である。

また，取り出した球が赤球である確率は $\dfrac{\boxed{\text{キ}}}{\boxed{\text{クケ}}}$，取り出した球が赤球であったとき，それがAから取り出されたものである確率は $\dfrac{\boxed{\text{コ}}}{\boxed{\text{サ}}}$ である。

ア	イ	ウ	エ	オ	カ	キ	ク	ケ	コ	サ

053 さいころの目の最大・最小

3個のさいころを同時に投げるとき，出る目の最大値が5以下である確率は $\dfrac{\boxed{\text{アイウ}}}{\boxed{\text{エオカ}}}$，

最大値が5である確率は $\dfrac{\boxed{\text{キク}}}{\boxed{\text{ケコサ}}}$ である。また，最大値が5で最小値が2である確率は

$\dfrac{\boxed{\text{シ}}}{\boxed{\text{スセ}}}$ である。

ア	イ	ウ	エ	オ	カ	キ	ク	ケ	コ	サ	シ	ス	セ

054 正五角形の辺上を移動する点

一辺の長さが1の正五角形 ABCDE がある。動点Pははじめ頂点Aにあり，次の規則にしたがって1秒間に1だけこの正五角形の辺上を進む。

規則 ① 1秒後には，時計回りに $\dfrac{1}{2}$，反時計回りに $\dfrac{1}{2}$ の確率でBまたはEに進む。

② 2秒後以降は，その直前に時計回りに進んできた場合には，時計回りに $\dfrac{2}{3}$，反時計回りに $\dfrac{1}{3}$ の確率で隣りの頂点まで進む。また，その直前に反時計回りで進んできた場合には，時計回りに $\dfrac{1}{3}$，反時計回りに $\dfrac{2}{3}$ の確率で隣りの頂点まで進む。

(1) 3秒後にPが頂点Dにいる確率は $\dfrac{\boxed{\text{ア}}}{\boxed{\text{イ}}}$，頂点Bにいる確率は $\dfrac{\boxed{\text{ウ}}}{\boxed{\text{エオ}}}$ である。

(2) 4秒後にPが頂点Aにいる確率は $\dfrac{\boxed{\text{カ}}}{\boxed{\text{キク}}}$ である。

ア	イ	ウ	エ	オ	カ	キ	ク

13 当たりが2本，はずれが3本の合計5本からなるくじがある。A，B，Cの3人がこの順に1本ずつくじを引く。ただし，一度引いたくじはもとに戻さない。

(1) Aが当たりくじを引く確率$P(A)$は $\dfrac{\boxed{ア}}{\boxed{イ}}$ である。

(2) 次の⓪~③のうち，Aが当たりくじを引く確率が当たりかはずれかの $\dfrac{1}{2}$ とならない理由として，正しい記述は $\boxed{ウ}$ である。

$\boxed{ウ}$ の解答群

⓪ 当たりくじを引く事象とはずれくじを引く事象は同様に確からしい

① 当たりくじを引く事象とはずれくじを引く事象は同様に確からしいとは言えない

② 当たりくじを引く事象とはずれくじを引く事象は同程度に起こると期待できる

③ 5本のくじはそれぞれ引かれることが同程度には期待できない

---

(3) A，Bともに当たりくじを引く確率は $\dfrac{\boxed{エ}}{\boxed{オカ}}$ であり，この確率と，Aがはずれてbが当たる確率の $\boxed{キ}$ が，Bが当たりくじを引く確率$P(B)$であるから，$P(B) = \dfrac{\boxed{ク}}{\boxed{ケ}}$ となる。

$\boxed{キ}$ の解答群

⓪ 和　　　① 差　　　② 積　　　③ 商　　　④ 余事象

---

(4) Aが当たりくじを引いたときとはずれくじを引いたときのそれぞれの場合に，Bが当たりくじを引く条件付き確率を $P_A(B)$，$P_{\bar{A}}(B)$ とおいたとき，それぞれの確率の関係を正しく表しているものは $\boxed{コ}$ である。

$\boxed{コ}$ の解答群

⓪ $P_A(B) = P_{\bar{A}}(B)$ かつ $P(A) = P(B)$　　　① $P_A(B) = P_{\bar{A}}(B)$ かつ $P(A) \neq P(B)$

② $P_A(B) \neq P_{\bar{A}}(B)$ かつ $P(A) = P(B)$　　　③ $P_A(B) \neq P_{\bar{A}}(B)$ かつ $P(A) \neq P(B)$

---

(5) A，Bの少なくとも一方が当たりくじを引く事象をEとすると，事象Eの余事象が

$\boxed{\text{サ}}$ であることから，Eの起こる確率$P(E)$は $\dfrac{\boxed{\text{シ}}}{\boxed{\text{スセ}}}$ であるとわかる。

$\boxed{\text{サ}}$ については，最も適当なものを，次の⓪〜③のうちから一つ選べ。

⓪　Aだけが当たりくじを引く事象	①　Bだけが当たりくじを引く事象
②　A，Bの両方が当たりくじを引く事象	③　A，Bの両方がはずれくじを引く事象

(6) A，B，Cの3人で2本の当たりくじを引く事象をFとする。Fは，三つの排反な事象

$\boxed{\text{ソ}}$，$\boxed{\text{タ}}$，$\boxed{\text{チ}}$ の和事象であるから，Fの起こる確率$P(F)$は $\dfrac{\boxed{\text{ツ}}}{\boxed{\text{テト}}}$ とわかる。

$\boxed{\text{ソ}}$，$\boxed{\text{タ}}$，$\boxed{\text{チ}}$ の解答群（解答の順序は問わない。）

⓪　Aがはずれくじを引く事象	①　Aだけがはずれくじを引く事象
②　Bがはずれくじを引く事象	③　Bだけがはずれくじを引く事象
④　Cがはずれくじを引く事象	⑤　Cだけがはずれくじを引く事象

(7) Eが起きたときにFが起こる条件付き確率を$P_E(F)$とすると，$P_E(F) = \dfrac{P(E \cap F)}{P(E)}$ であり，$\boxed{\text{ナ}}$ が成り立つから，$P_E(F)$は $\dfrac{\boxed{\text{ニ}}}{\boxed{\text{ヌ}}}$ であるとわかる。

$\boxed{\text{ナ}}$ の解答群

⓪　$P(E \cap F) = P(E)$	①　$P(E \cap F) = P(F)$
②　$P(E \cup F) = P(F)$	③　$P(\overline{E \cap F}) = P(F)$

ア	イ	ウ	エ	オ	カ	キ	ク	ケ	コ	サ	シ	ス	セ	ソ	タ	チ

ツ	テ	ト	ナ	ニ	ヌ

14 次のような街路の町の地図を見て，下の問いに答えよ。

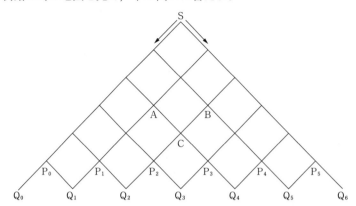

(1) S地点からスタートしてA地点に行く最短経路は，分かれ道が3回ある中で左下を **ア** 回，右下を **イ** 回選ぶから， **ウ** 通りある。同様に考えると，B地点に行く最短経路も **ウ** 通りあることがわかる。

(2) S地点からスタートしてC地点に行く最短経路を数える方法はいくつかある。一つの方法は，4回ある分かれ道での進み方を考えるもので，この場合の数は $_4C_{\boxed{\text{エ}}}$ を計算することで求められる。ほかにも，A地点を通る最短経路とB地点を通る最短経路をそれぞれ考えても求めることができ，A地点とB地点それぞれを通る最短経路の数の **キ** がC地点に行く最短経路の場合の数であると言える。

下線部について，A地点を通る最短経路とB地点を通る最短経路に関する正しい記述は **オ** と **カ** である。

オ ， **カ** の解答群（解答の順序は問わない。）

⓪ A地点とB地点の両方を通るC地点までの最短経路が存在する。

① A地点とB地点の両方を通るC地点までの最短経路は存在しない。

② C地点までの最短経路は必ずA地点とB地点のどちらか一方を通る。

③ A地点とB地点のどちらも通らないC地点までの最短経路が存在する。

キ については，最も適当なものを，次の⓪～④のうちから一つ選べ。

⓪ 和　　① 差　　② 積　　③ 商　　④ 平均

C地点に行く最短経路は **ク** 通りある。

(3) S地点からP$_i$地点，Q$_i$地点へ行く最短経路について調べる。A地点，B地点，C地点への最短経路の総数の関係と同じように考え，S地点からP$_i$地点，P$_{i+1}$地点，Q$_{i+1}$地点（$0 \leqq i \leqq 4$）への最短経路の総数をそれぞれ$p(i)$，$p(i+1)$，$q(i+1)$とおくと　ケ　という関係式が成り立つ。この関係式は，組合せの総数$_n\mathrm{C}_r$についての　コ　という関係式と，意味するものは同じである。

ケ　の解答群

⓪	$p(i) + p(i+1) + q(i+1) = 0$	①	$p(i) + q(i+1) = p(i+1)$
②	$p(i) + p(i+1) = q(i+1)$	③	$p(i) = p(i+1) + q(i+1)$

コ　の解答群

⓪	$_n\mathrm{C}_r + {}_{n+1}\mathrm{C}_r = {}_n\mathrm{C}_{r+1}$	①	$_n\mathrm{C}_{r+1} + {}_{n+1}\mathrm{C}_r = {}_n\mathrm{C}_{r+1}$
②	$_n\mathrm{C}_r + {}_n\mathrm{C}_{r+1} = {}_{n+1}\mathrm{C}_r$	③	$_n\mathrm{C}_r + {}_n\mathrm{C}_{r+1} = {}_{n+1}\mathrm{C}_{r+1}$

(4) P$_0$，P$_1$，……，P$_5$への最短経路の数の合計を　サ　倍すると，Q$_0$，Q$_1$，……，Q$_6$への最短経路の数の合計となる。このことを，はじめの分かれ道から順番に考えていくと，Q$_0$，Q$_1$，……，Q$_6$への最短経路の数の合計は　シ　通りとわかる。

シ　の解答群

⓪	2^4	①	2^5	②	2^6	③	2^7

ア	イ	ウ	エ	オ	カ	キ	ク	ケ	コ	サ	シ

場合の数と確率

15 太郎さんと花子さんのクラスでは,数学の授業で次の**問題**が出題された。下の問いに答えよ。

問題

1から6までの目があるさいころを繰り返し投げる。

(a) 繰り返し3回投げるとき,目の和が5である確率を求めよ。

(b) 繰り返し4回投げるとき,目の和が9である確率を求めよ。

太郎さんと花子さんは,問題の(a)について考えている。

(1) さいころを繰り返し3回投げるときの目の出方の総数は $\boxed{\text{アイウ}}$ 通りであり,これらは同様に確からしい。

また,1回目に出た目を x,2回目に出た目を y,3回目に出た目を z とすると,x, y, z についての関係式 $\boxed{\text{エ}}$ が成り立つ。

$\boxed{\text{エ}}$ の解答群

⓪ $x+y+z=3$ 　① $x+y+z=5$

② $x-y+z=3$ 　③ $x-y+z=5$

太郎:関係式 $\boxed{\text{エ}}$ から計算する方法を考えようよ。

花子:「x, y, z がいずれも負でない整数」という条件でよければ,簡単に計算できるのにね。

太郎:解いたことがある問題だね。どんな問題だったかな。

花子:確か,5個のりんごを3人に分けるときの総数で,1個ももらえない人がいてもよい場合の数を求める問題だったと思うわ。

太郎:ああ,そうか。5個のりんごといくつかの"仕切り"を並べる場合の数を考えればよかったね。

(2) 下線部について,この場合の数を表すものとして適切なものは $\boxed{\text{オ}}$ と $\boxed{\text{カ}}$ である。

$\boxed{\text{オ}}$, $\boxed{\text{カ}}$ の解答群(解答の順序は問わない。)

⓪ $_5P_2$ 　① $_5C_2$ 　② $_7P_2$ 　③ $_7C_2$ 　④ $_8C_3$

⑤ $\dfrac{7!}{5!2!}$ 　⑥ $\dfrac{7!}{_5C_2}$

---

(3) 下線部の場合の数は $\boxed{\text{キク}}$ 通りである。

(4)

> 花子：でも，この問題では ケ から， キク 通りではないのよね。
>
> 太郎：そうだね。そうしたら，少し工夫してさっきの考え方を使ってみようよ。
>
> 花子：なるほど， コ と考えれば，さっきのりんごと"仕切り"の考え方が使えるわね。

ケ の解答群

> ⓪ さいころには 0 の目がない　　① さいころには 6 より大きい目がない
>
> ② さいころの面の数が 5 個ではない　　③ さいころの各面の目の和が 21 である

コ の解答群

> ⓪ 3 人の区別をなくし，3 つの箱に入れる
>
> ① りんごを 3 個増やしてから分ける
>
> ② 前もって 3 人にりんごを 1 個ずつ分けてから，残りを分ける
>
> ③ 4 人に分ける

さいころを 3 回投げたとき，目の和が 5 になる確率は $\dfrac{サ}{シス}$ である。

(5) 問題の(b)について，さいころを 4 回投げるとき，目の和が 9 となる目の出方の総数は セソ 通りであるから，求める確率は $\dfrac{タ}{チツテ}$ である。

ア	イ	ウ	エ	オ	カ	キ	ク	ケ	コ	サ	シ	ス	セ	ソ	タ	チ	ツ	テ

⬤基⬤本⬤問⬤題⬤

0 5 5 角の二等分線の性質

AB = 6，BC = 7，CA = 3 である三角形の内心を I とし，直線 AI と辺 BC の交点を D とする。また，∠BAC の外角の二等分線と直線 BC の交点を E とおく。

(1) BD = $\dfrac{\boxed{アイ}}{\boxed{ウ}}$ であり，DE = $\dfrac{\boxed{エオ}}{\boxed{カ}}$ である。

(2) AI : ID = $\boxed{キ}$: $\boxed{ク}$ である。

ア	イ	ウ	エ	オ	カ	キ	ク

0 5 6 三角形の五心

(1) 三角形の外心は $\boxed{ア}$ であり，重心は $\boxed{イ}$ である。

$\boxed{ア}$，$\boxed{イ}$ の解答群

⓪ 3つの内角の二等分線の交点   ① 3つの外角の二等分線の交点

② 3辺の垂直二等分線の交点   ③ 3つの中線の交点

④ 3つの頂点から対辺またはその延長に下ろした3本の垂線の交点

(2) 次の図において，I は △ABC の内心，O は △ABC の外心であるとする。

(a) 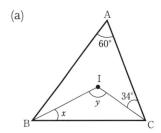   (b)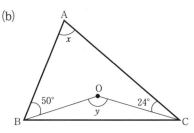

(a)では $x = \boxed{ウエ}$°，$y = \boxed{オカキ}$° であり，(b)では $x = \boxed{クケ}$°，$y = \boxed{コサシ}$° である。

ア	イ	ウ	エ	オ	カ	キ	ク	ケ	コ	サ	シ

057 内心と三角形の面積

AB = AC = 7，BC = 4 の二等辺三角形 ABC の内心を I，重心を G とする。また，内接円の半径を r，△ABC の面積を S とする。このとき，

$$S = \boxed{ア}\sqrt{\boxed{イ}}, \quad r = \frac{\boxed{ウ}\sqrt{\boxed{エ}}}{\boxed{オ}}, \quad IG = \frac{\sqrt{\boxed{カ}}}{\boxed{キ}}$$

である。

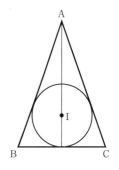

ア	イ	ウ	エ	オ	カ	キ

058 メネラウスの定理と面積比

△ABC の辺 AB を 1：3 に内分する点を D，辺 BC を 2：3 に内分する点を E とし，線分 CD と AE との交点を F とする。このとき，

(1) AF：FE ＝ $\boxed{ア}$：$\boxed{イ}$ で，CF：FD ＝ $\boxed{ウ}$：$\boxed{エ}$ である。

(2) △ABF，△BCF，△CAF の面積をそれぞれ T_1，T_2，T_3 とおく。△BEF の面積を $2S$ とおくと，△CFE の面積は $\boxed{オ}S$ で，AF：FE ＝ $\boxed{ア}$：$\boxed{イ}$ であることから，

$$T_1 = \frac{\boxed{カキ}}{\boxed{ク}}S, \quad T_3 = \frac{\boxed{ケ}}{\boxed{コ}}S$$

となる。したがって，T_1，T_2，T_3 を最も簡単な整数比で表すと，$T_1 : T_2 : T_3 = \boxed{サ} : \boxed{シ} : \boxed{ス}$ である。

ア	イ	ウ	エ	オ	カ	キ	ク	ケ	コ	サ	シ	ス

059 チェバの定理

(1) 右の図のような，一辺の長さが 7 の正三角形 ABC において AD = 3，EC = 1 である。3 直線 AG，BE，CD が 1 点で交わっているとき，BG : GC = $\boxed{\text{ア}}$: $\boxed{\text{イ}}$ で，GC = $\dfrac{\boxed{\text{ウ}}}{\boxed{\text{エ}}}$ である。

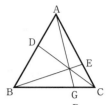

(2) 右の図のような △ABC において，AC = 13 とする。点 S は線分 CR と AQ の交点，点 P は線分 BS と AC の交点である。BA : AR = 5 : 2，BC : CQ = 4 : 1 のとき，

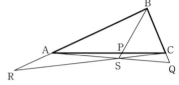

AP : PC = $\boxed{\text{オカ}}$: $\boxed{\text{キ}}$ で CP = $\dfrac{\boxed{\text{クケ}}}{\boxed{\text{コサ}}}$ である。

ア	イ	ウ	エ	オ	カ	キ	ク	ケ	コ	サ

060 円に内接する四角形の性質

(1)

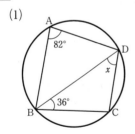

(2)

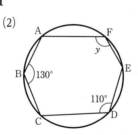

(3)

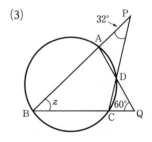

上の図において，$x = \boxed{\text{アイ}}°$，$y = \boxed{\text{ウエオ}}°$，$z = \boxed{\text{カキ}}°$ である。

ア	イ	ウ	エ	オ	カ	キ

061 接弦定理

下のそれぞれの図において，直線 PA は（(2)では PB も）円の接線である。

(1)
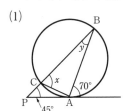

(2)
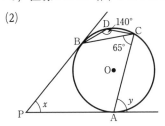

(3)
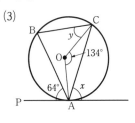

(1)では $x =$ 　アイ　°，$y =$ 　ウエ　°，(2)では $x =$ 　オカ　°，$y =$ 　キク　°，

(3)では $x =$ 　ケコ　°，$y =$ 　サシ　° である。

ア	イ	ウ	エ	オ	カ	キ	ク	ケ	コ	サ	シ

062 方べきの定理

(1)
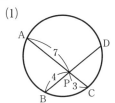

(2)
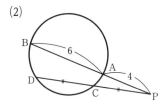

(3)
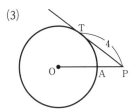

(1)　PD $= \dfrac{\text{アイ}}{\text{ウ}}$ である。

(2)　PC $=$ CD $=$ 　エ　$\sqrt{\text{　オ　}}$ である。

(3)　半直線 PT は点 T で円 O と接し，円の半径が 3 のとき，PA $=$ 　カ　である。

ア	イ	ウ	エ	オ	カ

063 共通接線と接点間の距離

(1) 右の図において，円 A，B の半径がそれぞれ 1，3 である

とき，QR = $\boxed{\text{ア}}$ $\sqrt{\boxed{\text{イ}}}$，PA = $\boxed{\text{ウ}}$ である。

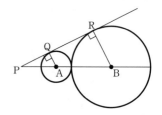

(2) 右の図において，円 A，B の半径がそれぞれ 1，4 で，

AB = 6 であるとき，PR = $\sqrt{\boxed{\text{エオ}}}$，

AQ = $\dfrac{\boxed{\text{カ}}}{\boxed{\text{キ}}}$ である。

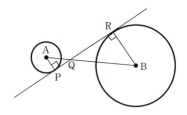

ア	イ	ウ	エオ	カ	キ

064 共通接線と接線の長さ

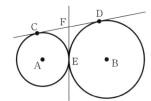

左の図のように，点Aを中心とする半径3の円と点Bを中心とする半径5の円が点Eで外接している。また，直線CDは点Cで円Aに，点Dで円Bにそれぞれ接しており，点Fは点Eにおける2円の共通接線と直線CDの交点である。

(1) $CD = \boxed{ア}\sqrt{\boxed{イウ}}$ である。

(2) $FC = \boxed{エ} = \boxed{オ}$ だから $AF = \boxed{カ}\sqrt{\boxed{キ}}$，$CE = \dfrac{\boxed{ク}\sqrt{\boxed{ケコ}}}{\boxed{サ}}$ である。

$\boxed{エ}$，$\boxed{オ}$ の解答群（解答の順序は問わない。）

⓪ FD ① AE ② BE ③ FE ④ AC ⑤ BD

ア	イ	ウ	エ	オ	カ	キ	ク	ケ	コ	サ

実践問題 ■■■■■■■■

16 次の図のように，点Aを中心とする半径3の円と，点Bを中心とする半径5の円が点Cで外接している。点Dは半径3の円周上に，また点Eは半径5の円周上にあり，直線DEは二つの円の共通接線になっている。直線DAと直線ECの交点をFとする。

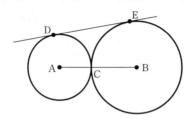

(1) AD，BEは同一の接線に接する円周上の点と円の中心を結ぶ直線であるから，AD∥BEであり，△AFC∽ ア とわかる。このことから，点Fは イ といえる。

ア の解答群

⓪ △ACD ① △CDE ② △BEC ③ △FBC

イ の解答群

⓪ 点Aを中心とする半径3の円周上にある

① 直線DA上のDA：AF＝1：2となる点である

② △ABFが直角三角形となるような点である

③ △DFEが二等辺三角形となるような点である

(2) △ACD の面積は △CDF の $\dfrac{\boxed{\text{ウ}}}{\boxed{\text{エ}}}$ 倍であることを利用することで求めることができ

る。つまり，△CDF の面積がわかれば △ACD の面積がわかる。そこで，花子さんと太郎さんはそれぞれの方法で △CDF の面積を求め，それから △ACD の面積を求めた。

花子さんの求め方

点 F が $\boxed{\text{イ}}$ ことと DE $= \boxed{\text{オ}} \sqrt{\boxed{\text{カキ}}}$ であることから，

FE $= \boxed{\text{ク}} \sqrt{\boxed{\text{ケ}}}$

したがって，FC $= \dfrac{\boxed{\text{コ}} \sqrt{\boxed{\text{サ}}}}{\boxed{\text{シ}}}$

FC と CD の長さから，△CDF の面積が求められる。

太郎さんの求め方

△DFE の面積は $\boxed{\text{ス}} \sqrt{\boxed{\text{セソ}}}$ である。

△CDF の面積は △DFE の面積の $\dfrac{\boxed{\text{タ}}}{\boxed{\text{チ}}}$ 倍であることを利用すれば，

△CDF の面積が求められる。

　2 人の用いた方法のうち，どちらを用いて △CDF の面積を計算しても，△ACD の面積は

$\dfrac{\boxed{\text{ツ}} \sqrt{\boxed{\text{テト}}}}{\boxed{\text{ナ}}}$ であることがわかる。

ア	イ	ウ	エ	オ	カ	キ	ク	ケ	コ	サ	シ	ス	セ	ソ	タ	チ	ツ	テ	ト	ナ

17 次の図のような四角形 ABCD において，AB = 6，BC = 3，DA = DC であり，4 つの頂点 A，B，C，D は同一円周上にある。対角線 AC と対角線 BD の交点を E，線分 AD を 1：2 の比に内分する点を F，直線 FE と直線 DC の交点を G とする。

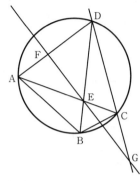

(1) ∠ABC の大きさが変化するとき，四角形 ABCD の外接円の大きさも変化することに注意すると，∠ABC の大きさがいくらであっても，互いの大きさの関係が変わらない角がいくつかある。∠ACD といつでも大きさが等しくなる角は ア と イ である。

ア ，イ の解答群（解答の順序は問わない。）

⓪ ∠ADB	① ∠BEG	② ∠CBD	③ ∠ACB
④ ∠BCG	⑤ ∠ABD	⑥ ∠BDC	

(2) (1)で考えた，いつでも大きさが等しくなる角どうしに注目すると，$\dfrac{EC}{AE} = \dfrac{ウ}{エ}$ であることがわかる。

(3) △ACD と直線 FE に着目すると，$\boxed{\text{オ}}$ より，$\dfrac{\text{CG}}{\text{GD}} = \dfrac{\boxed{\text{カ}}}{\boxed{\text{キ}}}$ である。

$\boxed{\text{オ}}$ については，最も適当なものを，次の $⓪$～$③$ のうちから一つ選べ。

$⓪$ 方べきの定理 　　$①$ 円周角の定理

$②$ メネラウスの定理 $③$ チェバの定理

---

(4) 直線 AB が点 G を通る場合について考える。このとき，△AGD の辺 AG 上に点 B があるので，BG $= \boxed{\text{ク}}$ である。また，直線 AB と直線 DC が点 G で交わり，4 点 A, B, C, D は同一円周上にあるので，DC $= \boxed{\text{ケ}} \sqrt{\boxed{\text{コサ}}}$ である。

(5) 四角形 ABCD の外接円の直径が最小となる場合について考える。このとき，四角形 ABCD の外接円の直径は $\boxed{\text{シ}}$ であり，∠BAC $= \boxed{\text{ス}}$°である。また，直線 FE と直線 AB の交点を H とするとき，$\dfrac{\text{CG}}{\text{GD}} = \dfrac{\boxed{\text{カ}}}{\boxed{\text{キ}}}$ であることに着目して AH を求めると，

AH $= \boxed{\text{セ}}$ である。

$\boxed{\text{ス}}$ の解答群

$⓪$ 30 　$①$ 45 　$②$ 60 　$③$ 90 　$④$ 120 　$⑤$ 135 　$⑥$ 150

ア	イ	ウ	エ	オ	カ	キ	ク	ケ	コ	サ	シ	ス	セ

18 花子さんと先生は，正多面体の性質について話している。

花子：正三角形のみを面とする立体を作るとき，どれくらいの種類の正多面体をつくることができるのでしょう。正三角形を増やしていけば，いろいろな種類の立体が作れそうですけれど。

先生：実は，へこみのない正多面体を考えるのであれば種類は限られてくるのです。先日授業でやった，オイラーの多面体定理を使うと何種類か求めることができますよ。

花子：オイラーの多面体定理というと，頂点の数を v，辺の数を e，面の数を f としたときに

$$v - e + f = \boxed{\quad \text{ア} \quad}$$

が成り立つというものですね。でも，これだけだとどうしたらいいかわかりません。

先生：少しずつ条件を見つけていきましょう。たとえば，多面体の面の数から辺の数を計算できますよ。

花子：具体的に正四面体で考えると，面が4個あるのに対して辺の数は $\boxed{\quad \text{イ} \quad}$ 個ですね。

一般に，正三角形だけでできた多面体では $\boxed{\quad \text{ウ} \quad}$ という式が成り立ちますね。

先生：その通りです。

$\boxed{\quad \text{ウ} \quad}$ については，最も適当なものを，次の⓪〜⑦のうちから一つ選べ。

⓪ $e = \dfrac{1}{3}f$　　① $e = \dfrac{1}{2}f$　　② $e = \dfrac{2}{3}f$　　③ $e = f$

④ $e = \dfrac{3}{2}f$　　⑤ $e = \dfrac{4}{3}f$　　⑥ $e = 2f$　　⑦ $e = 3f$

花子：そうしたら，次は頂点の数も面の数で表したいですね。正四面体の頂点は $\boxed{\text{エ}}$ 個だから……　難しいですね。

先生：今度は，正三角形だけでできた正多面体について，一つの頂点に集まる面の個数を n とおいてみたら，立式できますか。

花子：うーん……　あっ，わかりました！　$\boxed{\text{オ}}$ ですね。これでオイラーの多面体定理を，f と n の式で表すことができます。

先生：さて，正三角形の一つの内角の大きさを考えると，n の範囲はどうなるでしょう。

花子：そうか，そういうふうに考えれば n は $\boxed{\text{カ}}$ 以上 $\boxed{\text{キ}}$ 以下とわかりますね。ということは，v の最小値は $\boxed{\text{ク}}$ で，v の最大値は $\boxed{\text{ケコ}}$ となり，また，すべての面が正三角形となる正多面体は $\boxed{\text{サ}}$ 種類しかないことがわかりますね。

先生：同じように考えれば，ほかの正多面体についても考えることができますよ。

$\boxed{\text{オ}}$ については，最も適当なものを，次の ⓪～⑦ のうちから一つ選べ。

⓪ $v = \dfrac{f}{n}$　　① $v = \dfrac{2f}{n}$　　② $v = \dfrac{3f}{n}$　　③ $v = \dfrac{4f}{n}$

④ $v = \dfrac{n}{f}$　　⑤ $v = \dfrac{2n}{f}$　　⑥ $v = \dfrac{3n}{f}$　　⑦ $v = \dfrac{4n}{f}$

花子さんと先生の考え方を利用すると，正多面体には，すべての面が正方形でできている $\boxed{\text{シ}}$ と，すべての面が正五角形でできている $\boxed{\text{ス}}$ が存在することがわかる。

$\boxed{\text{シ}}$，$\boxed{\text{ス}}$ の解答群（同じものを選んでもよい。）

⓪ 正六面体　　① 正八面体　　② 正十面体　　③ 正十二面体
④ 正十六面体　　⑤ 正十八面体　　⑥ 正二十面体　　⑦ 正二十二面体

ア	イ	ウ	エ	オ	カ	キ	ク	ケ	コ	サ	シ	ス

図形の性質

基本問題

065 二項定理とその応用

(1) $(x-3)^5 = x^5 - 15x^4 + \boxed{\text{アイ}}\,x^3 - \boxed{\text{ウエオ}}\,x^2 + 405x - 243$ である。

(2) $(x^2 - 2y)^7$ の展開式における $x^8 y^3$ の項の係数は $\boxed{\text{カキクケ}}$ である。

(3) $(a + b - 4c)^6$ の展開式における $a^2 b^3 c$ の項の係数は $\boxed{\text{コサシス}}$ である。

ア	イ	ウ	エ	オ	カ	キ	ク	ケ	コ	サ	シ	ス

066 整式の除法，分数式

(1) 整式 $3x^3 + 5x^2 - 18x + 8$ を整式 B で割ると，商が $3x - 1$，余りが $-x + 3$ であるとき，整式 $B = x^2 + \boxed{\text{ア}}\,x - \boxed{\text{イ}}$ である。

(2) $\dfrac{x+1}{x^2+2x-3} - \dfrac{x}{x^2-9} = \dfrac{\boxed{\text{ウエ}}}{\left(x - \boxed{\text{オ}}\right)\left(x - \boxed{\text{カ}}\right)}$ である。ただし，$\boxed{\text{オ}} < \boxed{\text{カ}}$ とする。

ア	イ	ウ	エ	オ	カ

067 複素数，2次方程式の解の判別

(1) i を虚数単位とするとき，$\dfrac{1+5i}{3-2i} = -\dfrac{\boxed{\text{ア}}}{\boxed{\text{イウ}}} + \dfrac{\boxed{\text{エオ}}}{\boxed{\text{イウ}}}i$ である。また，

等式 $(2x+3yi)(1+2i) = 11-3i$ を満たす実数 x, y は，$x = \dfrac{\boxed{\text{カ}}}{\boxed{\text{キ}}}$，$y = \dfrac{\boxed{\text{クケ}}}{\boxed{\text{コ}}}$ である。

(2) 2次方程式 $x^2 - 2ax + 3a^2 - a - 1 = 0$ が虚数解をもつような定数 a の値の範囲は，

$a < \dfrac{\boxed{\text{サシ}}}{\boxed{\text{ス}}}$，$\boxed{\text{セ}} < a$ である。また，実数の定数 k がどのような値でも，2次方程式

$2x^2 - (k+2)x + k - 1 = 0$ は $\boxed{\text{ソ}}$。

$\boxed{\text{ソ}}$ の解答群

⓪ 異なる二つの実数解をもつ   ① 重解をもつ

② 異なる二つの虚数解をもつ   ③ 実数解と虚数解を1つずつをもつ

ア	イ	ウ	エ	オ	カ	キ	ク	ケ	コ	サ	シ	ス	セ	ソ

068 解と係数の関係

(1) 2次方程式 $2x^2 + x + 6 = 0$ の二つの解を α, β とおくと，$(\alpha+1)(\beta+1) = \dfrac{\boxed{\text{ア}}}{\boxed{\text{イ}}}$，

$\alpha^2 + \beta^2 = -\dfrac{\boxed{\text{ウエ}}}{\boxed{\text{オ}}}$，$\alpha^3 + \beta^3 = \dfrac{\boxed{\text{カキ}}}{\boxed{\text{ク}}}$，$\dfrac{\beta}{\alpha-1} + \dfrac{\alpha}{\beta-1} = -\dfrac{\boxed{\text{ケ}}}{\boxed{\text{コ}}}$ である。

(2) 2次方程式 $x^2 - 2x + 5 = 0$ の二つの解を α, β とするとき，$\alpha - \dfrac{1}{\beta}$，$\beta - \dfrac{1}{\alpha}$ を二つの解と

する2次方程式のうち x^2 の係数が5であるものは，$5x^2 - \boxed{\text{サ}}x + \boxed{\text{シス}} = 0$ である。

(3) 2次方程式 $x^2 - (k-1)x + k = 0$ の二つの解の比が $2:3$ となるとき，$k = \dfrac{\boxed{\text{セ}}}{\boxed{\text{ソ}}}$，

$\boxed{\text{タ}}$ である。

ア	イ	ウ	エ	オ	カ	キ	ク	ケ	コ	サ	シ	ス	セ	ソ	タ

069 剰余の定理

(1) 整式 $x^3 + ax + 3$ が $x + 3$ で割り切れるとき，定数 a の値は $\boxed{\text{アイ}}$ である。

(2) 整式 $2x^3 + x^2 - ax + b$ を $x + 2$ で割ると -12 余り，$2x - 1$ で割ると割り切れるとき，

$a = \dfrac{\boxed{\text{ウ}}}{\boxed{\text{エ}}}$, $b = \dfrac{\boxed{\text{オカ}}}{\boxed{\text{キ}}}$ である。ただし，a, b は定数とする。

(3) 整式 $P(x)$ を $x - 3$ で割ると -9 余り，$x + 1$ で割ると 7 余る。$P(x)$ を $x^2 - 2x - 3$ で割ったときの余りは，$\boxed{\text{クケ}}\,x + \boxed{\text{コ}}$ である。

ア	イ	ウ	エ	オ	カ	キ	ク	ケ	コ

070 因数定理，高次方程式

(1) 3次方程式 $x^3 + 3x^2 + 4x + 4 = 0$ の解は，$x = \boxed{\text{アイ}}$, $\dfrac{\boxed{\text{ウエ}} \pm \sqrt{\boxed{\text{オ}}}\,i}{\boxed{\text{カ}}}$ である。

(2) 3次方程式 $x^3 + ax^2 + bx - 8 = 0$ が 4 と -1 を解にもつとき，$a = \boxed{\text{キク}}$, $b = \boxed{\text{ケコサ}}$ である。また，他の解は $\boxed{\text{シス}}$ である。ただし，a, b は定数とする。

ア	イ	ウ	エ	オ	カ	キ	ク	ケ	コ	サ	シ	ス

071 恒等式，相加平均・相乗平均の関係

(1) 等式 $a(x+1)^2 + b(x+1) + c = 2x^2 - x - 4$ が x についての恒等式であるとき，

$a = \boxed{ア}$，$b = \boxed{イウ}$，$c = \boxed{エオ}$ である。ただし，a, b, c は定数とする。

(2) 等式 $\dfrac{3}{(x+1)(2x-1)} = \dfrac{a}{x+1} + \dfrac{b}{2x-1}$ が x についての恒等式であるとき，

$a = \boxed{カキ}$，$b = \boxed{ク}$ である。ただし，a, b は定数とする。

(3) $x > 0$ とし，$y = (x+3)\left(\dfrac{1}{x}+1\right)$ とおく。右辺を展開すると，

$y = x + \dfrac{\boxed{ケ}}{x} + \boxed{コ}$ となる。

このとき，$x + \dfrac{\boxed{ケ}}{x}$ は $x = \sqrt{\boxed{サ}}$ のとき，最小値 $\boxed{シ}\sqrt{\boxed{ス}}$ をとるから，

y の最小値は $\boxed{セ}\sqrt{\boxed{ソ}} + \boxed{タ}$ となる。

ア	イ	ウ	エ	オ	カ	キ	ク	ケ	コ	サ	シ	ス	セ	ソ	タ

072 一つの虚数解が与えられた高次方程式

(1) 3次方程式 $x^3 + 3x^2 + ax + b = 0$ の解の一つが $-1+3i$ であるとき，$a = \boxed{アイ}$，

$b = \boxed{ウエ}$ である。また，他の解は，$\boxed{オカ}$，$\boxed{キク} - \boxed{ケ}i$ である。ただし，a, b は実数の定数とする。

(2) 3次方程式 $x^3 = 1$ の虚数解のうちの一つを ω とすると，$\omega^3 = \boxed{コ}$，

$\omega^2 + \omega + 1 = \boxed{サ}$，$\omega^{11} + \omega^{10} = \boxed{シス}$ となる。

ア	イ	ウ	エ	オ	カ	キ	ク	ケ	コ	サ	シ	ス

19 太郎さんのクラスの授業で，先生が因数定理についての**宿題**を解説した。

宿題

a を実数とし，次数が 3 次以下の整式 $P(x)$ が

$$P(1) = 12, \quad P(2) = 4, \quad P(3) = a, \quad P(4) = 0$$

を満たすとき，$P(x)$ を a を用いて表せ。

─ 先生の解答 ─

$P(4) = 0$ であるので，因数定理から，$P(x)$ は $\boxed{\text{ア}}$ で割り切れる。このことと，$P(x)$ が

3 次以下であることから，2 次以下の整式 $Q(x)$ で $P(x) = \boxed{\text{ア}} \times Q(x)$ を満たすもの

がある。

$$Q(x) = r(x-2)(x-3) + s(x-3) + t$$

とおき，定数 r，s，t を a を用いて表すと，$P(3) = a$ から，$t = \boxed{\text{イウ}}$ となり，次に

$P(2) = 4$ から，$s = -a + \boxed{\text{エ}}$ となる。さらに，$P(1) = 12$ から，$r = -\dfrac{\boxed{\text{オ}}}{\boxed{\text{カ}}} a$ と

なるため

$$Q(x) = -\frac{\boxed{\text{オ}}}{\boxed{\text{カ}}} \left\{ ax^2 - \left(\boxed{\text{キ}} a + \boxed{\text{ク}} \right) x + \boxed{\text{ケ}} a + \boxed{\text{コサ}} \right\}$$

である。この $Q(x)$ を用いて，$P(x) = \boxed{\text{ア}} \times Q(x)$ と，$P(x)$ を a の式で表せる。

$\boxed{\text{ア}}$ については，最も適当なものを，次の ⓪ ～ ③ のうちから一つ選べ。

⓪ $x + 4$ ① $x - 4$ ② $4x$ ③ $\dfrac{x}{4}$

授業後に，太郎さんは先生に質問をした。二人の会話を読んで，下の問いに答えよ。

太郎：先生，なぜ $Q(x) = r(x - 2)(x - 3) + s(x - 3) + t$ とおいたのでしょうか。私は別
　　　の形の式でおいて考えたのですが。

先生：とても良い質問だね。太郎君はどのように解いたのかな。

太郎：$Q(x) = lx^2 + mx + s$ とし，<u>条件から得られた式</u>を解いて，同じ答えになりました。

先生：これも正しい解き方だね。$Q(x)$ の形はいろいろ考えられるね。

下線部について，得られる式は　シ　と　ス　と　セ　である。

シ , ス , セ の解答群（解答の順番は問わない。）

⓪ $l + m + s = 12$ 　　　① $l + m + s = -3$ 　　　② $4l + 2m + s = 4$

③ $4l + 2m + s = -2$ 　　④ $9l + 3m + s = -a$ 　　⑤ $9l + 3m + s = a$

⑥ $l + m + s = -4$ 　　　⑦ $4l + 2m + s = -a$

太郎：でも，私のこの解き方では連立方程式を解くのが少し面倒だということに，先生の
　　　解答を見て気が付きました。もっと別の方法もありませんか。

先生：慣れていないと思いつくのは難しいけれど，
$$Q(x) = u(x - 1)(x - 2) + v(x - 2)(x - 3) + w(x - 3)(x - 1)$$
　　　とおくと，授業で扱った方法よりも簡単な計算になるから試してごらん。

太郎：本当ですね。このときは $u = -\dfrac{\text{ソ}}{\text{タ}}a$, $v = \boxed{\text{チツ}}$, $w = \boxed{\text{テ}}$ となり，

　　　簡単に解けます。

先生：このように $Q(x)$ のおき方で計算の難しさが変わるから，どのように $Q(x)$ をおくと
　　　計算が簡単になるか工夫しながら解くことができるとよいね。

ア	イ	ウ	エ	オ	カ	キ	ク	ケ	コ	サ	シ	ス	セ	ソ	タ	チ	ツ	テ

20 x についての4次方程式 $x^4 + 2x^2 + a = 0$ ……① について考える。

(1) $a = 1$ のとき、方程式①の解は $x = \boxed{\text{ア}}$ である。

$\boxed{\text{ア}}$ の解答群

⓪ ± 1 ① -1 ② $\pm i$ ③ i

(2) $a = 0$ のとき、方程式①の解は $\boxed{\text{イ}}$ である。

$\boxed{\text{イ}}$ の解答群

⓪ $x = 0$ ① $x = \sqrt{2}i$ ② $x = \pm 2i$

③ $x = 0,\ \pm\sqrt{2}i$ ④ $x = 0,\ \pm\sqrt{2}$ ⑤ $x = 0,\ \sqrt{2}i$

t についての2次方程式 $t^2 + 2t + a = 0$ ……② について考える。

(3) 2次方程式②の判別式 D の値が16であるとする。

(i) このときの a の値は $a = \boxed{\text{ウエ}}$ であり、方程式②の解は $t = \boxed{\text{オ}}$ である。

$\boxed{\text{オ}}$ の解答群

⓪ $-3, 1$ ① $-1, 3$ ② $-1 \pm 2i$ ③ $-1 \pm \sqrt{6}$

(ii) t についての方程式②は、x についての方程式①において $x^2 = t$ とおきかえたものであることに注意すると、$a = \boxed{\text{ウエ}}$ のとき方程式①の解は実数解を $\boxed{\text{A}}$、虚数解を $\boxed{\text{B}}$ ことがわかる。

$\boxed{\text{A}}$, $\boxed{\text{B}}$ に当てはまるものの組合せとして正しいものは、$\boxed{\text{カ}}$ である。

ただし、重解は一個と数える。

$\boxed{\text{カ}}$ の解答群

	A	B
⓪	4個もち	もたない
①	3個もち	1個もつ
②	3個もち	もたない
③	2個もち	2個もつ

	A	B
④	2個もち	もたない
⑤	1個もち	3個もつ
⑥	1個もち	2個もつ
⑦	もたず	4個もつ

(4)　2次方程式②の判別式 D の値が -192 であるとする。

　(i)　このときの a の値は $a=\boxed{\ \text{キク}\ }$ であり，方程式②の解は

　　$t=\boxed{\ \text{ケコ}\ }\pm\boxed{\ \text{サ}\ }\sqrt{\boxed{\ \text{シ}\ }}\,i$ である。

　　　このとき，(3)と同じように方程式①の解を求めることは難しい。そこで，$a=\boxed{\ \text{キク}\ }$ のとき，方程式①の解を求める方法について考えてみよう。

　(ii)　方程式①の左辺を，正の実数 A,B により $(x^2+A)^2-Bx^2$ と変形すると，$A=\boxed{\ \text{ス}\ }$，

　　$B=\boxed{\ \text{セソ}\ }$ である。

　　　したがって，等式 $(x^2+A)^2-Bx^2=(x^2+\sqrt{B}x+A)(x^2-\sqrt{B}x+A)$ を利用すると，方程式 $x^2+\sqrt{B}x+A=0$ の解 $x=\boxed{\ \text{タ}\ }$ と，方程式 $x^2-\sqrt{B}x+A=0$ の解

　　$x=\boxed{\ \text{チ}\ }$ は，いずれも4次方程式 $x^4+2x^2+\boxed{\ \text{キク}\ }=0$ の解である。

　　$\boxed{\ \text{タ}\ }$，$\boxed{\ \text{チ}\ }$ の解答群（同じものを選んでもよい。）

⓪　$2\pm\sqrt{3}\,i$	①　$\sqrt{3}\pm2i$	②　$\sqrt{5}\pm\sqrt{3}$	③　$\sqrt{3}\pm\sqrt{5}$
④　$-2\pm\sqrt{3}\,i$	⑤　$-\sqrt{3}\pm2i$	⑥　$-\sqrt{5}\pm\sqrt{3}$	⑦　$-\sqrt{3}\pm\sqrt{5}$

ア	イ	ウ	エ	オ	カ	キ	ク	ケ	コ	サ	シ	ス	セ	ソ	タ	チ

2 1 太郎さんと花子さんは，不等式と整式に関する問題A，問題B，問題Cについて話している。

(1)

問題A $a^2 + b^2 \geqq ab$ を証明せよ。

太郎：とりあえず，具体的な数値を代入して本当に成り立つかどうか確かめてみよう。
$a = 2$, $b = 1$ のとき，左辺の値は ア で右辺の値が イ となるから，確かに
成立するみたいだね。証明するにはどうするんだったっけ。

花子：(左辺) − (右辺) $\geqq 0$ が示せればいいんだったね。(左辺) − (右辺) = A という
ように変形したら証明できるわね。

A に当てはまる適切な式は，次のW～Zの中に ウ 個ある。

W $(a - b)^2 + ab$ X $(a + b)^2 - 3ab$

Y $\left(a - \dfrac{1}{2}b\right)^2 + \dfrac{3}{4}b^2$ Z $\dfrac{1}{2}(a - b)^2 + \dfrac{1}{2}a^2 + \dfrac{1}{2}b^2$

(2)

問題B $x \neq 0$ のとき，$x^2 + \dfrac{9}{x^2}$ の最小値を求めよ。

太郎：不等式の証明ではないね。どうすればいいか見当がつかないよ。

花子：そうね。でも，$x \neq 0$ より $x^2 > 0$, $\dfrac{9}{x^2} > 0$ だから，<u>相加平均と相乗平均の関係を用</u>
<u>いる</u>と，等号が成り立つときに最小値をとることから求めることができそうね。

下線部の関係を用いて最小値を求めると， エ である。

エ の解答群

⓪ $x^2 + \dfrac{9}{x^2} \geqq \sqrt{x^2 \cdot \dfrac{9}{x^2}}$ より，最小値 3   ① $x^2 + \dfrac{9}{x^2} \geqq 2\sqrt{x^2 \cdot \dfrac{9}{x^2}}$ より，最小値 6

② $x^2 + \dfrac{9}{x^2} \geqq x^2 \cdot \dfrac{9}{x^2}$ より，最小値 9

③ $\dfrac{1}{2}\left(x^2 + \dfrac{9}{x^2}\right) \geqq 2\sqrt{x^2 \cdot \dfrac{9}{x^2}}$ より，最小値 12

---

(3)

> **問題C** $a > 0$, $b > 0$ のとき, $\left(a + \dfrac{1}{b}\right)\left(b + \dfrac{4}{a}\right)$ の最小値を求めよ。

太郎：この問題でも相加・相乗平均の考え方が使えそうだね。$a > 0$, $b > 0$ であるから, 相加・相乗平均の大小関係から

$$a + \frac{1}{b} \geqq \boxed{オ} \sqrt{\frac{a}{b}} \quad \cdots\cdots① \qquad b + \frac{4}{a} \geqq \boxed{カ} \sqrt{\frac{b}{a}} \quad \cdots\cdots②$$

で, ①と②の両辺を掛け合わせると, 最小値は $\boxed{オ} \times \boxed{カ}$ で求められるね。

花子：あれ, 私は一度展開してから相加・相乗平均の大小関係を用いて最小値を求めたのだけれど, 答えが少し違っているわね。計算を間違えたかしら。

太郎：いや, そんなことはなさそうだけれど。そうか, ①と②では $\boxed{キ}$ から, 私がこれらを掛け合わせてつくった不等式では $\boxed{ク}$ ということか。

花子：計算は間違っていなくても, 不等式での絞り込みが不十分になってしまうのね。

$\boxed{キ}$, $\boxed{ク}$ については, 最も適当なものを, それぞれの解答群のうちから一つずつ選べ。

$\boxed{キ}$ の解答群

> ⓪ 等号が成り立つ a, b の値が同じである
> ① 等号が成り立つ a, b の値が異なる
> ② a, b の値にかかわらず①の等号が成立しない
> ③ a, b の値にかかわらず②の等号が成立しない

$\boxed{ク}$ の解答群

> ⓪ 等号は成り立つが, そのときの a, b の値では①, ②のどちらの等号も成り立たない
> ① 等号が成り立つ a, b の組が無数にある
> ② 等号が成り立たない　　③ 等号は $a = b$ のときに限り成り立つ

$a > 0$, $b > 0$ のとき, $\left(a + \dfrac{1}{b}\right)\left(b + \dfrac{4}{a}\right)$ の最小値は $\boxed{ケ}$ である。

ア	イ	ウ	エ	オ	カ	キ	ク	ケ

図形と方程式

基本問題

073 2点間の距離，直線の方程式，点と直線の距離

3点 A(11, 3)，B(17, 6)，C(6, 8) がある。線分 AB の長さは $\boxed{\text{ア}}\sqrt{\boxed{\text{イ}}}$ であり，2点 A，B を通る直線 l の方程式は $x - \boxed{\text{ウ}}\, y - \boxed{\text{エ}} = 0$ である。また，直線 l と点 C の距離は $\boxed{\text{オ}}\sqrt{\boxed{\text{カ}}}$ であり，△ABC の面積は $\dfrac{\boxed{\text{キク}}}{\boxed{\text{ケ}}}$ である。

ア	イ	ウ	エ	オ	カ	キ	ク	ケ

074 内分点，外分点，対称点，重心の座標

(1) 2点 A(x, −2)，B(3, y) がある。線分 AB を 1：3 に内分する点が P(−3, −1) であるのは $x = \boxed{\text{アイ}}$，$y = \boxed{\text{ウ}}$ のときである。また，$x = -1$，$y = 4$ のとき線分 AB を 5：2 に外分する点は Q$\left(\dfrac{\boxed{\text{エオ}}}{\boxed{\text{カ}}}, \boxed{\text{キ}} \right)$ である。

(2) 点 C$\left(2, \dfrac{1}{2}\right)$ に関して点 R(−1, 3) と対称な点の座標は $\left(\boxed{\text{ク}}, \boxed{\text{ケコ}} \right)$ である。

(3) △DEF の頂点 D，E の座標がそれぞれ (4, 3)，(−5, 2) であり，重心 G の座標が (−1, 2) であるとき，頂点 F の座標は $\left(\boxed{\text{サシ}}, \boxed{\text{ス}} \right)$ である。

ア	イ	ウ	エ	オ	カ	キ	ク	ケ	コ	サ	シ	ス

075 直線の平行と垂直，直線に関する対称点

(1) 点 $(-2, 1)$ を通り直線 $3x + 2y + 1 = 0$ に平行な直線と垂直な直線はそれぞれ

$$\boxed{\text{ア}}\,x + \boxed{\text{イ}}\,y + \boxed{\text{ウ}} = 0, \quad \boxed{\text{エ}}\,x - \boxed{\text{オ}}\,y + \boxed{\text{カ}} = 0 \text{ である。}$$

(2) 直線 $2x + y - 5 = 0$ に関して点 $P(-1, 2)$ と対称な点 Q の座標は $\left(\boxed{\text{キ}}, \boxed{\text{ク}}\right)$ である。

ア	イ	ウ	エ	オ	カ	キ	ク

076 円の方程式，円と直線の共有点

(1) 円 $x^2 + y^2 - 8x + 6y = 0$ の中心の座標は $\left(\boxed{\text{ア}}, \boxed{\text{イウ}}\right)$ で，半径は $\boxed{\text{エ}}$ である。

(2) 直線 $y = x + a$ と円 $x^2 + y^2 = 4$ が共有点をもつような a の範囲を求めると，

$$\boxed{\text{オカ}}\sqrt{\boxed{\text{キ}}} \leqq a \leqq \boxed{\text{ク}}\sqrt{\boxed{\text{ケ}}} \text{ である。} \quad a = \boxed{\text{オカ}}\sqrt{\boxed{\text{キ}}} \text{ のとき，直線}$$

と円の共有点の座標は $\left(\sqrt{\boxed{\text{コ}}}, \boxed{\text{サ}}\sqrt{\boxed{\text{シ}}}\right)$ である。

ア	イ	ウ	エ	オ	カ	キ	ク	ケ	コ	サ	シ

077 垂直二等分線と円の方程式

座標平面上の 3 点 $P(4, 9)$, $Q(-3, 2)$, $R(5, 8)$ を通る円を C とする。

(1) 線分 PQ の傾きは $\boxed{\ \text{ア}\ }$ なので，線分 PQ の垂直二等分線の方程式は

$y = \boxed{\ \text{イ}\ } x + \boxed{\ \text{ウ}\ }$ である。また，線分 PR の垂直二等分線の方程式は

$y = x + \boxed{\ \text{エ}\ }$ である。

(2) 円 C の方程式は $x^2 + y^2 - \boxed{\ \text{オ}\ } x - \boxed{\ \text{カキ}\ } y + \boxed{\ \text{ク}\ } = 0$ である。

ア	イ	ウ	エ	オ	カ	キ	ク

078 円の接線と円の弦の長さ

(1) 点 $(4, 2)$ を通り，円 $x^2 + y^2 = 10$ に接する直線の方程式は

$x + \boxed{\ \text{ア}\ } y = \boxed{\ \text{イウ}\ }$, $\boxed{\ \text{エ}\ } x - y = \boxed{\ \text{オカ}\ }$ である。

(2) $x^2 + y^2 = 10$ と直線 $y = -2x - 5$ の二つの交点を A, B とするとき，弦 AB の長さは

$\boxed{\ \text{キ}\ } \sqrt{\boxed{\ \text{ク}\ }}$ である。

ア	イ	ウ	エ	オ	カ	キ	ク

92 | 数学Ⅱ　　**077**▶p. 232〈54〉〈55〉　**078**▶p. 232〈53〉〈57〉

079 軌跡の方程式

(1) 2点 A$(-2,\ 0)$，B$(4,\ 0)$ に対して PA：PB $= 2：1$ である点Pの軌跡は，

点$\left(\boxed{\ \text{ア}\ },\ \boxed{\ \text{イ}\ }\right)$を中心とする半径 $\boxed{\ \text{ウ}\ }$ の円である。

(2) 円$C：x^2 + y^2 = 4$ と定点 A$(6,\ 3)$ がある。点Pが円C上を動くとき，線分 AP を $1：2$ に

内分する点Qは，中心$\left(\boxed{\ \text{エ}\ },\ \boxed{\ \text{オ}\ }\right)$，半径 $\dfrac{\boxed{\ \text{カ}\ }}{\boxed{\ \text{キ}\ }}$ の円上を動く。

ア	イ	ウ	エ	オ	カ	キ

080 領域内での最大・最小

連立不等式 $2x - y \geqq -4$，$x - 2y \leqq -2$，$x + y \leqq 7$ の表す領域をMとする。点$(x,\ y)$が領域Mを動くとき，

(1) $2x + y$ は，$x = \boxed{\ \text{ア}\ }$，$y = \boxed{\ \text{イ}\ }$ のとき最大値 $\boxed{\ \text{ウエ}\ }$ をとり，$x = \boxed{\ \text{オカ}\ }$，

$y = \boxed{\ \text{キ}\ }$ のとき最小値 $\boxed{\ \text{クケ}\ }$ をとる。

(2) $\dfrac{y - 1}{x + 3} = k$ とおくと，kは定点$\left(\boxed{\ \text{コサ}\ },\ \boxed{\ \text{シ}\ }\right)$を通る直線の傾きである。よって，

kのとり得る値の範囲は，$\boxed{\ \text{スセ}\ } \leqq k \leqq \dfrac{\boxed{\ \text{ソ}\ }}{\boxed{\ \text{タ}\ }}$ である。

ア	イ	ウ	エ	オ	カ	キ	ク	ケ	コ	サ	シ	ス	セ	ソ	タ

22 花子さんと先生は，次の問題について話している。

> **問題**
>
> 円 $(x-2)^2 + y^2 = 4$ と直線 $y = 2x + k$ が異なる 2 点 A，B で交わるとき，線分 AB の中点 M の軌跡を求めよ。

(1)

> 花子：2 点 A，B の x 座標をそれぞれ α，β とすると α，β は 2 次方程式
>
> $$5x^2 + \left(\boxed{\text{ア}}\, k - \boxed{\text{イ}}\right)x + \boxed{\text{ウ}} = 0 \quad \cdots\cdots ①$$
>
> の解となりますね。α，β をそれぞれ求めて中点 M の条件を導けばよさそうですね。
>
> 先生：それも一つの方法ですが，計算が大変ですよ。$\alpha + \beta$ を k で表せればよいので，2 次方程式についての $\boxed{\text{エ}}$ を用いてみましょう。
>
> 花子：ええと，$\alpha + \beta = \dfrac{-\boxed{\text{オ}}\, k + \boxed{\text{カ}}}{\boxed{\text{キ}}}$ ですから，線分 AB の中点を M(X，Y)
>
> とすると，$X = \dfrac{-\boxed{\text{ク}}\, k + \boxed{\text{ケ}}}{\boxed{\text{キ}}}$ と簡単にわかりますね。Y についても，
>
> M は直線 $y = 2x + k$ 上の点だから $Y = \dfrac{k + \boxed{\text{コ}}}{\boxed{\text{キ}}}$ ですね。つまり，中点 M の
>
> 軌跡は 直線 $x + \boxed{\text{サ}}\, y - \boxed{\text{シ}} = 0 \quad \cdots\cdots ②$ ですね。
>
> 先生：本当にそうでしょうか。求めた直線上のすべての点が問題文の条件を満たすかどうか，もう一度よく考えてみましょう。

$\boxed{\text{ウ}}$ の解答群

⓪ 2 　　　① 4 　　　② 8 　　　③ k^2

④ $k^2 - 4$ 　　　⑤ $k^2 + 4$ 　　　⑥ $k^2 - 8$ 　　　⑦ $k^2 + 8$

$\boxed{\text{エ}}$ の解答群

⓪ 判別式 　　① 因数定理 　　② 解と係数の関係 　　③ 剰余の定理

(2)

> 花子：先生，わかりました。直線②上に点があることは，その点が求める軌跡上にあるための ス ですね。
>
> 先生：その通りです。円と直線が必ず異なる2点で交わるわけではないからですね。では，円 $(x-2)^2 + y^2 = 4$ と直線 $y = 2x + k$ が異なる2点 A，B で交わるための必要十分条件はどうなるでしょう。
>
> 花子：2次方程式①の判別式を D としたとき， セ ですね。

ス の解答群

⓪ 必要十分条件　　　　　　　　① 必要条件であるが十分条件ではない

② 十分条件であるが必要条件ではない　　③ 必要条件でも十分条件でもない

セ の解答群

⓪ $D > 0$　　① $D < 0$　　② $D \geqq 0$　　③ $D \leqq 0$

(3) 定数 k の値の範囲は

$$- \boxed{\text{ソ}} - \boxed{\text{タ}}\sqrt{\boxed{\text{チ}}} < k < - \boxed{\text{ソ}} + \boxed{\text{タ}}\sqrt{\boxed{\text{チ}}}$$

Y の範囲は　$- \dfrac{\boxed{\text{ツ}}\sqrt{\boxed{\text{テ}}}}{\boxed{\text{ト}}} < Y < \dfrac{\boxed{\text{ツ}}\sqrt{\boxed{\text{テ}}}}{\boxed{\text{ト}}}$　となる。

つまり，M の軌跡は直線②のうち，$- \dfrac{\boxed{\text{ツ}}\sqrt{\boxed{\text{テ}}}}{\boxed{\text{ト}}} < y < \dfrac{\boxed{\text{ツ}}\sqrt{\boxed{\text{テ}}}}{\boxed{\text{ト}}}$

を満たす範囲である。逆に，この図形上の任意の点は条件を満たすので，点 M の軌跡は

直線 $x + \boxed{\text{サ}}\, y - \boxed{\text{シ}} = 0$

$\left(\text{ただし，} - \dfrac{\boxed{\text{ツ}}\sqrt{\boxed{\text{テ}}}}{\boxed{\text{ト}}} < y < \dfrac{\boxed{\text{ツ}}\sqrt{\boxed{\text{テ}}}}{\boxed{\text{ト}}} \text{である。} \right)$

ア	イ	ウ	エ	オ	カ	キ	ク	ケ	コ	サ	シ	ス	セ	ソ	タ	チ	ツ	テ	ト

23 a は正の定数とする。また，座標平面上に点 M$(3, -2)$ がある。M と異なる点 P(s, t) に対して，点 Q を，3 点 Q, M, P がこの順に同一直線上に並び，線分 MQ の長さが線分 MP の長さの a 倍となるようにとる。

(1) 点 P は線分 MQ を $1 : \left(a + \boxed{\text{ア}}\right)$ に外分する。よって，点 Q の座標を (x, y) とすると

$$s = \dfrac{-x + \boxed{\text{イウ}} + \boxed{\text{エ}}}{\boxed{\text{オ}}}, \quad t = \dfrac{-y - \boxed{\text{カキ}} - \boxed{\text{ク}}}{\boxed{\text{ケ}}}$$

である。

(2) 座標平面上に原点 O を中心とする半径 2 の円 C がある。点 P が C 上を動くとき，点 Q の軌跡を考える。

点 P が C 上にあるとき

$$s^2 + t^2 = \boxed{\text{コ}}$$

が成り立つ。

点 Q の座標を (x, y) とすると，x, y は

$$\left(x - \boxed{\text{サシ}} - \boxed{\text{ス}}\right)^2 + \left(y + \boxed{\text{セソ}} + \boxed{\text{タ}}\right)^2 = \boxed{\text{コ}} \cdot \boxed{\text{チ}}^2 \quad \cdots\cdots ①$$

を満たすので，点 Q は

$$\left(\boxed{\text{サシ}} + \boxed{\text{ス}}, \ -\boxed{\text{セソ}} - \boxed{\text{タ}}\right)$$

を中心とする半径 $\boxed{\text{ツ}} \cdot \boxed{\text{チ}}$ の円上にある。

(3) k を正の定数とし，直線 $l : x + y - k = 0$ と円 $C : x^2 + y^2 = \boxed{\text{コ}}$ は接しているとする。

このとき，$k = \boxed{\text{テ}} \sqrt{\boxed{\text{ト}}}$ である。

点Pが l 上を動くとき，点Q(x, y) の軌跡の方程式は

$$x + y + \left(\boxed{\text{ナ}} \sqrt{\boxed{\text{ニ}}} - \boxed{\text{ヌ}} \right)a - \boxed{\text{ネ}} = 0 \quad \cdots\cdots ②$$

であり，点Qの軌跡は l と平行な直線である。

(4) (2)の①が表す円を C_a，(3)の②が表す直線を l_a とする。C_a の中心と l_a の距離は $\boxed{\text{ノ}}$ であり，C_a と l_a は $\boxed{\text{ハ}}$。

$\boxed{\text{ノ}}$ の解答群

⓪ $\sqrt{2}a$ ① $\sqrt{2}(a+1)$ ② $\sqrt{2}(a-1)$

③ $2a + 1$ ④ $2a - 1$ ⑤ $2a$

⑥ $(2+\sqrt{2})a$ ⑦ $(2-\sqrt{2})a$

$\boxed{\text{ハ}}$ の解答群

⓪ a の値によらず，2点で交わる

① a の値によらず，接する

② a の値によらず，共有点をもたない

③ a の値によらず共有点をもつが，a の値によって，2点で交わる場合と接する場合がある

④ a の値によって，共有点をもつ場合と共有点をもたない場合がある

(2021年共通テスト本試　改)

ア	イ	ウ	エ	オ	カ	キ	ク	ケ	コ	サ	シ	ス	セ	ソ	タ	チ

ツ	テ	ト	ナ	ニ	ヌ	ネ	ノ	ハ

2 4 実数 a に対して，座標平面上で，不等式 $x^2 - 2ax + y^2 - 2y + a^2 \leqq 0$ ……① の表す領域を A とし，連立不等式 $x^2 + y^2 \leqq 16$, $2x + y \geqq 0$ の表す領域を B とする。領域 A と領域 B が共通部分をもつとき，その共通部分を C とする。共通部分 C が a の値によりどのように変化するかを調べよう。

(1) 不等式①は $\left(x - \boxed{\text{ア}}\right)^2 + \left(y - \boxed{\text{イ}}\right)^2 \leqq \boxed{\text{ウ}}$ と変形できるので，領域 A は，点 $\left(\boxed{\text{ア}}, \boxed{\text{イ}}\right)$ を中心とする半径 $\boxed{\text{エ}}$ の円を境界にもつ領域である。

(2) 領域 B は，図 $\boxed{\text{オ}}$ の斜線部で表される。ただし，境界を含む。

$\boxed{\text{オ}}$ については，最も適当なものを，次の ⓪ ～ ③ のうちから一つ選べ。

⓪
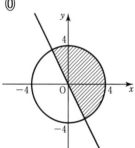

①
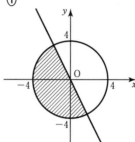

②
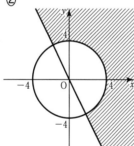

③
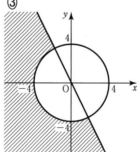

(3) 点 $\left(\boxed{\ \text{ア}\ } , \boxed{\ \text{イ}\ } \right)$ を中心とする半径 $\boxed{\ \text{エ}\ }$ の円と直線 $2x + y = 0$ が接する場合，

$\boxed{\ \text{カ}\ }$ 。

$\boxed{\ \text{カ}\ }$ の解答群

⓪　領域 A と領域 B は共通部分をもたない

①　共通部分 C は，領域 A と一致するか，または 1 点のみからなる

②　共通部分 C は，領域 B と一致するか，または 2 点のみからなる

③　共通部分 C は，領域 A と領域 B の和集合に等しい

---

(4) 領域 A と領域 B が共通部分をもつような実数 a のとり得る値の範囲は

$$\dfrac{-\boxed{\ \text{キ}\ } - \sqrt{\boxed{\ \text{ク}\ }}}{\boxed{\ \text{ケ}\ }} \leqq a \leqq \boxed{\ \text{コ}\ }\sqrt{\boxed{\ \text{サ}\ }}$$ である。

また，共通部分 C が領域 A と一致するような実数 a のとり得る値の範囲は

$$\dfrac{-\boxed{\ \text{シ}\ } + \sqrt{\boxed{\ \text{ス}\ }}}{\boxed{\ \text{セ}\ }} \leqq a \leqq \boxed{\ \text{ソ}\ }\sqrt{\boxed{\ \text{タ}\ }}$$ である。

(2013年センター追試　改)

ア	イ	ウ	エ	オ	カ	キ	ク	ケ	コ	サ	シ	ス	セ	ソ	タ

三角関数

基本問題

081 扇形の弧の長さと中心角および面積

(1) 半径 12, 弧の長さ 8π の扇形の中心角の大きさは $\dfrac{\boxed{\text{ア}}}{\boxed{\text{イ}}}\pi$(ラジアン)であり,半径 3,

面積 6 の扇形の中心角の大きさは $\dfrac{\boxed{\text{ウ}}}{\boxed{\text{エ}}}$(ラジアン)である。

(2) 周囲の長さが 12 である扇形の半径を r,中心角を θ(ラジアン),面積を S とする。このとき,$r = \boxed{\text{オ}}$,$\theta = \boxed{\text{カ}}$ のとき,S は最大値 $\boxed{\text{キ}}$ をとる。

ア	イ	ウ	エ	オ	カ	キ

082 加法定理

(1) $\sin\alpha = \dfrac{2}{3}$,$\cos\beta = -\dfrac{2}{7}$ で,α が第 2 象限の角であり,β が第 3 象限の角であるとき,

$\sin(\alpha+\beta) = \dfrac{\boxed{\text{アイ}}}{\boxed{\text{ウエ}}}$,$\cos(\alpha+\beta) = \dfrac{\boxed{\text{オ}}\sqrt{\boxed{\text{カ}}}}{\boxed{\text{キク}}}$ である。

(2) 直線 $y = \dfrac{1}{2}x$ と $y = -\dfrac{1}{3}x$ のなす角を θ $\left(0 < \theta < \dfrac{\pi}{2}\right)$ とすると,$\tan\theta = \boxed{\text{ケ}}$ であるから,$\theta = \dfrac{\boxed{\text{コ}}}{\boxed{\text{サ}}}\pi$ である。

ア	イ	ウ	エ	オ	カ	キ	ク	ケ	コ	サ

083　2倍角の公式

$\sin\theta + \cos\theta = \dfrac{1}{2}$ $\left(\dfrac{\pi}{2} \leqq \theta \leqq \pi\right)$ のとき,　$\sin 2\theta = \dfrac{\boxed{アイ}}{\boxed{ウ}}$,

$\cos\theta - \sin\theta = \dfrac{\boxed{エ}\sqrt{\boxed{オ}}}{\boxed{カ}}$,　$\cos 2\theta = \dfrac{\boxed{キ}\sqrt{\boxed{ク}}}{\boxed{ケ}}$,

$\tan 2\theta = \dfrac{\boxed{コ}\sqrt{\boxed{サ}}}{\boxed{シ}}$,　$\sin\left(\theta + \dfrac{3}{4}\pi\right) = \dfrac{\boxed{ス}\sqrt{\boxed{セソ}}}{\boxed{タ}}$ である。

ア	イ	ウ	エ	オ	カ	キ	ク	ケ	コ	サ	シ	ス	セ	ソ	タ

084　三角関数の合成と不等式

関数 $f(x) = -\sin x + \sqrt{3}\cos x$ は,　$f(x) = \boxed{ア}\sin\left(x + \dfrac{\boxed{イ}}{\boxed{ウ}}\pi\right)$ と変形できる。

ただし,　$0 \leqq \dfrac{\boxed{イ}}{\boxed{ウ}}\pi < 2\pi$ とする。

$0 \leqq x < 2\pi$ のとき,　不等式 $f(x) \geqq \sqrt{2}$ を満たす x の値の範囲を求めると,

$\boxed{エ} \leqq x \leqq \dfrac{\boxed{オ}}{\boxed{カキ}}\pi$,　$\dfrac{\boxed{クケ}}{\boxed{コサ}}\pi \leqq x < \boxed{シ}\pi$ である。

ア	イ	ウ	エ	オ	カ	キ	ク	ケ	コ	サ	シ

三角関数

085　2倍角の公式と最大・最小

関数 $y = \cos 2x + 2\sin x$ $(-\pi \leqq x < \pi)$ は，$x = \dfrac{\boxed{\text{ア}}}{\boxed{\text{イ}}}\pi$，$\dfrac{\boxed{\text{ウ}}}{\boxed{\text{エ}}}\pi$ のとき最大値 $\dfrac{\boxed{\text{オ}}}{\boxed{\text{カ}}}$ を，$x = \dfrac{\boxed{\text{キク}}}{\boxed{\text{ケ}}}\pi$ のとき最小値 $\boxed{\text{コサ}}$ をとる。ただし，$\dfrac{\boxed{\text{ア}}}{\boxed{\text{イ}}} < \dfrac{\boxed{\text{ウ}}}{\boxed{\text{エ}}}$ とする。

ア	イ	ウ	エ	オ	カ	キ	ク	ケ	コ	サ

086 三角関数を含む方程式，不等式

(1) $0 \leqq \theta < 2\pi$ のとき，方程式 $2\sin\theta + \sqrt{3} = 0$ を満たす θ の値は

$\theta = \dfrac{\boxed{ア}}{\boxed{イ}}\pi, \dfrac{\boxed{ウ}}{\boxed{エ}}\pi$ であり，不等式 $\tan\theta \geqq -\dfrac{1}{\sqrt{3}}$ を満たす θ の値の範囲は

$0 \leqq \theta < \dfrac{\boxed{オ}}{\boxed{カ}}\pi, \dfrac{\boxed{キ}}{\boxed{ク}}\pi \leqq \theta < \dfrac{\boxed{ケ}}{\boxed{コ}}\pi, \dfrac{\boxed{サシ}}{\boxed{ス}}\pi \leqq \theta < 2\pi$ である。

ただし，$\dfrac{\boxed{ア}}{\boxed{イ}} < \dfrac{\boxed{ウ}}{\boxed{エ}}$ とする。

(2) $0 \leqq \theta < 2\pi$ のとき，不等式 $\cos 2\theta + \cos\theta \leqq 0$ を満たす θ の値の範囲は

$\dfrac{\boxed{セ}}{\boxed{ソ}}\pi \leqq \theta \leqq \dfrac{\boxed{タ}}{\boxed{チ}}\pi$ で，不等式 $\sin 2\theta + \sin\theta < 0$ を満たす θ の値の範囲は

$\dfrac{\boxed{ツ}}{\boxed{テ}}\pi < \theta < \pi, \dfrac{\boxed{ト}}{\boxed{ナ}}\pi < \theta < 2\pi$ である。

ア	イ	ウ	エ	オ	カ	キ	ク	ケ	コ	サ	シ	ス	セ	ソ	タ	チ	ツ	テ	ト	ナ

087 三角関数のグラフと周期

(1) 関数 $y = \sin\dfrac{x}{2}$ ……① の周期は $\boxed{\text{ア}}\pi$ であり，関数 $y = \sin\left(\dfrac{x}{2} - \dfrac{\pi}{6}\right)$ のグラフは①

のグラフを x 軸方向に $\dfrac{\pi}{\boxed{\text{イ}}}$ だけ平行移動したものである。

(2) 右の図は，a，b，c を定数とした関数

$y = a\cos(b\theta + c)$ のグラフであり $\left(\text{ただし，}\right.$

$a > 0$，$b > 0$，$-\dfrac{\pi}{2} < c < 0 \Big)$，図中に p，q

が示されている。

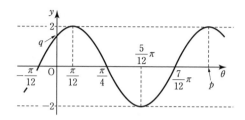

このとき，$a = \boxed{\text{ウ}}$，$b = \boxed{\text{エ}}$，$c = -\dfrac{\pi}{\boxed{\text{オ}}}$，$p = \dfrac{\boxed{\text{カ}}}{\boxed{\text{キ}}}\pi$ である。

また，グラフと y 軸との交点の y 座標 q は $q = \sqrt{\boxed{\text{ク}}}$ である。

ア	イ	ウ	エ	オ	カ	キ	ク

088 三角関数の合成と最大・最小

関数 $y = \sin\theta\cos\theta + \sin\theta + \cos\theta$ について，$t = \sin\theta + \cos\theta$ とおくと

$y = \dfrac{\boxed{\text{ア}}}{\boxed{\text{イ}}}t^2 + t - \dfrac{\boxed{\text{ウ}}}{\boxed{\text{エ}}}$ と表される。さらに，$-\pi \leqq \theta \leqq 0$ とすると

$-\sqrt{\boxed{\text{オ}}} \leqq t \leqq \boxed{\text{カ}}$ であり，y は $\theta = \boxed{\text{キ}}$ のとき最大値 $\boxed{\text{ク}}$ を，

$\theta = \boxed{\text{ケ}}\pi$，$\dfrac{\boxed{\text{コサ}}}{\boxed{\text{シ}}}\pi$ のとき最小値 $\boxed{\text{スセ}}$ をとる。

ア	イ	ウ	エ	オ	カ	キ	ク	ケ	コ	サ	シ	ス	セ

089 半角の公式

(1) $\pi < \theta < 2\pi$ で $\cos\theta = \dfrac{7}{25}$ とする。このとき，$\pi < \theta < 2\pi$ より，$\dfrac{\theta}{2}$ は第 $\boxed{\text{ア}}$ 象限の

角であるから，$\sin\dfrac{\theta}{2} = \dfrac{\boxed{\text{イ}}}{\boxed{\text{ウ}}}$，$\cos\dfrac{\theta}{2} = \dfrac{\boxed{\text{エオ}}}{\boxed{\text{カ}}}$，$\tan\dfrac{\theta}{2} = \dfrac{\boxed{\text{キク}}}{\boxed{\text{ケ}}}$ である。

(2) $\tan\dfrac{\theta}{2} = \dfrac{1}{2}$ のとき，$\cos\theta = \dfrac{\boxed{\text{コ}}}{\boxed{\text{サ}}}$，$\tan\theta = \dfrac{\boxed{\text{シ}}}{\boxed{\text{ス}}}$，$\tan 2\theta = \dfrac{\boxed{\text{セソタ}}}{\boxed{\text{チ}}}$ である。

ア	イ	ウ	エ	オ	カ	キ	ク	ケ	コ	サ	シ	ス	セ	ソ	タ	チ

090 最大・最小への応用

$0 \le \theta \le \pi$ の範囲で，関数 $y = 3\sin\theta - 2\cos\theta$ を考える。

(1) $y = r\sin(\theta + \alpha)$（ただし，$r > 0$）と変形すると，$r = \sqrt{\boxed{\text{アイ}}}$，

$\cos\alpha = \dfrac{\boxed{\text{ウ}}}{\sqrt{\boxed{\text{エオ}}}}$，$\sin\alpha = \dfrac{\boxed{\text{カキ}}}{\sqrt{\boxed{\text{エオ}}}}$ である。

(2) y の最大値は $\sqrt{\boxed{\text{クケ}}}$ であり，y の最小値は $\boxed{\text{コサ}}$ である。

ア	イ	ウ	エ	オ	カ	キ	ク	ケ	コ	サ

最重要　レベル　時間
✓　★★　10分

25 関数 $f(x) = \dfrac{1}{2}\left(\sin\dfrac{4}{3}x - \sqrt{3}\cos\dfrac{4}{3}x\right)^2$ について考えよう。

(1)　$\sin\dfrac{4}{3}x - \sqrt{3}\cos\dfrac{4}{3}x = \boxed{\text{ア}}\sin\left(\dfrac{4}{3}x - \dfrac{\pi}{\boxed{\text{イ}}}\right)$ であるから

$$f(x) = \boxed{\text{ウ}}\sin^2\left(\dfrac{4}{3}x - \dfrac{\pi}{\boxed{\text{イ}}}\right)$$

である。さらに，2倍角の公式により

$$f(x) = -\cos\left(\dfrac{\boxed{\text{エ}}}{\boxed{\text{オ}}}x - \dfrac{\boxed{\text{カ}}}{\boxed{\text{キ}}}\pi\right) + \boxed{\text{ク}} \quad \cdots\cdots①$$

と表される。

(2)　一般に，$-\cos\theta = \boxed{\text{ケ}}$ がすべての θ に対して成り立つ。

　$\boxed{\text{ケ}}$ の解答群

$$\text{⓪ } \sin\left(\theta - \dfrac{3}{2}\pi\right) \quad \text{① } \sin\left(\theta + \dfrac{3}{2}\pi\right) \quad \text{② } \sin\left(\dfrac{\pi}{2} - \theta\right) \quad \text{③ } \sin\left(\dfrac{\pi}{2} + \theta\right)$$

(3)　(2)と①により，$f(x)$ は

$$f(x) = \sin\left(\dfrac{\boxed{\text{エ}}}{\boxed{\text{オ}}}x + \dfrac{\boxed{\text{コ}}}{\boxed{\text{サ}}}\pi\right) + \boxed{\text{ク}} \quad \cdots\cdots②$$

と変形できる。

(4) ②により，関数 $y = f(x)$ のグラフは，$y = \sin \dfrac{\boxed{エ}}{\boxed{オ}} x$ のグラフを x 軸方向に $\boxed{シ}$，

y 軸方向に $\boxed{ク}$ だけ平行移動したもので，周期は $\boxed{ス}$ であることがわかる。

$\boxed{シ}$，$\boxed{ス}$ の解答群

⓪ $\dfrac{5}{6}\pi$　　① $-\dfrac{5}{6}\pi$　　② $\dfrac{5}{16}\pi$　　③ $-\dfrac{5}{16}\pi$　　④ $\dfrac{11}{6}\pi$

⑤ $\dfrac{11}{8}\pi$　　⑥ $\dfrac{4}{3}\pi$　　⑦ $\dfrac{8}{3}\pi$　　⑧ $\dfrac{3}{4}\pi$　　⑨ $\dfrac{3}{8}\pi$

(5) $0 \le x \le 2\pi$ の範囲で，$f(x) = \dfrac{1}{2}$ を満たす x は $\boxed{セ}$ 個ある。その中で最小のものを α

とおくと，$\alpha = \dfrac{\pi}{\boxed{ソ}}$ である。

この α に対して $\tan \alpha$ の値を求めよう。$\tan 2\alpha$ を，$\tan \alpha$ を用いて表すと

$\tan 2\alpha = \dfrac{\boxed{タ}\,\tan \alpha}{\boxed{チ} - \tan^2 \alpha}$ である。

この式と $\tan \alpha > 0$ により $\tan \alpha = \sqrt{\boxed{ツ}} - \boxed{テ}$ であることがわかる。

(2015年センター追試　改)

ア	イ	ウ	エ	オ	カ	キ	ク	ケ	コ	サ	シ	ス	セ	ソ	タ	チ	ツ	テ

26 (1) (i) 中心角の大きさが 1 ラジアンであるものは ア と イ である。

ア ， イ については，最も適当なものを，次の⓪～③のうちから**二つ**選べ。ただし，解答の順序は問わない。

> ⓪ 半径が 1，弧の長さが π のおうぎ形の中心角の大きさ
>
> ① 半径が π，弧の長さが 1 のおうぎ形の中心角の大きさ
>
> ② 半径が 1，弧の長さが 1 のおうぎ形の中心角の大きさ
>
> ③ 半径が π，弧の長さが π のおうぎ形の中心角の大きさ

(ii) 座標平面上の点 O を中心とし，x 軸の正の部分を始線とした角 1 ラジアンの動径 OP は第 ウ 象限にあり，角 4 ラジアンの動径 OQ は第 エ 象限にある。

(2) 216° を弧度法で表すと $\dfrac{\boxed{オ}}{\boxed{カ}}\pi$ ラジアンである。また，$\dfrac{29}{45}\pi$ ラジアンを度数法で表すと $\boxed{キクケ}$° である。

(3) 半径 r，中心角が θ ラジアンのおうぎ形の面積は コ である。

コ の解答群

> ⓪ $\dfrac{r^2\theta}{\pi}$　　　① $\dfrac{1}{2}r^2\theta$　　　② $\dfrac{r^2\theta}{2\pi}$　　　③ $\pi r^2\theta$

(4) $\dfrac{\pi}{2} \leqq \theta \leqq \pi$ の範囲で

$$2\sin\left(\theta - \frac{\pi}{5}\right) + 2\cos\left(\theta - \frac{\pi}{30}\right) = 1 \quad \cdots\cdots①$$

を満たす θ の値を考えよう。

(i) $x = \theta - \dfrac{\pi}{5}$ とおくと①は

$$2\sin x + 2\cos\left(x + \frac{\pi}{\boxed{サ}}\right) = 1$$

と表せる。加法定理を用いるとこの式は

$$\sin x + \sqrt{\boxed{シ}}\cos x = 1$$

となる。さらに三角関数の合成を用いると

$$\sin\left(x + \frac{\pi}{\boxed{ス}}\right) = \frac{1}{\boxed{セ}} \qquad と変形できる。$$

(ii) $y = \sin\left(x + \dfrac{\pi}{\boxed{ス}}\right)$ のグラフの概形は，$\boxed{ソ}$ である。

$\boxed{ソ}$ については，最も適当なものを，次の⓪～⑧のうちから一つ選べ。

⓪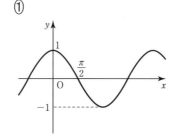

①

②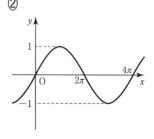

③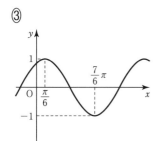

④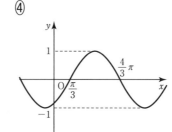

⑤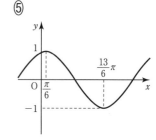

⑥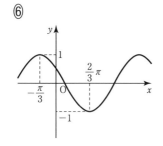

⑦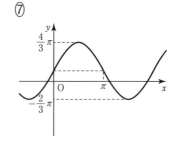

⑧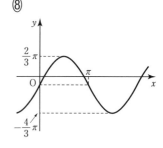

(iii) $y = \sin\left(x + \dfrac{\pi}{\boxed{ス}}\right)$ のグラフと直線 $y = \dfrac{1}{\boxed{セ}}$ との交点を考えると，

①の方程式の解は $x = \theta - \dfrac{\pi}{5}$，$\dfrac{\pi}{2} \leqq \theta \leqq \pi$ だから，$\theta = \dfrac{\boxed{タ}}{\boxed{チツ}}\pi$ となる。

（2018年センター本試　改）

ア	イ	ウ	エ	オ	カ	キ	ク	ケ	コ	サ	シ	ス	セ	ソ	タ	チ	ツ

27 太郎さんと花子さんは，次の問題について話をしている。二人の会話を読んで，次ページの問いに答えよ。

問題

$0 \leqq x < 2\pi$ とする。x についての方程式 $2\cos 2x + 4\cos x + a - 2 = 0$ ……①
の実数解の個数を調べよ。

太郎：実数解の個数の調べ方は2次関数のときにやったね。グラフを使って共有点の個数を実数解の個数と比較すればいいんだよね。

花子：方程式①を変形して，$-2\cos 2x - 4\cos x + 2 = a$ とすれば，2つの関数
$y = -2\cos 2x - 4\cos x + 2$ と $y = a$ のグラフの共有点の個数から，実数解の個数を調べることができるわね。

太郎：さすが花子さん。でも私は $y = -2\cos 2x - 4\cos x + 2$ のグラフをかけないよ。

花子：そうね，このままではかけないから，$\cos x = t$ とすれば，

$$-2\cos 2x - 4\cos x + 2 = -\boxed{\text{ア}}\,t^2 - \boxed{\text{イ}}\,t + \boxed{\text{ウ}} \text{と変形できるわね。}$$

$$y = -\boxed{\text{ア}}\,t^2 - \boxed{\text{イ}}\,t + \boxed{\text{ウ}} \quad \cdots\cdots② \text{のグラフならかけるでしょ。}$$

太郎：このグラフなら私もかけるよ。上に凸の放物線で，頂点の座標は

$$\left(\dfrac{\boxed{\text{エオ}}}{\boxed{\text{カ}}}, \ \boxed{\text{キ}} \right) \text{になるね。}$$

$y = a$ のグラフと②のグラフの共有点を調べると，$a = \boxed{\text{キ}}$ のときは1個で，
$a < \boxed{\text{キ}}$ のときは2個だから，方程式①の実数解の個数も同じだよね。

花子：ちょっと待って。t の値の範囲を考えないといけないわ。$t = \cos x$ で，$0 \leqq x < 2\pi$
だから，t の値の範囲は $\boxed{\text{ク}}$ よね。このこともふまえると，$y = a$ のグラフと②
のグラフの共有点の個数は，$\boxed{\text{ケコ}} \leqq a < \boxed{\text{サ}}$，$a = \boxed{\text{シ}}$ のときは1個で，
$\boxed{\text{サ}} \leqq a < \boxed{\text{シ}}$ のときは2個だと思うの。

太郎：でも，t についての方程式ではなくて，x についての方程式①の解の個数を求めたいのだから，t の値を決めたときに x はどうなるか，考えないといけない気がするな。

花子：そうね。$t = \cos x$ だから，$t = \boxed{\text{スセ}}$，$\boxed{\text{ソ}}$ のときはそれぞれの t の値に対して x の値は $\boxed{\text{タ}}$ 個で，それ以外のときは $\boxed{\text{チ}}$ 個あるわね。

ク の解答群

⓪ $-1 < t < 1$	① $-1 \leqq t < 0$	② $0 < t \leqq 1$	③ $-1 \leqq t \leqq 1$
④ $-1 \leqq t < 1$	⑤ $-1 \leqq t \leqq 0$	⑥ $0 \leqq t \leqq 1$	⑦ $-1 < t \leqq 1$

次の⓪～⑧の値のうち，方程式①の異なる実数解が 2 個あるときの a の値は ツ 個あり，そのうち最大のものは テ ，最小のものは ト である。また，方程式①の実数解が 3 個あるような a の値は ナ である。

テ ， ト ， ナ については，最も適当なものを，次の⓪～⑧のうちから一つずつ選べ。ただし，該当するものがない場合は⑨をマークすること。

⓪ $a = -6$	① $a = -4$	② $a = -1$	③ $a = 0$	④ $a = 2$
⑤ $a = \dfrac{7}{2}$	⑥ $a = 4$	⑦ $a = \dfrac{9}{2}$	⑧ $a = 5$	⑨ 該当なし

ア	イ	ウ	エ	オ	カ	キ	ク	ケ	コ	サ	シ	ス	セ	ソ	タ	チ

ツ	テ	ト	ナ

指数関数・対数関数

基本問題

091 指数とその性質

(1) $a = \sqrt[3]{4}$, $b = \left(\dfrac{1}{2}\right)^{-\frac{1}{3}}$, $c = (\sqrt{2})^{\frac{1}{3}}$ を小さい順に並べると，$\boxed{ア} < \boxed{イ} < \boxed{ウ}$ である。

(2) 不等式 $4^x - 3\cdot 2^{x+2} + 32 > 0$ を解くと，$x < \boxed{エ}$，$\boxed{オ} < x$ となる。

ア	イ	ウ	エ	オ

092 対数とその性質

(1) $\log_{10} 2 = a$，$\log_{10} 3 = b$ とするとき，

$$\log_{10} 360 = \boxed{ア}\,a + \boxed{イ}\,b + \boxed{ウ}, \quad \log_4 13.5 = \dfrac{\boxed{エ}\,b - a}{\boxed{オ}\,a}$$ である。

(2) 不等式 $\log_3 (x+2) + \log_3 (x-4) \leqq 3$ を解くと，$\boxed{カ} < x \leqq \boxed{キ}$ となる。

(3) 不等式 $2\log_{\frac{1}{3}} x > \log_{\frac{1}{3}} (x+2)$ を解くと，$\boxed{ク} < x < \boxed{ケ}$ である。

ア	イ	ウ	エ	オ	カ	キ	ク	ケ

0 9 3　指数・対数の計算

(1)　$a^{\frac{1}{2}} + a^{-\frac{1}{2}} = 3$ $(a > 1)$ のとき，$a + a^{-1} =$ ボックスア，$a^2 - a^{-2} =$ ボックスイウ$\sqrt{\boxed{エ}}$ である。

(2)　三つの数 $a = \log_2 3$，$b = \log_4 7$，$c = 1 + \log_2 \sqrt[3]{3}$ を考える。このとき，

$$6a = \log_2 \boxed{オカキ}, \quad 6b = \log_2 \boxed{クケコ}, \quad 6c = \log_2 \boxed{サシス}$$

であるから，a，b，c を小さい順に並べると，$\boxed{セ} < \boxed{ソ} < \boxed{タ}$ となる。

ア	イ	ウ	エ	オ	カ	キ	ク	ケ	コ	サ	シ	ス	セ	ソ	タ

0 9 4　桁数と小数首位

$\log_{10} 2 = 0.3010$，$\log_{10} 3 = 0.4771$ を用いると，6^{30} は ボックスアイ 桁の数である。また，$\left(\dfrac{1}{15}\right)^{30}$ を

小数で表すと，小数第 ボックスウエ 位にはじめて 0 でない数字が現れる。

ア	イ	ウ	エ

095 二つの指数関数のグラフの共有点

関数 $f(x) = 2^x - 2^{-x}$ に対して，$f(-x+3) = \boxed{\text{ア}} \cdot 2^{-x} - \dfrac{\boxed{\text{イ}}}{\boxed{\text{ウ}}} \cdot 2^x$ である。また，

関数 $y = f(x)$ のグラフと，関数 $y = f(-x+3)$ のグラフの共有点の x 座標は $\dfrac{\boxed{\text{エ}}}{\boxed{\text{オ}}}$ である。

096 指数を含んだ関数の最大・最小

$f(x) = 4^{x+1} - 2^{x+3} + 3$ とする。$2^x = t$ とおくと，$f(x) = \boxed{\text{ア}}\, t^2 - \boxed{\text{イ}}\, t + 3$ である

から，方程式 $f(x) = 0$ を満たす x の値は $x = \boxed{\text{ウエ}}$，$\log_2 \boxed{\text{オ}} - 1$ となる。

また，$f(x)$ は $x = \boxed{\text{カ}}$ のとき，最小値 $\boxed{\text{キク}}$ をとる。

ア	イ	ウ	エ	オ	カ	キ	ク

097 対数関数のグラフと平行移動

関数 $y = \log_3(3x + 9)$ のグラフは，関数 $y = \log_3 x$ のグラフを x 軸方向に $\boxed{\text{アイ}}$，y 軸方向に $\boxed{\text{ウ}}$ だけ平行移動したものである。また，この関数のグラフと x 軸との共有点の座標は $\left(-\dfrac{\boxed{\text{エ}}}{\boxed{\text{オ}}},\ 0\right)$，$y$ 軸との共有点の座標は $\left(0,\ \boxed{\text{カ}}\right)$ である。

ア	イ	ウ	エ	オ	カ

098 対数関数の最大・最小

$y = \left(\log_2 \dfrac{4}{x}\right)(\log_2 x - 1)$ $\left(\dfrac{1}{2} \leqq x \leqq 4\right)$ ……① とする。$\log_2 x = t$ とおくと，

$y = \boxed{\text{ア}}\, t^2 + \boxed{\text{イ}}\, t - 2$

であり，$\boxed{\text{ウエ}} \leqq t \leqq \boxed{\text{オ}}$ であるので，①は，

$x = \boxed{\text{カ}}\sqrt{\boxed{\text{キ}}}$ のとき最大値 $\dfrac{\boxed{\text{ク}}}{\boxed{\text{ケ}}}$，$x = \dfrac{\boxed{\text{コ}}}{\boxed{\text{サ}}}$ のとき最小値 $\boxed{\text{シス}}$ をとる。

ア	イ	ウ	エ	オ	カ	キ	ク	ケ	コ	サ	シ	ス

099 指数・対数の連立方程式

(1) 連立方程式 $\begin{cases} 2^{x-1} + 3^{y+2} = 31 \\ 2^{x+1} + 3^{y-1} = 17 \end{cases}$ を解くと，$x = \boxed{}$，$y = \boxed{}$ である。

(2) 連立方程式 $\begin{cases} \log_3 (x+1) - \log_9 y = \dfrac{3}{2} \\ x + 3y = 3 \end{cases}$ を解くと，$x = \boxed{}$，$y = \dfrac{\boxed{}}{\boxed{}}$ である。

ア	イ	ウ	エ	オ

100 対数不等式とその応用

連立不等式 $\begin{cases} 1 + \log_2 y \leqq \log_2 (18 - 3x) & \cdots\cdots ① \\ 1 + \log_2 y \leqq \log_2 (10 - x) & \cdots\cdots ② \end{cases}$

について考える。①，②の真数の条件から $x <$ ア ，$y >$ イ とわかり，

①より $y \leqq \dfrac{\boxed{ウエ}}{\boxed{オ}} x + \boxed{カ}$ ，②より $y \leqq \dfrac{\boxed{キク}}{\boxed{ケ}} x + \boxed{コ}$ である。

点 (x, y) が与えられた連立不等式を満たすとすると，$x + y$ は $x = \boxed{サ}$ ，$y = \boxed{シ}$ のとき最大値 $\boxed{ス}$ をとる。

ア	イ	ウ	エ	オ	カ	キ	ク	ケ	コ	サ	シ	ス

指数関数・対数関数

実践問題 ▉▉▉▉▉▉▉▉

28 $y = 3^x$, $y = \left(\dfrac{1}{3}\right)^x$, $y = \log_3 x$, $y = \log_3 \dfrac{1}{x}$, $y = \log_{\frac{1}{3}} x$

のグラフについて考える。

(1) 指数と対数の関係について，$a^p = M \Longleftrightarrow \boxed{\ \text{ア}\ }$ である。

$\boxed{\ \text{ア}\ }$ の解答群

⓪ $M = \log_a p$ ① $a = \log_M p$ ② $p = \log_a M$ ③ $p = \log_M a$

(2) a, b は正の数で，$a \neq 1$, $b \neq 1$ とする。次のA～Fのうち，常に成り立つものをすべて選んだ組合せとして正しいものは $\boxed{\ \text{イ}\ }$ である。

A．$-\log_a b = \log_b a$　　B．$\log_a b = \log_{\frac{1}{a}} \dfrac{1}{b}$　　C．$-\log_a b = \log_a \sqrt{b}$

D．$2\log_a b = \log_{\sqrt{a}} b$　　E．$(\log_a b)^2 = 2\log_a b$　　F．$\dfrac{-1}{\log_a b} = \log_b \dfrac{1}{a}$

$\boxed{\ \text{イ}\ }$ の解答群

⓪ A，B，F　① A，C，E　② B，C，E

③ B，D，F　④ C，D，E　⑤ C，E，F

(3) 5つのグラフについて，

$y = 3^x$ のグラフと $y = \left(\dfrac{1}{3}\right)^x$ のグラフは $\boxed{\ \text{ウ}\ }$ である。

$y = \left(\dfrac{1}{3}\right)^x$ のグラフと $y = \log_{\frac{1}{3}} x$ のグラフは $\boxed{\ \text{エ}\ }$ である。

$y = \log_3 x$ のグラフと $y = \log_{\frac{1}{3}} x$ のグラフは $\boxed{\ \text{オ}\ }$ である。

$y = \log_3 \dfrac{1}{x}$ のグラフと $y = \log_{\frac{1}{3}} x$ のグラフは $\boxed{\ \text{カ}\ }$ である。

$\boxed{\ \text{ウ}\ } \sim \boxed{\ \text{カ}\ }$ については，最も適当なものを，次の⓪～⑤のうちから一つずつ選べ。ただし，同じものを繰り返し選んでもよい。

⓪ 原点に関して対称

① 原点に関して対称でないが，x軸に関して対称

② 原点に関して対称でないが，y軸に関して対称

③ 原点に関して対称でないが，直線 $y = x$ に関して対称

④ 同一のもの

⑤ 一方を平行移動すると，もう一方に重なるもの

(4) 定義域が実数全体で，$a>0$ かつ $a\neq1$ ならば，$y=a^x$ の値域は $\boxed{\text{キ}}$，

定義域が $x>0$ で，$a>0$ かつ $a\neq1$ ならば，$y=\log_a x$ の値域は $\boxed{\text{ク}}$ である。

$\boxed{\text{キ}}$，$\boxed{\text{ク}}$ の解答群（同じものを繰り返し選んでもよい。）

$\textcircled{0}$　$y>0$　　$\textcircled{1}$　$y>1$　　$\textcircled{2}$　$y>0$ かつ $y\neq1$　　$\textcircled{3}$　実数全体

ここで，$x>0$ における関数 $y=\left(\log_3\dfrac{x}{3}\right)^2+2\log_{\frac{1}{9}}x+2$ の最小値を考える。

(5) $t=\log_3 x$ とおくと，関数は $y=t^2-\boxed{\text{ケ}}\,t+\boxed{\text{コ}}$ と表される。

(6) x が $x>0$ の範囲を動くとき，t のとり得る値の範囲は $\boxed{\text{サ}}$ である。

$\boxed{\text{サ}}$ の解答群

$\textcircled{0}$　$t>0$　　$\textcircled{1}$　$t>1$　　$\textcircled{2}$　$t>0$ かつ $t\neq1$　　$\textcircled{3}$　実数全体

---

(7) y は $t=\dfrac{\boxed{\text{シ}}}{\boxed{\text{ス}}}$ のとき，すなわち $x=\boxed{\text{セ}}\sqrt{\boxed{\text{ソ}}}$ のとき，最小値 $\dfrac{\boxed{\text{タ}}}{\boxed{\text{チ}}}$

をとる。

ア	イ	ウ	エ	オ	カ	キ	ク	ケ	コ	サ	シ	ス	セ	ソ	タ	チ

29 太郎さんと花子さんは，宿題で出された**問題**について話している。

> **問題**
>
> x の方程式 $4(4^x + 4^{-x}) - 20(2^x + 2^{-x}) + 33 = 0$ を解け。

(1)

> 花子：この形のままだと解くことができないよ。
>
> 太郎：$2^x + 2^{-x} = t$ とおいて考えよう。そうすれば，$4^x + 4^{-x} = t^{\boxed{ア}} - \boxed{\ \ イ\ \ }$ となるから，問題の方程式は $4t^{\boxed{ウ}} - 20t + \boxed{エオ} = 0$ と表すことができるね。
>
> 花子：これで解ける形になったわ。あとはこの方程式を解くだけね。
>
> 太郎：ちょっと待って。新しい文字で置いたときには，その新しい文字の範囲も確認しないといけなかったよね。x の範囲が実数全体のとき，$y = 2^x$ と $y = 2^{-x}$ の値域はどちらも $\boxed{\ \ カ\ \ }$ になるから，相加平均と相乗平均の関係を考えると t のとり得る値の範囲は $\boxed{\ \ キ\ \ }$ となるね。
>
> 花子：そうだったね。とり得る値の範囲に注意して方程式を解くと，$t = \dfrac{\boxed{ク}}{\boxed{ケ}}$ を満たす x が答えになるわね。ところで，はじめにおいた $t = 2^x + 2^{-x}$ という関数はどんなグラフなのかな。たとえば，$x = 3$ のときには $t = \dfrac{\boxed{コサ}}{\boxed{シ}}$ となるけれど…
>
> 太郎：関数のグラフがどんな形になるかを考えるのは面白いね。$y = 2^x$ と $y = 2^{-x}$ のグラフは互いに $\boxed{\ \ ス\ \ }$ から，$y = 2^x + 2^{-x}$ のグラフについては $\boxed{\ \ セ\ \ }$ グラフになるよ。

$\boxed{\ \ カ\ \ }$ の解答群

⓪ $y > 0$　　① $y > 1$　　② $y > 0$ かつ $y \neq 1$　　③ 実数全体

$\boxed{\ \ キ\ \ }$ の解答群

⓪ $t \geqq 1$　　① $t > 1$　　② $t \geqq 2$　　③ $t > 2$

$\boxed{ス}$，$\boxed{セ}$ については，最も適当なものを，次の⓪~③のうちから一つずつ選べ。ただし，同じものを繰り返し選んでもよい。

⓪ 原点に関して対称である　① 対称性はない

② 原点に関して対称ではないが，x軸に関して対称である

③ 原点に関して対称ではないが，y軸に関して対称である

(2)

太郎：方程式 $2^x + 2^{-x} = \dfrac{\boxed{ク}}{\boxed{ケ}}$ についても，このままだと解くことが難しいな。

$2^x = u$ とおけば，この方程式は $\boxed{ソ}\,u^2 - \boxed{タ}\,u + \boxed{チ} = 0$ と表せて，解くことができそうだ。

花子：このときの u の範囲は $\boxed{ツ}$ になるかな。

太郎：その通りだね。範囲に注意してこの方程式を解くと，$u = \boxed{テ}$ または $\dfrac{\boxed{ト}}{\boxed{ナ}}$

となるね。

花子：つまり，$x = \boxed{ニ}$ または $\boxed{ヌネ}$ が答えということね。

$\boxed{ツ}$ の解答群

⓪ $u \geqq 0$　① $u > 0$　② $u \geqq 1$　③ $u > 1$

指数関数・対数関数

ア	イ	ウ	エ	オ	カ	キ	ク	ケ	コ	サ	シ	ス	セ	ソ	タ	チ

ツ	テ	ト	ナ	ニ	ヌ	ネ

30　$\log_{10} 2 = 0.3010$ とする。

(1) このとき，$\boxed{\ \ ア\ \ } = 2$，$\boxed{\ \ イ\ \ } = 10$ となる。

$\boxed{\ \ ア\ \ }$，$\boxed{\ \ イ\ \ }$ の解答群（同じものを選んでもよい。）

$⓪$　10^0　　　$①$　$10^{0.3010}$　　　$②$　$10^{-0.3010}$　　　$③$　$2^{0.6990}$　　　$④$　$2^{-0.6990}$

$⑤$　$2^{\frac{1}{0.3010}}$　　　$⑥$　$10^{-\frac{1}{0.3010}}$　　　$⑦$　$2^{-\frac{1}{0.3010}}$　　　$⑧$　$2^{\frac{1}{0.6990}}$

(2) 次のようにして二つの**対数ものさしA，B**を作る。

　　A：2以上の整数 n のそれぞれに対して，1の目盛りから右に $\log_{10} n$ だけ離れた場所に n の目盛りを書く。ただし，目盛りはものさしの下部に書く。

　　B：2以上の整数 n のそれぞれに対して，1の目盛りから右に $\log_{10} n$ だけ離れた場所に n の目盛りを書く。ただし，目盛りはものさしの上部に書く。

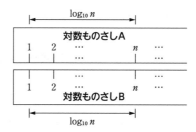

このとき，**対数ものさしA**において，1の目盛りから右に $\boxed{\ \ ウ\ \ }$ だけ離れた場所には 8 の目盛りがある。

$\boxed{\ \ ウ\ \ }$ の解答群

$⓪$　7　　　$①$　$\log_{10} 7$　　　$②$　$2\log_{10} 3$　　　$③$　0.9030　　　$④$　2.4080

(3) 次の図のように，**対数ものさしA**の1の目盛りと**対数ものさしB**の2の目盛りを合わせた。このとき，**対数ものさしA**の a の目盛りに対応する**対数ものさしB**の目盛りは b になった。

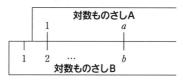

次の$⓪$〜$③$のうち，a と b の関係について，いつでも成り立つ式は $\boxed{\ \ エ\ \ }$ である。

$\boxed{\ \ エ\ \ }$ の解答群

$⓪$　$b = a - 2$　　　$①$　$b = 2a$　　　$②$　$b = \log_{10}(a + 2)$　　　$③$　$b = \log_{10} 2a$

(4) 先生と太郎さんは(3)の問題について話している。二人の会話を読んで，下の問いに答えよ。

太郎：(3)の答えは $b = a + 2$ だと思ったのですが，間違っていますか。

先生：それはいつでも成り立つ関係ではありませんね。でも，$a =$ オ ，$b =$ カ のときであれば，$b = a + 2$ が成り立ちます。対数ものさしでは，目盛りと目盛りの間の長さが対数で表されているということに注意しないといけません。

太郎：なるほど，対数ものさしでは長さを対数で考えなければならないのですね。そうすると， A の間の長さと B の間の長さが同じということですね。

先生：その通りです。わかってきましたね。

太郎：それなら，(3)のように考えるとき，**対数ものさしAの8の目盛りと対数ものさしB の8より大きいbの目盛りを合わせて，対数ものさしAの1の目盛りと対数ものさしBのcの目盛りが合うとき**， コ という関係がいつでも成り立つということですね。なんだか掛け算と割り算なのに足し算と引き算をしているみたいです。

先生：そうですね。それが対数ものさしの便利なところです。

次の⓪〜⑤のうち， A ， B に当てはまるものの組合せとして正しいものは キ ， ク ， ケ である。

キ ， ク ， ケ の解答群（解答の順序は問わない）

	A	B
⓪	2の目盛りと3の目盛り	6の目盛りと9の目盛り
①	4の目盛りと5の目盛り	8の目盛りと9の目盛り
②	6の目盛りと8の目盛り	9の目盛りと12の目盛り
③	3の目盛りと4の目盛り	9の目盛りと16の目盛り
④	1の目盛りと $\dfrac{3}{2}$ の目盛り	6の目盛りと9の目盛り
⑤	9の目盛りと11の目盛り	10の目盛りと12の目盛り

コ の解答群

⓪ $c = b - 8$　　① $c = b - 3$　　② $c = \dfrac{b}{8}$　　③ $c = 8b$

ア	イ	ウ	エ	オ	カ	キ	ク	ケ	コ

基本問題

101 接線の方程式

(1) 曲線 $y = x^2 - 2x$ 上の点 $(3, 3)$ における接線の方程式は $y = \boxed{\text{ア}}\, x - \boxed{\text{イ}}$ である。

(2) 曲線 $y = x^2 - 3x + 1$ 上の点 $(a, a^2 - 3a + 1)$ における接線の方程式は

$y = \left(\boxed{\text{ウ}}\, a - \boxed{\text{エ}} \right) x - a^2 + \boxed{\text{オ}}$ である。

この曲線の接線で，点 $(3, 0)$ を通るもののうち，傾きが大きい方の方程式は

$y = \boxed{\text{カ}}\, x - \boxed{\text{キク}}$ である。

ア	イ	ウ	エ	オ	カ	キ	ク

102 極大値・極小値

関数 $f(x) = -x^3 + 3ax^2 + 3bx$ が $x = 1, 2$ で極値をとるとき，$a = \dfrac{\boxed{\text{ア}}}{\boxed{\text{イ}}}$，$b = \boxed{\text{ウエ}}$

であり，極大値は $\boxed{\text{オカ}}$，極小値は $\dfrac{\boxed{\text{キク}}}{\boxed{\text{ケ}}}$ である。

ア	イ	ウ	エ	オ	カ	キ	ク	ケ

103 3次関数の最大・最小

関数 $f(x) = x^3 + 3x^2$ は $x = \boxed{\text{アイ}}$ のとき極大値 $\boxed{\text{ウ}}$, $x = \boxed{\text{エ}}$ のとき極小値 $\boxed{\text{オ}}$ をとる。

ここで $f(x) = x^3 + 3x^2 \ (-3 \leqq x \leqq a)$ の最大値について考える。ただし $a > -3$ とする。

$-3 < a < \boxed{\text{カキ}}$ および $a \geqq \boxed{\text{ク}}$ のとき $f(x)$ は最大値 $a^{\boxed{\text{ケ}}} + \boxed{\text{コ}} a^2$ をとる。

$\boxed{\text{カキ}} \leqq a < \boxed{\text{ク}}$ のとき $f(x)$ は最大値 $\boxed{\text{サ}}$ をとる。

ア	イ	ウ	エ	オ	カ	キ	ク	ケ	コ	サ

104　3次方程式の実数解の個数

3次方程式 $x^3 + 6x^2 - 15x - k = 0$ が異なる3個の実数解をもつときの k の値の範囲は $\boxed{\text{アイ}} < k < \boxed{\text{ウエオ}}$ であり，ただ一つの実数解をもち，しかもそれが正の解であるときの k の値の範囲は $\boxed{\text{カキク}} < k$ である。また，正の2重解と一つの負の解をもつときの k の値は，$k = \boxed{\text{ケコ}}$ であり，このときの負の解は $x = \boxed{\text{サシ}}$ である。

ア	イ	ウ	エ	オ	カ	キ	ク	ケ	コ	サ	シ

105 曲線などで囲まれた部分の面積

(1) 放物線 $y = 2x^2 - x$ と直線 $y = 4x - 2$ とで囲まれた部分の面積は $\dfrac{\boxed{\text{ア}}}{\boxed{\text{イ}}}$ である。

(2) 関数 $y = x^2 - 3x + 2$ のグラフと，x 軸，y 軸で囲まれた二つの部分の面積の和は $\boxed{\text{ウ}}$ である。

106 絶対値を含んだ関数の積分

(1) $\displaystyle\int_0^3 |x(x-2)|\,dx = \dfrac{\boxed{\text{ア}}}{\boxed{\text{イ}}}$ である。

(2) 関数 $y = |x^2 + x - 2|$ のグラフと，x 軸および直線 $x = 2$ で囲まれた二つの部分の面積の和は $\dfrac{\boxed{\text{ウエ}}}{\boxed{\text{オ}}}$ である。

ア	イ	ウ	エ	オ

微分法と積分法

107 微分と積分の関係，定積分を含む関数

(1) 正の定数 a と関数 $f(x)$ が，等式 $\displaystyle\int_a^x f(t)\,dt = 4x^2 - 4x - 3$ を満たすとき，

$$a = \dfrac{\boxed{\text{ア}}}{\boxed{\text{イ}}}, \quad f(x) = \boxed{\text{ウ}}\,x - \boxed{\text{エ}} \text{ である。}$$

(2) $f(x) = x^2 + 3x\displaystyle\int_0^1 f(t)\,dt$ のとき，$f(x) = x^2 - \boxed{\text{オ}}\,x$ である。

ア	イ	ウ	エ	オ

108 接線と放物線で囲まれた部分の面積

放物線 $y = -x^2 + 4x \cdots\cdots①$ の接線のうち点 $(0,\ 9)$ を通るものの方程式は，

$$y = \boxed{\text{アイ}}\,x + \boxed{\text{ウ}} \cdots\cdots②$$
$$y = \boxed{\text{エオ}}\,x + \boxed{\text{カ}} \cdots\cdots③ \quad \left(\text{ただし,} \boxed{\text{アイ}} > \boxed{\text{エオ}} \right)$$

となる。また，①，②，③で囲まれた部分の面積は $\boxed{\text{キク}}$ である。

ア	イ	ウ	エ	オ	カ	キ	ク

109 面積の最小値

下の図のように，放物線 $y = \dfrac{1}{3}x^2$ ……① と直線 $y = mx$（ただし $0 < m < 1$）……② および
直線 $x = 3$ で囲まれた二つの部分をそれぞれ S_1，S_2 とおき，$S(m) = S_1 + S_2$ とおく。また，①，
②の交点のうち原点以外の点を A とおく。このとき，点 A の x 座標は，$\boxed{\text{ア}}\,m$ であり，

$$S(m) = \boxed{\text{イ}}\,m^3 - \dfrac{\boxed{\text{ウ}}}{\boxed{\text{エ}}}\,m + \boxed{\text{オ}}\ \text{である。}$$

$S(m)$ は $m = \dfrac{\sqrt{\boxed{\text{カ}}}}{\boxed{\text{キ}}}$ のとき，最小値

$$\dfrac{\boxed{\text{ク}} - \boxed{\text{ケ}}\sqrt{\boxed{\text{コ}}}}{\boxed{\text{サ}}}\ \text{をとる。}$$

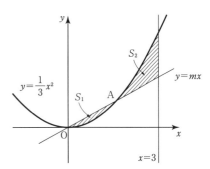

ア	イ	ウ	エ	オ	カ	キ	ク	ケ	コ	サ

110 3次関数のグラフと接線で囲まれた部分の面積

曲線 $y = x^3 - 4x^2 + 3x$ 上に点 A$(2,\ -2)$ をとる。

(1) 点 A における接線 l の方程式は $y = \boxed{\text{ア}}\,x$ である。

(2) 曲線 $y = x^3 - 4x^2 + 3x$ と接線 l で囲まれた図形の面積は $\dfrac{\boxed{\text{イ}}}{\boxed{\text{ウ}}}$ である。

ア	イ	ウ

31 3次関数 $f(x) = x^3 - 3x^2 + 2x$ について，曲線 $y = f(x)$ 上の x 座標が t である点における接線の方程式は，

$$y = \left(\boxed{\text{ア}}\, t^2 - \boxed{\text{イ}}\, t + \boxed{\text{ウ}}\right)x - \boxed{\text{エ}}\, t^3 + \boxed{\text{オ}}\, t^2 \quad \cdots\cdots①$$

となる。

これが点 A$(2, 0)$ を通るとき，$t = \boxed{\text{カ}}$，$\dfrac{\boxed{\text{キ}}}{\boxed{\text{ク}}}$ である。

$t = \dfrac{\boxed{\text{キ}}}{\boxed{\text{ク}}}$ のときの接線①を l とする。

(1) 直線 l と $y = f(x)$ のグラフの接点を P とすると，P$\left(\dfrac{\boxed{\text{キ}}}{\boxed{\text{ク}}},\ \dfrac{\boxed{\text{ケ}}}{\boxed{\text{コ}}}\right)$ であり，

　　直線 l を表す方程式は，$y = \dfrac{\boxed{\text{サシ}}}{\boxed{\text{ス}}}x + \dfrac{\boxed{\text{セ}}}{\boxed{\text{ソ}}}$ である。

(2) 2次関数 $g(x)$ について，$y = g(x)$ のグラフが3点 O，A，P を通るとき，

　　$g(x) = \dfrac{\boxed{\text{タチ}}}{\boxed{\text{ツ}}}x^2 + x$ である。

(3) 直線 l と $y = g(x)$ のグラフではさまれる部分のうち，$x\left(x - \dfrac{\boxed{キ}}{\boxed{ク}}\right) \leqq 0$ である部分を S とする。

(i) S を図に表すと，$\boxed{テ}$ の斜線部である。

$\boxed{テ}$ については，最も適当なものを，次の ⓪ ～ ② のうちから一つ選べ。

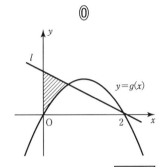
⓪

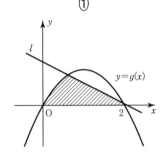
①

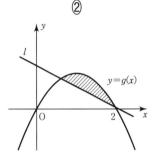
②

(ii) S の面積は $S = \dfrac{\boxed{トナ}}{\boxed{ニヌ}}$ である。

ア	イ	ウ	エ	オ	カ	キ	ク	ケ	コ	サ	シ	ス	セ	ソ

タ	チ	ツ	テ	ト	ナ	ニ	ヌ

3 2 関数 $f(x) = 2x^2$ について，次の問いに答えよ。

(1) 関数 $f(x)$ において，h が 0 でないとき，x が a から $a+h$ まで変化するときの $f(x)$ の平均変化率は ア である。

また，これより関数 $f(x)$ の $x = a$ における微分係数は

$$f'(a) = \lim_{h \to \boxed{イ}} \left(\boxed{ア} \right) = \boxed{ウ}\, a$$

である。

ア の解答群

⓪ $a + h$	① $2a + h$	② $2a + 2h$
③ $4a + 2h$	④ $2a^2 + 2h$	⑤ $2a^2 + 4h$

(2) 放物線 $y = f(x)$ を C とし，C 上に点 $P(a, 2a^2)$ をとる。ただし，$a > 0$ とする。

C 上の点 P における接線を l とし，直線 l と x 軸との交点を Q，点 Q を通り l に垂直な直線を m，直線 m と y 軸との交点を A とする。

(i) 直線 l の方程式は $y = \boxed{エ}\, ax - \boxed{オ}\, a^2$ である。

(ii) 点 Q の座標は $\left(\dfrac{\boxed{カ}}{\boxed{キ}},\ 0 \right)$ である。

(iii) 直線 m の方程式は $y = -\dfrac{\boxed{ク}}{\boxed{ケ}\, a}x + \dfrac{\boxed{コ}}{\boxed{サ}}$ である。

(iv) 三角形 APQ の面積を S とすると，$S = \dfrac{a^3}{\boxed{シ}} + \dfrac{a}{\boxed{スセ}}$ である。

(v) $T = \displaystyle\int_0^a \left\{ 2x^2 - \left(\boxed{エ}\, ax - \boxed{オ}\, a^2 \right) \right\} dx$ とおく。T が表しているものは ソ である。

ソ の解答群

⓪ 四角形 $OQPA$ の面積
① 曲線 C 及び直線 l によって囲まれた図形の面積
② x 軸と曲線 C 及び直線 l によって囲まれた図形の面積
③ y 軸と曲線 C 及び直線 l によって囲まれた図形の面積

(3)　$a > 0$の範囲における$S - T$の値について調べてみよう。

(i)　$S - T = -\dfrac{a^3}{\boxed{タ}} + \dfrac{a}{\boxed{チツ}}$である。

(ii)　$S - T > 0$となるようなaの値の範囲は$\boxed{\text{テ}}$である。

$\boxed{\text{テ}}$の解答群

⓪　$0 < a < \dfrac{\sqrt{3}}{4}$　　① $0 < a < \dfrac{\sqrt{6}}{4}$　　② $0 < a < \dfrac{3}{4}$

③　$0 < a < \dfrac{\sqrt{3}}{2}$　　④ $0 < a < \dfrac{\sqrt{6}}{2}$　　⑤ $0 < a < \dfrac{3}{8}$

(iii)　$a > 0$であることに注意して$S - T$の増減を調べると，

$S - T$は$a = \dfrac{\boxed{ト}}{\boxed{ナ}}$で最大値$\dfrac{\boxed{ニ}}{\boxed{ヌネノ}}$をとる。

ア	イ	ウ	エ	オ	カ	キ	ク	ケ	コ	サ	シ	ス	セ	ソ

タ	チ	ツ	テ	ト	ナ	ニ	ヌ	ネ	ノ

33 2次関数 $f(x)$ について，$y = f(x)$ のグラフは，次の図のようになっている。

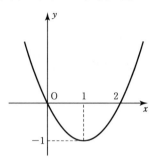

(1) $y = f'(x)$ のグラフは　**ア**　である。

ア については，最も適当なものを次の⓪～⑤のうちから一つ選べ。

⓪

①

②

③

④

⑤

(2) $y = f(x)$ のグラフの x 座標が 0 である点における接線に直交し，原点を通る直線 l の方程

式は $y = \dfrac{\boxed{イ}}{\boxed{ウ}} x$ であり，直線 l と $y = f(x)$ のグラフの原点以外の交点の座標は

$\left(\dfrac{\boxed{エ}}{\boxed{オ}},\ \dfrac{\boxed{カ}}{\boxed{キ}} \right)$ である。

また，直線 l と $y = f(x)$ のグラフで囲まれる部分のうち，$x \leqq 1$ の部分の面積は，

$\dfrac{\boxed{クケ}}{\boxed{コサ}}$ である。

(3) a を正の定数とする。関数 $f(x)$ に対し，$g(x) = \displaystyle\int_a^x f(t)\,dt$ とおく。

(i) 関数 $g(x)$ は $\boxed{シ}$ において単調に増加し，$\boxed{ス}$ において単調に減少する。

したがって，$g(x)$ は $x = \boxed{セ}$ で極大，$\boxed{ソ}$ で極小となる。

$\boxed{シ}$，$\boxed{ス}$ の解答群（同じものを繰り返し選んでもよい。）

⓪ $x \leqq 0$	① $x \leqq 1$	② $x \geqq 1$
③ $x \geqq 2$	④ $0 \leqq x \leqq 1$	⑤ $0 \leqq x \leqq 2$
⑥ $x \leqq 0,\ 2 \leqq x$	⑦ $0 \leqq x \leqq 1,\ 2 \leqq x$	⑧ $x \leqq 0,\ 1 \leqq x \leqq 2$

(ii) 関数 $g(x)$ の極小値を $G(a)$ とすると，

$$G(a) = \frac{\boxed{タチ}}{\boxed{ツ}} a^3 + a^2 - \frac{\boxed{テ}}{\boxed{ト}}$$

であり，$G(a)$ は $a = \boxed{ナ}$ で最大値 $\boxed{ニ}$ をとる。

ア	イ	ウ	エ	オ	カ	キ	ク	ケ	コ	サ	シ	ス	セ	ソ

タ	チ	ツ	テ	ト	ナ	ニ

数列

基本問題

111 等差数列とその和

第 4 項が 23, 第 10 項が 53 である等差数列 $\{a_n\}$ の初項は ア , 公差は イ である。

一般項 a_n は $a_n =$ ウ $n +$ エ であり, 初項から第 n 項までの和 S_n は

$$S_n = \dfrac{\boxed{オ}\, n^2 + \boxed{カキ}\, n}{\boxed{ク}} \text{ である。}$$

ア	イ	ウ	エ	オ	カ	キ	ク

112 等比数列とその和

第 3 項が 12, 第 6 項が 96 である等比数列 $\{a_n\}$ の初項は ア , 公比は イ である。

一般項 a_n は $a_n =$ ウ $\cdot$ エ $^{n-\boxed{オ}}$ であり, 初項から第 n 項までの和 S_n は

$S_n =$ カ $\cdot$ キ $^n -$ ク である。

ア	イ	ウ	エ	オ	カ	キ	ク

113 S_n と a_n の関係

(1) 数列 $\{a_n\}$ の初項から第 n 項までの和 S_n が $S_n = n^2 + 2n$ で表される。このとき

$a_{10} = \boxed{\text{アイ}}$, $a_6 + a_7 + \cdots\cdots + a_{10} = \boxed{\text{ウエ}}$, $a_n = \boxed{\text{オ}}\,n + \boxed{\text{カ}}$ である。

(2) 数列 $\{a_n\}$ の初項から第 n 項までの和 S_n が $S_n = 3^n + 1$ で表される。このとき $a_1 = \boxed{\text{キ}}$

であり, $n \geqq 2$ のとき $a_n = \boxed{\text{ク}} \cdot \boxed{\text{ケ}}^{\,n-\boxed{\text{コ}}}$ である。

ア	イ	ウ	エ	オ	カ	キ	ク	ケ	コ

114 Σ計算

(1) $2 \cdot 3 + 3 \cdot 5 + 4 \cdot 7 + \cdots\cdots + (n+1)(2n+1) = \dfrac{n\left(\boxed{\text{ア}}\,n^2 + \boxed{\text{イウ}}\,n + \boxed{\text{エオ}}\right)}{\boxed{\text{カ}}}$ である。

(2) $\displaystyle\sum_{k=1}^{n} 2 \cdot (-3)^{k-1} = \dfrac{\boxed{\text{キ}} - \left(\boxed{\text{クケ}}\right)^n}{\boxed{\text{コ}}}$ である。

(3) $\displaystyle\sum_{k=1}^{n} \dfrac{1}{(2k+1)(2k+3)} = \dfrac{n}{\boxed{\text{サ}}\left(\boxed{\text{シ}}\,n + \boxed{\text{ス}}\right)}$ である。

ア	イ	ウ	エ	オ	カ	キ	ク	ケ	コ	サ	シ	ス

115 階差数列

数列 $\{a_n\}$：4, 12, 24, 40, 60, 84, ……とする。

数列 $\{a_n\}$ の階差数列を $\{b_n\}$ とすると，$b_n = a_{n+1} - a_n$ $(n = 1,\ 2,\ \cdots)$ である。

$b_n = \boxed{\text{ア}}\, n + \boxed{\text{イ}}$ となるので，$a_n = \boxed{\text{ウ}}\, n^2 + \boxed{\text{エ}}\, n$ であり，

$\displaystyle\sum_{n=1}^{100} \frac{1}{a_n} = \dfrac{\boxed{\text{オカ}}}{\boxed{\text{キクケ}}}$ である。

ア	イ	ウ	エ	オ	カ	キ	ク	ケ

116 等差中項・等比中項

(1) a, 20, 37 がこの順に等差数列をなし，さらに，$b > 0$ で，a, b, $\dfrac{64}{3}$ がこの順に等比数列をなす。このとき，$a = \boxed{\text{ア}}$，$b = \boxed{\text{イ}}$ である。

(2) (1)の a, b の値に対して，p, a, q がこの順に等差数列となり，さらに p, q, b がこの順に等比数列となるとき，p と q の値を求めると，

$\quad (p,\ q) = \left(\boxed{\text{ウエ}},\ \boxed{\text{オカキ}}\right),\ \left(\boxed{\text{ク}},\ \boxed{\text{ケ}}\right)$ である。

ア	イ	ウ	エ	オ	カ	キ	ク	ケ

117 漸化式で表された数列の一般項

数列 $\{a_n\}$ が, $a_1=1$, $a_{n+1}=a_n+n^2+1$ を満たしているとき,

$$a_n = \dfrac{n\left(\boxed{\text{ア}}\,n^2 - \boxed{\text{イ}}\,n + \boxed{\text{ウ}}\right)}{\boxed{\text{エ}}} \ \text{となり},$$

数列 $\{b_n\}$ が, $b_1=5$, $b_{n+1}=b_n+(-3)^n$ を満たしているとき,

$$b_n = \dfrac{\boxed{\text{オカ}} - \left(\boxed{\text{キク}}\right)^n}{\boxed{\text{ケ}}} \ \text{となる}。$$

また, 数列 $\{c_n\}$ が, $c_1=5$, $c_{n+1}=-2c_n+6$ を満たしているとき,

$$c_n = \boxed{\text{コ}} \cdot \left(\boxed{\text{サシ}}\right)^{n-1} + \boxed{\text{ス}} \ \text{となる}。$$

ア	イ	ウ	エ	オ	カ	キ	ク	ケ	コ	サ	シ	ス

118 群数列

数列 1, 2, 2, 3, 3, 3, 4, 4, 4, 4, 5, 5, 5, 5, 5, 6, $\cdots\cdots$ の第 n 項を a_n とする。この数列を

$1\,|\,2,\ 2\,|\,3,\ 3,\ 3\,|\,4,\ 4,\ 4,\ 4\,|\,5,\ 5,\ 5,\ 5,\ 5\,|\,6,\ \cdots\cdots$

のように 1 個, 2 個, 3 個, 4 個, $\cdots\cdots$ と区画に分ける。

第 1 区画から第 29 区画までの区画に含まれる項の個数は $\boxed{\text{アイウ}}$ であり, $a_{456} = \boxed{\text{エオ}}$ となる。

また, 第 1 区画から第 29 区画に含まれる項の総和は $\boxed{\text{カキクケ}}$ である。

また, $a_1 + a_2 + a_3 + \cdots\cdots + a_n \geqq 9000$ となる最小の自然数 n は $\boxed{\text{コサシ}}$ である。

ア	イ	ウ	エ	オ	カ	キ	ク	ケ	コ	サ	シ

実践問題 ■■■■■■■■■

34 2つの数列 $\{a_n\}$, $\{b_n\}$ は公差が 0 ではない等差数列, $\{c_n\}$, $\{d_n\}$ は公比が 1 ではない等比数列とする。ただし, $c_1 \neq 0$, $d_1 \neq 0$ とする。

(1) $\{a_n\}$, $\{b_n\}$, $\{c_n\}$, $\{d_n\}$ に対して, 次の A ～ H の数列を考えよう。

 A $\{a_n + b_n\}$ B $\{c_n + d_n\}$ C $\{a_n + c_n\}$ D $\{3a_n\}$

 E $\{4c_n\}$ F $\left\{\dfrac{1}{c_n}\right\}$ G $\{a_n b_n\}$ H $\{c_n d_n\}$

 A の数列は $\boxed{\text{ア}}$ 。また, B の数列は $\boxed{\text{イ}}$ 。さらに, これら 8 個の数列のうち,

「常に等差数列であるとも, 常に等比数列であるともいえない」数列は $\boxed{\text{ウ}}$ 個ある。

 $\boxed{\text{ア}}$, $\boxed{\text{イ}}$ については, 最も適当なものを, 次の ⓪ ～ ② のうちから一つずつ選べ。

ただし, 同じものを繰り返し選んでもよい。

⓪ 常に等差数列である
① 常に等比数列である
② 常に等差数列であるとも, 常に等比数列であるともいえない

(2) $\{a_n\}$ が初項 2, 公差 2 の等差数列, $\{b_n\}$ が初項 3, 公差 2 の等差数列であるとき,

$$\sum_{k=1}^{n} a_k b_k = \frac{1}{\boxed{\text{エ}}} n(n+1)\left(\boxed{\text{オ}}\,n + \boxed{\text{カ}}\right)$$

となる。

(3) $\{a_n\}$ が初項 3, 公差 2 の等差数列, $\{b_n\}$ が初項 5, 公差 2 の等差数列であるとき,

$$\frac{1}{a_n b_n} = \frac{\boxed{\text{キ}}}{\boxed{\text{ク}}}\left(\frac{1}{a_n} - \frac{1}{b_n}\right)$$

と表されるため,

$$\sum_{k=1}^{n} \frac{1}{a_k b_k} = \frac{n}{\boxed{\text{ケ}}\left(\boxed{\text{コ}}\,n + \boxed{\text{サ}}\right)}$$

となる。

(4) $a_n = n$, $c_n = 3^{n-1}$ のとき, 数列 $\{a_n c_n\}$ の初項から第 n 項までの和を S_n とすると,

$$S_n - 3S_n = \sum_{k=1}^{n} \boxed{\text{シ}}^{\,k-1} - n\cdot\boxed{\text{ス}}^{\,n}$$

となり,

$$S_n = \frac{1}{\boxed{\text{セ}}}\left\{\left(\boxed{\text{ソ}}\,n - \boxed{\text{タ}}\right)\boxed{\text{チ}}^{\,n} + \boxed{\text{ツ}}\right\}$$

となる。

ア	イ	ウ	エ	オ	カ	キ	ク	ケ	コ	サ	シ	ス	セ	ソ	タ	チ	ツ

35 太郎さんと花子さんは授業で習った漸化式を復習するために，先生が出した**問題**について話している。

問題 次の数列の一般項 a_n を求めよ。

$a_1 = 3, \ a_{n+1} = 4a_n - 3$

太郎：初項と漸化式から $a_2 = \boxed{\ \text{ア}\ }$，$a_3 = \boxed{\ \text{イウ}\ }$ だね。このことから $\{a_n\}$ が等差数列でも等比数列でもないことはわかるね。でも一般項はどう考えるんだったかな。

花子：この漸化式は定数 α を用いて

$a_{n+1} - \alpha = \boxed{\ \text{エ}\ }(a_n - \alpha)$

という形に変形できるよね。このとき，$\alpha = \boxed{\ \text{オ}\ }$ となるね。

太郎：やり方は習ったけれど，なぜそのような形に変形するのか不思議だったんだ。

花子：それは，$a_{n+1} - \alpha = p(a_n - \alpha)$ の形に変形できると，$\{a_n - \alpha\}$ という数列がいつも $\boxed{\ \text{カ}\ }$ になるからよ。a_1, a_2, a_3 のそれぞれから α を引いて考えてみて。

太郎：本当だ。$a_1 - \alpha = \boxed{\ \text{キ}\ }$，$a_2 - \alpha = \boxed{\ \text{ク}\ }$，$a_3 - \alpha = \boxed{\ \text{ケコ}\ }$ となるから，この数列なら一般項がすぐにわかるね。つまり，$a_n - \alpha = \boxed{\ \text{サ}\ }$ となるから，α を移項すれば一般項 a_n が求められるね。

$\boxed{\ \text{カ}\ }$ の解答群

⓪ 等差数列 ① 等比数列 ② 階差数列 ③ フィボナッチ数列

$\boxed{\ \text{サ}\ }$ の解答群

⓪ 2^{2n-2} ① 4^n ② $2 \times 4^{n-1}$ ③ 2^{2n}

太郎：この数列を何項か書いてみると，$\{a_n\}$ の階差数列も等比数列になっていることがわかったよ。

花子：よく気づいたわね。漸化式から

$$a_{n+2} = \boxed{シ}\, a_{n+1} - \boxed{ス}$$

とわかるから，この式と元の漸化式の両辺の差をとると $\boxed{セ}$ という式が得られるわね。これで階差数列が等比数列になっていることがわかるでしょ。

太郎：本当だね。ということは，この方法でも一般項が求められるね。でも，さっきみたいに α を使う方が楽そうだね。

花子：そうね。でも階差数列を考えるこの方法は $a_{n+1} = pa_n + q$ の q の部分が n の式である場合にも使えて便利だから知っておくといいわよ。例えば，

$$b_1 = 1, \quad b_{n+1} = 2b_n + n - 1$$

であれば

$$b_{n+2} - b_{n+1} = \boxed{ソ}\,(b_{n+1} - b_n) + \boxed{タ}$$

と変形できるから，$c_n = b_{n+1} - b_n$ とおくと，さっきの問題と同じように解けるから，一般項が求められるわよ。

太郎：そうか，最初に c_n を求めて，次に一般項 b_n について考えればいいんだね。実際に解くと，$c_n = \boxed{チ}^{\,n} - \boxed{ツ}$ となり，$n \geq 2$ のとき $b_n = \boxed{テ}$ となるね。これは $n = 1$ のときも成り立つから，これで一般項 b_n が求められたね。

$\boxed{セ}$ については，最も適当なものを，次の ⓪～③ のうちから一つ選べ。

⓪ $a_{n+2} - 4a_{n+1} = a_{n+1} - 4a_n$ ① $a_{n+2} - a_{n+1} = a_{n+1} - a_n$

② $a_{n+2} - a_{n+1} = 4(a_{n+1} - a_n)$ ③ $a_{n+2} - a_{n+1} = 4(a_{n+1} - a_n) + n$

$\boxed{テ}$ の解答群

⓪ $2^{n-1} - n$ ① $2^n - n + 2$ ② $2^n - n - 1$ ③ $2^n - n$

ア	イ	ウ	エ	オ	カ	キ	ク	ケ	コ	サ	シ	ス	セ	ソ	タ	チ	ツ	テ

36 A4用紙を長形3号封筒に入れるために，図1のような三等分の折り目を考えたい。ここで，線分ABにおいて，Aに近い方の三等分点をMとする。

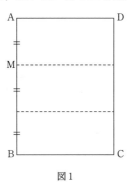

図1

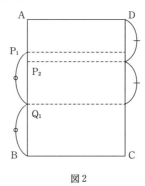

図2

いま，適当に折って図2のような端点が P_1 である折り目を考えた。以下，辺AB上に P_n と Q_n $(n \geq 1)$ を次のように定める。

○ Q_n は端点が P_n である折り目と辺BCが重なるように用紙を折ったときにできる折り目の端点である。

○ P_{n+1} は端点が Q_n である折り目と辺ADが重なるように用紙を折ったときにできる折り目の端点である。

このとき，線分ABの長さを d として，各 P_n と三等分点Mのずれ $MP_n = a_n$ を考えよう。

(1) P_1 が頂点Aと一致しているとき，$(a_1, a_2, a_3) = \boxed{ア}$ である。

$\boxed{ア}$ の解答群

⓪ $\left(\dfrac{1}{3}d, \dfrac{1}{6}d, \dfrac{1}{12}d\right)$　① $\left(d, \dfrac{1}{4}d, \dfrac{1}{16}d\right)$　② $\left(\dfrac{1}{3}d, \dfrac{1}{12}d, \dfrac{1}{48}d\right)$

以下，a は正の定数とする。

(2) P_1 がMよりも頂点Aに近い場合，$a_1 = a$ とおくと，$BP_1 = \boxed{イ}$ となるため，

$BQ_1 = \boxed{ウ}$ となる。よって，$a_2 = \boxed{エ}$ となる。

$\boxed{イ}$，$\boxed{ウ}$，$\boxed{エ}$ の解答群（同じものを繰り返し選んでもよい。）

⓪ $\dfrac{1}{4}a$　① $\dfrac{1}{2}a$　② $a+\dfrac{1}{3}d$　③ $a+d$

④ $a+\dfrac{2}{3}d$　⑤ $\dfrac{1}{2}a+\dfrac{1}{3}d$　⑥ $\dfrac{1}{2}a+\dfrac{1}{2}d$　⑦ $\dfrac{1}{2}a-\dfrac{2}{3}d$

(3) P_1 が M よりも頂点 B に近い場合を考え, (2)と同様に $a_1 = a$ とおく。次の⓪~③のうち, このときの a_2 に関する記述として正しいものは ［ オ ］ である。

［ オ ］の解答群

⓪ P_1 が M よりも頂点 A に近い場合の a_2 の式の -1 倍で表される。

① P_1 が M よりも頂点 A に近い場合の a_2 の式の 2 倍で表される。

② P_1 が M よりも頂点 A に近い場合の a_2 の式の $\dfrac{1}{2}$ 倍で表される。

③ P_1 が M よりも頂点 A に近い場合の a_2 の式と同じ式で表される。

(4) 一般的に, $\{a_n\}$ は等比数列となり, その一般項は

$$a_n = \left(\frac{\boxed{\text{カ}}}{\boxed{\text{キ}}} \right)^{n-1} a$$

と表される。

(5) (4)より, P_6 と M とのずれは, ［ ク ］。

［ ク ］については, 最も適当なものを, 次の⓪~③のうちから一つ選べ。

⓪ P_1 と M とのずれより大きい

① P_1 と M とのずれの 0.001 倍未満になっている

② P_1 と M とのずれの 0.001 倍未満になるとは限らない

③ P_1 と M とのずれの 0.0001 倍未満になっている

ア	イ	ウ	エ	オ	カ	キ	ク

確率分布と統計的推測

この章の問題を解答するにあたっては，必要に応じて 227 ページの正規分布表を用いてもよい。

なお，小数の形で解答する場合は，指定された桁数の一つ下の桁を四捨五入して答えよ。また，必要に応じて，指定された桁まで 0 を付け足して答えよ。

基本問題

119 確率変数の期待値と分散

a を 3 以上の自然数とする。

1, 3, 5, …, $2a-1$ の数字がそれぞれ一つずつ書かれた a 枚のカードが箱に入っている。

この箱から 1 枚のカードを無作為に取り出すとき，そこに書かれた数字を表す確率変数を X

とする。このとき，$X = 2a-5$ となる確率は $\dfrac{\boxed{ア}}{\boxed{イ}}$ である。

$a = 3$ とするとき，X の期待値（平均）は $\boxed{ウ}$ であり，X の分散は $\dfrac{\boxed{エ}}{\boxed{オ}}$ である。

（2018年センター本試　改）

ア	イ	ウ	エ	オ

120 $aX+b$ の期待値と分散

ある学校でゲームを行った。このとき，各生徒がそのゲームで取った得点を表す確率変数を X とする。この得点を 10 倍し，10 点加えた値を表す確率変数を Y とする。

X の期待値（平均）が 8 点，分散が 4 であるとき，X の標準偏差は $\boxed{ア}$ 点である。

また，Y の期待値は $\boxed{イウ}$ 点，Y の分散は $\boxed{エオカ}$ である。

ア	イ	ウ	エ	オ	カ

121 確率変数の和と積

1から5までの数字が1つずつ書かれた5枚のカードが箱に入っている。

この箱から1枚のカードを無作為に取り出して数字を確認したのち，元に戻してもう一回1枚のカードを取り出す。このとき，1回目，2回目に取り出したカードに書かれた数字を表す確率変数をそれぞれ X，Y とする。

このとき，確率変数の和 $X+Y$ の期待値は $\boxed{\text{ア}}$，分散は $\boxed{\text{イ}}$ である。

また，確率変数の積 XY の期待値は $\boxed{\text{ウ}}$ である。

ア	イ	ウ

122 確率変数の独立

サイコロを2個投げる試行において，2つの点数 X，Y をそれぞれ次のように定める。

X：出た目の積が奇数ならば1点，偶数ならば2点

Y：出た目の和が奇数ならば1点，偶数ならば2点

このとき，

$$P(X=1) = \frac{\boxed{\text{ア}}}{\boxed{\text{イ}}}, \quad P(X=2) = \frac{\boxed{\text{ウ}}}{\boxed{\text{エ}}}$$

$$P(Y=1) = \frac{\boxed{\text{オ}}}{\boxed{\text{カ}}}, \quad P(Y=2) = \frac{\boxed{\text{キ}}}{\boxed{\text{ク}}}$$

であり，

$$P(X=1, \ Y=1) = \boxed{\text{ケ}}$$

である。

また，この確率変数 X，Y は，$\boxed{\text{コ}}$。

$\boxed{\text{ケ}}$ の解答群

| ⓪ 0 | ① $\dfrac{1}{36}$ | ② $\dfrac{1}{18}$ | ③ $\dfrac{1}{8}$ | ④ $\dfrac{1}{6}$ | ⑤ $\dfrac{1}{4}$ | ⑥ $\dfrac{1}{3}$ | ⑦ $\dfrac{1}{2}$ | ⑧ 1 |

$\boxed{\text{コ}}$ の解答群

| ⓪ 独立である | ① 独立ではない |

ア	イ	ウ	エ	オ	カ	キ	ク	ケ	コ

123 二項分布

1回の試行において，事象Aの起こる確率がp，起こらない確率が$1-p$であるとする。この試行をn回繰り返すとき，事象Aの起こる回数をWとする。

確率変数Wの期待値（平均）mが$\dfrac{207}{2}$，標準偏差σが$\dfrac{69}{8}$であるとき，

$$p = \dfrac{\boxed{\text{ア}}}{\boxed{\text{イウ}}}, \quad n = \boxed{\text{エオカ}}$$

である。

124 標準正規分布

平均0，標準偏差1の標準正規分布$N(0, 1)$に従う確率変数Zについて考える。

確率$P(-1.5 \leq Z \leq 0)$は$P\left(0 \leq Z \leq \boxed{\text{ア}} . \boxed{\text{イ}}\right)$と等しいから，この確率は

$0.\boxed{\text{ウエ}}$となる。

次に，$P(-k \leq Z \leq k) = \boxed{\text{オ}} \times P(0 \leq Z \leq k)$であるから，$P(-k \leq Z \leq k) = 0.97$となる$k$の値を求めると$k = \boxed{\text{カ}} . \boxed{\text{キク}}$となる。

（2015年センター追試　改）

ア	イ	ウ	エ	オ	カ	キ	ク

125 正規分布と標準化

年に1回行われるある資格試験は100点満点である。

ある年，この試験を受けたのが400人で，その得点分布は平均が49.8点，標準偏差が20点の正規分布に従っていることがわかった。

すなわち，この400人の得点は正規分布 $N\left(\boxed{\text{ア}}, \boxed{\text{イ}}\right)$ に従うこととなる。

$\boxed{\text{ア}}$ ，$\boxed{\text{イ}}$ の解答群（同じものを繰り返し選んでもよい。）

⓪ 20	① 40	② 400	③ 800	④ 8000
⑤ 2.49	⑥ 24.9	⑦ 49.8	⑧ 996	⑨ 19920

この試験に合格した人数が142人であったことから，合格最低点はおよそ $\boxed{\text{ウエ}}$ 点である。

また，この試験で80点以上を取った人数はおよそ $\boxed{\text{オカ}}$ 人である。

ア	イ	ウ	エ	オ	カ

126 二項分布と正規分布

サイコロ1個を n 回投げたときに，6の目が出る回数を X とすると，X は二項分布

$B\left(n, \dfrac{\boxed{\text{ア}}}{\boxed{\text{イ}}}\right)$ に従う。

これより，$n = 18000$ のとき，X について，

$E(X) = \boxed{\text{ウエオカ}}$ ，$V(X) = \boxed{\text{キクケコ}}$

となる。

18000回は十分に大きいので，この二項分布は，正規分布 $N\left(\boxed{\text{サシスセ}}, \boxed{\text{ソタチツ}}\right)$ に近似することができ，このことから，$X \geqq 3010$ となる確率は，$0.\boxed{\text{テトナニ}}$ となる。

ア	イ	ウ	エ	オ	カ	キ	ク	ケ	コ	サ	シ	ス	セ	ソ	タ	チ	ツ	テ	ト	ナ	ニ

127 標本平均の期待値と標準偏差，母平均の推定

ある母集団の確率分布が平均 m，標準偏差 4 の正規分布であるとする。

(1) $m = 100$ のときに，この母集団から無作為に抽出される標本の値を X とする。このとき，

$$P(X \geq 98) = 0.\boxed{\text{アイウエ}},$$

$$P(X \geq 106) = 0.\boxed{\text{オカキク}}$$

が成り立つ。

(2) $m = 100$ のときに，この母集団から無作為に大きさ 256 の標本を抽出すると，その標本平均の期待値（平均）は $\boxed{\text{ケコサ}}$，標準偏差は $\boxed{\text{シ}}.\boxed{\text{スセ}}$ である。

(3) 母平均 m がわかっていないときに，無作為に大きさ 256 の標本を抽出したところ，その標本平均は 102 であった。母平均 m に対する信頼度 95% の信頼区間は，

$$\boxed{\text{ソタチ}}.\boxed{\text{ツテ}} \leq m \leq \boxed{\text{トナニ}}.\boxed{\text{ヌネ}}$$

である。

（2016年センター追試　改）

ア	イ	ウ	エ	オ	カ	キ	ク	ケ	コ	サ	シ	ス	セ

ソ	タ	チ	ツ	テ	ト	ナ	ニ	ヌ	ネ

128 統計的仮説検定

ある市の市長選挙に，A，Bの2人が立候補した。投票において，白票や無効票はないものとする。このとき，どちらかの候補の得票率が50%より多いと，当選となる。

この選挙において，投票所における出口調査で，無作為に選んだ400人のうち，230人がAに投票したという結果が出た。

このことから，Aが当選確実かどうかを有意水準5%で仮説検定をする。

まず，帰無仮説は「Aの得票率が ア 」であり，対立仮説は「Aの得票率が イ 」である。

次に，帰無仮説が正しいとすると，大きさ400の標本における比率 p_0 に対し，標準化した確率変数 Z は，

$$Z = \frac{p_0 - \boxed{ウ}}{\boxed{エ}}$$

となり，これが標準正規分布に近似的に従う。

今回の出口調査の結果から求めた Z の値を z_0 とすると，標準正規分布において確率 $P(Z \geqq z_0)$ の値は 0.05 よりも オ ので，有意水準5%で，Aは当選確実と カ 。

ア ， イ の解答群（同じものを繰り返し選んでもよい。）

⓪ $\frac{230}{400}$ である	① $\frac{230}{400}$ ではない	② $\frac{230}{400}$ より大きい	③ $\frac{230}{400}$ より小さい
④ 0.5 である	⑤ 0.5 ではない	⑥ 0.5 より大きい	⑦ 0.5 より小さい

ウ ， エ の解答群（同じものを繰り返し選んでもよい。）

⓪ $\frac{1}{400}$	① $\frac{1}{200}$	② $\frac{1}{40}$	③ $\frac{1}{20}$	④ $\frac{1}{4}$	⑤ $\frac{1}{2}$
⑥ 2	⑦ 4	⑧ 20	⑨ 40		

オ の解答群

⓪ 大きい	① 小さい

カ の解答群

⓪ いえる	① いえない

ア	イ	ウ	エ	オ	カ

37 人口約50万人のA市では, ある食品Bがほかの市町村に比べて多く消費されている。そこで, A市を全国的にアピールするための施策として, この食品Bを用いることが提案された。

次の問いに答えよ。

(1) A市にある, 全校生徒が784人である中学校において, 全校生徒を対象に「食品Bを二週間で何回食べたか」というアンケート調査を行ったところ, 平均10回, 標準偏差5回という結果が出た。

この中学校の生徒から100人を標本として無作為抽出したとき, 標本の大きさ100は十分に大きいので, この標本平均 $\overline{X}$ の分布は, 平均 $\boxed{アイ}$ 回, 標準偏差 $\boxed{ウ}$. $\boxed{エ}$ 回の正規分布で近似できる。

この標本平均 $\overline{X}$ が11回以上となる確率は, 0. $\boxed{オカキク}$ である。

(2) A市に住まいをおく世帯のうち 400 世帯で，一か月に食品Bにどれだけの金額を使っているかのアンケート調査を行ったところ，平均 2500 円，標準偏差 400 円という結果が出た。なお，アンケート結果は正規分布に従うとする。

(i) 一か月に食品Bに 2900 円以上使っている世帯は ケコ 世帯である。また，改めて同じ 400 世帯に「食品BでA市をアピールすることに賛成かどうか」のアンケートを行う際に，この食品Bに一か月に 2300 円以上使っているすべての世帯が賛成するとしたとき，賛成する世帯は サシス 世帯になる。なお，小数点以下は四捨五入するものとする。

(ii) A市の全世帯が一か月に食品Bにどれだけの金額を使っているかの分布について，母平均がこの調査と同じ 2500 円であり，また標準偏差 400 円の正規分布に従うものとする。

改めてA市にある第三者機関がA市に住まいをおく世帯のうちの 100 世帯について，一か月に食品Bにどれだけの金額を使っているかの調査を行うこととなった。

この金額を確率変数 X で表すこととすると，X の標本平均が 2600 円以上になる確率は 0. セソタチ であり，ツテトナ 円以上となる確率が 0.9983 になる。

ア	イ	ウ	エ	オ	カ	キ	ク	ケ	コ	サ	シ	ス	セ	ソ	タ	チ	ツ	テ	ト	ナ

38 ある生産地で生産される作物 A について，この作物 A から 2 個を 1 組としたものを 1 袋としていくが，その際に，1 袋ずつの質量の偏りが少なくなるように，次のような方法 E をとる。

> 方法 E：無作為に取り出したいくつかの作物 A について，1 袋には S サイズのものと L サイズのものの作物 A を 1 個ずつ入れる。

(1) 収穫された作物 A 全体を母集団とし，この母集団における作物 A の 1 個の質量（単位は g）を表す確率変数を X とする。また，X の平均 m は $m = 40.0$ とし，X は正規分布に従うものとする。

ここでは，質量が 40.0 g 以下のものを S サイズ，40.0 g を超えるものを L サイズとする。

収穫された作物 A 全体から無作為に 50 個抽出したとき，S サイズとなるものの個数は二項分布 $B\left(50, \dfrac{\boxed{ア}}{\boxed{イ}}\right)$ に従う。

これより，この 50 個において，「方法 E」で 1 袋ずつ作るとき，25 袋作れる確率は，

$$_{50}\mathrm{C}_{\boxed{ウエ}} \times \left(\dfrac{\boxed{ア}}{\boxed{イ}}\right)^{\boxed{ウエ}} \left(1 - \dfrac{\boxed{ア}}{\boxed{イ}}\right)^{50-\boxed{ウエ}}$$

となり，この値は 0.11 程度である。

(2) 収穫された作物 A が，見た目から S サイズと L サイズに分けられており，S サイズのものはその質量 Y の平均が 30.0 g，標準偏差が 3.0 g，L サイズのものはその質量 W の平均が 49.0 g，標準偏差が 4.0 g となっていた。また，確率変数 Y，W はともに正規分布に従うものとする。また，「方法 E」において袋詰めする際の袋の質量は 2.0 g で一定であるとする。

S サイズと L サイズのものから無作為に 1 個ずつ取り出し，「方法 E」で 1 袋ずつ作っていくこととすると，袋を含めた質量は

期待値（平均）：$\boxed{\text{オカ}}$．$\boxed{\text{キ}}$ g，標準偏差：$\boxed{\text{ク}}$．$\boxed{\text{ケ}}$ g

となる。

また，この 1 袋の中の S サイズのものが 33 g 以上で，かつ，L サイズのものが 53 g 以上となる確率は，0.$\boxed{\text{コサシ}}$ である。

ア	イ	ウ	エ	オ	カ	キ	ク	ケ	コ	サ	シ

39 太郎さんと花子さんは，P県の県知事の支持率についての世論調査について話している。二人の会話を読んで，次の問いに答えよ。

> 太郎：図書館にあった2社の新聞を見比べていたら，県知事の支持率の世論調査の結果が違っていたんだ。
>
> 花子：具体的には？
>
> 太郎：Q新聞には「支持率45%，不支持率46%となり，不支持が支持を初めて上回った」とあったんだけど，R新聞には「支持率46%，不支持率45%で依然として支持されている」とあったんだ。ひょっとして，調査結果が入れ替わっちゃったのかな。
>
> 花子：うーん…調査対象とかは確認してみた？
>
> 太郎：どちらも調査方法が書いてあって，Q新聞では1225人，R新聞では1600人の（県知事選挙の）有権者に調査しているよ。
>
> 花子：P県の有権者はもっと多くいるから，この調査はどちらも標本調査だね。
>
> 太郎：そっか，だから実際の支持率は45%でも46%でもない可能性があるんだね。
>
> 花子：それぞれの調査の支持率について，実際の支持率 p $(0 \leqq p \leqq 1)$ の信頼度95%の信頼区間を調べてみようよ。
>
> 太郎：調査結果の支持率を p_0 $(0 \leqq p_0 \leqq 1)$ とすると，実際の支持率 p の信頼度95%の信頼区間は，Q新聞では
>
> $$p_0 - \boxed{ア} \times \frac{\sqrt{p_0(1-p_0)}}{\boxed{イウ}} \leqq p \leqq p_0 + \boxed{ア} \times \frac{\sqrt{p_0(1-p_0)}}{\boxed{イウ}}$$
>
> となって，R新聞では
>
> $$p_0 - \boxed{ア} \times \frac{\sqrt{p_0(1-p_0)}}{\boxed{エオ}} \leqq p \leqq p_0 + \boxed{ア} \times \frac{\sqrt{p_0(1-p_0)}}{\boxed{エオ}}$$
>
> となるね。

$\boxed{ア}$ の解答群

⓪ 0.95		① 1.64		② 1.96		③ 2.58	

太郎：このR新聞での信頼度95％の信頼区間は実際の支持率 p に対して，「 カ 」ということになるね。

花子：今回の調査については，$\sqrt{11} = 3.32$ として，小数第三位を四捨五入するとQ新聞での支持率についての信頼度95％の信頼区間は

キク . ケコ ％以上， サシ . スセ ％以下

となって，$\sqrt{69} = 8.31$ として，小数第三位を四捨五入するとR新聞での支持率についての信頼度95％の信頼区間は，

ソタ . チツ ％以上， テト . ナニ ％以下

となるね。

太郎：結果から，2つの信頼区間に共通する区間があることがわかるね。

カ については，最も適当なものを，次の⓪～③のうちから一つ選べ。

⓪ P県の全有権者のうち95％の人を調べれば，支持率がこの区間に収まる。

① 1600人のうち95％の人たちの支持率を調べると，この区間の幅になる。

② 1600人を100回無作為抽出で調査すれば，そのうち95回程度は信頼区間が p を含んでいる。

③ R新聞がQ新聞と同じ1225人で支持率を調査すると，95％の確率でこの区間に収まる。

ア	イ	ウ	エ	オ	カ	キ	ク	ケ	コ	サ	シ	ス	セ

ソ	タ	チ	ツ	テ	ト	ナ	ニ

ベクトル

129 平面ベクトルの垂直，大きさ，単位ベクトル

(1) $\vec{a} = (3,\ 1)$ に垂直な単位ベクトルのうち，x 成分が負であるものは

$$\left(\frac{\boxed{アイ}}{\sqrt{\boxed{ウエ}}},\ \frac{\boxed{オ}}{\sqrt{\boxed{カキ}}} \right)$$ である。

(2) $|\vec{a}| = 2$，$|\vec{b}| = 1$ でベクトル $2\vec{a} + 3\vec{b}$ と $\vec{a} - 5\vec{b}$ が垂直であるとき，$\vec{a}$ と $\vec{b}$ のなす角 θ は，$\boxed{クケコ}°$ である。ただし，$0° \leqq \theta \leqq 180°$ である。

(3) ベクトル $\vec{a} = (3,\ 2)$，$\vec{b} = (2,\ -1)$ に対して，$|\vec{a} + t\vec{b}|$ は，$t = \dfrac{\boxed{サシ}}{\boxed{ス}}$ のとき最小値 $\dfrac{\boxed{セ}}{\sqrt{\boxed{ソ}}}$ をとる。

ア	イ	ウ	エ	オ	カ	キ	ク	ケ	コ	サ	シ	ス	セ	ソ

130 空間ベクトルの内積，平行と垂直

(1) 平行四辺形 PQRS の三つの頂点 P，Q，S の座標をそれぞれ $(1,\ 1,\ -1)$，$(3,\ -2,\ 0)$，$(4,\ 6,\ -2)$ とする。このとき，頂点 R の座標は，$(\boxed{ア},\ \boxed{イ},\ \boxed{ウエ})$ である。

(2) 二つのベクトル $\overrightarrow{AB} = (-1,\ 2,\ -2)$，$\overrightarrow{AC} = (2,\ -2,\ 3)$ があり，$\angle BAC = \theta$ とおく。このとき，内積 $\overrightarrow{AB} \cdot \overrightarrow{AC} = \boxed{オカキ}$，$\cos\theta = \dfrac{\boxed{クケ}}{\sqrt{\boxed{コサ}}}$ であるから，三角形 ABC の面積は $\dfrac{\boxed{シ}}{\boxed{ス}}$ である。また，この二つのベクトルに垂直で，大きさが 2 のベクトルのうち，z 成分が正であるものは，$\left(\dfrac{\boxed{セソ}}{\boxed{タ}},\ \dfrac{\boxed{チ}}{\boxed{タ}},\ \dfrac{\boxed{ツ}}{\boxed{タ}} \right)$ である。

ア	イ	ウ	エ	オ	カ	キ	ク	ケ	コ	サ	シ	ス	セ	ソ	タ	チ	ツ

131 交点の位置ベクトル

△OAB において，辺 OA を 1:2 に内分する点を C，辺 OB を 2:1 に内分する点を D とし，線分 AD と線分 BC の交点を E とする。また，直線 OE と辺 AB の交点を F とする。

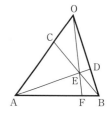

AE:ED $= s:(1-s)$ とおくと，

$$\overrightarrow{OE} = \left(\boxed{\text{ア}}-s\right)\overrightarrow{OA} + \frac{\boxed{\text{イ}}}{\boxed{\text{ウ}}}s\overrightarrow{OB} \text{ であり，}$$

BE:EC $= t:(1-t)$ とおくと，$\overrightarrow{OE} = \dfrac{\boxed{\text{エ}}}{\boxed{\text{オ}}}t\overrightarrow{OA} + \left(\boxed{\text{ア}}-t\right)\overrightarrow{OB}$ であるから，

$s = \dfrac{\boxed{\text{カ}}}{\boxed{\text{キ}}}$ となる。したがって，$\overrightarrow{OE} = \dfrac{\boxed{\text{ク}}}{\boxed{\text{ケ}}}\overrightarrow{OA} + \dfrac{\boxed{\text{コ}}}{\boxed{\text{ケ}}}\overrightarrow{OB}$ である。

また，F は線分 AB を $\boxed{\text{サ}}$:1 に内分することなどから，△OAB の面積を T とおくと，

△AEF の面積は，$\dfrac{\boxed{\text{シ}}}{\boxed{\text{スセ}}}T$ である。

ア	イ	ウ	エ	オ	カ	キ	ク	ケ	コ	サ	シ	ス	セ

132 垂線の長さと内積

AB $= \sqrt{2}$，AC $= 1$，∠BAC $= 135°$ である △ABC において，$\overrightarrow{AB} = \vec{b}$，$\overrightarrow{AC} = \vec{c}$ とおく。点 A から辺 BC に垂線 AH を引くとき，BH:HC $= s:(1-s)$ とおくと，

$$\overrightarrow{AH} = \left(\boxed{\text{ア}}-s\right)\vec{b} + s\vec{c} \text{ である。}$$

(1) $\vec{b}\cdot\vec{c} = \boxed{\text{イウ}}$ であり，$s = \dfrac{\boxed{\text{エ}}}{\boxed{\text{オ}}}$ となるから，

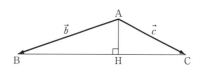

$$\overrightarrow{AH} = \frac{\boxed{\text{カ}}}{\boxed{\text{キ}}}\vec{b} + \frac{\boxed{\text{ク}}}{\boxed{\text{ケ}}}\vec{c} \text{ となる。}$$

(2) $|\overrightarrow{AH}| = \dfrac{1}{\sqrt{\boxed{\text{コ}}}}$ である。

ア	イ	ウ	エ	オ	カ	キ	ク	ケ	コ

133 三角形の内部の点の位置ベクトル

$\triangle$OAB で $\overrightarrow{\mathrm{OA}} = \vec{a}$, $\overrightarrow{\mathrm{OB}} = \vec{b}$ とする。また，$\triangle$OAB の内部の点 P が

$3\overrightarrow{\mathrm{AP}} + 4\overrightarrow{\mathrm{BP}} + 5\overrightarrow{\mathrm{OP}} = \vec{0}$ を満たしているとすると

$$\overrightarrow{\mathrm{OP}} = \frac{\boxed{}\,\vec{a} + \boxed{}\,\vec{b}}{\boxed{}}$$

となる。いま直線 OP が AB と交わる点を C とすると

$$\overrightarrow{\mathrm{OC}} = \frac{\boxed{}\,\vec{a} + \boxed{}\,\vec{b}}{\boxed{}}$$

となるので，C は AB を $\boxed{} : \boxed{}$ に内分することがわかる。

また，$\triangle$OAB の面積と $\triangle$PAB の面積の比は $\boxed{} : \boxed{}$ となる。

ア	イ	ウエ	オ	カ	キ	ク	ケ	コサ	シ

134 ベクトルの終点の表す図形

一直線上にない3点O, A, Bに対して, $\overrightarrow{OP} = s\overrightarrow{OA} + t\overrightarrow{OB}$ とする。また, OA = 2, OB = 1, $\angle AOB = 120°$ とする。

(1) $3s + 2t = 6$, $s \geqq 0$, $t \geqq 0$ であるとき, 点Pの存在する範囲を求めてみよう。

$$\frac{s}{\boxed{ア}} + \frac{t}{\boxed{イ}} = 1 \text{ より, } \overrightarrow{OP} = \frac{s}{\boxed{ア}}\left(\boxed{ウ}\,\overrightarrow{OA}\right) + \frac{t}{\boxed{イ}}\left(\boxed{エ}\,\overrightarrow{OB}\right)$$

と変形できる。したがって, $\boxed{ウ}\,\overrightarrow{OA} = \overrightarrow{OC}$, $\boxed{エ}\,\overrightarrow{OB} = \overrightarrow{OD}$ である点C, Dをとると,

点Pは $\boxed{オ}$ 上にあり, $CD = \sqrt{\boxed{カキ}}$ である。

$\boxed{オ}$ については, 最も適当なものを, 次の⓪~③のうちから一つ選べ。

⓪ 半直線CD　　① 線分CD　　② 直線CD　　③ 三角形OCD

(2) 線分OAを1:2に内分する点をE, 線分OBを2:1に内分する点をFとおく。点Pが直線EF上にあるためのs, tの条件は $\boxed{ク}\,s + \boxed{ケ}\,t = 2$ である。

ア	イ	ウ	エ	オ	カ	キ	ク	ケ

135 外心の位置ベクトル

$OA = 3$，$OB = 2$，$\cos \angle AOB = \dfrac{1}{4}$ である △OAB の外接円の中心を K とおき，$\overrightarrow{OA} = \vec{a}$，$\overrightarrow{OB} = \vec{b}$ とする。$\overrightarrow{OK} = s\vec{a} + t\vec{b}$ となる実数 s，t を求めてみよう。

(1) $\vec{a} \cdot \vec{b} = \dfrac{\boxed{ア}}{\boxed{イ}}$ であるから，$\overrightarrow{OK} \cdot \vec{a} = \boxed{ウ}\,s + \dfrac{\boxed{エ}}{\boxed{オ}}\,t$，

$\overrightarrow{OK} \cdot \vec{b} = \dfrac{\boxed{カ}}{\boxed{キ}}\,s + \boxed{ク}\,t$ となる。

(2) 外接円の中心 K は △OAB の $\boxed{ケ}$ であるから，$\overrightarrow{OK} \cdot \vec{a} = \dfrac{\boxed{コ}}{\boxed{サ}}$，$\overrightarrow{OK} \cdot \vec{b} = \boxed{シ}$

である。したがって，$s = \dfrac{\boxed{ス}}{\boxed{セ}}$，$t = \dfrac{\boxed{ソ}}{\boxed{タ}}$ となる。

$\boxed{ケ}$ の解答群

⓪ 3つの内角の二等分線の交点　　① 3つの中線の交点

② 3辺の垂直二等分線の交点

ア	イ	ウ	エ	オ	カ	キ	ク	ケ	コ	サ	シ	ス	セ	ソ	タ

136 空間ベクトルのなす角

(1) $\vec{a} = (9,\ 1,\ 4)$，$\vec{b} = (3,\ -2,\ 6)$ のなす角 θ を求めると $\theta = \boxed{アイ}\,°$ となる。

(2) $\vec{c} = (1,\ -2,\ 1)$，$\vec{d} = (x+1,\ -1,\ x)$ のなす角が $30°$ のとき，これを満たす x の値は二つ

存在し，$x = \boxed{ウ}$，$\dfrac{\boxed{エ}}{\boxed{オ}}$ となる。特に $x = \dfrac{\boxed{エ}}{\boxed{オ}}$ のとき

$\vec{d} = \left(\dfrac{\boxed{カ}}{\boxed{キ}},\ -1,\ \dfrac{\boxed{エ}}{\boxed{オ}} \right)$ となるので，このとき

$\vec{c} \cdot \vec{d} = \dfrac{\boxed{クケ}}{\boxed{コ}}$，$|\vec{d}| = \dfrac{\boxed{サ}\sqrt{\boxed{シ}}}{\boxed{ス}}$ となる。

ア	イ	ウ	エ	オ	カ	キ	ク	ケ	コ	サ	シ	ス

137 空間における内積の利用

2点 A(4, 2, 3), B(-5, -1, 6) を通る直線 l に, 原点 O から垂線 OH を引く。このとき, △OAB の面積を求めてみよう。

H は直線 AB 上の点であるから, $\overrightarrow{\mathrm{OH}} = \overrightarrow{\mathrm{OA}} + k\overrightarrow{\mathrm{AB}}$ (k は実数) とおける。このとき, H の座標は, k を用いて $\left(\boxed{\text{ア}} - \boxed{\text{イ}}\,k,\ \boxed{\text{ウ}} - \boxed{\text{エ}}\,k,\ \boxed{\text{オ}} + \boxed{\text{カ}}\,k \right)$ となる。

次に, OH⊥AB であるから, $k = \dfrac{\boxed{\text{キ}}}{\boxed{\text{ク}}}$ となる。したがって, H の座標は,

$\left(\boxed{\text{ケ}},\ \boxed{\text{コ}},\ \boxed{\text{サ}} \right)$ である。OH $= \boxed{\text{シ}}\sqrt{\boxed{\text{ス}}}$ などから, △OAB の面積は

$\dfrac{\boxed{\text{セ}}\sqrt{\boxed{\text{ソタ}}}}{\boxed{\text{チ}}}$ となる。

ア	イ	ウ	エ	オ	カ	キ	ク	ケ	コ	サ	シ	ス	セ	ソ	タ	チ

138 同じ平面上にある点

直方体 OADB-CEGF において, 辺 DG の G を越える延長上に, GH $= 2$DG となるような点 H をとる。辺 OA の中点を M, 辺 OC を $2:1$ に内分する点を N とし, 直線 OH と △MBN との交点を K とおく。

$\overrightarrow{\mathrm{OH}} = \overrightarrow{\mathrm{OA}} + \overrightarrow{\mathrm{OB}} + \boxed{\text{ア}}\,\overrightarrow{\mathrm{OC}}$ であり, K は直線 OH 上にあるから, $\overrightarrow{\mathrm{OK}} = s\overrightarrow{\mathrm{OH}}$ とおける。

また, K は △MBN 上の点でもあるので, $\overrightarrow{\mathrm{MK}} = l\overrightarrow{\mathrm{MB}} + m\overrightarrow{\mathrm{MN}}$ とおけるから,

$\overrightarrow{\mathrm{OK}} = \dfrac{\boxed{\text{イ}}}{\boxed{\text{ウ}}}\left(\boxed{\text{エ}} - l - m \right)\overrightarrow{\mathrm{OA}} + l\overrightarrow{\mathrm{OB}} + \dfrac{\boxed{\text{オ}}}{\boxed{\text{カ}}}m\overrightarrow{\mathrm{OC}}$

となる。したがって,

$\overrightarrow{\mathrm{OK}} = \dfrac{\boxed{\text{キ}}}{\boxed{\text{クケ}}}\left(\overrightarrow{\mathrm{OA}} + \overrightarrow{\mathrm{OB}} + \boxed{\text{ア}}\,\overrightarrow{\mathrm{OC}} \right)$ である。

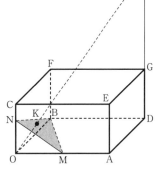

ア	イ	ウ	エ	オ	カ	キ	ク	ケ

40 △OABにおいて，$\vec{a} = \overrightarrow{OA}$，$\vec{b} = \overrightarrow{OB}$ とおく。また，$\overrightarrow{OC} = 3\vec{b}$ となるように点Cをとり，辺 ABの中点をDとする。また，直線ODと線分ACの交点をPとするとき，次の問いに答えよ。

(1) (i) 点Cは，$\boxed{\text{ア}}$ である。

$\boxed{\text{ア}}$ の解答群

⓪ 辺OBを3:1に外分する点 　① 辺OBを3:2に外分する点

② 辺OBを1:3に内分する点 　③ 辺OBを2:3に内分する点

(ii) $\overrightarrow{OD} = \dfrac{\boxed{\text{イ}}}{\boxed{\text{ウ}}}\vec{a} + \dfrac{\boxed{\text{エ}}}{\boxed{\text{オ}}}\vec{b}$ である。

(iii) 次の $\overrightarrow{OP}$ についての等式A〜Fのうち，等式を満たす実数 k, s が存在するものは $\boxed{\text{カ}}$ である。

A. $\overrightarrow{OP} = k\overrightarrow{OC}$ 　　　　B. $\overrightarrow{OP} = k\overrightarrow{OD}$

C. $\overrightarrow{OP} = (1-s)\overrightarrow{OA} + s\overrightarrow{OC}$ 　D. $\overrightarrow{OP} = s\overrightarrow{OA} + (1-s)\overrightarrow{OB}$

E. $\overrightarrow{OP} = (1+s)\overrightarrow{OA} + s\overrightarrow{OC}$ 　F. $\overrightarrow{OP} = s\overrightarrow{OA} + (1+s)\overrightarrow{OB}$

$\boxed{\text{カ}}$ の解答群

⓪ AとC 　① AとD 　② AとE 　③ AとF

④ BとC 　⑤ BとD 　⑥ BとE 　⑦ BとF

(iv) $\overrightarrow{OP} = \dfrac{\boxed{\text{キ}}}{\boxed{\text{ク}}}\vec{a} + \dfrac{\boxed{\text{ケ}}}{\boxed{\text{コ}}}\vec{b}$ である。

(2) (i) OA = AB = 2, OB = 1 とするとき,

$$\overrightarrow{OA} \cdot \overrightarrow{OC} = \dfrac{\boxed{サ}}{\boxed{シ}}$$

となる。また,

$$\overrightarrow{CA} = \vec{a} - \boxed{ス}\,\vec{b}, \quad \overrightarrow{CD} = \dfrac{\boxed{セ}}{\boxed{ソ}}\,\vec{a} - \dfrac{\boxed{タ}}{\boxed{チ}}\,\vec{b}$$

となる。

これより, $\overrightarrow{CA} \cdot \overrightarrow{CD} = \dfrac{\boxed{ツテ}}{\boxed{ト}}$ であり,

$$\cos \angle \mathrm{PCD} = \dfrac{\sqrt{\boxed{ナニ}}}{\boxed{ヌ}}\ \text{である。}$$

(ii) $\overrightarrow{CP} = \dfrac{\boxed{ネ}}{\boxed{ノ}}\,\overrightarrow{CA}$

であることを用いると, △PCD の面積は

$$\dfrac{\boxed{ハ}\sqrt{\boxed{ヒフ}}}{\boxed{ヘホ}}$$

ア	イ	ウ	エ	オ	カ	キ	ク	ケ	コ	サ	シ	ス	セ	ソ	タ	チ

ツ	テ	ト	ナ	ニ	ヌ	ネ	ノ	ハ	ヒ	フ	ヘ	ホ

41 三角錐 OABC において，三角形 OAB と三角形 OCA はともに一辺の長さが 2 の正三角形である。三角形 ABC の重心を G とおき，$\overrightarrow{OA} = \vec{a}$, $\overrightarrow{OB} = \vec{b}$, $\overrightarrow{OC} = \vec{c}$ とおく。

(1) $\overrightarrow{OG}$ を $\vec{a}$, $\vec{b}$, $\vec{c}$ を用いて表すと，$\overrightarrow{OG} = \dfrac{\boxed{ア}}{\boxed{イ}}(\vec{a} + \vec{b} + \vec{c})$ である。線分 OG を $3 : 4$ に内

分する点を L とすると，$\overrightarrow{BL} = \dfrac{\boxed{ウ}}{\boxed{エ}}\vec{a} - \dfrac{\boxed{オ}}{\boxed{エ}}\vec{b} + \dfrac{\boxed{カ}}{\boxed{エ}}\vec{c}$ となる。

(2) (i) 辺 OC の中点を M，3 点 B, L, M の定める平面を α とし，平面 α と辺 OA との交点を N とする。点 N は平面 α 上にあることから，$\overrightarrow{BN}$ は実数 s, t を用いて

$\overrightarrow{BN} = s\boxed{P} + t\boxed{Q}$ と表される。

$\boxed{P}$，$\boxed{Q}$ に当てはまるものの組合せとして適当なものは $\boxed{キ}$ である。

$\boxed{キ}$ の解答群

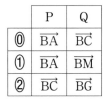

	P	Q			P	Q
⓪	$\overrightarrow{BA}$	$\overrightarrow{BC}$		③	$\overrightarrow{BC}$	$\overrightarrow{BL}$
①	$\overrightarrow{BA}$	$\overrightarrow{BM}$		④	$\overrightarrow{BL}$	$\overrightarrow{BM}$
②	$\overrightarrow{BC}$	$\overrightarrow{BG}$		⑤	$\overrightarrow{BG}$	$\overrightarrow{BM}$

(ii) $\overrightarrow{ON} = \dfrac{\boxed{ク}}{\boxed{ケ}}s\vec{a} + \left(\boxed{コ} - \dfrac{\boxed{サ}}{\boxed{シ}}s - t\right)\vec{b} + \left(\dfrac{\boxed{ス}}{\boxed{セ}}s + \dfrac{\boxed{ソ}}{\boxed{タ}}t\right)\vec{c}$

となる。一方，点 N は辺 OA 上にもある。

これらから，$\overrightarrow{ON} = \dfrac{\boxed{チ}}{\boxed{ツ}}\vec{a}$ であることがわかる。

(3) BC $= r$ とおくと，$\vec{a} \cdot \vec{b} = \vec{a} \cdot \vec{c} = \boxed{\text{テ}}$，$\vec{b} \cdot \vec{c} = \boxed{\text{ト}}$ である。よって，$\overrightarrow{\text{BM}} \cdot \overrightarrow{\text{MN}}$ を計算すると，BC $= \sqrt{\boxed{\text{ナ}}}$ のとき，直線 BM と直線 MN は垂直になることがわかる。

$\boxed{\text{テ}}$ の解答群

⓪ -2　　　① -1　　　② 0　　　③ $\sqrt{3}$

④ 1　　　⑤ 2　　　⑥ 4　　　⑦ $2\sqrt{3}$

$\boxed{\text{ト}}$ の解答群

⓪ $2 - \dfrac{r^2}{2}$　　① $4 - \dfrac{r^2}{2}$　　② $4 - r^2$　　③ $8 - r^2$

④ $\dfrac{r^2}{2} - 2$　　⑤ $\dfrac{r^2}{2} - 4$　　⑥ $r^2 - 4$　　⑦ $r^2 - 8$

ア	イ	ウ	エ	オ	カ	キ	ク	ケ	コ	サ	シ	ス	セ	ソ	タ	チ	ツ	テ	ト	ナ

42 OA = BC = t, OB = CA = 4, OC = AB = 3 である四面体 OABC について考える。

$\overrightarrow{\text{OA}} = \vec{a}$, $\overrightarrow{\text{OB}} = \vec{b}$, $\overrightarrow{\text{OC}} = \vec{c}$ として，次の問いに答えよ。

(1) $t = 4$ のとき，

$$\vec{a} \cdot \vec{b} = \frac{\boxed{\text{アイ}}}{\boxed{\text{ウ}}}, \quad \vec{b} \cdot \vec{c} = \frac{\boxed{\text{エ}}}{\boxed{\text{オ}}}, \quad \cos \angle \text{BOC} = \frac{\boxed{\text{カ}}}{\boxed{\text{キ}}}$$

である。これより，このときの四面体 OABC に関して， $\boxed{\quad \text{ク} \quad}$ となるとわかる。

$\boxed{\quad \text{ク} \quad}$ については，最も適当なものを，次の⓪〜④のうちから一つ選べ。

⓪ すべての面が鈍角三角形

① 1つの面は鋭角三角形，残りの3つの面は鈍角三角形

② 2つの面は鋭角三角形，残りの2つの面は鈍角三角形

③ 3つの面は鋭角三角形，残りの1つの面は鈍角三角形

④ すべての面が鋭角三角形

---

(2) このような四面体が存在するための必要十分条件は $\boxed{\text{ク}}$ となることが知られている。これを前提として，太郎さんと花子さんが話している。二人の会話を読んで，次の問いに答えよ。

> 花子：t の値をすごく大きくしたとき，たとえば $t = 100$ としたとき，$\boxed{\text{ク}}$ とはならないように思うけれど……
>
> 太郎：たぶん，実際に $t = 100$ として条件を満たす四面体を作ろうとしたら，そもそもうまく立体にならないんじゃないかな。
>
> 花子：なるほど！ つまり，四面体が存在する t の値の範囲は限られているということね。では，その t の値の範囲はどのようになるのかしら。
>
> 太郎：四面体の特徴から考えてみよう。まず，この四面体はすべての面が合同であるといえるね。
>
> 花子：そうね。そのことと，$\boxed{\text{ク}}$ を合わせて考えると，このような四面体が存在するための必要十分条件は $\vec{a}\cdot\vec{b}$, $\vec{b}\cdot\vec{c}$, $\vec{c}\cdot\vec{a}$ の $\boxed{\text{ケ}}$ といえそうね。
>
> 太郎：これを一つずつ確かめていけば，四面体が存在する t の値の範囲が求められそうだね。例えば，この $\vec{a}\cdot\vec{b}$, $\vec{b}\cdot\vec{c}$, $\vec{c}\cdot\vec{a}$ のうち $\boxed{\text{コ}}$ は t の値によらず正になるね。

$\boxed{\text{ケ}}$ の解答群

⓪ いずれか一つだけが正　　① いずれか二つだけが正　　② 三つすべてが正

$\boxed{\text{コ}}$ の解答群

⓪ $\vec{a}\cdot\vec{b}$　　① $\vec{b}\cdot\vec{c}$　　② $\vec{c}\cdot\vec{a}$

四面体が存在する t の値の範囲は，

$$\sqrt{\boxed{\text{サ}}} < t < \boxed{\text{シ}}$$

である。

ア	イ	ウ	エ	オ	カ	キ	ク	ケ	コ	サ	シ

基本問題

139 複素数の偏角と図形

相異なる二つの複素数 α と β に対して，$\arg \dfrac{\alpha - z}{\beta - z} = \pm \dfrac{\pi}{2}$ を満たす z は，複素数平面上のある円の周上にある。この円は α と β を用いて

$$\left| z - \left(\frac{\boxed{\text{ア}}}{\boxed{\text{イ}}}\alpha + \frac{\boxed{\text{ウ}}}{\boxed{\text{イ}}}\beta \right) \right| = \frac{\boxed{\text{エ}}}{\boxed{\text{オ}}}|\alpha - \beta|$$

で表される。ただし，$\arg z$ は複素数 z の偏角を表す。

ア	イ	ウ	エ	オ

140 複素数の積とド・モアブルの定理

$x = 5 - 5\sqrt{3}i$, $y = -\sqrt{2} + \sqrt{2}i$ のとき，$r > 0$, $0 \leqq \theta \leqq 2\pi$ である実数 r, θ を用いて
$$xy = r(\cos\theta + i\sin\theta)$$

と表すとき，$r = \boxed{\text{アイ}}$, $\theta = \dfrac{\boxed{\text{ウ}}}{\boxed{\text{エオ}}}\pi$ である。

y^n が整数となるような最小の自然数 n は $n = \boxed{\text{カ}}$ であり，このとき $y^{\boxed{\text{カ}}} = \boxed{\text{キクケ}}$ である。

また，$(xy)^m$ が純虚数となるような最小の自然数 m は，$m = \boxed{\text{コ}}$ である。

ア	イ	ウ	エ	オ	カ	キ	ク	ケ	コ

141 複素数の平面上の図形と最大・最小

複素数 z は，$0 \leqq \arg z \leqq \dfrac{\pi}{2}$，$|z - (\sqrt{3} + i)| = \sqrt{2}$ を満たす。

このとき，$|z|$ の最大値は $\boxed{ア} + \sqrt{\boxed{イ}}$，最小値は $\boxed{ウ} - \sqrt{\boxed{エ}}$ である。

また，$\arg z$ は $z = \dfrac{\sqrt{\boxed{オ}} - \boxed{カ}}{\boxed{キ}} + \dfrac{\sqrt{\boxed{ク}} + \boxed{ケ}}{\boxed{コ}} i$ のとき，最大値

$\dfrac{\boxed{サ}}{\boxed{シス}} \pi$ をとる。

ア	イ	ウ	エ	オ	カ	キ	ク	ケ	コ	サ	シ	ス

142 複素数平面上の図形

(1) 方程式 $z\bar{z} + 3i(z - \bar{z}) + 5 = 0$ は複素数平面上で，中心が点 $\boxed{\text{ア}}\,i$, 半径が $\boxed{\text{イ}}$ の円を表す。

また，方程式 $|z + i| = 2|z - 2i|$ は中心が点 $\boxed{\text{ウ}}\,i$, 半径が $\boxed{\text{エ}}$ の円を表す。

(2) 複素数平面上で，複素数 α, β, γ を表す点をそれぞれ A, B, C とする。

$\alpha = 3 - i$, $\beta = 10 - 2i$ かつ，△ABC は ∠C が直角であるような直角二等辺三角形であるとき，$\gamma = \boxed{\text{オ}} + \boxed{\text{カ}}\,i$ または $\gamma = \boxed{\text{キ}} - \boxed{\text{ク}}\,i$ である。

ア	イ	ウ	エ	オ	カ	キ	ク

143 複素数平面上の点の回転移動

複素数平面上で，複素数 α の表す点が A のとき A(α) とかく。

$\alpha = (\sqrt{3}+1)+(\sqrt{3}-1)i$ とする。点 A(α) を原点のまわりに $\dfrac{2}{3}\pi$ だけ回転移動すると，点 B(β) へ移る。このとき，$\beta = \boxed{\text{アイ}} + \boxed{\text{ウ}}\,i$ である。

また，線分 AB の長さは AB $= \boxed{\text{エ}}\sqrt{\boxed{\text{オ}}}$ である。

さらに，点 B を点 A のまわりに $\dfrac{\pi}{3}$ だけ回転移動すると，点 C(γ) へ移る。このとき

$\gamma = \left(\boxed{\text{カ}}-\sqrt{\boxed{\text{キ}}}\,\right)-\left(\boxed{\text{ク}}+\sqrt{\boxed{\text{ケ}}}\,\right)i$ である。

ア	イ	ウ	エ	オ	カ	キ	ク	ケ

143 ▶ p. 236〈122〉　　複素数平面 | **173**

4 3 (1) 方程式 $z^3 = 4\sqrt{2} + 4\sqrt{2}\,i$ ……①

を解こう。複素数 $4\sqrt{2} + 4\sqrt{2}\,i$ を極形式で表すと

$$4\sqrt{2} + 4\sqrt{2}\,i = \boxed{\text{ア}}\left(\cos\frac{\pi}{\boxed{\text{イ}}} + i\sin\frac{\pi}{\boxed{\text{イ}}}\right)$$

となる。

$z = r(\cos\theta + i\sin\theta)$ とおき，①を満たす r, θ $(r > 0,\ 0 \leqq \theta < 2\pi)$ を求めると，

$$r = \boxed{\text{ウ}}, \quad \theta = \frac{\pi}{\boxed{\text{エオ}}}, \quad \frac{\boxed{\text{カ}}}{\boxed{\text{キ}}}\pi, \quad \frac{\boxed{\text{クケ}}}{\boxed{\text{エオ}}}\pi \quad \text{となる。}$$

①の3つの解の表す点を複素数平面上に示した図は $\boxed{\text{コ}}$ である。

$\boxed{\text{コ}}$ については，最も適当なものを次の⓪～②のうちから一つ選べ。

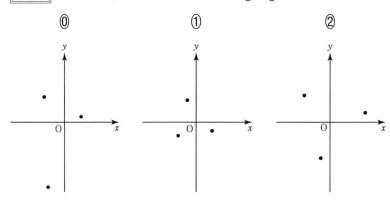

(2) ①の解の一つをαとするとき $\alpha^6 = \boxed{\text{サシ}}\,i$ となる。

方程式 $z^6 = \boxed{\text{サシ}}\,i$ ……② について，②を変形すると

$$(z^3)^2 = \left(\boxed{\text{ス}}\sqrt{\boxed{\text{セ}}} + \boxed{\text{ソ}}\sqrt{\boxed{\text{タ}}}\,i\right)^2$$

すなわち $z^3 = \boxed{\text{ス}}\sqrt{\boxed{\text{セ}}} + \boxed{\text{ソ}}\sqrt{\boxed{\text{タ}}}\,i,$

$$\boxed{\text{チツ}}\sqrt{\boxed{\text{テ}}} - \boxed{\text{ト}}\sqrt{\boxed{\text{ナ}}}\,i$$

となる。

②の6つの解をα_1，α_2，α_3，α_4，α_5，α_6とし，それぞれを複素数平面上に表した点をA_1，A_2，A_3，A_4，A_5，A_6とする。ただし，$0 \leqq \arg\alpha_1 < \arg\alpha_2 < \cdots < \arg\alpha_6 < 2\pi$とする。

次の記述のうち，正しいものは $\boxed{\text{ニ}}$ と $\boxed{\text{ヌ}}$ の二つである。

$\boxed{\text{ニ}}$，$\boxed{\text{ヌ}}$ の解答群（同じものを選んではいけない。また，解答の順序は問わない。）

⓪ $\triangle OA_1A_2$は正三角形である。

① 6つの点A_1，…，A_6は原点を中心とする半径8の円周上にある。

② $\triangle A_1A_2A_3$と$\triangle A_2A_4A_6$は合同である。

③ 五角形$A_1A_2A_3A_4A_5$は正五角形である。

④ 六角形$A_1A_2A_3A_4A_5A_6$は正六角形である。

ア	イ	ウ	エ	オ	カ	キ	ク	ケ	コ	サ	シ	ス	セ	ソ	タ	チ	ツ	テ	ト	ナ

ニ	ヌ

44 複素数平面上で複素数 0, α, β の表す点をそれぞれ O，A，B とする。点 O，A，B を頂点とする三角形は $\angle \mathrm{B} = 90°$ の直角三角形であり，OA : OB = 2 : 1 である。

以下，$0 < \arg \dfrac{\alpha}{\beta} < \pi$ とする。

(1) $\arg \dfrac{\alpha}{\beta} = \dfrac{\pi}{\boxed{\text{ア}}}$ であり，$\left| \dfrac{\alpha}{\beta} \right| = \boxed{\text{イ}}$ であるから

$$\beta = \dfrac{\boxed{\text{ウ}} - \sqrt{\boxed{\text{エ}}}\, i}{\boxed{\text{オ}}}\, \alpha$$

であるから，△OAB の重心 G を表す複素数は

$$\dfrac{\boxed{\text{カ}} - \sqrt{\boxed{\text{キ}}}\, i}{\boxed{\text{クケ}}}\, \alpha \text{ である。}$$

(2) さらに，複素数平面上で $\gamma = 3$ の表す点を C とする。点 C が辺 AB 上にあるように点 A，B が動くときの点 A がえがく図形について，太郎さんと花子さんは話し合っている。

花子：点 C は辺 AB 上にあるから，$\angle\mathrm{OAC} = \dfrac{\pi}{\boxed{コ}}$ がつねに成り立つね。

点 O と点 C は動かないから，点 A を動かして点 A_1，A_2 と 2 点をとると，$\angle\mathrm{OA_1C} = \angle\mathrm{OA_2C}$ が成り立つよ。

太郎：それなら，円周角の定理の逆を用いて，4 点 $\boxed{サ}$ が同一円周上にあることがわかるね。

点 B と点 C が一致するとき，$\alpha = \boxed{シ} + \boxed{ス}\sqrt{\boxed{セ}}\,i$ であることに注目

すると，点 A がえがく図形は $\delta = \dfrac{\boxed{ソ} + \boxed{タ}\sqrt{\boxed{チ}}\,i}{\boxed{ツ}}$ が表す点 D を中

心とする半径 $\boxed{テ}$ の円だとわかるね。

花子：でも，点 A はこの円上すべてを動けるのかな。

点 C は辺 AB 上にあることに注意すると，点 A がえがくのは

$$-\frac{\pi}{\boxed{ト}} \le \arg(\alpha - \delta) \le \frac{\pi}{\boxed{ナ}}$$

を満たす部分に限られるね。

$\boxed{サ}$ の解答群

⓪ O，A，B，C　　　① O，$\mathrm{A_1}$，$\mathrm{A_2}$，B

② O，$\mathrm{A_1}$，$\mathrm{A_2}$，C　　　③ $\mathrm{A_1}$，$\mathrm{A_2}$，B，C

ア	イ	ウ	エ	オ	カ	キ	ク	ケ	コ	サ	シ	ス	セ	ソ	タ	チ	ツ	テ	ト	ナ

45 先生と花子さんは，複素数について話している。二人の会話を読んで，次の問いに答えよ。

> 花子：複素数の計算では，実部や虚部に分数や無理数が出てくると面倒ですね。
>
> 先生：a と b がどちらも整数のとき，$z = a + bi$ はガウス整数と呼ばれています。2つの ガウス整数の四則演算ならば計算がしやすそうですね。
>
> 花子：ガウス整数同士の演算については，答えもガウス整数になるのでしょうか。
>
> 先生：ガウス整数同士の加減乗除の4つの演算の中には，必ず答えがガウス整数になる場 合とそうでない場合がありますね。

　下線部について，ガウス整数同士の演算の答えが必ずガウス整数になる場合を○，必ずしも ガウス整数にはならない場合を×として表すものとする。このとき，正しい組合せを，次の⓪ ～④のうちから一つ選べ。 　ア

	加法	減法	乗法	除法
⓪	○	○	○	○
①	○	○	○	×
②	○	○	×	×
③	○	×	×	×
④	×	×	×	×

　$a > 0$，$b > 0 \cdots\cdots(*)$ を満たすガウス整数 $a + bi$ を考える。$(*)$ を満たすガウス整数同士 の演算について，答えが必ず $(*)$ を満たすガウス整数になる場合を○，必ずしも $(*)$ を満たす ガウス整数にはならない場合を×として表すものとする。このとき，正しい組合せを，次の⓪ ～④のうちから一つ選べ。 　イ

	加法	減法	乗法	除法
⓪	○	○	○	×
①	○	×	○	×
②	○	○	×	×
③	○	×	×	×
④	×	×	×	×

先生：整数について，$12 = 2 \times 6 = (-3) \times (-4)$ となるように，ガウス整数 z についても，2 つのガウス整数 z_1 と z_2 を用いて，$z = z_1 z_2$ と表すことができますね。このとき，z_1 と z_2 はガウス整数 z の約数と呼ばれています。

花子：例えば $3 + i$ はどんな約数を持つのでしょうか。

$$3 + i = (1 + i)\left(\boxed{\text{ウ}} - i \right) = (1 - i)\left(\boxed{\text{エ}} + \boxed{\text{オ}}\, i \right)$$

と表されることからいくつかの約数を求めることができる。

一方，自然数の範囲では素数 p は 1 と p しか約数を持たないが，複素数の範囲で考えると，

$$5 = \left(1 + \boxed{\text{カ}}\, i \right)\left(\boxed{\text{キ}} - 2i \right)$$

と表されるなど，いろいろな約数を持つ場合がある。

2 つの自然数 p, q を用いて $z = p^2 + q^2$ と表される整数 z については，この等式を用いて約数を求めることができる。

例えば，

$$13 = \left(\boxed{\text{ク}} + \boxed{\text{ケ}}\, i \right)\left(\boxed{\text{ク}} - \boxed{\text{ケ}}\, i \right)$$

となる。ただし，$\boxed{\text{ク}} > \boxed{\text{ケ}} > 0$ とする。

$|z|^2$ が素数となるようなガウス整数 z が 2 つのガウス整数 z_1 と z_2 を用いて $z = z_1 z_2$ と表されるときには，$\boxed{\text{コ}}$ ということが言える。

$\boxed{\text{コ}}$ の解答群

⓪ z_1 と z_2 のいずれか一方の絶対値が 1 より小さい

① z_1 と z_2 のどちらの絶対値も 1 より大きい

② z_1 と z_2 のいずれか一方の絶対値が 1 であり，もう一方の絶対値が 1 より大きい

③ z_1 と z_2 のどちらの絶対値も 1 である

ア	イ	ウ	エ	オ	カ	キ	ク	ケ	コ

複素数平面

平面上の曲線

基本問題

144 放物線

(1) 放物線 $y^2 = 8x$ の焦点は点 $\left(\boxed{\text{ア}}, \boxed{\text{イ}}\right)$，準線は直線 $x = \boxed{\text{ウエ}}$ である。

(2) 点 $(0, -3)$，直線 $y = 3$ から等距離にある点 P の軌跡の方程式は $\boxed{\text{オ}}$ である。

$\boxed{\text{オ}}$ の解答群

⓪ $y^2 = -12x$ ① $y^2 = 12x$ ② $x^2 = -12y$ ③ $x^2 = 12y$

ア	イ	ウ	エ	オ

145 楕円

(1) 楕円 $\dfrac{x^2}{9} + \dfrac{y^2}{4} = 1$ の焦点は 2 点 $\left(\boxed{\text{ア}}\sqrt{\boxed{\text{イ}}}, \boxed{\text{ウ}}\right)$, $\left(\sqrt{\boxed{\text{エ}}}, \boxed{\text{オ}}\right)$ であり，長軸は $\boxed{\text{カ}}$ 上にある。

(2) 焦点が $(0, -1)$, $(0, 1)$ で，点 $(\sqrt{2}, 0)$ を通る楕円の方程式は

$\dfrac{x^2}{\boxed{\text{キ}}} + \dfrac{y^2}{\boxed{\text{ク}}} = 1$ である。

$\boxed{\text{カ}}$ の解答群

⓪ x 軸 ① y 軸 ② 直線 $y = x$ ③ 直線 $y = -x$

ア	イ	ウ	エ	オ	カ	キ	ク

146 双曲線

(1) 双曲線 $\dfrac{x^2}{4} - \dfrac{y^2}{9} = 1$ の焦点は <u>ア</u> 上にある。また，この双曲線の漸近線のうち，第

1象限を通るものは直線 <u>イ</u> である。

(2) 双曲線 $\dfrac{x^2}{a^2} - \dfrac{y^2}{b^2} = -1$ の1つの焦点の座標は $(0,\ 5)$ で，1つの漸近線の傾きが $\dfrac{4}{3}$ であ

るとき，$a =$ <u>ウ</u> ，$b =$ <u>エ</u> である。ただし，$a > 0$，$b > 0$ とする。

<u>ア</u> の解答群

　⓪　x軸　　①　y軸　　②　直線$y = x$　　③　直線$y = -x$

<u>イ</u> の解答群

　⓪　$y = \dfrac{2}{3}x$　　①　$y = \dfrac{3}{2}x$　　②　$y = \dfrac{4}{9}x$　　③　$y = \dfrac{9}{4}x$

ア	イ	ウ	エ

147 2次曲線と平行移動

(1) 楕円 $x^2 + 4y^2 + 6x - 16y + 21 = 0$ は，楕円 $\dfrac{x^2}{4} + y^2 = 1$ を x軸方向に <u>アイ</u> ，y軸方

向に <u>ウ</u> だけ平行移動したものである。

(2) 放物線 $y^2 + 4y - 4x + 8 = 0$ の焦点は点 $\left(\ \boxed{エ}\ ,\ \boxed{オカ}\ \right)$，準線の方程式は

$x =$ <u>キ</u> である。

ア	イ	ウ	エ	オ	カ	キ

148 **2次曲線と接線の方程式**

(1) 放物線 $y^2 = -12x$ 上の点 $(-3, 6)$ における接線の方程式は $y = \boxed{\text{ア}} \, x + \boxed{\text{イ}}$ である。

(2) 楕円 $\dfrac{x^2}{9} + \dfrac{y^2}{4} = 1$ の接線のうち，点 $(6, 2)$ を通るものの方程式は $y = \boxed{\text{ウ}}$，

$\boxed{\text{エ}} \, x - 9y = \boxed{\text{オカ}}$ である。

ア	イ	ウ	エ	オ	カ

149 直交座標と極座標

直交座標の原点Oを極，x 軸の正の部分を始線とし，平面上の点 P に対して線分 OP の長さを r，線分 OP の偏角を θ とする極座標 $(r,\ \theta)$ を考える。ただし，偏角は 0 以上 2π 未満とする。

(1) 直交座標で $(-\sqrt{2},\ \sqrt{2})$ と表される点は，極座標では $\left(\boxed{\ \text{ア}\ },\ \dfrac{\boxed{\ \text{イ}\ }}{\boxed{\ \text{ウ}\ }}\pi\right)$ と表せる。

(2) 極座標で $\left(4,\ \dfrac{\pi}{3}\right)$ と表される点は，直交座標では $\left(\boxed{\ \text{エ}\ },\ \boxed{\ \text{オ}\ }\sqrt{\boxed{\ \text{カ}\ }}\right)$ と表せる。

(3) 直交座標の方程式で $x+\sqrt{3}\,y=2$ と表される直線を，極座標の方程式で表すと

$$r\left(\dfrac{\sqrt{\boxed{\ \text{キ}\ }}}{\boxed{\ \text{ク}\ }}\sin\theta+\dfrac{\boxed{\ \text{ケ}\ }}{\boxed{\ \text{ク}\ }}\cos\theta\right)=1 \quad \text{より} \quad r\sin\left(\theta+\dfrac{\boxed{\ \text{コ}\ }}{\boxed{\ \text{サ}\ }}\pi\right)=1 \quad \text{である。}$$

ア	イ	ウ	エ	オ	カ	キ	ク	ケ	コ	サ

実践問題

46 a, b, c, d, fを実数とし，x, yの方程式

$$ax^2 + by^2 + cx + dy + f = 0$$

について，この方程式が表す座標平面上の図形をコンピュータソフトを用いて表示させる。ただし，このコンピュータソフトではa, b, c, d, fの値は十分に広い範囲で変化させられるものとする。

(1) a, bの値を$a = 1$, $b = 2$としたとき，図1のように楕円が表示された。

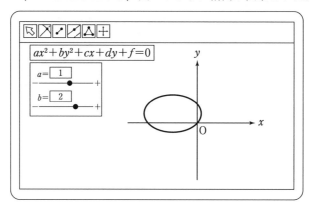

図1

このとき，c, d, fと0との大小関係はそれぞれ

c ア 0, d イ 0, f ウ 0とわかる。

ア , イ , ウ の解答群（同じものを何度選んでもよい。）

⓪ $>$　　① $<$　　② $=$

(2) 図1の状態から a, b, c, f の値は変えずに d の値だけを $d \geqq 0$ の範囲で変化させる。

次のうち，このときに座標平面に表れる図形について正しく述べているものを三つ選べ。

エ ， オ ， カ

エ ， オ ， カ の解答群（同じものを繰り返し選んではいけない。また，解答の順序は問わない。）

⓪ 様々な大きさの楕円が現れ，他の図形は現れない。

① 楕円，円，放物線が現れ，他の図形は現れない。

② つねに同じ大きさの楕円が現れる。

③ 第1象限を通る図形は現れない。

④ 第4象限を通る図形は現れない。

⑤ 必ず通る定点が存在する。

ア	イ	ウ	エ	オ	カ

47 (1) 直交座標が $(-2\sqrt{3},\ 2)$ である点 A の極座標 $(r,\ \theta)$ は

$$(r,\ \theta) = \left(\ \boxed{\text{ア}}\ ,\ \frac{\boxed{\text{イ}}}{\boxed{\text{ウ}}}\pi\right)$$ である。ただし，$0 \leqq \theta < 2\pi$ とする。

(2) 点 P が直線 OA 上を動く。点 Q を △OPQ が正三角形になるように定める。ただし，△OPQ の頂点 O，P，Q はこの順で反時計まわりに並んでいるものとする。

このとき，太郎さんと花子さんは点 Q の軌跡を考察した。

太郎：授業で習ったばかりだから，極座標を使ってみるよ。

　　　点 Q の極座標を $(r,\ \theta)$ としたら，△OPQ は正三角形だから，点 P の極座標は

$$\left(r,\ \theta - \frac{\pi}{\boxed{\text{エ}}}\right)$$ と表せるね。

　　　点 P は直線 OA 上にあって，△OPQ が正三角形という条件から，点 P と点 Q は

$\boxed{\text{オ}}$ が一致するとわかるので，$\boxed{\text{カ}}$ ……① という関係が成り立つね。

$\boxed{\text{オ}}$ の解答群

⓪ x 座標　　　① y 座標　　　② x 座標と y 座標

$\boxed{\text{カ}}$ の解答群

⓪ $r\cos\theta = r\sin\left(\theta - \dfrac{\pi}{\boxed{\text{エ}}}\right)$　　　① $r\cos\theta = r\cos\left(\theta - \dfrac{\pi}{\boxed{\text{エ}}}\right)$

② $r\sin\theta = r\sin\left(\theta - \dfrac{\pi}{\boxed{\text{エ}}}\right)$　　　③ $r\sin\theta = r\cos\left(\theta - \dfrac{\pi}{\boxed{\text{エ}}}\right)$

花子：直交座標で考えると，直線 OA の方程式は $y = \dfrac{\boxed{\text{キ}}\sqrt{\boxed{\text{ク}}}}{\boxed{\text{ケ}}} x$ で，点 P と点 Q

は $\boxed{\text{コ}}$ に関して対称であるから，点 Q の軌跡を求めることができるね。

$\boxed{\text{コ}}$ の解答群

   ⓪ x 軸   ① y 軸   ② 原点   ③ 点 A

太郎さん，花子さんの考え方を用いて点 Q の軌跡を求めると，直線 $x - \sqrt{\boxed{\text{サ}}}\, y = 0$ から原点を除いた部分であることがわかる。

ア	イ	ウ	エ	オ	カ	キ	ク	ケ	コ	サ

48 太郎さんと花子さんは，次の問題について考えている。

> 問題
>
> x，y が方程式 $x^2 + 4y^2 = 4$ を満たすとき，$x - y$ の最大値と最小値を求めよ。

$x - y = k$ とおき，$y = x - k$ を $x^2 + 4y^2 = 4$ に代入した 2 次方程式が実数解をもつような k の値の範囲は $-\sqrt{\boxed{ア}} \leqq k \leqq \sqrt{\boxed{イ}}$ となるため，

求める最大値は $\sqrt{\boxed{イ}}$，最小値は $-\sqrt{\boxed{ア}}$ であることがわかる。

また，$x - y$ が最大値 $\sqrt{\boxed{イ}}$ をとるとき，

$$x = \dfrac{\boxed{ウ}\sqrt{\boxed{エ}}}{\boxed{オ}}, \quad y = \dfrac{\boxed{カ}\sqrt{\boxed{キ}}}{\boxed{ク}}$$

$x - y$ が最小値 $-\sqrt{\boxed{ア}}$ をとるとき，

$$x = \dfrac{\boxed{ケコ}\sqrt{\boxed{サ}}}{\boxed{シ}}, \quad y = \dfrac{\sqrt{\boxed{ス}}}{\boxed{セ}}$$

である。

花子：式で解くだけだと，何をやっているのかイメージが湧かなかったよ。

太郎：それなら，平面上に楕円 $x^2 + 4y^2 = 4$ と直線 $x - y = k$ をかいてみようよ。

$x^2 + 4y^2 = 4$ は焦点が $\left(\sqrt{\boxed{\text{ソ}}}, \ 0 \right), \ \left(-\sqrt{\boxed{\text{ソ}}}, \ 0 \right)$ で

頂点が $\left(\boxed{\text{タ}}, \ 0 \right), \ \left(-\boxed{\text{タ}}, \ 0 \right), \ \left(0, \ \boxed{\text{チ}} \right), \ \left(0, \ -\boxed{\text{チ}} \right)$ の楕円の方程式である。

k が最大値 $\sqrt{\boxed{\text{イ}}}$ をとるとき，楕円 $x^2 + 4y^2 = 4$ と直線 $x - y = k$ の位置関係として適

切な図は $\boxed{\text{ツ}}$ であり，k が最小値 $-\sqrt{\boxed{\text{ア}}}$ をとるとき，位置関係として適切な図は

$\boxed{\text{テ}}$ である。

$\boxed{\text{ツ}}$ ，$\boxed{\text{テ}}$ については，次の ⓪～③ のうちから最も適当なものを一つずつ選べ。ただし，

同じものを繰り返し選んでもよい。

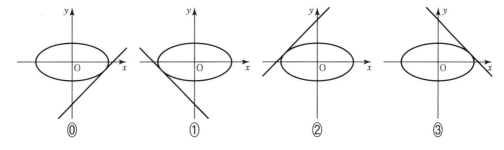

平面上の曲線

ア	イ	ウ	エ	オ	カ	キ	ク	ケ	コ	サ	シ	ス	セ	ソ	タ	チ	ツ	テ

こ た え

基本問題

1

ア	イ	ウ	エ	オ	カ	キ	ク	ケ	コ	サ	シ	ス	セ
4	5	−	3	1	2	3	3	1	2	3	1	2	3

2

ア	イ	ウ	エ	オ	カ	キ	ク	ケ	コ	サ
3	5	2	2	5	1	2	−	5	2	6

3

ア	イ	ウ	エ	オ	カ	キ	ク	ケ	コ
4	1	1	4	1	9	4	−	5	2

4

ア	イ	ウ	エ	オ	カ	キ
−	3	4	2	3	1	4

5

ア	イ	ウ	エ	オ	カ	キ	ク	ケ	コ	サ	シ	ス	セ
1	5	−	5	2	7	−	3	4	−	7	3	1	4

6

ア	イ	ウ	エ	オ	カ	キ	ク	ケ	コ	サ	シ	ス
1	4	2	2	1	−	3	5	−	2	1	2	3

7

ア	イ	ウ	エ	オ	カ	キ	ク
④	③	①	②	⑥	⓪	④	⓪

8

ア	イ	ウ	エ	オ	カ	キ	ク	ケ	コ	サ
1	5	9	6	1	0	1	8	2	1	4

9

ア	イ	ウ	エ	オ	カ	キ
①	③	⓪	⓪	④	⓪	③

10

ア	イ	ウ	エ
⓪	⓪	②	⓪

11

ア	イ	ウ	エ	オ	カ	キ	ク	ケ	コ	サ	シ	ス	セ	ソ
2	1	5	−	8	−	3	4	−	1	8	−	3	1	0

タ	チ	ツ
−	1	0

12

ア	イ	ウ	エ	オ	カ	キ	ク	ケ	コ	サ
−	2	8	5	1	2	−	3	4	8	7

13

ア	イ	ウ	エ	オ	カ
−	2	8	9	5	5

14

ア	イ	ウ	エ	オ	カ	キ	ク
3	4	9	8	2	2	3	8

15

ア	イ	ウ	エ	オ	カ	キ	ク	ケ	コ	サ	シ
2	4	1	−	3	2	8	8	8	8	4	4

16

ア	イ
2	4

17

ア	イ	ウ	エ	オ	カ	キ	ク	ケ	コ	サ
−	2	8	3	−	6	8	2	2	2	4

18

ア	イ	ウ	エ	オ	カ	キ	ク	ケ	コ
5	4	1	4	②	−	2	5	−	5

19

ア	イ	ウ	エ	オ	カ	キ	ク	ケ	コ	サ	シ	ス
−	2	3	3	2	②	③	−	2	1	0	2	3

20

ア	イ	ウ	エ	オ	カ	キ	ク	ケ	コ	サ
−	5	−	1	−	2	3	2	3	−	3

21

ア	イ	ウ	エ	オ	カ
−	3	−	2	−	2

22

ア	イ	ウ	エ	オ	カ	キ
a, 2	2	−	1	0	4	5

23

ア	イ	ウ	エ	オ	カ	キ	ク	ケ	コ	サ	シ	ス	セ	ソ
−	2	6	5	−	6	1	2	−	1	4	9	1	7	3

24

ア	イ	ウ	エ	オ	カ	キ	ク	ケ	コ	サ	シ	ス	セ
3	0	1	5	0	1	3	5	1	8	0	0	6	0

ソ	タ	チ	ツ	テ	ト	ナ
9	0	1	8	0	7	5

25

ア	イ	ウ	エ	オ	カ	キ	ク
2	2	4	4	5	1	3	5

26

ア	イ	ウ	エ	オ	カ	キ	ク	ケ
7	1	2	0	3	5	5	3	4

27

ア	イ	ウ	エ	オ	カ	キ	ク	ケ	コ
5	7	1	0	5	2	1	5	3	8

28

ア	イ	ウ	エ	オ	カ	キ	ク	ケ	コ	サ	シ	ス
−	1	5	2	6	5	3	5	6	2	4	6	2

29

ア	イ	ウ	エ	オ	カ	キ	ク	ケ	コ	サ	シ
2	6	4	5	3	7	5	1	2	0	2	1

30

ア	イ	ウ
2	6	3

31

ア	イ	ウ	エ	オ
6	0	1	2	9

32

ア	イ	ウ	エ	オ	カ	キ
1	5	2	2	2	6	3

33

ア	イ	ウ
1	2	4

34

ア	イ	ウ	エ	オ	カ	キ	ク	ケ	コ
5	4	5	1	1	7	8	5	①	②

35

ア	イ	ウ	エ	オ	カ	キ
1	6	3	1	5	5	6

36

ア	イ	ウ	エ	オ	カ	キ	ク	ケ	コ	サ	シ
1	0	2	5	5	1	1	8	6	0	7	6

37

ア	イ	ウ	エ	オ	カ
6	7	−	3	5	①

38

ア	イ	ウ	エ	オ	カ	キ	ク	ケ	コ
6	5	4	6	2	5	0	9	5	②

39

ア	イ	ウ	エ
2	6	⓪	⓪

40

ア	イ	ウ	エ	オ	カ	キ	ク	ケ	コ	サ	シ
5	0	1	4	7	5	7	4	3	2	7	2

41

ア	イ	ウ	エ	オ	カ	キ	ク	ケ	コ	サ	シ
3	0	0	1	0	8	9	6	1	0	8	0

42

ア	イ	ウ	エ	オ	カ	キ	ク	ケ
1	2	0	2	4	1	2	3	0

43

ア	イ	ウ	エ	オ	カ	キ	ク	ケ	コ	サ	シ	ス	セ
1	2	6	0	1	6	8	0	2	8	0	3	7	8

44

ア	イ	ウ	エ	オ	カ	キ	ク	ケ	コ	サ	シ	ス
1	2	6	0	3	6	0	1	2	0	6	6	0

45

ア	イ	ウ	エ	オ	カ	キ	ク	ケ	コ
2	1	0	1	0	5	6	9	6	1

46

ア	イ	ウ	エ	オ
3	0	1	5	0

47

ア	イ	ウ	エ	オ	カ	キ	ク	ケ	コ
1	4	4	5	3	1	4	5	5	6

48

ア	イ	ウ	エ	オ	カ	キ	ク	ケ	コ	サ	シ	ス	セ	ソ	タ
4	0	2	4	3	8	8	1	4	8	1	5	6	2	4	3

49

ア	イ	ウ	エ	オ	カ	キ	ク	ケ
8	0	2	4	3	6	8	8	1

50

ア	イ	ウ	エ	オ	カ
1	2	1	1	3	0

51

ア	イ	ウ	エ	オ	カ	キ	ク	ケ
5	4	2	1	0	2	1	4	3

52

ア	イ	ウ	エ	オ	カ	キ	ク	ケ	コ	サ
1	3	2	3	3	5	9	2	0	4	9

53

ア	イ	ウ	エ	オ	カ	キ	ク	ケ	コ	サ	シ	ス	セ
1	2	5	2	1	6	6	1	2	1	6	1	1	2

54

ア	イ	ウ	エ	オ	カ	キ	ク
2	9	5	1	8	7	2	7

55

ア	イ	ウ	エ	オ	カ	キ	ク
1	4	3	2	8	3	9	7

56

ア	イ	ウ	エ	オ	カ	キ	ク	ケ	コ	サ	シ
②	③	2	6	1	2	0	7	4	1	4	8

57

ア	イ	ウ	エ	オ	カ	キ
6	5	2	5	3	5	3

58

ア	イ	ウ	エ	オ	カ	キ	ク	ケ	コ	サ	シ	ス
5	9	6	1	3	1	0	9	5	3	2	9	3

59

ア	イ	ウ	エ	オ	カ	キ	ク	ケ	コ	サ
8	1	7	9	1	0	7	9	1	1	7

60

ア	イ	ウ	エ	オ	カ	キ
4	6	1	2	0	4	4

61

ア	イ	ウ	エ	オ	カ	キ	ク	ケ	コ	サ	シ
7	0	2	5	5	0	7	5	6	7	4	1

62

ア	イ	ウ	エ	オ	カ
2	1	4	2	5	2

63

ア	イ	ウ	エ	オ	カ	キ
2	3	2	1	1	6	5

64

ア	イ	ウ	エ	オ	カ	キ	ク	ケ	コ	サ
2	1	5	⓪	③	2	6	3	1	0	2

65

ア	イ	ウ	エ	オ	カ	キ	ク	ケ	コ	サ	シ	ス
9	0	2	7	0	−	2	8	0	−	2	4	0

66

ア	イ	ウ	エ	オ	カ
2	5	−	1	1	3

67

ア	イ	ウ	エ	オ	カ	キ	ク	ケ	コ	サ	シ	ス	セ	ソ
7	1	3	1	7	1	2	−	5	3	−	1	2	1	⓪

68

ア	イ	ウ	エ	オ	カ	キ	ク	ケ	コ	サ	シ	ス	セ	ソ	タ
7	2	2	3	4	3	5	8	7	6	8	1	6	1	6	6

69

ア	イ	ウ	エ	オ	カ	キ	ク	ケ	コ
−	8	1	5	−	2	5	−	4	3

70

ア	イ	ウ	エ	オ	カ	キ	ク	ケ	コ	サ	シ
−	2	−	1	7	2	−	1	−	1	0	− 2

71

ア	イ	ウ	エ	オ	カ	キ	ク	ケ	コ	サ	シ	ス	セ	ソ	タ
2	−	5	−	1	−	1	2	3	4	3	2	3	2	3	4

72

ア	イ	ウ	エ	オ	カ	キ	ク	ケ	コ	サ	シ	ス
1	2	1	0	−	1	−	1	3	1	0	−	1

73

ア	イ	ウ	エ	オ	カ	キ	ク	ケ
3	5	2	5	3	5	4	5	2

74

ア	イ	ウ	エ	オ	カ	キ	ク	ケ	コ	サ	シ	ス
−	5	2	1	7	3	8	5	−	2	−	2	1

75

ア	イ	ウ	エ	オ	カ	キ	ク
3	2	4	2	3	7	3	4

76

ア	イ	ウ	エ	オ	カ	キ	ク	ケ	コ	サ	シ
4	−	3	5	−	2	2	2	2	2	−	2

77

ア	イ	ウ	エ	オ	カ	キ	ク
1	−	6	4	2	1	0	1

78

ア	イ	ウ	エ	オ	カ	キ	ク
3	1	0	3	1	0	2	5

79

ア	イ	ウ	エ	オ	カ	キ
6	0	4	4	2	2	3

80

ア	イ	ウ	エ	オ	カ	キ	ク	ケ	コ	サ	シ	ス	セ	ソ	タ
4	3	1	1	−	2	0	−	4	−	3	1	−	1	5	4

81

ア	イ	ウ	エ	オ	カ	キ
2	3	4	3	3	2	9

82

ア	イ	ウ	エ	オ	カ	キ	ク	ケ	コ	サ
1	1	2	1	8	5	2	1	1	1	4

83

ア	イ	ウ	エ	オ	カ	キ	ク	ケ	コ	サ	シ	ス	セ	ソ	タ
−	3	4	−	7	2	−	7	4	3	7	7	−	1	4	4

84

ア	イ	ウ	エ	オ	カ	キ	ク	ケ	コ	サ	シ
2	2	3	0	1	1	2	1	9	1	2	2

85

ア	イ	ウ	エ	オ	カ	キ	ク	ケ	コ	サ
1	6	5	6	3	2	−	1	2	−	3

86

ア	イ	ウ	エ	オ	カ	キ	ク	ケ	コ	サ	シ	ス	セ	ソ	タ	チ
4	3	5	3	1	2	5	6	3	2	1	1	6	1	3	5	3

ツ	テ	ト	ナ
2	3	4	3

87

ア	イ	ウ	エ	オ	カ	キ	ク
4	3	2	3	4	3	4	2

88

ア	イ	ウ	エ	オ	カ	キ	ク	ケ	コ	サ	シ	ス	セ
1	2	1	2	2	1	0	1	−	−	1	2	−	1

89

ア	イ	ウ	エ	オ	カ	キ	ク	ケ	コ	サ	シ	ス	セ	ソ	タ	チ
2	3	5	−	4	5	−	3	4	3	5	4	3	−	2	4	7

90

ア	イ	ウ	エ	オ	カ	キ	ク	ケ	コ	サ
1	3	3	1	3	−	2	1	3	−	2

91

ア	イ	ウ	エ	オ
c	b	a	2	3

92

ア	イ	ウ	エ	オ	カ	キ	ク	ケ
2	2	1	3	2	4	7	0	2

93

ア	イ	ウ	エ	オ	カ	キ	ク	ケ	コ	サ	シ	ス	セ	ソ	タ
7	2	1	5	7	2	9	3	4	3	5	7	6	b	c	a

94

ア	イ	ウ	エ
2	4	3	6

95

ア	イ	ウ	エ	オ
8	1	8	3	2

96

ア	イ	ウ	エ	オ	カ	キ	ク
4	8	−	1	3	0	−	1

97

ア	イ	ウ	エ	オ	カ
−	3	1	8	3	2

98

ア	イ	ウ	エ	オ	カ	キ	ク	ケ	コ	サ	シ	ス
−	3	−	1	2	2	2	1	4	1	2	−	6

99

ア	イ	ウ	エ	オ
3	1	2	1	3

100

ア	イ	ウ	エ	オ	カ	キ	ク	ケ	コ	サ	シ	ス
6	0	−	3	2	9	−	1	2	5	4	3	7

101

ア	イ	ウ	エ	オ	カ	キ	ク
4	9	2	3	1	5	1	5

102

ア	イ	ウ	エ	オ	カ	キ	ク	ケ
3	2	−	2	−	2	−	5	2

103

ア	イ	ウ	エ	オ	カ	キ	ク	ケ	コ	サ
−	2	4	0	0	−	2	1	3	3	4

104

ア	イ	ウ	エ	オ	カ	キ	ク	ケ	コ	サ	シ
−	8	1	0	0	1	0	0	−	8	−	8

105

ア	イ	ウ
9	8	1

106

ア	イ	ウ	エ	オ
8	3	1	9	3

107

ア	イ	ウ	エ	オ
3	2	8	4	2

108

ア	イ	ウ	エ	オ	カ	キ	ク
1	0	9	−	2	9	1	8

109

ア	イ	ウ	エ	オ	カ	キ	ク	ケ	コ	サ
3	3	9	2	3	2	2	6	3	2	2

110

ア	イ	ウ
−	4	3

111

ア	イ	ウ	エ	オ	カ	キ	ク
8	5	5	3	5	1	1	2

112

ア	イ	ウ	エ	オ	カ	キ	ク
3	2	3	2	1	3	2	3

113

ア	イ	ウ	エ	オ	カ	キ	ク	ケ	コ
2	1	8	5	2	1	4	2	3	1

114

ア	イ	ウ	エ	オ	カ	キ	ク	ケ	コ	サ	シ	ス
4	1	5	1	7	6	1	−	3	2	3	2	3

115

ア	イ	ウ	エ	オ	カ	キ	ク	ケ
4	4	2	2	5	0	1	0	1

116

ア	イ	ウ	エ	オ	カ	キ	ク	ケ
3	8	1	8	−	1	2	2	4

117

ア	イ	ウ	エ	オ	カ	キ	ク	ケ	コ	サ	シ	ス
2	3	7	6	1	7	−	3	4	3	−	2	2

118

ア	イ	ウ	エ	オ	カ	キ	ク	ケ	コ	サ	シ
4	3	5	3	0	8	5	5	5	4	5	0

119

ア	イ	ウ	エ	オ
1	a	3	8	3

120

ア	イ	ウ	エ	オ	カ
2	9	0	4	0	0

121

ア	イ	ウ
6	4	9

122

ア	イ	ウ	エ	オ	カ	キ	ク	ケ	コ
1	4	3	4	1	2	1	2	⓪	①

123

ア	イ	ウ	エ	オ	カ
9	3	2	3	6	8

124

ア	イ	ウ	エ	オ	カ	キ	ク
1	5	4	3	2	2	1	7

125

ア	イ	ウ	エ	オ	カ
⑦	②	5	7	2	6

126

ア	イ	ウ	エ	オ	カ	キ	ク	ケ	コ	サ	シ	ス	セ
1	6	3	0	0	0	0	2	5	0	0	3	0	0

ソ	タ	チ	ツ	テ	ト	ナ	ニ
2	5	0	0	4	2	0	7

127

ア	イ	ウ	エ	オ	カ	キ	ク	ケ	コ	サ	シ	ス	セ
6	9	1	5	0	6	6	8	1	0	0	0	2	5

ソ	タ	チ	ツ	テ	ト	ナ	ニ	ヌ	ネ
1	0	1	5	1	1	0	2	4	9

128

ア	イ	ウ	エ	オ	カ
④	⑥	⑤	②	①	⓪

129

ア	イ	ウ	エ	オ	カ	キ	ク	ケ	コ	サ	シ	ス	セ	ソ
−	1	1	0	3	1	0	1	2	0	−	4	5	7	5

130

ア	イ	ウ	エ	オ	カ	キ	ク	ケ	コ	サ	シ	ス
6	3	−	1	−	1	2	−	4	1	7	3	2

セ	ソ	タ	チ	ツ
−	4	3	2	4

131

ア	イ	ウ	エ	オ	カ	キ	ク	ケ	コ	サ	シ	ス	セ
1	2	3	1	3	6	7	1	7	4	4	8	3	5

132

ア	イ	ウ	エ	オ	カ	キ	ク	ケ	コ
1	−	1	3	5	2	5	3	5	5

133

ア	イ	ウ	エ	オ	カ	キ	ク	ケ	コ	サ	シ
3	4	1	2	3	4	7	4	3	1	2	5

134

ア	イ	ウ	エ	オ	カ	キ	ク	ケ
2	3	2	3	⓪	3	7	6	3

135

ア	イ	ウ	エ	オ	カ	キ	ク	ケ	コ	サ	シ	ス	セ	ソ	タ
3	2	9	3	2	3	2	4	②	9	2	2	4	9	1	3

136

ア	イ	ウ	エ	オ	カ	キ	ク	ケ	コ	サ	シ	ス
4	5	0	3	5	8	5	2	1	5	7	2	5

137

ア	イ	ウ	エ	オ	カ	キ	ク	ケ	コ	サ	シ	ス	セ	ソ	タ	チ
4	9	2	3	3	3	1	3	1	1	4	3	2	9	2	2	2

138

ア	イ	ウ	エ	オ	カ	キ	ク	ケ
3	1	2	1	2	3	2	1	5

139

ア	イ	ウ	エ	オ
1	2	1	1	2

140

ア	イ	ウ	エ	オ	カ	キ	ク	ケ	コ
2	0	5	1	2	4	−	1	6	6

141

ア	イ	ウ	エ	オ	カ	キ	ク	ケ	コ	サ	シ	ス
2	2	2	2	3	1	2	3	1	2	5	1	2

142

ア	イ	ウ	エ	オ	カ	キ	ク
3	2	3	2	7	2	6	5

143

ア	イ	ウ	エ	オ	カ	キ	ク	ケ
−	2	2	2	6	1	3	1	3

144

ア	イ	ウ	エ	オ
2	0	−	2	②

145

ア	イ	ウ	エ	オ	カ	キ	ク
−	5	0	5	0	⓪	2	3

146

ア	イ	ウ	エ
⓪	①	3	4

147

ア	イ	ウ	エ	オ	カ	キ
−	3	2	2	−	2	0

148

ア	イ	ウ	エ	オ	カ
−	3	2	8	3	0

149

ア	イ	ウ	エ	オ	カ	キ	ク	ケ	コ	サ
2	3	4	2	2	3	3	2	1	1	6

実践問題

1

ア	イ	ウ	エ	オ	カ	キ	ク	ケ	コ	サ	シ	ス	セ
4	3	3	②	2	1	9	6	3	−	2	0	4	⑦

2

ア	イ	ウ	エ	オ	カ
2	⓪	①	②	③	①

3

ア	イ	ウ	エ	オ	カ	キ	ク	ケ	コ	サ	シ	ス	セ	ソ
1	2	0	9	6	4	8	0	1	0	0	2	5	0	0①

4

ア	イ	ウ	エ	オ	カ	キ	ク	ケ	コ	サ	シ	ス	セ	ソ	タ
1	3	1	1	0	2	9	−	3	5	0	1	1	②	5	⓪

5

ア	イ	ウ	エ	オ	カ	キ	ク	ケ	コ	サ	シ	ス	セ	ソ	タ	チ
2	5	6	9	⓪	⓪	9	⓪	8	4	②	6	2	1	0	1	1

ツ	テ	ト	ナ	ニ	ヌ	ネ	ノ	ハ	ヒ	フ	ヘ	ホ
2	1	8	5	9	1	3	0	6	3	6	3	0

6

ア	イ	ウ	エ	オ	カ	キ	ク	ケ	コ	サ	シ	ス	セ	ソ
⓪	⓪	②	②	8	0	8	−	1	4	5	0	1	②	③

7

ア	イ	ウ	エ	オ	カ	キ	ク	ケ	コ	サ
2	3	0	③	6	6	0	1	2	1	1

8

ア	イ	ウ	エ	オ	カ	キ	ク	ケ	コ	サ	シ	ス	セ	ソ	タ	チ
7	3	5	2	7	7	6	3	5	3	3	2	3	4	1	2	①

ツ	テ	ト
⑨	②	③

9

ア	イ	ウ	エ	オ	カ	キ	ク	ケ	コ	サ	シ	ス	セ
5	4	5	③	②	2	⓪	⓪	②	1	1	0	2	5

ソ	タ	チ	ツ	テ
2	5	2	1	2

10

ア	イ	ウ
②	⓪	⓪

11

ア	イ	ウ	エ	オ
⑤	③	④	①	⑧

12

ア	イ	ウ	エ	オ
5	8	③	③	②

13

ア	イ	ウ	エ	オ	カ	キ	ク	ケ	コ	サ	シ	ス	セ	ソ	タ	チ
2	5	⓪	1	1	0	0	2	5	②	③	7	1	0	①	③	⑤

ツ	テ	ト	ナ	ニ	ヌ
3	1	0	①	3	7

14

ア	イ	ウ	エ	オ	カ	キ	ク	ケ	コ	サ	シ
2	1	3	2	①	②	0	6	②	③	2	②

15

ア	イ	ウ	エ	オ	カ	キ	ク	ケ	コ	サ	シ	ス	セ	ソ
2	1	6	⓪	③	⑤	2	1	0	②	1	3	6	5	6

タ	チ	ツ	テ
7	1	6	2

16

ア	イ	ウ	エ	オ	カ	キ	ク	ケ	コ	サ	シ	ス	セ	ソ	タ	チ
②	0	1	2	2	1	5	4	6	3	6	2	6	1	5	3	8

ツ	テ	ト	ナ
9	1	5	8

17

ア	イ	ウ	エ	オ	カ	キ	ク	ケ	コ	サ	シ	ス	セ
②	⑤	1	2	②	1	4	4	3	1	0	6	⓪	2

18

ア	イ	ウ	エ	オ	カ	キ	ク	ケ	コ	サ	シ	ス
2	6	④	4	②	3	5	4	1	2	3	⓪	③

19

ア	イ	ウ	エ	オ	カ	キ	ク	ケ	コ	サ	シ	ス	セ	ソ	タ
⓪	−	a	2	1	2	3	4	2	1	2	③	④	⑥	1	2

チ	ツ	テ
−	2	2

20

ア	イ	ウ	エ	オ	カ	キ	ク	ケ	コ	サ	シ	ス	セ	ソ	タ	チ
❷	❸	−	3	⓪	③	4	9	−	1	4	3	7	1	2	⑤	⓪

21

ア	イ	ウ	エ	オ	カ	キ	ク	ケ
5	2	2	⓪	2	4	⓪	❷	9

22

ア	イ	ウ	エ	オ	カ	キ	ク	ケ	コ	サ	シ	ス	セ	ソ	タ	チ
4	4	③	❷	4	4	5	2	2	4	2	2	⓪	⓪	4	2	5

ツ	テ	ト
2	5	5

23

ア	イ	ウ	エ	オ	カ	キ	ク	ケ	コ	サ	シ	ス	セ	ソ	タ	チ
1	3	a	3	a	2	a	2	a	4	3	a	3	2	a	2	a

ツ	テ	ト	ナ	ニ	ヌ	ネ	ノ	ハ
2	2	2	2	2	2	1	1	⑤⓪

24

ア	イ	ウ	エ	オ	カ	キ	ク	ケ	コ	サ	シ	ス	セ	ソ	タ
a	1	1	1	⓪	⓪	⓪	1	5	2	2	6	1	5	2	2

25

ア	イ	ウ	エ	オ	カ	キ	ク	ケ	コ	サ	シ	ス	セ	ソ	タ	チ
2	3	2	8	3	2	3	1	⓪	5	6	③	⑧	6	8	2	1

ツ	テ
2	1

26

ア	イ	ウ	エ	オ	カ	キ	ク	ケ	コ	サ	シ	ス	セ	ソ
❷	❸	1	3	6	5	1	1	6	⓪	6	3	3	2	③

タ	チ	ツ
7	1	0

27

ア	イ	ウ	エ	オ	カ	キ	ク	ケ	コ	サ	シ	ス	セ	ソ	タ	チ
4	4	4	−	1	2	5	③	−	4	4	5	−	1	1	1	2

ツ	テ	ト	ナ
5	⑧	❷	⑥

28

ア	イ	ウ	エ	オ	カ	キ	ク	ケ	コ	サ	シ	ス	セ	ソ	タ	チ
❷	❸	❷	❸	⓪	④	⓪	③	3	3	❸	3	2	3	3	3	4

29

ア	イ	ウ	エ	オ	カ	キ	ク	ケ	コ	サ	シ	ス	セ	ソ	タ	チ
2	2	2	2	5	⓪	⓪	5	2	6	5	8	③	⓪	2	5	2

ツ	テ	ト	ナ	ニ	ヌ	ネ
⓪	2	1	2	1	−	1

30

ア	イ	ウ	エ	オ	カ	キ	ク	ケ	コ
⓪	⑤	③	⓪	2	4	⓪	2	④	❷

31

ア	イ	ウ	エ	オ	カ	キ	ク	ケ	コ	サ	シ	ス	セ	ソ
3	6	2	2	3	2	1	2	3	8	−	1	4	1	2

タ	チ	ツ	テ	ト	ナ	ニ	ヌ
−	1	2	⓪	1	1	9	6

32

ア	イ	ウ	エ	オ	カ	キ	ク	ケ	コ	サ	シ	ス	セ	ソ
③	⓪	4	4	2	a	2	1	4	1	8	2	3	2	③

タ	チ	ツ	テ	ト	ナ	ニ	ヌ	ネ	ノ
6	3	2	⓪	1	4	1	1	9	2

33

ア	イ	ウ	エ	オ	カ	キ	ク	ケ	コ	サ	シ	ス	セ	ソ
⓪	1	2	5	2	5	4	1	1	1	2	⑥	⑤	⓪	2

タ	チ	ツ	テ	ト	ナ	ニ
−	1	3	4	3	2	0

34

ア	イ	ウ	エ	オ	カ	キ	ク	ケ	コ	サ	シ	ス
⓪	❷	3	3	4	5	1	2	3	2	3	3	3

セ	ソ	タ	チ	ツ
4	2	1	3	1

35

ア	イ	ウ	エ	オ	カ	キ	ク	ケ	コ	サ	シ	ス	セ	ソ	タ
9	3	3	4	1	⓪	2	8	3	2	⓪	4	3	②	2	1

チ	ツ	テ
2	1	③

36

ア	イ	ウ	エ	オ	カ	キ	ク
❷	④	⑥	⑤	⓪	③	1	4⓪

37

ア	イ	ウ	エ	オ	カ	キ	ク	ケ	コ	サ	シ	ス	セ	ソ	タ	チ
1	0	0	5	0	2	2	8	6	3	2	7	7	0	0	6	2

ツ	テ	ト	ナ
2	3	8	3

38

ア	イ	ウ	エ	オ	カ	キ	ク	ケ	コ	サ	シ
1	2	2	5	8	1	0	5	0	0	2	5

39

ア	イ	ウ	エ	オ	カ	キ	ク	ケ	コ	サ	シ	ス	セ
❷	3	5	4	⓪	4	2	2	1	4	7	7	9	

ソ	タ	チ	ツ	テ	ト	ナ	ニ
4	3	5	6	4	8	4	4

40

ア	イ	ウ	エ	オ	カ	キ	ク	ケ	コ	サ	シ	ス	セ	ソ	タ	チ
⓪	1	2	1	2	④	3	4	3	4	3	2	3	1	2	5	2

ツ	テ	ト	ナ	ニ	ヌ	ネ	ノ	ハ	ヒ	フ	ヘ	ホ
1	5	2	1	5	4	3	4	3	1	5	1	6

41

ア	イ	ウ	エ	オ	カ	キ	ク	ケ	コ	サ	シ	ス	セ	ソ	タ
1	3	1	7	6	1	④	1	7	1	6	7	1	7	1	2

チ	ツ	テ	ト	ナ
1	4	⑤	⓪	3

42

ア	イ	ウ	エ	オ	カ	キ	ク	ケ	コ	サ	シ
2	3	2	9	2	3	8	④	❷	⓪	7	5

43

ア	イ	ウ	エ	オ	カ	キ	ク	ケ	コ	サ	シ	ス	セ	ソ	タ
8	4	2	1	2	3	4	1	7	❷	6	4	4	2	4	2

チ	ツ	テ	ト	ナ	ニ	ヌ
−	4	2	4	2	⓪	④

44

ア	イ	ウ	エ	オ	カ	キ	ク	ケ	コ	サ	シ	ス	セ
3	2	1	3	4	5	3	1	2	6	②	3	3	3

ソ	タ	チ	ツ	テ	ト	ナ
3	3	3	2	3	3	3

45

ア	イ	ウ	エ	オ	カ	キ	ク	ケ	コ
⓪	③	2	1	2	2	1	3	2	❷

46

ア	イ	ウ	エ	オ	カ
⓪	⓪	①	❷	⓪	③5

47

ア	イ	ウ	エ	オ	カ	キ	ク	ケ	コ	サ
4	5	6	3	⓪	⓪	①	−	3	3	⓪3

48

ア	イ	ウ	エ	オ	カ	キ	ク	ケ	コ	サ	シ	ス	セ	ソ	タ	チ
5	5	4	5	5	−	5	5	−	4	5	5	5	5	3	2	1

ツ	テ
⓪	②

大学入学
共通テスト

総仕上げ問題

数学Ⅰ・数学A

第1問 (必答問題)(配点 30)

［1］ 自然数全体の集合を A，有理数全体の集合を B，無理数全体の集合を C，空集合を $\varnothing$ とする。また，集合 D を

$$D = \{\sqrt{n} \mid n \in A\}$$

と定める。このとき，次の問いに答えよ。

(1) 次の集合の関係 a～d について，正しいものをすべて選んでいる組合せは $\boxed{\text{ア}}$ である。

a. $A \subset B$ 　 b. $B \subset C$ 　 c. $A \cap B = \varnothing$ 　 d. $D \subset C$

$\boxed{\text{ア}}$ の解答群

⓪ a	① b	② c	③ d	④ a，b
⑤ a，c	⑥ c，d	⑦ a，c，d	⑧ a，b，c，d	

(2) 次の式は「$\sqrt{2}$ は集合 C と集合 D の共通部分の要素である」という真の命題を表している。

$$\sqrt{2} \boxed{\text{イ}} C \boxed{\text{ウ}} D$$

$\boxed{\text{イ}}$，$\boxed{\text{ウ}}$ の解答群 (同じものを繰り返し選んでもよい。)

⓪ $\in$	① $\ni$	② $\subset$	③ $\supset$	④ $\cap$	⑤ $\cup$

(3) 次の a ～ f の x, y の組に対し，命題「$xy \in C$ ならば $x \in C$ かつ $y \in C$」が偽であること
を示すための反例となるものをすべて選んでいる組合せは ┃ エ ┃ である。

a ．$x = \sqrt{2} - 1$, $y = \sqrt{2} + 1$

b ．$x = \sqrt{2} - 1$, $y = 1$

c ．$x = \sqrt{2}$, $y = \sqrt{3}$

d ．$x = 4$, $y = 5$

e ．$x = 2\sqrt{2}$, $y = \sqrt{4}$

f ．$x = \sqrt{8}$, $y = \sqrt{9}$

┃ エ ┃ の解答群

⓪ a，b	① a，e	② a，f	③ b，c	
④ b，f	⑤ a，b，f	⑥ b，c，e		
⑦ b，c，f	⑧ b，e，f	⑨ a，b，e，f		

（2018年試行調査 改）

[2] 陸上競技の短距離100m走では，100mを走
るのにかかる時間（以下，タイムと呼ぶ）は，1
歩あたりの進む距離（以下，ストライドと呼ぶ）
と1秒あたりの歩数（以下，ピッチと呼ぶ）に関
係がある。ストライドとピッチはそれぞれ以下の
式で与えられる。

$$ストライド(m/歩) = \frac{100(m)}{100\,m\,を走るのにかかった歩数(歩)}$$

$$ピッチ(歩/秒) = \frac{100\,m\,を走るのにかかった歩数(歩)}{タイム(秒)}$$

ただし，100mを走るのにかかった歩数は，最後の1歩がゴールラインをまたぐこともある
ので，小数で表される。以下，単位は必要のない限り省略する。

例えば，タイムが10.81で，そのときの歩数が48.5であったとき，ストライドは $\dfrac{100}{48.5}$ より

約2.06，ピッチは $\dfrac{48.5}{10.81}$ より約4.49である。

なお，小数の形で解答する場合は，指定された桁数の一つ下の桁を四捨五入して答えよ。
また，必要に応じて，指定された桁まで⓪にマークせよ。

(1) ストライドを x，ピッチを z とおく。ピッチは1秒あたりの歩数，ストライドは1歩あ
たりの進む距離なので，1秒あたりの進む距離すなわち平均速度は，x と z を用いて
　オ　(m/秒) と表される。

これより，タイムと，ストライド，ピッチとの関係は

$$タイム = \frac{100}{\boxed{オ}} \qquad \cdots\cdots ①$$

と表されるので，　オ　が最大になるときにタイムが最もよくなる。ただし，タイムが
よくなるとは，タイムの値が小さくなることである。

　オ　の解答群

⓪ $x+z$		① $z-x$		② xz	
③ $\dfrac{x+z}{2}$		④ $\dfrac{z-x}{2}$		⑤ $\dfrac{xz}{2}$	

(2)　男子短距離 100 m 走の選手である太郎さんは，①に着目して，タイムが最もよくなるストライドとピッチを考えることにした。

　次の表は，太郎さんが練習で 100 m を 3 回走ったときのストライドとピッチのデータである。

	1回目	2回目	3回目
ストライド	2.05	2.10	2.15
ピッチ	4.70	4.60	4.50

　また，ストライドとピッチにはそれぞれ限界がある。太郎さんの場合，ストライドの最大値は 2.40，ピッチの最大値は 4.80 である。

　太郎さんは，上の表から，ストライドが 0.05 大きくなるとピッチが 0.1 小さくなるという関係があると考えて，ピッチがストライドの 1 次関数として表されると仮定した。このとき，ピッチ z はストライド x を用いて

$$z = \boxed{\text{カキ}}\, x + \frac{\boxed{\text{クケ}}}{5} \quad \cdots\cdots ②$$

と表される。

　②が太郎さんのストライドの最大値 2.40 とピッチの最大値 4.80 まで成り立つと仮定すると，x の値の範囲は次のようになる。

$$\boxed{\text{コ}}.\boxed{\text{サシ}} \leqq x \leqq 2.40$$

$y = \boxed{\text{オ}}$ とおく。②を $y = \boxed{\text{オ}}$ に代入することにより，y を x の関数として表すことができる。太郎さんのタイムが最もよくなるストライドとピッチを求めるためには，$\boxed{\text{コ}}.\boxed{\text{サシ}} \leqq x \leqq 2.40$ の範囲で y の値を最大にする x の値を見つければよい。このとき，y の値が最大になるのは $x = \boxed{\text{ス}}.\boxed{\text{セソ}}$ のときである。

　よって，太郎さんのタイムが最もよくなるのは，ストライドが $\boxed{\text{ス}}.\boxed{\text{セソ}}$ のときであり，このとき，ピッチは $\boxed{\text{タ}}.\boxed{\text{チツ}}$ である。また，このときの太郎さんのタイムは，①により $\boxed{\text{テ}}$ である。

$\boxed{\text{テ}}$ については，最も適当なものを，次の⓪～⑤のうちから一つ選べ。

⓪ 9.68		① 9.97		② 10.09	
③ 10.33		④ 10.42		⑤ 10.55	

（2021年共通テスト本試）

第2問 **(必答問題)** (配点 30)

[1] 右の図のように，△ABC の外側に辺 AB，BC，CA をそれぞれ 1 辺とする正方形 ADEB，BFGC，CHIA をかき，2 点 E と F，G と H，I と D をそれぞれ線分で結んだ図形を考える。以下において

参考図

$$BC = a, \quad CA = b, \quad AB = c$$
$$\angle CAB = A, \quad \angle ABC = B, \quad \angle BCA = C$$

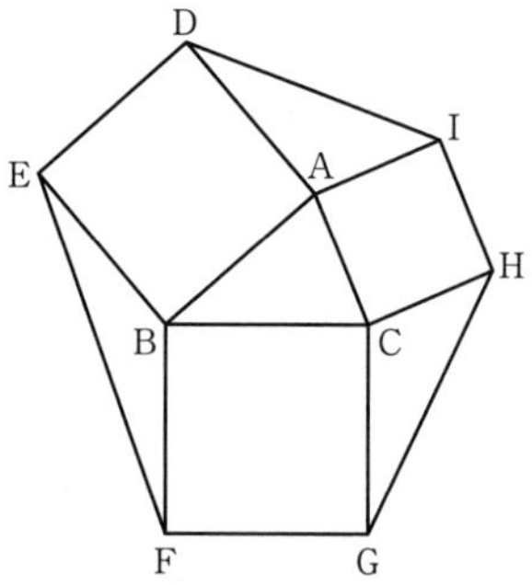

とする。

(1) $b = 6$, $c = 5$, $\cos A = \dfrac{3}{5}$ のとき，$\sin A = \dfrac{\boxed{ア}}{\boxed{イ}}$ であり，△ABC の面積は $\boxed{ウエ}$，

△AID の面積は $\boxed{オカ}$ である。また，正方形 BFGC の面積は $\boxed{キク}$ である。

(2) △AID，△BEF，△CGH の面積をそれぞれ T_1, T_2, T_3 とする。このとき，$\boxed{ケ}$ である。

$\boxed{ケ}$ の解答群

⓪ $a < b < c$ ならば，$T_1 > T_2 > T_3$

① $a < b < c$ ならば，$T_1 < T_2 < T_3$

② A が鈍角ならば，$T_1 < T_2$ かつ $T_1 < T_3$

③ a, b, c の値に関係なく，$T_1 = T_2 = T_3$

---

(3) どのような $\triangle$ABC に対しても，六角形 DEFGHI の面積は b，c，A を用いて

$$2\left\{b^2 + c^2 + bc\left(\boxed{\ \ コ\ \ }\right)\right\}$$

と表せる。

$\boxed{\ \ コ\ \ }$ の解答群

⓪ $\sin A + \cos A$　　① $\sin A - \cos A$　　② $2\sin A + \cos A$

③ $2\sin A - \cos A$　　④ $\sin A + 2\cos A$　　⑤ $\sin A - 2\cos A$

(4) $\triangle$ABC，$\triangle$AID，$\triangle$BEF，$\triangle$CGH のうち，内接円の半径が**最も大きい**三角形は

・$0° < A < B < C < 90°$ のとき，$\boxed{\ \ サ\ \ }$ である。

・$0° < A < B < 90° < C$ のとき，$\boxed{\ \ シ\ \ }$ である。

$\boxed{\ \ サ\ \ }$，$\boxed{\ \ シ\ \ }$ の解答群（同じものを繰り返し選んでもよい。）

⓪ $\triangle$ABC　　① $\triangle$AID　　② $\triangle$BEF　　③ $\triangle$CGH

（2021年共通テスト本試）

［2］ ある日の地理の授業で，太郎さんと花子さんは南アメリカにある12の国について調べることとなった。以下は，これらの国々の人口と面積のデータを集めて，分析しているときの二人の会話である。

> 太郎：12の国について，人口を x 軸，面積を y 軸にとって散布図を作ったら図1のようになったよ。
>
> 花子：この図を見ると，人口と面積の間には ス ね。
>
> 太郎：でも図1の⓪の国だけが，他の国々と比べると散布図の中でかけ離れたところにいるね。
>
> 花子：確かにそうね。他の11個の点のようすがわかりづらいから，拡大した図も用意してみたよ。
>
> 太郎：ありがとう。集めたデータから12の国の人口と面積について相関係数を計算してみると， セ になったよ。確かに，図1にそのようすが表れているね。

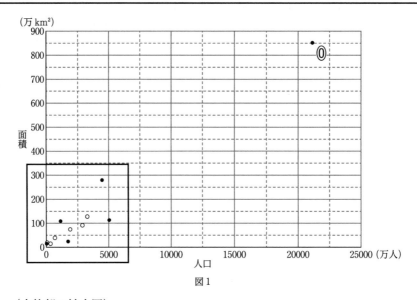

図1

（太枠部の拡大図）

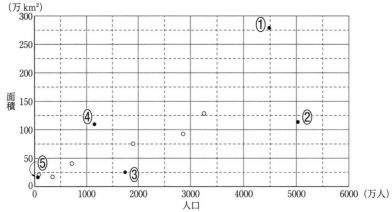

⓪ 強い正の相関がある

① 弱い正の相関がある

② ほとんど相関がみられない

③ 弱い負の相関がある

④ 強い負の相関がある

セ については，最も近い値を，次の⓪〜⑦のうちから一つ選べ。

⓪ -1.21　　① -0.98　　② -0.58　　③ -0.25

④ 0.05　　⑤ 0.58　　⑥ 0.98　　⑦ 1.21

(1) 12 の国の人口と面積に関するデータについて述べた次の文 A〜D について，必ず正しいものの組合せは ソ である。

　A．人口の中央値は 4000 万人から 5000 万人の間にある。

　B．面積の第 3 四分位数は 100 万 km^2 から 150 万 km^2 の間にある。

　C．人口が 1000 万人以上の国の方が，1000 万人未満の国より多い。

　D．面積が 100 万 km^2 以上の国の方が，100 万 km^2 未満の国より多い。

ソ の解答群

⓪ A，B　　① A，C　　② B，C　　③ B，D

④ C，D　　⑤ A，B，C　　⑥ A，B，D　　⑦ A，B，C，D

(2) 次の文は，12 の国の人口密度について述べたものである。

　　ある国の人口密度は，その国の人口を面積で割ったものである。よって，12 の国のうち人口密度が最も大きい国を探すとき，それぞれのデータから計算しなくても，その国を表す点と タ を調べ，それが最も チ 国を探せばよいことになる。

タ ， チ の解答群（同じものを繰り返し選んでもよい。）

⓪ 原点との距離　　① 原点を通る直線の傾き　　② 大きい　　③ 小さい

(3) 図 1 の⓪〜⑤のうち，人口密度が最も高い国を表す点は ツ 。

(2017年試行調査　改)

第3問 （配点 20）

　　くじが100本ずつ入った二つの箱がある。これらの箱から二人の人が順にどちらかの箱を選んで1本ずつくじを引く。ただし，引いたくじは元に戻さないものとする。

　　また，くじを引く人は，最初にそれぞれの箱に入れる当たりくじの本数は知っているが，それらがどちらの箱に入っているかはわからないものとする。

　　今，1番目の人が一方の箱からくじを1本引いたところ，当たりくじであったとする。2番目の人が当たりくじを引く確率を大きくするためには，1番目の人が引いた箱と同じ箱，異なる箱のどちらを選ぶべきかを考察しよう。

　　1番目の人がくじを引いた箱がAである事象をA，Bである事象をBとする。このとき，$P(A) = P(B) = \dfrac{1}{2}$とする。また，1番目の人が当たりくじを引く事象を$W$とする。

(1)　箱A，箱Bともに当たりくじが10本入っている場合を考える。

　　　1番目の人が当たりくじを引いた場合，2番目の人が同じ箱からくじを引くとき，そのくじが当たりくじである確率は$\dfrac{\boxed{\text{ア}}}{\boxed{\text{イウ}}}$であり，異なる箱からくじを引くとき，そのくじが当たりくじである確率は$\dfrac{\boxed{\text{エ}}}{\boxed{\text{オカ}}}$である。つまり，1番目の人と同じ箱から引いた方が当たる確率は低い。

(2)　箱Aに当たりくじが20本，箱Bに当たりくじが10本入っている場合を考える。

　　　1番目の人が引いた箱が箱Aで，かつ当たりくじを引く確率は

$$P(A \cap W) = P(A) \cdot P_A(W) = \dfrac{\boxed{\text{キ}}}{\boxed{\text{クケ}}}$$

である。一方で，1番目の人が当たりくじを引く事象Wは，箱Aから当たりくじを引くか箱Bから当たりくじを引くかのいずれかであるので，その確率は

$$P(W) = \dfrac{\boxed{\text{コ}}}{\boxed{\text{サシ}}}$$

である。

よって，1番目の人が当たりくじを引いたという条件の下で，その箱が箱Aであるという条件付き確率 $P_W(A)$ は，

$$P_W(A) = \frac{P(A \cap W)}{P(W)} = \frac{\boxed{ス}}{\boxed{セ}}$$

と求められる。

　また，1番目の人が当たりくじを引いた後，同じ箱から2番目の人がくじを引くとき，そのくじが当たりくじである確率は

$$P_W(A) \times \frac{19}{99} + P_W(B) \times \frac{\boxed{ソ}}{99} = \frac{\boxed{タチ}}{\boxed{ツテト}}$$

である。

　それに対して，1番目の人が当たりくじを引いた後，異なる箱から2番目の人がくじを引くとき，そのくじが当たりくじである確率は $\dfrac{\boxed{ナ}}{\boxed{ニヌ}}$ である。つまり，1番目の人と同じ箱から引いた方が当たる確率は高い。

(3)　Aの箱には当たりくじが20本，Bの箱には当たりくじが n 本（$1 \leq n \leq 100$）入っている場合を考える。

　$1 \leq n \leq 19$ のとき，$P_W(A)$ は $\boxed{ネ}$ と表され，$P_W(B)$ は $\boxed{ノ}$ と表される。また，1番目の人が当たりくじを引いた後，同じ箱から2番目の人がくじを引くとき，そのくじが当たりくじである確率は

$$P_W(A) \times \frac{19}{99} + P_W(B) \times \frac{\boxed{ハ}}{99}$$

と表される。

$\boxed{ネ}$ ，$\boxed{ノ}$ の解答群（同じものを繰り返し選んでもよい。）

⓪ $\dfrac{n}{20}$	① $\dfrac{n}{n+20}$	② $\dfrac{20}{n+20}$	③ $\dfrac{n+20}{20n}$

$\boxed{ハ}$ の解答群

⓪ $10+n$	① n	② $n-1$	③ $n+1$

（2018年試行調査　改）

第4問 （配点 20）

△ABCにおいて，AB = 3，BC = 4，AC = 5とする。

∠BACの二等分線と辺BCとの交点をDとすると

$$BD = \frac{\boxed{ア}}{\boxed{イ}}, \quad AD = \frac{\boxed{ウ}\sqrt{\boxed{エ}}}{\boxed{オ}}$$

である。

また，∠BACの二等分線と△ABCの外接円Oとの交点で点Aとは異なる点をEとする。△AECに着目すると

$$AE = \boxed{カ}\sqrt{\boxed{キ}}$$

である。

△ABCの2辺ABとACの両方に接し，外接円Oに内接する円の中心をPとする。円Pの半径を r とする。さらに，円Pと外接円Oとの接点をFとし，直線PFと外接円Oとの交点で点Fとは異なる点をGとする。このとき

$$AP = \sqrt{\boxed{ク}}\, r, \quad PG = \boxed{ケ} - r$$

と表せる。したがって，方べきの定理により $r = \dfrac{\boxed{コ}}{\boxed{サ}}$ である。

$\triangle$ABC の内心を Q とする。内接円 Q の半径は $\boxed{\text{シ}}$ で，AQ $= \sqrt{\boxed{\text{ス}}}$ である。また，円

P と辺 AB との接点を H とすると，AH $= \dfrac{\boxed{\text{セ}}}{\boxed{\text{ソ}}}$ である。

以上から，点 H に関する次の(a), (b)の正誤の組合せとして正しいものは $\boxed{\text{タ}}$ である。

(a)　点 H は 3 点 B，D，Q を通る円の周上にある。

(b)　点 H は 3 点 B，E，Q を通る円の周上にある。

$\boxed{\text{タ}}$ の解答群

	⓪	①	②	③
(a)	正	正	誤	誤
(b)	正	誤	正	誤

(2021年共通テスト本試)

数学II・数学B・数学C

第1問 (必答問題) (配点 30)

[1]　$f(\theta) = \sin^2\theta + 2\sqrt{3}\sin\theta\cos\theta + 3\cos^2\theta$ を考える。

(1)　$f(0) = \boxed{\ \text{ア}\ }$, $f\left(\dfrac{\pi}{2}\right) = \boxed{\ \text{イ}\ }$ である。

(2)　2倍角の公式から $\sin 2\theta$, $\cos 2\theta$ を用いて $f(\theta)$ を表すと

$$f(\theta) = \sqrt{\boxed{\ \text{ウ}\ }}\ \sin 2\theta + \cos 2\theta + \boxed{\ \text{エ}\ } \quad \cdots\cdots①$$

となる。

(3)　θ が $0 \leq \theta \leq \dfrac{\pi}{2}$ の範囲を動くとき, 関数 $f(\theta)$ が最大・最小となるときの θ の値を考える。①は

$$f(\theta) = \boxed{\ \text{オ}\ }\ \sin\left(2\theta + \dfrac{\pi}{\boxed{\ \text{カ}\ }}\right) + \boxed{\ \text{エ}\ }$$

と変形できる。

(i)　この範囲で $y = f(\theta)$ のグラフとして適切なものを考える。

$y = f(\theta)$ のグラフは $y = \sin 2\theta$ のグラフを y 軸方向に $\boxed{\ \text{オ}\ }$ 倍に拡大したものを, y 軸の正の方向に $\boxed{\ \text{エ}\ }$, $\boxed{\ \text{キ}\ }$ だけ平行移動したものである。

$\boxed{\ \text{キ}\ }$ の解答群

⓪ θ 軸の正の方向に $\dfrac{\pi}{\boxed{\ \text{カ}\ }}$	① θ 軸の負の方向に $\dfrac{\pi}{\boxed{\ \text{カ}\ }}$
② θ 軸の正の方向に $\dfrac{2\pi}{\boxed{\ \text{カ}\ }}$	③ θ 軸の負の方向に $\dfrac{2\pi}{\boxed{\ \text{カ}\ }}$
④ θ 軸の正の方向に $\dfrac{\pi}{2 \times \boxed{\ \text{カ}\ }}$	⑤ θ 軸の負の方向に $\dfrac{\pi}{2 \times \boxed{\ \text{カ}\ }}$

(ii) $0 \leqq \theta \leqq \dfrac{\pi}{2}$ における $y = f(\theta)$ のグラフの概形は ボックス ク である。

ボックス ク については，最も適当なものを，次の ⓪ ～ ⑤ のうちから一つ選べ。

⓪
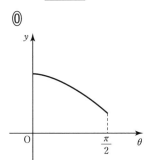

①
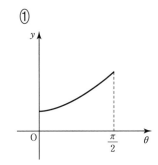

②
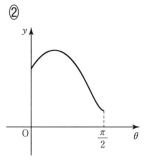

③
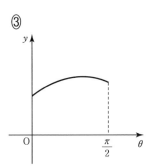

④
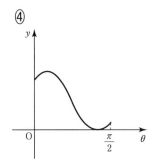

⑤
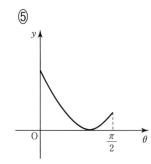

(iii) $0 \leqq \theta \leqq \dfrac{\pi}{2}$ の範囲で $f(\theta)$ は $\theta = $ ボックス ケ のとき最大，$\theta = $ ボックス コ のとき最小となる。

ボックス ケ ，ボックス コ の解答群 （同じものを繰り返し選んでもよい。）

⓪ 0　　　① $\dfrac{\pi}{24}$　　　② $\dfrac{\pi}{12}$　　　③ $\dfrac{\pi}{6}$　　　④ $\dfrac{\pi}{4}$

⑤ $\dfrac{7}{24}\pi$　　　⑥ $\dfrac{\pi}{3}$　　　⑦ $\dfrac{5}{12}\pi$　　　⑧ $\dfrac{\pi}{2}$

（2019年センター本試　改）

[2] a, b, c を実数とし，整式 $P(x) = x^3 + ax^2 + bx + c$ は $P(1+i) = 1 + 3i$ を満たすものとする。

(1) $(1+i)^2 = \boxed{\text{サ}}$, $(1+i)^3 = \boxed{\text{シ}}$ である。

$\boxed{\text{サ}}$, $\boxed{\text{シ}}$ の解答群（同じものを繰り返し選んでもよい。）

⓪ -2	① -4	② $-2i$	③ $-2-2i$	④ $2-2i$
⑤ 2	⑥ 4	⑦ $2i$	⑧ $-2+2i$	⑨ $2+2i$

(2) $P(1+i) = \left(b + c - \boxed{\text{ス}}\right) + \left(\boxed{\text{セ}}\, a + b + \boxed{\text{ソ}}\right)i$

である。$P(1+i) = 1 + 3i$ から，b, c を a を用いて表すと $b = \boxed{\ \text{A}\ }$, $c = \boxed{\ \text{B}\ }$ となる。

$\boxed{\ \text{A}\ }$, $\boxed{\ \text{B}\ }$ に当てはまる式の組として正しいものは $\boxed{\text{タ}}$ である。

$\boxed{\text{タ}}$ の解答群

	A	B
⓪	$a+1$	$-a+3$
①	$a+1$	$a-3$
②	$2a+1$	$2a+2$
③	$2a+1$	$2a-2$

	A	B
④	$a-1$	$-a+3$
⑤	$a-1$	$a-3$
⑥	$-2a+1$	$2a+2$
⑦	$-2a+1$	$2a-2$

(3) $P(x)$ を $x^2 - 2x + 2$ で割ったときの余りは，実数 k, l を用いて $kx + l$ と表せる。

k, l の値の組として正しいものは $\boxed{\text{チ}}$ である。

$\boxed{\text{チ}}$ の解答群

⓪ $k = -1$, $l = -4$	① $k = 5$, $l = -2$	② $k = -\dfrac{1}{3}$, $l = -1$
③ $k = 3$, $l = -2$	④ $k = -2$, $l = 7$	⑤ $k = 9$, $l = -4$

（2016年センター追試　改）

[3] 二つの関数 $f(x) = \dfrac{2^x + 2^{-x}}{2}$, $g(x) = \dfrac{2^x - 2^{-x}}{2}$ について考える。

(1) $f(0) = \boxed{\text{ツ}}$, $g(0) = \boxed{\text{テ}}$ である。また, $f(x)$ は相加平均と相乗平均の関係から,

$x = \boxed{\text{ト}}$ で最小値 $\boxed{\text{ナ}}$ をとる。$g(x) = -2$ となる x の値は

$\log_2\left(\sqrt{\boxed{\text{ニ}}} - \boxed{\text{ヌ}}\right)$ である。

(2) 次の①〜④は, x にどのような値を代入してもつねに成り立つ。

$$f(-x) = \boxed{\text{ネ}} \qquad \cdots\cdots①$$

$$g(-x) = \boxed{\text{ノ}} \qquad \cdots\cdots②$$

$$\{f(x)\}^2 - \{g(x)\}^2 = \boxed{\text{ハ}} \qquad \cdots\cdots③$$

$$g(2x) = \boxed{\text{ヒ}}\, f(x)g(x) \qquad \cdots\cdots④$$

$\boxed{\text{ネ}}$, $\boxed{\text{ノ}}$ の解答群 (同じものを繰り返し選んでもよい。)

⓪ $f(x)$　　① $-f(x)$　　② $g(x)$　　③ $-g(x)$

(3) 太郎さんは, ①〜④から $f(x)$ と $g(x)$ が三角関数に似た性質をもつと考え, 式(A)〜(D)を
考えた。

── 太郎さんが考えた式 ──

$$f(\alpha - \beta) = f(\alpha)g(\beta) + g(\alpha)f(\beta) \qquad \cdots\cdots(A)$$

$$f(\alpha + \beta) = f(\alpha)f(\beta) + g(\alpha)g(\beta) \qquad \cdots\cdots(B)$$

$$g(\alpha - \beta) = f(\alpha)f(\beta) + g(\alpha)g(\beta) \qquad \cdots\cdots(C)$$

$$g(\alpha + \beta) = f(\alpha)g(\beta) - g(\alpha)f(\beta) \qquad \cdots\cdots(D)$$

β に具体的な値を代入するなどして, (1), (2)で示されたことのいくつかを利用すると, 式
(A)〜(D)のうち, $\boxed{\text{フ}}$ 以外の三つは成り立たないことがわかる。$\boxed{\text{フ}}$ は左辺と右辺を
それぞれ計算することによって成り立つことが確かめられる。

$\boxed{\text{フ}}$ の解答群

⓪ (A)　　① (B)　　② (C)　　③ (D)

(2021年共通テスト本試　改)

第2問 (必答問題)（配点 30）

[1] 100gずつ袋づめにされている食品AとBがある。1袋あたりのエネルギーと塩の量は表のようになっている。食品AとBをどのような組み合わせで食べればよいか調べよう。ただし，一方のみを食べる場合も含めて考えるものとする。

食品	A	B
エネルギー（kcal）	300	400
塩（g）	2	1

(1) 太郎さんは食品A，Bを食べるにあたり，エネルギーは1200 kcal以上2000 kcal以下で塩分を9g以下に抑えたい。

食品Aをx袋，食品Bをy袋分だけ食べるとすると，x，yは次の条件を満たす必要がある。

摂取するエネルギー量についての条件　　ア　　……①

摂取する塩の量についての条件　　イ　　……②

ア の解答群

⓪ $1200 \leqq 300x + 400y \leqq 2000$ ① $1200 \leqq 3x + 4y \leqq 2000$

② $1200 \leqq 4x + 3y \leqq 2000$ ③ $2000 \leqq 400x + 300y \leqq 1200$

イ の解答群

⓪ $2x + y \leqq 9$ ① $x + 2y \leqq 9$

② $9 \leqq 2x + y$ ③ $9 \leqq x + 2y$

(2) 次の⓪～④のうち，x，y の値と条件①，②の関係について正しいものは， ウ と

 エ である。

 ウ ， エ の解答群（解答の順序は問わない。）

⓪ $(x, y) = (5, 0)$ は条件①を満たすが，②は満たさない。

① $(x, y) = (0, 6)$ は条件①を満たすが，②は満たさない。

② $(x, y) = (1, 1)$ は条件①を満たすが，②は満たさない。

③ $(x, y) = (3, 2)$ は条件①，②ともに満たさない。

④ $(x, y) = (2, 3)$ は条件①，②ともに満たす。

---

(3) 条件①，②をともに満たす (x, y) について，食品 A と B を食べる量の合計の最大値を二つの場合で考えてみよう。

食品 A，B が 1 袋をそれぞれ小分けにして食べられるような食品のとき，すなわち x，y の取りうる値が 0 以上の実数のとき，食べられる量の最大値は オカキ g である。

このときの (x, y) の組は

$$(x, y) = \left(\frac{\boxed{クケ}}{\boxed{コ}}, \ \frac{\boxed{サシ}}{\boxed{ス}} \right) \ \text{である。}$$

次に食品 A，B が 1 袋をそれぞれ小分けにして食べられないような食品のとき，すなわち x，y の取りうる値が 0 以上の整数の場合，条件①，②をともに満たす整数 (x, y) の組は セソ 通りあり，このうち食べられる量の最大値は タチツ g である。

（2018年試行調査　改）

[2] a を定数とする。関数 $f(x)$ に対し、$S(x) = \displaystyle\int_a^x f(t)\,dt$ とおく。

(1) $S(x)$ は 3 次関数であるとし、$y = S(x)$ のグラフは原点を通り、また、点 $(3, 0)$ で x 軸と接する。さらに、$y = S(x)$ のグラフの原点での接線の傾きは 9 である。

　　このとき、$S(x)$ は定数 k を用いて、$S(x) = kx\left(x - \boxed{\text{テ}}\right)^{\boxed{\text{ト}}}$ と表され、$k = \boxed{\text{ナ}}$ である。

　　$S(a) = \boxed{\text{ニ}}$ であることから、a を正の定数とすると、$a = \boxed{\text{ヌ}}$ である。

　　関数 $S(x)$ の増減表は、次のようになる。

x	$\cdots$	$\boxed{\text{ネ}}$	$\cdots$	$\boxed{\text{ノ}}$	$\cdots$
$S'(x)$	$+$	0	$-$	0	$+$
$S(x)$	↗		↘		↗

　　これより、関数 $f(x)$ について、$x = \boxed{\text{ネ}}$ で $\boxed{\text{ハ}}$ であり、$x = \boxed{\text{ノ}}$ のとき $\boxed{\text{ヒ}}$ である。また、$\boxed{\text{ノ}} < x$ の範囲では $\boxed{\text{フ}}$ である。

　　$\boxed{\text{ハ}}$, $\boxed{\text{ヒ}}$, $\boxed{\text{フ}}$ の解答群（同じものを繰り返し選んでもよい。）

⓪　$f(x)$ の値は 0　　①　$f(x)$ の値は正　　②　$f(x)$ の値は負

③　$f(x)$ は極大　　④　$f(x)$ は極小

　　$y = f(x)$ のグラフの概形は $\boxed{\text{ヘ}}$ である。

　　$\boxed{\text{ヘ}}$ については、最も適当なものを、次の⓪〜⑤のうちから一つ選べ。

⓪
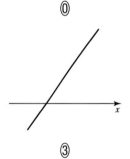

①
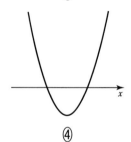

②
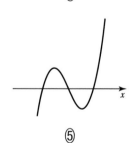

③
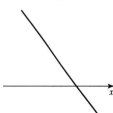

④
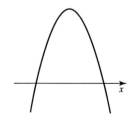

⑤
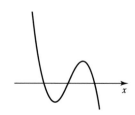

(2) (1)からわかるように，関数 $S(x)$ の増減から $y = f(x)$ のグラフの概形を考えることができる。

次の a～e のうち，$S(x) = \int_0^x f(t)\,dt$ の関係を満たす $y = f(x)$，$y = S(x)$ のグラフの概形として**正しくない**ものをすべて選んでいる組合せは $\boxed{\text{ホ}}$ である。

a.
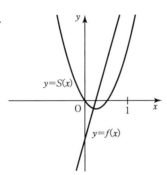

b.
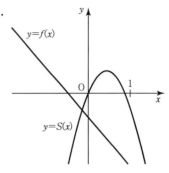

c.
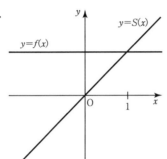

d.
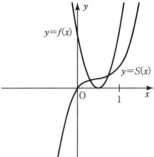

e.
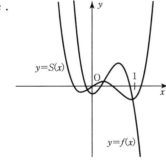

$\boxed{\text{ホ}}$ の解答群

⓪ a，b　　① a，c　　② a，e

③ b，c　　④ b，d　　⑤ b，e

（2017年試行調査　改）

第3問～第6問は，**いずれか3問を選択し**，解答しなさい。

第3問 （**選択問題**）（配点 20）

第3問を解答するにあたっては，必要に応じて227ページの正規分布表を用いてもよい。なお，小数の形で解答する場合は，指定された桁数の一つ下の桁を四捨五入して答えよ。また，必要に応じて指定された桁まで0を付け足して答えよ。

ある観光地は，お土産用としてクッキーを販売している。クッキーは1枚ずつ袋に包装され，20枚を1つの箱に入れて販売している。箱にはクッキーの質量が「1枚10g」と表記されている。一方，この観光地を抱える自治体では，お土産品にクレームが付くことにより観光地のイメージ低下にならないように，この表示が適正かどうかを定期的に調べている。

今回，自治体の担当部署が，このクッキー5箱分，すなわち100枚を調べたところ，クッキーの質量の標本平均は10.2g，標準偏差は0.4gであった。

(1) クッキー1枚の質量を確率変数Xで表すこととする。今回の調査の結果をもとに，Xは平均10.2g，標準偏差0.4gの正規分布に従うものとする。

Xが10g以上10.5g以下となる確率は，0.$\boxed{\text{アイウ}}$であり，Xが9.8g以下となる確率は，0.$\boxed{\text{エオカ}}$である。このXが9.8g以下となる確率は，「$\boxed{\quad\text{キ}\quad}$」に近い確率である。

$\boxed{\quad\text{キ}\quad}$については，最も適当なものを，次の⓪～④のうちから一つ選べ。

⓪　1個のサイコロを投げるとき，偶数の目が出る確率

①　1個のサイコロを投げるとき，1の目が出る確率

②　2個のサイコロを投げるとき，2個とも偶数の目が出る確率

③　2個のサイコロを投げるとき，2個とも1の目が出る確率

④　3個のサイコロを投げるとき，3個とも1の目が出る確率

1枚のクッキーを包装する袋の質量は 0.5 g であり，20枚のクッキーを入れる箱の質量は 50 g である。20枚 1 箱のクッキーの箱と包装する袋を合わせた質量を確率変数 Y で表すとき，Y の平均は クケコ であり，標準偏差は $\dfrac{\boxed{\text{サ}}\sqrt{\boxed{\text{シ}}}}{\boxed{\text{ス}}}$ となる。

(2)　今回の調査をもとに，自治体の担当部署ではクッキー 1 枚あたりの質量について，母平均 m の推定を行った。

　　今回の調査での 100 枚の標本平均 10.2 g，標準偏差 0.4 をもとにして考えるとき，小数第 3 位を四捨五入した信頼度 99％の信頼区間は，

$$10.\boxed{\text{セソ}} \leqq m \leqq 10.\boxed{\text{タチ}} \quad \cdots\cdots(\ast)$$

である。

　　同じ標本を元にした信頼度 95％の信頼区間は，信頼度 99％の区間に対して，　ツ　。

ツ の解答群

⓪　狭い範囲になる　　①　同じ範囲になる　　②　広い範囲になる

　　(＊)の信頼区間の幅を半分にすることを考える。

　　信頼度を変えずに信頼区間の幅を半分にするためには，標本の大きさを テトナ 個にすればよい。また，標本の大きさを変えずに信頼区間の幅を半分にするためには，信頼度を ニヌ ． ネ ％にすればよい。

（2017年試行調査　改）

第4問 （選択問題）（配点 20）

初項 3，公差 p の等差数列を $\{a_n\}$ とし，初項 3，公比 r の等比数列を $\{b_n\}$ とする。ただし，$p \neq 0$ かつ $r \neq 0$ とする。さらに，これらの数列が次を満たすとする。

$$a_n b_{n+1} - 2a_{n+1} b_n + 3b_{n+1} = 0 \quad (n = 1, 2, 3, \cdots) \qquad \cdots\cdots ①$$

(1) p と r の値を求めよう。　自然数 n について，a_n, a_{n+1}, b_n はそれぞれ

$$a_n = \boxed{\text{ア}} + (n-1)p \qquad\qquad \cdots\cdots ②$$

$$a_{n+1} = \boxed{\text{ア}} + np \qquad\qquad \cdots\cdots ③$$

$$b_n = \boxed{\text{イ}} r^{n-1}$$

と表される。$r \neq 0$ により，すべての自然数 n について，$b_n \neq 0$ となる。$\dfrac{b_{n+1}}{b_n} = r$ であることから，①の両辺を b_n で割ることにより

$$\boxed{\text{ウ}} a_{n+1} = r\left(a_n + \boxed{\text{エ}}\right) \qquad\qquad \cdots\cdots ④$$

が成り立つことがわかる。④に②と③を代入すると

$$\left(r - \boxed{\text{オ}}\right)pn = r\left(p - \boxed{\text{カ}}\right) + \boxed{\text{キ}} \qquad\qquad \cdots\cdots ⑤$$

となる。⑤がすべての n で成り立つことおよび $p \neq 0$ により，$r = \boxed{\text{オ}}$ を得る。さらに，このことから，$p = \boxed{\text{ク}}$ を得る。

以上から，すべての自然数 n について，a_n と b_n が正であることもわかる。

(2) $p = \boxed{\text{ク}}$, $r = \boxed{\text{オ}}$ であることから，$\{a_n\}$, $\{b_n\}$ の初項から第 n 項までの和は，それぞれ次の式で与えられる。

$$\sum_{k=1}^{n} a_k = \frac{\boxed{\text{ケ}}}{\boxed{\text{コ}}} n\left(n + \boxed{\text{サ}}\right)$$

$$\sum_{k=1}^{n} b_k = \boxed{\text{シ}}\left(\boxed{\text{オ}}^n - \boxed{\text{ス}}\right)$$

(3) 数列 $\{a_n\}$ に対して，初項 3 の数列 $\{c_n\}$ が次を満たすとする。

$$a_n c_{n+1} - 4a_{n+1}c_n + 3c_{n+1} = 0 \quad (n = 1,\ 2,\ 3,\ \cdots) \qquad \cdots\cdots ⑥$$

a_n が正であることから，⑥を変形して，$c_{n+1} = \dfrac{\boxed{\text{セ}}\, a_{n+1}}{a_n + \boxed{\text{ソ}}} c_n$ を得る。さらに，

$p = \boxed{\text{ク}}$ であることから，数列 $\{c_n\}$ は $\boxed{\text{タ}}$ ことがわかる。

$\boxed{\text{タ}}$ の解答群

⓪ すべての項が同じ値をとる数列である

① 公差が 0 でない等差数列である

② 公比が 1 より大きい等比数列である

③ 公比が 1 より小さい等比数列である

④ 等差数列でも等比数列でもない

---

(4) q, u は定数で，$q \neq 0$ とする。数列 $\{b_n\}$ に対して，初項 3 の数列 $\{d_n\}$ が次を満たすとする。

$$d_n b_{n+1} - q d_{n+1} b_n + u b_{n+1} = 0 \quad (n = 1,\ 2,\ 3,\ \cdots) \qquad \cdots\cdots ⑦$$

$r = \boxed{\text{オ}}$ であることから，⑦を変形して，$d_{n+1} = \dfrac{\boxed{\text{チ}}}{q}(d_n + u)$ を得る。したがって，

数列 $\{d_n\}$ が，公比が 0 より大きく 1 より小さい等比数列となるための必要十分条件は，

$q > \boxed{\text{ツ}}$ かつ $u = \boxed{\text{テ}}$ である。

（2021年共通テスト本試）

第5問 （選択問題）（配点 20）

1辺の長さが1の正五角形の対角線の長さをaとする。

(1) 1辺の長さが1の正五角形$OA_1B_1C_1A_2$を考える。

$\angle A_1C_1B_1 = \boxed{\text{アイ}}°$，$\angle C_1A_1A_2 = \boxed{\text{アイ}}°$となることから，$\overrightarrow{A_1A_2}$と$\overrightarrow{B_1C_1}$は平行である。ゆえに

$$\overrightarrow{A_1A_2} = \boxed{\text{ウ}}\ \overrightarrow{B_1C_1}$$

であるから

$$\overrightarrow{B_1C_1} = \frac{1}{\boxed{\text{ウ}}}\overrightarrow{A_1A_2} = \frac{1}{\boxed{\text{ウ}}}(\overrightarrow{OA_2} - \overrightarrow{OA_1})$$

また，$\overrightarrow{OA_1}$と$\overrightarrow{A_2B_1}$は平行で，さらに，$\overrightarrow{OA_2}$と$\overrightarrow{A_1C_1}$も平行であることから

$$\overrightarrow{B_1C_1} = \overrightarrow{B_1A_2} + \overrightarrow{A_2O} + \overrightarrow{OA_1} + \overrightarrow{A_1C_1}$$
$$= -\boxed{\text{ウ}}\ \overrightarrow{OA_1} - \overrightarrow{OA_2} + \overrightarrow{OA_1} + \boxed{\text{ウ}}\ \overrightarrow{OA_2}$$
$$= \left(\boxed{\text{エ}} - \boxed{\text{オ}}\right)(\overrightarrow{OA_2} - \overrightarrow{OA_1})$$

となる。したがって

$$\frac{1}{\boxed{\text{ウ}}} = \boxed{\text{エ}} - \boxed{\text{オ}}$$

が成り立つ。$a > 0$に注意してこれを解くと，$a = \dfrac{1 + \sqrt{5}}{2}$を得る。

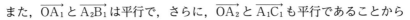

(2) 右の図のような，1辺の長さが1の正十二面体を考える。正十二面体とは，どの面もすべて合同な正五角形であり，どの頂点にも三つの面が集まっているへこみのない多面体のことである。

面$OA_1B_1C_1A_2$に着目する。$\overrightarrow{OA_1}$と$\overrightarrow{A_2B_1}$が平行であることから

$$\overrightarrow{OB_1} = \overrightarrow{OA_2} + \overrightarrow{A_2B_1} = \overrightarrow{OA_2} + \boxed{\text{ウ}}\ \overrightarrow{OA_1}$$

である。また

$$|\overrightarrow{OA_2} - \overrightarrow{OA_1}|^2 = |\overrightarrow{A_1A_2}|^2 = \frac{\boxed{\text{カ}} + \sqrt{\boxed{\text{キ}}}}{\boxed{\text{ク}}}$$

に注意すると

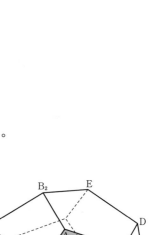

$$\overrightarrow{\text{OA}_1} \cdot \overrightarrow{\text{OA}_2} = \dfrac{\boxed{ケ} - \sqrt{\boxed{コ}}}{\boxed{サ}}$$

を得る。

ただし，$\boxed{カ}$ ～ $\boxed{サ}$ は，文字 a を用いない形で答えること。

次に，面 $\text{OA}_2\text{B}_2\text{C}_2\text{A}_3$ に着目すると

$$\overrightarrow{\text{OB}_2} = \overrightarrow{\text{OA}_3} + \boxed{ウ}\,\overrightarrow{\text{OA}_2}$$

である。さらに

$$\overrightarrow{\text{OA}_2} \cdot \overrightarrow{\text{OA}_3} = \overrightarrow{\text{OA}_3} \cdot \overrightarrow{\text{OA}_1} = \dfrac{\boxed{ケ} - \sqrt{\boxed{コ}}}{\boxed{サ}}$$

が成り立つことがわかる。ゆえに

$$\overrightarrow{\text{OA}_1} \cdot \overrightarrow{\text{OB}_2} = \boxed{シ}, \quad \overrightarrow{\text{OB}_1} \cdot \overrightarrow{\text{OB}_2} = \boxed{ス}$$

である。

$\boxed{シ}$，$\boxed{ス}$ の解答群（同じものを繰り返し選んでもよい。）

⓪ 0	① 1	② -1	③ $\dfrac{1+\sqrt{5}}{2}$
④ $\dfrac{1-\sqrt{5}}{2}$	⑤ $\dfrac{-1+\sqrt{5}}{2}$	⑥ $\dfrac{-1-\sqrt{5}}{2}$	⑦ $-\dfrac{1}{2}$
⑧ $\dfrac{-1+\sqrt{5}}{4}$	⑨ $\dfrac{-1-\sqrt{5}}{4}$		

最後に，面 $\text{A}_2\text{C}_1\text{DEB}_2$ に着目する。

$$\overrightarrow{\text{B}_2\text{D}} = \boxed{ウ}\,\overrightarrow{\text{A}_2\text{C}_1} = \overrightarrow{\text{OB}_1}$$

であることに注意すると，4 点 O，B_1，D，B_2 は同一平面上にあり，四角形 OB_1DB_2 は $\boxed{セ}$ ことがわかる。

$\boxed{セ}$ の解答群

⓪ 正方形である

① 正方形ではないが，長方形である　　② 正方形ではないが，ひし形である

③ 長方形でもひし形でもないが，平行四辺形である

④ 平行四辺形ではないが，台形である　　⑤ 台形でない

ただし，少なくとも一組の対辺が平行な四角形を台形という。

（2021年共通テスト本試　一部省略）

第6問 （選択問題）（配点 20）

〔1〕 太郎さんと花子さんは複素数 α に対して，α^n $(n=1,\ 2,\ 3,\ \cdots)$ がどのような複素数になるのかを考えている。

> 花子：コンピュータソフトを使えば，100乗までだって計算できるね。
>
> 太郎：場合によってはコンピュータソフトを使わなくても簡単に計算できるよ。

$\alpha = \dfrac{1+\sqrt{3}i}{2}$ とすると

$$\alpha = \cos \frac{\pi}{\boxed{ア}} + i \sin \frac{\pi}{\boxed{ア}}, \quad \alpha^2 = \cos \frac{\boxed{イ}\,\pi}{\boxed{ア}} + i \sin \frac{\boxed{イ}\,\pi}{\boxed{ア}}$$

と表される。α^n $(n=1,\ 2,\ 3,\ \cdots)$ を考えると，ド・モアブルの定理より，周期的に同じ複素数が現れる。どんな n の値に対しても $\alpha^n = \alpha^{n+p}$ が成り立つ最小の自然数 p は $p = \boxed{ウ}$ である。

これらのことから，

$$\alpha^{99} = \boxed{エオ}, \quad \alpha^{100} = \frac{\boxed{カキ} - \sqrt{\boxed{ク}}\,i}{2}$$

であることがわかる。

次に，$\alpha = \cos \dfrac{\pi}{a} + i \sin \dfrac{\pi}{b}$ $(a \neq b)$ と表される複素数 α を考える。

$a=6$，$b=3$ のとき，

$$\alpha = \cos \frac{\pi}{6} + i \sin \frac{\pi}{3} = \frac{\sqrt{\boxed{ケ}}}{\boxed{コ}}\left(\cos \frac{\pi}{\boxed{サ}} + i \sin \frac{\pi}{\boxed{サ}}\right)$$

となることから，

$$\alpha^{100} = \left(\cos \frac{\pi}{6} + i \sin \frac{\pi}{3}\right)^{100} = \boxed{シ}\left(\frac{\boxed{ス}}{2}\right)^{\boxed{セソ}}$$

と表される。

〔2〕 図のようにx軸上に2定点F$(-c,\ 0)$, F′$(c,\ 0)$をとり，長さtのロープを用いて，楕円 $\dfrac{x^2}{a^2}+\dfrac{y^2}{b^2}=1$ を描くことを考える。

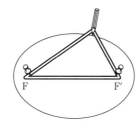

(1) $c=4$, $t=18$ のとき，$a=\boxed{\text{タ}}$，$b=\boxed{\text{チ}}$ の楕円が描かれる。

(2) 楕円を描くときに使用するロープの長さtと描かれた楕円におけるa, cとの間には，$t=\boxed{\text{ツ}}\,a+\boxed{\text{テ}}\,c$ という関係式が成り立つため，$a=13$, $c=12$ の楕円を描こうとすると長さ $\boxed{\text{トナ}}$ のロープが必要であり，このとき，$b=\boxed{\text{ニ}}$ の楕円が描かれる。

(3) $a=5$, $t=16$ のとき，$b=\boxed{\text{ヌ}}$，$c=\boxed{\text{ネ}}$ の楕円が描かれる。このとき，楕円を描く際にロープでできる三角形について考えると，面積の最大値は $\boxed{\text{ノハ}}$ である。

(4) 長さ $t=16$ のロープを用いて，x軸上に2定点F$(-c,\ 0)$, F′$(c,\ 0)$をとって楕円を描く。cの値を変化させていくつかの楕円を描くとき，cの値を増加させると，a, bの値については，$\boxed{\text{ヒ}}$。

ただし，$0<c<4$とする。

$\boxed{\text{ヒ}}$ の解答群

⓪ aの値は増加し，bの値は減少する

① aの値は減少し，bの値は増加する

② a, bどちらの値も減少する

③ a, bどちらの値も増加する

数学 I・数学 A　　（100点満点）

問題番号(配点)	解答記号	正　解	配点	問題番号(配点)	解答記号	正　解	配点
第1問(30)	ア	⓪	4	第3問(20)	$\dfrac{ア}{イウ}$	$\dfrac{1}{11}$	2
	イ，ウ	⓪，④	4		$\dfrac{エ}{オカ}$	$\dfrac{1}{10}$	2
	エ	⑧	4		$\dfrac{キ}{クケ}$	$\dfrac{1}{10}$	1
	オ	②	3		$\dfrac{コ}{サシ}$	$\dfrac{3}{20}$	2
	カキ，クケ	-2，44	3		$\dfrac{ス}{セ}$	$\dfrac{2}{3}$	2
	コ．サシ	2.00	3		ソ	9	1
	ス．セソ	2.20	3		$\dfrac{タチ}{ツテト}$	$\dfrac{47}{297}$	2
	タ．チツ	4.40	3		$\dfrac{ナ}{ニヌ}$	$\dfrac{2}{15}$	2
	テ	③	3		ネ	②	2
第2問(30)	$\dfrac{ア}{イ}$	$\dfrac{4}{5}$	2		ノ	⓪	2
	ウエ	12	2		ハ	②	2
	オカ	12	2	第4問(20)	$\dfrac{ア}{イ}$	$\dfrac{3}{2}$	2
	キク	25	3		$\dfrac{ウ\sqrt{エ}}{オ}$	$\dfrac{3\sqrt{5}}{2}$	2
	ケ	③	3		カ$\sqrt{キ}$	$2\sqrt{5}$	2
	コ	①	3		$\sqrt{ク}$	$\sqrt{5}$	2
	サ	⓪	2		ケ	5	2
	シ	③	2		$\dfrac{コ}{サ}$	$\dfrac{5}{4}$	2
	ス	⓪	2		シ	1	2
	セ	⑥	2		$\sqrt{ス}$	$\sqrt{5}$	2
	ソ	②	2		$\dfrac{セ}{ソ}$	$\dfrac{5}{2}$	2
	タ，チ	①，③	3		タ	①	2
	ツ	③	2				

数学Ⅱ・数学B・数学C　　（100点満点）

問題番号(配点)	解答記号	正解	配点	問題番号(配点)	解答記号	正解	配点
第1問(20)	ア, イ	3, 1	1	第4問(20)	ア, イ	3, 3	2
	ウ, エ	3, 2	1		ウ, エ	2, 3	2
	オ, カ	2, 6	1		オ, カ, キ	2, 6, 6	2
	キ, ク	⑤, ②	2		ク	3	2
	ケ, コ	③, ⑧	2		$\dfrac{ケ}{コ}$, サ	$\dfrac{3}{2}$, 1	2
	サ, シ	⑦, ⑧	2		シ, ス	3, 1	2
	ス, セ, ソ	2, 2, 2	2		セ, ソ	4, 3	2
	タ	⑥	1		タ	②	2
	チ	③	1		チ	2	2
	ツ, テ	1, 0	2		ツ, テ	2, 0	2
	ト, ナ, $\sqrt{ニ}-$ヌ	0, 1, $\sqrt{5}-2$	2	第5問(20)	アイ	36	2
	ネ, ノ, ハ, ヒ	⓪, ③, 1, 2	2		ウ	a	2
	フ	①	1		エ－オ	$a-1$	3
第2問(20)	ア, イ	⓪, ⓪	2		$\dfrac{カ+\sqrt{キ}}{ク}$	$\dfrac{3+\sqrt{5}}{2}$	2
	ウ, エ	⓪, ④	2		$\dfrac{ケ-\sqrt{コ}}{サ}$	$\dfrac{1-\sqrt{5}}{4}$	3
	オカキ	580	2		シ	⑨	3
	$\dfrac{クケ}{コ}$, $\dfrac{サシ}{ス}$	$\dfrac{16}{5}$, $\dfrac{13}{5}$	2		ス	⓪	3
	セソ, タチツ	11, 500	3		セ	⓪	2
	テ, ト, ナ	3, 2, 1	1	第6問(20)	ア, イ	3, 2	1
	ニ, ヌ	0, 3	1		ウ	6	2
	ネ, ノ	1, 3	2		エオ, カキ$-\sqrt{ク}i$	-1, $-1-\sqrt{3}i$	2
	ハ, ヒ, フ, ヘ	⓪, ⓪, ①, ①	2		$\dfrac{\sqrt{ケ}}{コ}$, サ	$\dfrac{\sqrt{6}}{2}$, 4	2
	ホ	⑤	3		シ, ス, セソ	$-$, 3, 50	3
第3問(20)	アイウ	465	2		タ, チ	5, 3	1
	エオカ	159	2		ツ, テ	2, 2	1
	キ	①	2		トナ, ニ	50, 5	2
	クケコ	264	2		ヌ, ネ	4, 3	2
	$\dfrac{サ\sqrt{シ}}{ス}$	$\dfrac{4\sqrt{5}}{5}$	2		ノハ	12	2
	セソ, タチ	10, 30	2		ヒ	②	2
	ツ	⓪	2				
	テトナ	400	3				
	ニヌ. ネ	80.3	3				

三角比の表

角度	sin	cos	tan	角度	sin	cos	tan
0°	0.0000	1.0000	0.0000	25°	0.4226	0.9063	0.4663
1°	0.0175	0.9998	0.0175	26°	0.4384	0.8988	0.4877
2°	0.0349	0.9994	0.0349	27°	0.4540	0.8910	0.5095
3°	0.0523	0.9986	0.0524	28°	0.4695	0.8829	0.5317
4°	0.0698	0.9976	0.0699	29°	0.4848	0.8746	0.5543
5°	0.0872	0.9962	0.0875	30°	0.5000	0.8660	0.5774
6°	0.1045	0.9945	0.1051	31°	0.5150	0.8572	0.6009
7°	0.1219	0.9925	0.1228	32°	0.5299	0.8480	0.6249
8°	0.1392	0.9903	0.1405	33°	0.5446	0.8387	0.6494
9°	0.1564	0.9877	0.1584	34°	0.5592	0.8290	0.6745
10°	0.1736	0.9848	0.1763	35°	0.5736	0.8192	0.7002
11°	0.1908	0.9816	0.1944	36°	0.5878	0.8090	0.7265
12°	0.2079	0.9781	0.2126	37°	0.6018	0.7986	0.7536
13°	0.2250	0.9744	0.2309	38°	0.6157	0.7880	0.7813
14°	0.2419	0.9703	0.2493	39°	0.6293	0.7771	0.8098
15°	0.2588	0.9659	0.2679	40°	0.6428	0.7660	0.8391
16°	0.2756	0.9613	0.2867	41°	0.6561	0.7547	0.8693
17°	0.2924	0.9563	0.3057	42°	0.6691	0.7431	0.9004
18°	0.3090	0.9511	0.3249	43°	0.6820	0.7314	0.9325
19°	0.3256	0.9455	0.3443	44°	0.6947	0.7193	0.9657
20°	0.3420	0.9397	0.3640	45°	0.7071	0.7071	1.0000
21°	0.3584	0.9336	0.3839				
22°	0.3746	0.9272	0.4040				
23°	0.3907	0.9205	0.4245				
24°	0.4067	0.9135	0.4452				
25°	0.4226	0.9063	0.4663				

正規分布表

次の表は，標準正規分布の分布曲線における右図の
灰色部分の面積の値をまとめたものである。

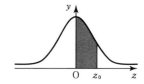

z_0	0.00	0.01	0.02	0.03	0.04	0.05	0.06	0.07	0.08	0.09
0.0	0.0000	0.0040	0.0080	0.0120	0.0160	0.0199	0.0239	0.0279	0.0319	0.0359
0.1	0.0398	0.0438	0.0478	0.0517	0.0557	0.0596	0.0636	0.0675	0.0714	0.0753
0.2	0.0793	0.0832	0.0871	0.0910	0.0948	0.0987	0.1026	0.1064	0.1103	0.1141
0.3	0.1179	0.1217	0.1255	0.1293	0.1331	0.1368	0.1406	0.1443	0.1480	0.1517
0.4	0.1554	0.1591	0.1628	0.1664	0.1700	0.1736	0.1772	0.1808	0.1844	0.1879
0.5	0.1915	0.1950	0.1985	0.2019	0.2054	0.2088	0.2123	0.2157	0.2190	0.2224
0.6	0.2257	0.2291	0.2324	0.2357	0.2389	0.2422	0.2454	0.2486	0.2517	0.2549
0.7	0.2580	0.2611	0.2642	0.2673	0.2704	0.2734	0.2764	0.2794	0.2823	0.2852
0.8	0.2881	0.2910	0.2939	0.2967	0.2995	0.3023	0.3051	0.3078	0.3106	0.3133
0.9	0.3159	0.3186	0.3212	0.3238	0.3264	0.3289	0.3315	0.3340	0.3365	0.3389
1.0	0.3413	0.3438	0.3461	0.3485	0.3508	0.3531	0.3554	0.3577	0.3599	0.3621
1.1	0.3643	0.3665	0.3686	0.3708	0.3729	0.3749	0.3770	0.3790	0.3810	0.3830
1.2	0.3849	0.3869	0.3888	0.3907	0.3925	0.3944	0.3962	0.3980	0.3997	0.4015
1.3	0.4032	0.4049	0.4066	0.4082	0.4099	0.4115	0.4131	0.4147	0.4162	0.4177
1.4	0.4192	0.4207	0.4222	0.4236	0.4251	0.4265	0.4279	0.4292	0.4306	0.4319
1.5	0.4332	0.4345	0.4357	0.4370	0.4382	0.4394	0.4406	0.4418	0.4429	0.4441
1.6	0.4452	0.4463	0.4474	0.4484	0.4495	0.4505	0.4515	0.4525	0.4535	0.4545
1.7	0.4554	0.4564	0.4573	0.4582	0.4591	0.4599	0.4608	0.4616	0.4625	0.4633
1.8	0.4641	0.4649	0.4656	0.4664	0.4671	0.4678	0.4686	0.4693	0.4699	0.4706
1.9	0.4713	0.4719	0.4726	0.4732	0.4738	0.4744	0.4750	0.4756	0.4761	0.4767
2.0	0.4772	0.4778	0.4783	0.4788	0.4793	0.4798	0.4803	0.4808	0.4812	0.4817
2.1	0.4821	0.4826	0.4830	0.4834	0.4838	0.4842	0.4846	0.4850	0.4854	0.4857
2.2	0.4861	0.4864	0.4868	0.4871	0.4875	0.4878	0.4881	0.4884	0.4887	0.4890
2.3	0.4893	0.4896	0.4898	0.4901	0.4904	0.4906	0.4909	0.4911	0.4913	0.4916
2.4	0.4918	0.4920	0.4922	0.4925	0.4927	0.4929	0.4931	0.4932	0.4934	0.4936
2.5	0.4938	0.4940	0.4941	0.4943	0.4945	0.4946	0.4948	0.4949	0.4951	0.4952
2.6	0.4953	0.4955	0.4956	0.4957	0.4959	0.4960	0.4961	0.4962	0.4963	0.4964
2.7	0.4965	0.4966	0.4967	0.4968	0.4969	0.4970	0.4971	0.4972	0.4973	0.4974
2.8	0.4974	0.4975	0.4976	0.4977	0.4977	0.4978	0.4979	0.4979	0.4980	0.4981
2.9	0.4981	0.4982	0.4982	0.4983	0.4984	0.4984	0.4985	0.4985	0.4986	0.4986
3.0	0.4987	0.4987	0.4987	0.4988	0.4988	0.4989	0.4989	0.4989	0.4990	0.4990

◆公式集◆

| 数学 I |

●数と式

〈1〉因数分解の公式（たすきがけ）
$$acx^2+(ad+bc)x+bd=(ax+b)(cx+d)$$

〈2〉無理数の整数部分と小数部分
無理数 x の整数部分を a，小数部分を b とすると，
$b=x-a$ である。

〈3〉対称式（$x+y$, xy を基本対称式という。）
$$x^2+y^2=(x+y)^2-2xy$$
参考　$x^4+y^4=(x^2+y^2)^2-2x^2y^2$

〈4〉絶対値を含む方程式，不等式
(1) $|x|=a \Longleftrightarrow x=\pm a$
(2) $|x|<a \Longleftrightarrow -a<x<a$
(3) $|x|>a \Longleftrightarrow x<-a,\ a<x$
　　（ただし，$a>0$ とする。）

〈5〉絶対値記号と場合分け
(1) $a\geqq0$ のとき $|a|=a$, $a<0$ のとき $|a|=-a$
(2) $x\geqq a$ のとき $|x-a|=x-a$
　　$x<a$ のとき $|x-a|=-(x-a)$
(3) $a\geqq0$ のとき $\sqrt{a^2}=a$, $a<0$ のとき $\sqrt{a^2}=-a$
参考　$\sqrt{a^2}=|a|$

●集合と論証

〈6〉ド・モルガンの法則
二つの集合 A, B について，
$$\overline{A\cup B}=\overline{A}\cap\overline{B},\ \overline{A\cap B}=\overline{A}\cup\overline{B}$$
二つの条件 p, q について，
$$「\overline{p\ または\ q}」\Longleftrightarrow「\overline{p}\ かつ\ \overline{q}」$$
$$「\overline{p\ かつ\ q}」\Longleftrightarrow「\overline{p}\ または\ \overline{q}」$$

〈7〉必要条件と十分条件
二つの条件 p, q に対して，命題「$p\Longrightarrow q$」が真であるとき
　p は q であるための十分条件，
　q は p であるための必要条件
このとき，二つの条件 p, q を満たす集合をそれぞれ P, Q とすると，$P\subset Q$ である。
二つの命題「$p\Longrightarrow q$」，「$q\Longrightarrow p$」がともに真であるとき，p は q であるための必要十分条件という。
（また，q は p であるための必要十分条件である。）

〈8〉逆，裏，対偶
命題「$p\Longrightarrow q$」について，
　逆は「$q\Longrightarrow p$」，裏は「$\overline{p}\Longrightarrow\overline{q}$」，
　対偶は「$\overline{q}\Longrightarrow\overline{p}$」
※命題とその対偶の真偽は一致する。

●2次関数

〈9〉$y=ax^2+bx+c\ (a\neq0)$ のグラフの軸と頂点
$$y=ax^2+bx+c=a\left(x+\frac{b}{2a}\right)^2-\frac{b^2-4ac}{4a}\ より$$
　軸は直線 $x=-\dfrac{b}{2a}$
　頂点は $\left(-\dfrac{b}{2a},\ -\dfrac{b^2-4ac}{4a}\right)$

〈10〉放物線の平行移動・対称移動
(1) 放物線 $y=a(x-p)^2+q$ は，放物線 $y=ax^2$ を x 軸方向に p, y 軸方向に q だけ平行移動したもの
(2) 放物線 $y=ax^2+bx+c$ について
　① x 軸方向に p, y 軸方向に q だけ平行移動
　　$\Longleftrightarrow y-q=a(x-p)^2+b(x-p)+c$
　② x 軸に関して対称移動
　　$\Longleftrightarrow -y=ax^2+bx+c$
　③ y 軸に関して対称移動
　　$\Longleftrightarrow y=a(-x)^2+b(-x)+c$
　④ 原点に関して対称移動
　　$\Longleftrightarrow -y=a(-x)^2+b(-x)+c$

〈11〉2次関数の決定
(1) 軸や頂点が与えられた場合，$y=a(x-p)^2+q$ とおく。
(2) 3点が与えられた場合，$y=ax^2+bx+c$ とおく。
(3) x 軸との交点の x 座標が α, β の場合，
　$y=a(x-\alpha)(x-\beta)$ とおく。

〈12〉2次方程式の実数解の個数
2次方程式 $ax^2+bx+c=0\cdots\cdots$① の判別式を $D=b^2-4ac$ とおく。
　①が異なる二つの実数解をもつ　$\Longleftrightarrow D>0$
　①が重解（一つの実数解）をもつ $\Longleftrightarrow D=0$
　①が実数解をもたない　　　　　 $\Longleftrightarrow D<0$

〈13〉2次関数のグラフと x 軸
2次関数 $y=ax^2+bx+c$ のグラフを G, 2次方程式 $ax^2+bx+c=0$ の判別式を $D=b^2-4ac$ とおくと，
　$D>0 \Longleftrightarrow G$ は x 軸と異なる2点で交わる
　$D=0 \Longleftrightarrow G$ は x 軸と1点で接する
　$D<0 \Longleftrightarrow G$ は x 軸と共有点をもたない

〈14〉 **2次不等式の解** （$a>0$ とする）
(1) 　2次方程式 $ax^2+bx+c=0$ が異なる二つの実数解 α, β （$\alpha<\beta$）をもつとき
$ax^2+bx+c=a(x-\alpha)(x-\beta)$ と変形できる。
　① 　2次不等式 $a(x-\alpha)(x-\beta)>0$ の解は,
　　　$x<\alpha$, $\beta<x$
　② 　2次不等式 $a(x-\alpha)(x-\beta)<0$ の解は,
　　　$\alpha<x<\beta$
(2) 　2次方程式 $ax^2+bx+c=0$ が重解 α をもつとき
$ax^2+bx+c=a(x-\alpha)^2$ と変形できる。
　① 　2次不等式 $a(x-\alpha)^2>0$ の解は,
　　　$x=\alpha$ 以外のすべての実数
　② 　2次不等式 $a(x-\alpha)^2\geqq0$ の解は,
　　　すべての実数
　③ 　2次不等式 $a(x-\alpha)^2<0$ の解は, なし
　④ 　2次不等式 $a(x-\alpha)^2\leqq0$ の解は, $x=\alpha$
(3) 　2次方程式 $ax^2+bx+c=0$ が実数解をもたないとき
　① 　2次不等式 $ax^2+bx+c>0$ の解は, すべての実数
　② 　2次不等式 $ax^2+bx+c<0$ の解は, なし

〈15〉 **2次方程式の解の条件**
$f(x)=ax^2+bx+c$ （$a>0$）, $D=b^2-4ac$ とし, 放物線 $y=f(x)$ と x 軸の共有点の x 座標を $x=\alpha$, β（$\alpha\leqq\beta$）とする。
　① 　$\alpha>k$, $\beta>k\Longleftrightarrow D\geqq0$, 軸$>k$, $f(k)>0$
　② 　$\alpha<k<\beta\Longleftrightarrow f(k)<0$

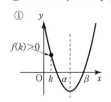 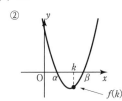

●図形と計量
〈16〉 **三角比の相互関係**
$$\tan A=\frac{\sin A}{\cos A}, \quad \sin^2 A+\cos^2 A=1,$$
$$1+\tan^2 A=\frac{1}{\cos^2 A}$$

〈17〉 **三角比の定義**
右図において点 $P(x, y)$ のとき,
$$\sin\theta=\frac{y}{r}, \quad \cos\theta=\frac{x}{r},$$
$$\tan\theta=\frac{y}{x}$$

〈18〉 **$90°-A$, $180°-A$ の三角比**
$$\sin(90°-A)=\cos A, \quad \cos(90°-A)=\sin A,$$
$$\tan(90°-A)=\frac{1}{\tan A},$$
$$\sin(180°-A)=\sin A, \quad \cos(180°-A)=-\cos A,$$
$$\tan(180°-A)=-\tan A$$

〈19〉 **直線の傾きと正接**
直線 $y=mx$ と x 軸の正の向きとのなす角を θ とすると, $m=\tan\theta$ （$0°\leqq\theta<180°$）

〈20〉 **正弦定理**
△ABC の外接円の半径を R とすると,
$$\frac{a}{\sin A}=\frac{b}{\sin B}=\frac{c}{\sin C}=2R$$

〈21〉 **余弦定理**
△ABC において $a^2=b^2+c^2-2bc\cos A$,
$$b^2=c^2+a^2-2ca\cos B, \quad c^2=a^2+b^2-2ab\cos C$$

〈22〉 **三角形の面積**
△ABC の面積を S とすると
$$S=\frac{1}{2}bc\sin A=\frac{1}{2}ca\sin B=\frac{1}{2}ab\sin C$$

〈23〉 **三角形の内接円の半径と面積**
△ABC の面積を S, 内接円の半径を r とすると
$$S=\frac{1}{2}r(a+b+c)$$

〈24〉 **三角形の成立条件, △ABC の辺と角の関係**
三角形の成立条件 $|b-c|<a<b+c$ （特に, △ABC の最大辺が a のときは, $a<b+c$）
　① 　A が鋭角 $\Longleftrightarrow a^2<b^2+c^2$
　② 　A が鈍角 $\Longleftrightarrow a^2>b^2+c^2$
　③ 　A が直角 $\Longleftrightarrow a^2=b^2+c^2$
　④ 　$a>b\Longleftrightarrow A>B$
　⑤ 　$a<b\Longleftrightarrow A<B$

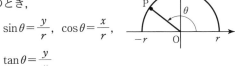

●データの分析
〈25〉 **平均値, 中央値, 最頻値**

x	x_1	x_2	……	x_n	計
f	f_1	f_2	……	f_n	N

平均値 $\bar{x}=\dfrac{1}{N}(x_1f_1+x_2f_2+……+x_nf_n)$

中央値（メジアン）…すべてのデータを小さい順に並べたとき, 中央の順位にくる値
（ただし, データの個数が偶数のときは, 中央に並ぶ二つの値の平均値）

最頻値（モード）…変量の値のうちで度数が最大である値

〈26〉 四分位数，四分位範囲，四分位偏差

第2四分位数 Q_2…データを大きさの順に並べたときの中央値

第1四分位数 Q_1…下位のデータの中央値

第3四分位数 Q_3…上位のデータの中央値

四分位範囲（レンジ） $IQR=Q_3-Q_1$，

四分位偏差 $Q=\dfrac{1}{2}IQR=\dfrac{1}{2}(Q_3-Q_1)$

〈27〉 箱ひげ図

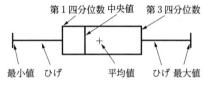

〈28〉 分散，標準偏差，共分散，相関係数，散布図

変数 x のとる N 個の値を $x_1, x_2, \cdots\cdots, x_N$，平均値を $\bar{x}$ とするとき

分散
$$s_x{}^2=\frac{1}{N}\{(x_1-\bar{x})^2+(x_2-\bar{x})^2+\cdots\cdots+(x_N-\bar{x})^2\}$$
$$=\frac{1}{N}(x_1{}^2+x_2{}^2+\cdots\cdots+x_N{}^2)-(\bar{x})^2$$

標準偏差 $s_x=\sqrt{\text{分散}}$

さらに，変数 y のとる N 個の値を $y_1, y_2, \cdots\cdots, y_N$，平均値を $\bar{y}$，標準偏差を s_y とするとき

共分散
$$s_{xy}=\frac{1}{N}\{(x_1-\bar{x})(y_1-\bar{y})+\cdots\cdots+(x_N-\bar{x})(y_N-\bar{y})\}$$

相関係数 $r=\dfrac{s_{xy}}{s_x s_y}$　（ただし，$-1\leqq r\leqq1$）

※ r が 1 に近い値のときは強い正の相関があり，散布図の点は右上がりに分布する。

r が -1 に近い値のときは強い負の相関があり，散布図の点は右下がりに分布する。

〈29〉 変量変換

2つの変量 x, y について，$y=ax+b$ の関係があるとき

平均 $\bar{y}=a\bar{x}+b$

分散 $V_y=a^2 V_x$

標準偏差 $\sigma_y=|a|\sigma_x$

数学A

●場合の数と確率

〈30〉 二つ以上の集合の要素の個数

$n(A\cup B)=n(A)+n(B)-n(A\cap B)$

$n(A\cup B\cup C)=n(A)+n(B)+n(C)-n(A\cap B)$
$\qquad\qquad-n(B\cap C)-n(C\cap A)+n(A\cap B\cap C)$

〈31〉 順列

(1) 異なる n 個から r 個選んで並べる並べ方の総数は $_nP_r=n(n-1)(n-2)\cdots\cdots(n-r+1)$

(2) 重複順列

異なる n 個から重複を許して r 個選んで並べる並べ方の総数は n^r

(3) 円順列

異なる n 個のものを円形に並べる並べ方の総数は $(n-1)!$

〈32〉 組合せ

異なる n 個から r 個選ぶ組合せの総数は

$$_nC_r=\frac{_nP_r}{r!}=\frac{n!}{r!(n-r)!}$$

〈33〉 同じものを含む順列

全部で n 個のものがあり，そのうち a が p 個，b が q 個，c が r 個，……のとき，これらを一列に並べる

並べ方の総数は $\dfrac{n!}{p!q!r!\cdots\cdots}$

（ただし，$p+q+r+\cdots=n$）

〈34〉 確率の定義，和事象および余事象の確率

(1) 事象 A の起こる確率
$$P(A)=\frac{\text{事象 } A \text{ の起こる場合の数}}{\text{全事象の起こる場合の数}}=\frac{n(A)}{n(U)}$$

(2) 二つの事象 A, B が互いに排反であるとき
$$P(A\cup B)=P(A)+P(B)$$
二つの事象 A, B が互いに排反でないとき
$$P(A\cup B)=P(A)+P(B)-P(A\cap B)$$

(3) 余事象の確率 $P(\overline{A})=1-P(A)$

〈35〉 反復試行の確率

1回の試行で事象 A の起こる確率が p であるとき，この試行を n 回繰り返して事象 A が r 回起こる確率は $_nC_r p^r(1-p)^{n-r}$

〈36〉 条件付き確率と乗法定理

事象 A が起こったときに事象 B が起こる条件付き確率は $P_A(B)=\dfrac{P(A\cap B)}{P(A)}$

※確率の乗法定理 $P(A\cap B)=P(A)\cdot P_A(B)$

〈37〉 期待値

1回の試行で値 x_i が得られる確率が p_i であるとき，この試行1回で得られる値の期待値は
$$x_1p_1+x_2p_2+\cdots\cdots+x_np_n$$
ただし $p_1+p_2+\cdots\cdots+p_n=1$

●図形の性質

〈38〉 内角，外角の二等分線

(1) 内角   (2) 外角

 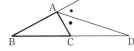

(1)(2)いずれについても   BD：DC＝AB：AC

〈39〉 △ABC の五心

(1) 重心……3 本の中線 AL，BM，CN の交点。
重心を G とすると
   AG：GL＝BG：GM＝CG：GN＝2：1

(2) 内心……3 つの角の二等分線の交点。内心は各辺から等距離にある。

(3) 外心……3 つの辺の垂直二等分線の交点。外心は各頂点から等距離にある。

(4) 垂心……各頂点からそれぞれの対辺に引いた垂線の交点。

(5) 傍心……1 つの内角と他の 2 つの外角の二等分線の交点。傍心は各辺から等距離にある。

〈40〉 メネラウスの定理，チェバの定理

(1) メネラウスの定理

$$\dfrac{BD}{DC}\cdot\dfrac{CE}{EA}\cdot\dfrac{AF}{FB}=1$$

(2) チェバの定理

いずれの図においても

$$\dfrac{BD}{DC}\cdot\dfrac{CE}{EA}\cdot\dfrac{AF}{FB}=1$$

〈41〉 円に内接する四角形の性質，接弦定理

(1) 円に内接する四角形
① 対角の和が 180°
② 外角はそれと隣り合う内角の対角に等しい。

(2) 接弦定理
∠BAT＝∠ACB
が成り立つ。

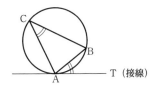

〈42〉 方べきの定理

 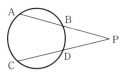

いずれの図においても   PA・PB＝PC・PD

〈43〉 オイラーの多面体定理

凸多面体において，頂点の数を v，辺の数を e，面の数を f とすると
$$v-e+f=2$$

数学II

●式と証明・高次方程式

〈44〉 二項定理

$$(a+b)^n={}_nC_0a^n+{}_nC_1a^{n-1}b+\cdots\cdots+{}_nC_ra^{n-r}b^r+$$
$$\cdots\cdots+{}_nC_{n-1}ab^{n-1}+{}_nC_nb^n$$

${}_nC_ra^{n-r}b^r$ を $(a+b)^n$ の展開式の一般項という。

〈45〉 $(a+b+c)^n$ の展開式における $a^pb^qc^r$ の項

$$\dfrac{n!}{p!q!r!}a^pb^qc^r \quad （ただし，p+q+r=n）$$

〈46〉 整式の除法の商と余り

整式 A を整式 B で割った商を Q，余りを R とすると，$A=BQ+R$，（R の次数）＜（B の次数）

〈47〉 複素数の相等

a, b, c, d が実数のとき，
   $a+bi=c+di\Longleftrightarrow a=c,\ b=d$
   とくに，$a+bi=0\Longleftrightarrow a=b=0$（ただし，$i^2=-1$）

〈48〉 2 次方程式の解の判別

2 次方程式 $ax^2+bx+c=0$ の判別式を $D=b^2-4ac$ とすると
   $D>0\Longleftrightarrow$ 異なる二つの実数解をもつ
   $D=0\Longleftrightarrow$ 重解をもつ
   $D<0\Longleftrightarrow$ 異なる二つの虚数解をもつ

〈49〉 2 次方程式の解と係数の関係

(1) 2 次方程式 $ax^2+bx+c=0$ の 2 解を α, β とすると $\alpha+\beta=-\dfrac{b}{a}$, $\alpha\beta=\dfrac{c}{a}$

(2) $\alpha+\beta=p$, $\alpha\beta=q$ のとき，α, β を解にもつ 2 次方程式の一つは $x^2-px+q=0$

〈50〉 剰余の定理，因数定理

(1) 整式 $P(x)$ を $x-\alpha$ で割った余りは $P(\alpha)$，
$ax+b$ で割った余りは $P\left(-\dfrac{b}{a}\right)$

(2) 整式 $P(x)$ が $x-\alpha$ を因数にもつ $\Longleftrightarrow P(\alpha)=0$

<51> 相加平均と相乗平均

$a>0$, $b>0$ のとき $\dfrac{a+b}{2}\geqq\sqrt{ab}$

（等号が成り立つのは $a=b$ のとき）

●図形と方程式

<52> 2点間の距離，内分点と外分点，重心

$A(x_1,\ y_1)$, $B(x_2,\ y_2)$ について

2点間の距離は

$$AB=\sqrt{(x_2-x_1)^2+(y_2-y_1)^2}$$

AB を $m:n$ に内分する点の座標は

$$\left(\dfrac{nx_1+mx_2}{m+n},\ \dfrac{ny_1+my_2}{m+n}\right)$$

$m:n$ に外分する点の座標は

$$\left(\dfrac{-nx_1+mx_2}{m-n},\ \dfrac{-ny_1+my_2}{m-n}\right)\ (ただし,\ m\neq n)$$

さらに，$C(x_3,\ y_3)$ とすると $\triangle ABC$ の重心の座標は

$$\left(\dfrac{x_1+x_2+x_3}{3},\ \dfrac{y_1+y_2+y_3}{3}\right)$$

<53> 直線の方程式，点と直線の距離

点 $A(x_1,\ y_1)$, $B(x_2,\ y_2)$ とする。

(1) 点 A を通り傾き m の直線の方程式は

$$y-y_1=m(x-x_1)$$

(2) 2点 A，B を通る直線の方程式は

$x_1\neq x_2$ のとき，$y-y_1=\dfrac{y_2-y_1}{x_2-x_1}(x-x_1)$

$x_1=x_2$ のとき，$x=x_1$

(3) 点 A と直線 $ax+by+c=0$ の距離は

$$\dfrac{|ax_1+by_1+c|}{\sqrt{a^2+b^2}}$$

<54> 2直線の平行と垂直

2直線 $y=mx+n$, $y=m'x+n'$ について，

平行 $\Longleftrightarrow m=m'$　垂直 $\Longleftrightarrow mm'=-1$

<55> 円の方程式

中心 $(a,\ b)$，半径 r の円の方程式は

$$(x-a)^2+(y-b)^2=r^2$$

<56> 円（半径 r）と直線 l の位置関係

d：円の中心と直線 l の距離，D：円と直線の方程式から得られる2次方程式の判別式

(1) 2点で交わる

$d<r\Longleftrightarrow D>0$

(2) 1点で接する

$d=r\Longleftrightarrow D=0$

(3) 共有点がない

$d>r\Longleftrightarrow D<0$

<57> 円の接線の方程式

円 $x^2+y^2=r^2$ 上の点 $(x_1,\ y_1)$ における接線の方程式は　$x_1x+y_1y=r^2$

●三角関数

<58> 扇形の弧の長さ，面積

半径 r，中心角 θ [ラジアン] の扇形の弧の長さ l と面積 S は

$$l=r\theta,\ S=\dfrac{1}{2}r^2\theta=\dfrac{1}{2}lr$$

<59> $\theta+2n\pi$, $-\theta$, $\theta+\pi$, $\theta+\dfrac{\pi}{2}$ の三角関数

(1) $\sin(\theta+2n\pi)=\sin\theta$, $\cos(\theta+2n\pi)=\cos\theta$,
$\tan(\theta+2n\pi)=\tan\theta$

(2) $\sin(-\theta)=-\sin\theta$, $\cos(-\theta)=\cos\theta$,
$\tan(-\theta)=-\tan\theta$

(3) $\sin(\theta+\pi)=-\sin\theta$, $\cos(\theta+\pi)=-\cos\theta$,
$\tan(\theta+\pi)=\tan\theta$

(4) $\sin\left(\theta+\dfrac{\pi}{2}\right)=\cos\theta$, $\cos\left(\theta+\dfrac{\pi}{2}\right)=-\sin\theta$,

$\tan\left(\theta+\dfrac{\pi}{2}\right)=-\dfrac{1}{\tan\theta}$

<60> 周期

関数 $y=\sin k\theta$, $y=\cos k\theta$ の周期はともに $\dfrac{2\pi}{k}$

関数 $y=\tan k\theta$ の周期は $\dfrac{\pi}{k}$　（ただし，$k>0$）

<61> グラフの平行移動

関数 $y=\sin(a\theta+b)$ は

$$y=\sin a\left(\theta+\dfrac{b}{a}\right)$$

と変形できるから，このグラフは

関数 $y=\sin a\theta$ のグラフを θ 軸方向に $-\dfrac{b}{a}$ だけ

平行移動したものである。

<62> 加法定理

$$\sin(\alpha\pm\beta)=\sin\alpha\cos\beta\pm\cos\alpha\sin\beta$$
$$\cos(\alpha\pm\beta)=\cos\alpha\cos\beta\mp\sin\alpha\sin\beta$$
$$\tan(\alpha\pm\beta)=\dfrac{\tan\alpha\pm\tan\beta}{1\mp\tan\alpha\tan\beta}\ （複号同順）$$

〈63〉 **2倍角の公式**

$\sin 2\alpha = 2\sin\alpha\cos\alpha$

$\cos 2\alpha = \cos^2\alpha - \sin^2\alpha = 2\cos^2\alpha - 1 = 1 - 2\sin^2\alpha$

$\tan 2\alpha = \dfrac{2\tan\alpha}{1 - \tan^2\alpha}$

〈64〉 **半角の公式**

$\sin^2\dfrac{\alpha}{2} = \dfrac{1 - \cos\alpha}{2}$

$\cos^2\dfrac{\alpha}{2} = \dfrac{1 + \cos\alpha}{2}$

$\tan^2\dfrac{\alpha}{2} = \dfrac{1 - \cos\alpha}{1 + \cos\alpha}$

〈65〉 **三角関数の合成**

$a\sin\theta + b\cos\theta = \sqrt{a^2 + b^2}\sin(\theta + \alpha)$

$\left(\text{ただし, } \cos\alpha = \dfrac{a}{\sqrt{a^2 + b^2}}, \sin\alpha = \dfrac{b}{\sqrt{a^2 + b^2}}\right)$

● **指数関数・対数関数**

〈66〉 **指数の定義**

$a > 0$ で, m を整数, n を正の整数とすると

$a^0 = 1$, $a^{-n} = \dfrac{1}{a^n}$, $a^{\frac{m}{n}} = \sqrt[n]{a^m}$

〈67〉 **指数法則** ($a > 0$, $b > 0$, r, s は実数)

(1) $a^r a^s = a^{r+s}$ (2) $(a^r)^s = a^{rs}$ (3) $(ab)^r = a^r b^r$

(4) $\dfrac{a^r}{a^s} = a^{r-s}$ (5) $\left(\dfrac{a}{b}\right)^r = \dfrac{a^r}{b^r}$

〈68〉 **指数関数 $y = a^x$ の性質** ($a > 0$)

(1) 定義域は実数全体, 値域は正の実数全体

(2) グラフは点 $(0, 1)$ を通り, x 軸が漸近線

(3) $u = v \Longleftrightarrow a^u = a^v$

$a > 1$ のとき $u < v \Longleftrightarrow a^u < a^v$

$0 < a < 1$ のとき $u < v \Longleftrightarrow a^u > a^v$

〈69〉 **指数と対数の関係**

$a > 0$, $a \neq 1$, $M > 0$ のとき

$a^p = M \Longleftrightarrow p = \log_a M$

〈70〉 **対数の性質** ($a > 0$, $a \neq 1$, $M > 0$, $N > 0$)

(1) $\log_a MN = \log_a M + \log_a N$

(2) $\log_a \dfrac{M}{N} = \log_a M - \log_a N$

(3) $\log_a M^r = r\log_a M$ (r は実数)

〈71〉 **底の変換公式**

$a > 0$, $b > 0$, $c > 0$, $a \neq 1$, $c \neq 1$ のとき

$\log_a b = \dfrac{\log_c b}{\log_c a}$

〈72〉 **対数関数 $y = \log_a x$ の性質** ($a > 0$, $u > 0$, $v > 0$)

(1) 定義域は正の実数全体, 値域は実数全体

また, $u = v \Longleftrightarrow \log_a u = \log_a v$

(2) グラフは点 $(1, 0)$ を通り, y 軸が漸近線

(3) $a > 1$ のとき $u < v \Longleftrightarrow \log_a u < \log_a v$,

$0 < a < 1$ のとき $u < v \Longleftrightarrow \log_a u > \log_a v$

〈73〉 **桁数および小数首位**

(1) N:整数部分が n 桁の正の数

$\Longleftrightarrow 10^{n-1} \leq N < 10^n$

$\Longleftrightarrow n - 1 \leq \log_{10} N < n$

(2) N:小数第 n 位にはじめて 0 でない数字が現われる正の数

$\Longleftrightarrow 10^{-n} \leq N < 10^{-(n-1)}$

$\Longleftrightarrow -n \leq \log_{10} N < -(n-1)$

● **微分法と積分法**

〈74〉 **微分係数と導関数**

(1) 関数 $f(x)$ の $x = a$ における微分係数は

$f'(a) = \lim_{h \to 0} \dfrac{f(a+h) - f(a)}{h}$

(2) 関数 $f(x)$ の導関数は

$f'(x) = \lim_{h \to 0} \dfrac{f(x+h) - f(x)}{h}$

〈75〉 **x^n および $(ax+b)^n$ の導関数**

$(x^n)' = nx^{n-1}$, $\{(ax+b)^n\}' = na(ax+b)^{n-1}$

(ただし, n は自然数)

〈76〉 **導関数の公式**

(1) $\{kf(x)\}' = kf'(x)$ (k は定数)

(2) $\{f(x) \pm g(x)\}' = f'(x) \pm g'(x)$ (複号同順)

〈77〉 **接線の方程式**

曲線 $y = f(x)$ 上の点 $(a, f(a))$ における接線の方程式は $y - f(a) = f'(a)(x - a)$

〈78〉 **導関数の符号と関数の増加・減少**

(1) ある区間でつねに $f'(x) > 0$ ならば, その区間で $f(x)$ は増加する

(2) ある区間でつねに $f'(x) < 0$ ならば, その区間で $f(x)$ は減少する

〈79〉 **導関数の符号と関数の極大・極小**

関数 $f(x)$ において, $f'(a) = 0$ であり, かつ $x = a$ の前後で $f'(x)$ の符号が

$\begin{cases} \text{正から負に変わるとき, } f(x) \text{ は } x = a \text{ で極大} \\ \text{負から正に変わるとき, } f(x) \text{ は } x = a \text{ で極小} \end{cases}$

〈80〉 **x^n の不定積分** (n は自然数)

$\displaystyle \int x^n dx = \dfrac{1}{n+1}x^{n+1} + C$ (C は積分定数)

〈81〉 **不定積分の公式**

(1) $\displaystyle\int kf(x)\,dx = k\int f(x)\,dx$

(2) $\displaystyle\int \{f(x)\pm g(x)\}\,dx = \int f(x)\,dx \pm \int g(x)\,dx$

 （複号同順，k は定数）

〈82〉 **定積分**

$$\int_a^b f(x)\,dx = \Big[F(x)\Big]_a^b = F(b)-F(a)$$

 （ただし，$F(x)$ は $f(x)$ の不定積分の 1 つ）

〈83〉 **定積分の公式**

(1) $\displaystyle\int_a^a f(x)\,dx = 0$ (2) $\displaystyle\int_b^a f(x)\,dx = -\int_a^b f(x)\,dx$

(3) $\displaystyle\int_a^b f(x)\,dx = \int_a^c f(x)\,dx + \int_c^b f(x)\,dx$

〈84〉 **微分と積分の関係**

$$\frac{d}{dx}\int_a^x f(t)\,dt = f(x) \quad (a \text{ は定数})$$

〈85〉 **2次関数の定積分の公式**

$$\int_\alpha^\beta (x-\alpha)(x-\beta)\,dx = -\frac{1}{6}(\beta-\alpha)^3$$

〈86〉 **2曲線で囲まれた図形の面積**

区間 $a\leqq x\leqq b$ で $f(x)\geqq g(x)$ のとき，2 曲線 $y=f(x)$，$y=g(x)$ および 2 直線 $x=a$，$x=b$ で囲まれた図形の面積 S は，$\displaystyle S=\int_a^b \{f(x)-g(x)\}\,dx$

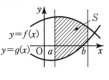

数学B

●**数列**

〈87〉 **等差数列の一般項と和**

初項 a，公差 d の等差数列の一般項は

$$a_n = a+(n-1)d$$

初項 a，公差 d，項数 n，末項 l の等差数列の和は

$$S_n = \frac{1}{2}n\{2a+(n-1)d\} = \frac{1}{2}n(a+l)$$

〈88〉 **等比数列の一般項と和**

初項 a，公比 r の等比数列の一般項は $a_n = ar^{n-1}$

初項 a，公比 r の等比数列の第 n 項までの和は

$$S_n = \begin{cases} \dfrac{a(1-r^n)}{1-r} = \dfrac{a(r^n-1)}{r-1} & (\text{ただし，} r\neq 1) \\ na & (\text{ただし，} r=1) \end{cases}$$

〈89〉 **等差中項，等比中項**

a, b, c がこの順で等差数列 $\Longleftrightarrow 2b=a+c$

a, b, c がこの順で等比数列 $\Longleftrightarrow b^2=ac$

〈90〉 **数列の和の公式**

(1) $\displaystyle\sum_{k=1}^n c = nc \quad \left(\text{特に } \sum_{k=1}^n 1 = n\right)$

(2) $\displaystyle\sum_{k=1}^n k = \frac{1}{2}n(n+1)$

(3) $\displaystyle\sum_{k=1}^n k^2 = \frac{1}{6}n(n+1)(2n+1)$

(4) $\displaystyle\sum_{k=1}^n k^3 = \left\{\frac{1}{2}n(n+1)\right\}^2$

〈91〉 **∑ の性質**

$$\sum_{k=1}^n (pa_k+qb_k) = p\sum_{k=1}^n a_k + q\sum_{k=1}^n b_k$$

〈92〉 **階差数列**

数列 $\{a_n\}$ の階差数列を $\{b_n\}$ とする。

$n\geqq 2$ のとき，$\displaystyle a_n = a_1 + \sum_{k=1}^{n-1} b_k$

〈93〉 **数列の和と一般項**

数列 $\{a_n\}$ の初項から第 n 項までの和を S_n とすると

$$a_1 = S_1, \quad n\geqq 2 \text{ のとき } a_n = S_n - S_{n-1}$$

〈94〉 **漸化式 $a_{n+1} = pa_n + q$（$p\neq 1$）の解法**

$\alpha = p\alpha + q$ を満たす α を用いて $a_{n+1}-\alpha = p(a_n-\alpha)$ と変形し，数列 $\{a_n-\alpha\}$ が初項 $a_1-\alpha$，公比 p の等比数列であることを利用する。

〈95〉 **数学的帰納法**

命題 P がすべての自然数 n について成り立つことを証明するには，次の(1)(2)を示せばよい。

(1) $n=1$ のとき命題 P が成り立つ。

(2) $n=k$ のとき命題 P が成り立つと仮定すると，$n=k+1$ のときにも命題 P が成り立つ。

●**確率分布と統計的推測**

〈96〉 **期待値（平均）と分散**

(1) 確率変数 X が x_1, x_2, $\cdots$, x_n の値をとる確率がそれぞれ p_1, p_2, $\cdots$, p_n であるとき

 期待値（平均）$E(X) = x_1p_1 + x_2p_2 + \cdots + x_np_n$

 分散 $\displaystyle V(X) = \frac{1}{n}\sum_{k=1}^n \{x_k - E(X)\}^2 p_k$

     $V(X) = E(X^2) - \{E(X)\}^2$

(2) a, b を定数，X を確率変数とするとき

 $E(aX+b) = aE(X)+b$

 $V(aX+b) = a^2 V(X)$

〈97〉 **和・積の期待値と和の分散**

2 つの確率変数 X_1, X_2 について，

 $E(X_1+X_2) = E(X_1)+E(X_2)$

また，X_1, X_2 が互いに独立であるとき，

 $E(X_1X_2) = E(X_1)E(X_2)$

 $V(X_1+X_2) = V(X_1)+V(X_2)$

〈98〉 二項分布の期待値と分散

確率変数 X が二項分布 $B(n, p)$ に従うとき

$$E(X)=np, \quad V(X)=np(1-p)$$

〈99〉 確率密度関数と標準正規分布

連続的な確率変数 X の確率
密度関数を $f(x)$ とすると

$$P(\alpha \leq X \leq \beta)=\int_\alpha^\beta f(x)\,dx$$

また，確率変数 Z が平均 0，標準偏差 1 の標準正規分布に従うときの確率 $P(0 \leq Z \leq t)$ の値をまとめたものが正規分布表である。

標準正規分布曲線は左右対称であるから

$$P(Z \leq 0)=P(Z \geq 0)=0.5$$
$$P(-t \leq Z \leq 0)=P(0 \leq Z \leq t)$$

〈100〉 正規分布と標準化

確率変数 X が

　平均 m，標準偏差 σ の正規分布

に従うとき，$Z=\dfrac{X-m}{\sigma}$ とおくと，Z は

　平均 0，標準偏差 1 の標準正規分布

に従う。

〈101〉 母平均・母比率の推定

(1) 標準偏差 σ の母集団から大きさ n の標本を無作為抽出するとき，n が十分大きければ，母平均 m に対する信頼区間は，信頼度 95% では

$$\overline{X}-1.96 \times \frac{\sigma}{\sqrt{n}} \leq m \leq \overline{X}-1.96 \times \frac{\sigma}{\sqrt{n}}$$

(2) 大きさ n の標本の標本比率を p_0 とするとき，n が十分大きければ，母比率 p に対する信頼区間は，信頼度 95% では

$$p_0-1.96\sqrt{\frac{p_0(1-p_0)}{n}} \leq p \leq p_0+1.96\sqrt{\frac{p_0(1-p_0)}{n}}$$

数学C

●ベクトル
平面ベクトル

〈102〉 ベクトルの平行条件

$\vec{a} \neq \vec{0}$，$\vec{b} \neq \vec{0}$ のとき，

　$\vec{a} /\!/ \vec{b} \Longleftrightarrow \vec{b}=k\vec{a}$ となる実数 k がある

〈103〉 ベクトルの大きさ

$\vec{a}=(a_1, a_2)$ のとき　$|\vec{a}|=\sqrt{a_1{}^2+a_2{}^2}$

〈104〉 $\overrightarrow{AB}$ の成分と大きさ

$A(a_1, a_2)$，$B(b_1, b_2)$ について

$$\overrightarrow{AB}=(b_1-a_1, b_2-a_2),$$
$$|\overrightarrow{AB}|=\sqrt{(b_1-a_1)^2+(b_2-a_2)^2}$$

〈105〉 内積の定義，内積と成分

$$\vec{a} \cdot \vec{b}=|\vec{a}||\vec{b}|\cos\theta \text{（定義）}$$

$\vec{a}=(a_1, a_2)$，$\vec{b}=(b_1, b_2)$ のとき，

$$\vec{a} \cdot \vec{b}=a_1b_1+a_2b_2$$
$$\cos\theta=\frac{\vec{a} \cdot \vec{b}}{|\vec{a}||\vec{b}|}=\frac{a_1b_1+a_2b_2}{\sqrt{a_1{}^2+a_2{}^2}\sqrt{b_1{}^2+b_2{}^2}}$$

〈106〉 ベクトルの垂直と内積

$\vec{a} \neq \vec{0}$，$\vec{b} \neq \vec{0}$ のとき，$\vec{a} \perp \vec{b} \Longleftrightarrow \vec{a} \cdot \vec{b}=0$

$\vec{a}=(a_1, a_2)$，$\vec{b}=(b_1, b_2)$ とすると，

$$\vec{a} \perp \vec{b} \Longleftrightarrow \vec{a} \cdot \vec{b}=a_1b_1+a_2b_2=0$$

〈107〉 △OAB の面積 S

$\overrightarrow{OA}=\vec{a}$，$\overrightarrow{OB}=\vec{b}$，$\angle AOB=\theta$ のとき，

$$S=\frac{1}{2}\sqrt{|\vec{a}|^2|\vec{b}|^2-(\vec{a} \cdot \vec{b})^2}$$

$\overrightarrow{OA}=(a_1, a_2)$，$\overrightarrow{OB}=(b_1, b_2)$ のとき，

$$S=\frac{1}{2}|a_1b_2-a_2b_1|$$

〈108〉 位置ベクトル，分点および重心の位置ベクトル

$A(\vec{a})$，$B(\vec{b})$ に対して　$\overrightarrow{AB}=\vec{b}-\vec{a}$

線分 AB を $m:n$ に内分する点の位置ベクトルは

$$\frac{n\vec{a}+m\vec{b}}{m+n}$$

線分 AB を $m:n$ に外分する点の位置ベクトルは

$$\frac{-n\vec{a}+m\vec{b}}{m-n}$$

$C(\vec{c})$ とすると △ABC の重心 G の位置ベクトル $\vec{g}$ は

$$\vec{g}=\frac{\vec{a}+\vec{b}+\vec{c}}{3}$$

〈109〉 ベクトルの分解

$\vec{a} \neq \vec{0}$，$\vec{b} \neq \vec{0}$，$\vec{a} \not\!/\!/ \vec{b}$ のとき，任意のベクトル $\vec{p}$ はただ一通りに $\vec{p}=m\vec{a}+n\vec{b}$ と表される。

$$m\vec{a}+n\vec{b}=m'\vec{a}+n'\vec{b} \Longleftrightarrow m=m' \text{ かつ } n=n'$$

〈110〉 直線のベクトル方程式

(1) 点 $A(\vec{a})$ を通り，$\vec{d}$ に平行な直線 l 上の点を $P(\vec{p})$ とすると　$\vec{p}=\vec{a}+t\vec{d}$（ただし，t は実数）

$\vec{p}=(x, y)$，$\vec{a}=(x_0, y_0)$，$\vec{d}=(m, n)$ とすると，

$$\begin{cases} x=x_0+mt \\ y=y_0+nt \end{cases} \text{（直線 } l \text{ の媒介変数表示）}$$

(2) 異なる 2 点 $A(\vec{a})$，$B(\vec{b})$ を通る直線上の点を $P(\vec{p})$ とすると，

$$\vec{p}=(1-t)\vec{a}+t\vec{b} \text{ または } \vec{p}=s\vec{a}+t\vec{b}$$
$$\text{（ただし，} s+t=1\text{）}$$

〈111〉 直線上の点の存在範囲

$\overrightarrow{OP}=s\overrightarrow{OA}+t\overrightarrow{OB}$ について

(1) 点 P が直線 AB 上にある
$\iff s+t=1$

(2) 点 P が線分 AB 上にある
$\iff s+t=1,\ s\geqq0,\ t\geqq0$

(3) 点 P が △OAB の内部または周上にある
$\iff s+t\leqq1,\ s\geqq0,\ t\geqq0$

〈112〉 点 P_0 を通り $\vec{n}$ に垂直な直線の方程式

$P_0(x_0,\ y_0),\ \vec{n}=(a,\ b)$ とすると
$$a(x-x_0)+b(y-y_0)=0$$

〈113〉 円のベクトル方程式

点 $C(\vec{c})$ を中心とし，半径が r の円周上の点を $P(\vec{p})$ とすると

(1) $|\vec{p}-\vec{c}|=r$　または　(2) $(\vec{p}-\vec{c})\cdot(\vec{p}-\vec{c})=r^2$

空間ベクトル

〈114〉 2点間の距離

2 点 $A(a_1,\ a_2,\ a_3)$，$B(b_1,\ b_2,\ b_3)$ 間の距離は
$$AB=\sqrt{(b_1-a_1)^2+(b_2-a_2)^2+(b_3-a_3)^2}$$
特に原点 O と点 A 間の距離は
$$OA=\sqrt{a_1{}^2+a_2{}^2+a_3{}^2}$$

〈115〉 内積と成分

$\vec{a}=(a_1,\ a_2,\ a_3),\ \vec{b}=(b_1,\ b_2,\ b_3)$ のとき，
$$\vec{a}\cdot\vec{b}=a_1b_1+a_2b_2+a_3b_3$$
$\vec{a},\ \vec{b}$ のなす角を θ とすると
$$\cos\theta=\frac{\vec{a}\cdot\vec{b}}{|\vec{a}||\vec{b}|}=\frac{a_1b_1+a_2b_2+a_3b_3}{\sqrt{a_1{}^2+a_2{}^2+a_3{}^2}\sqrt{b_1{}^2+b_2{}^2+b_3{}^2}}$$

〈116〉 同一平面上にある点の条件

一直線上にない 3 点 A，B，C で定まる平面を α とおくと

(1) 点 P が α 上にある $\iff$
$\overrightarrow{AP}=m\overrightarrow{AB}+n\overrightarrow{AC}$ となる実数 m，n がある

(2) $\overrightarrow{OP}=s\overrightarrow{OA}+t\overrightarrow{OB}+u\overrightarrow{OC}$ について
点 P が α 上にある
$\iff s+t+u=1$

〈117〉 球面の方程式

中心が $C(a,\ b,\ c)$，半径が r の球面の方程式は
$$(x-a)^2+(y-b)^2+(z-c)^2=r^2$$

●複素数平面

〈118〉 共役な複素数の性質

(1) $\overline{\alpha+\beta}=\bar{\alpha}+\bar{\beta}$

(2) $\overline{\alpha-\beta}=\bar{\alpha}-\bar{\beta}$

(3) $\overline{\alpha\beta}=\bar{\alpha}\bar{\beta}$

(4) $\overline{\left(\dfrac{\alpha}{\beta}\right)}=\dfrac{\bar{\alpha}}{\bar{\beta}}$

(5) α が実数 $\iff \bar{\alpha}=\alpha$

(6) α が純虚数 $\iff \bar{\alpha}=-\alpha,\ \alpha\neq0$

〈119〉 複素数の絶対値

$\alpha=a+bi$ のとき　$|\alpha|=\sqrt{a^2+b^2}$

(1) $|\alpha|\geqq0$，とくに　$|\alpha|=0\iff\alpha=0$

(2) $|\alpha|=|-\alpha|,\ |\alpha|=|\bar{\alpha}|$

(3) $|\alpha|^2=\alpha\bar{\alpha}$

〈120〉 複素数の極形式

$r=|z|,\ \theta=\arg z$ とすると
$$z=r(\cos\theta+i\sin\theta)$$
$$\bar{z}=r\{\cos(-\theta)+i\sin(-\theta)\}$$
$$\frac{1}{z}=\frac{1}{r}\{\cos(-\theta)+i\sin(-\theta)\}$$

〈121〉 複素数の積と商

$z_1=r_1(\cos\theta_1+i\sin\theta_1)$，
$z_2=r_2(\cos\theta_2+i\sin\theta_2)$ のとき

積　$z_1z_2=r_1r_2\{\cos(\theta_1+\theta_2)+i\sin(\theta_1+\theta_2)\}$

商　$\dfrac{z_1}{z_2}=\dfrac{r_1}{r_2}\{\cos(\theta_1-\theta_2)+i\sin(\theta_1-\theta_2)\}$

〈122〉 複素数と回転移動

(1) 点 z を原点のまわりに角 θ だけ回転した点を w とすると
$$w=(\cos\theta+i\sin\theta)z$$

(2) 点 β を点 α のまわりに角 θ だけ回転した点を γ とすると
$$\gamma=(\cos\theta+i\sin\theta)(\beta-\alpha)+\alpha$$

〈123〉 ド・モアブルの定理

任意の整数 n に対して
$$(\cos\theta+i\sin\theta)^n=\cos n\theta+i\sin n\theta$$

〈124〉 複素数の n 乗根

$z^n=1$ の解は
$$z_k=\cos\frac{2k}{n}\pi+i\sin\frac{2k}{n}\pi$$
$$(k=0,\ 1,\ 2,\ \cdots,\ n-1)$$

$z_0,\ z_1,\ z_2,\ \cdots,\ z_{n-1}$ を複素数平面上に図示すると，点 1 を 1 つの分点とする原点を中心とする単位円周の n 等分点である。

〈125〉 **複素数平面上の内分点・外分点**

2点 $A(z_1)$, $B(z_2)$ について

線分 AB を $m:n$ に内分する点 $\dfrac{nz_1+mz_2}{m+n}$

とくに，線分 AB の中点 $\dfrac{z_1+z_2}{2}$

線分 AB を $m:n$ に外分する点 $\dfrac{nz_1-mz_2}{m-n}$

〈126〉 **方程式の表す図形**

(1) 方程式 $|z-\alpha|=r$ を満たす点 z の全体は，点 α を中心とする半径 r の円を表す。

(2) 方程式 $|z-\alpha|=|z-\beta|$ を満たす点 z の全体は，点 α と点 β を結ぶ線分の垂直二等分線を表す。

(3) 方程式 $k|z-\alpha|=|z-\beta|$ を満たす点 z の全体は，円を表す（アポロニウスの円）。

● **平面上の曲線**

〈127〉 **放物線**

平面上で焦点 F からの距離と，F を通らない定直線（準線）l からの距離が等しい点の軌跡。

放物線 $y^2=4px$ において

焦点は $(p,\ 0)$，準線は直線 $x=p$

軸は x 軸，頂点は原点

〈128〉 **楕円**

平面上で，2定点（焦点）F, F′ からの距離の和が一定である点の軌跡。

・楕円 $\dfrac{x^2}{a^2}+\dfrac{y^2}{b^2}=1$ $(a>b>0)$ において

焦点は $F(\sqrt{a^2-b^2},\ 0)$, $F'(-\sqrt{a^2-b^2},\ 0)$

長軸の長さは $2a$，短軸の長さは $2b$

楕円上の点 P について $PF+PF'=2a$

・楕円 $\dfrac{x^2}{a^2}+\dfrac{y^2}{b^2}=1$ $(b>a>0)$ において

焦点は $F(0,\ \sqrt{a^2-b^2})$, $F'(0,\ -\sqrt{a^2-b^2})$

長軸の長さは $2b$，短軸の長さは $2a$

楕円上の点 P について $PF+PF'=2b$

〈129〉 **双曲線**

平面上で，2定点（焦点）F, F′ からの距離の差が一定である点の軌跡。

・双曲線 $\dfrac{x^2}{a^2}-\dfrac{y^2}{b^2}=1$ $(a>0,\ b>0)$ において，

焦点は $F(\sqrt{a^2+b^2},\ 0)$, $F'(-\sqrt{a^2+b^2},\ 0)$

双曲線上の点 P について $|PF-PF'|=2a$

漸近線は2直線 $y=\dfrac{b}{a}x$, $y=-\dfrac{b}{a}x$

・双曲線 $\dfrac{x^2}{a^2}-\dfrac{y^2}{b^2}=-1$ $(a>0,\ b>0)$ において，

焦点は $F(0,\ \sqrt{a^2+b^2})$, $F'(0,\ -\sqrt{a^2+b^2})$

双曲線上の点 P について $|PF-PF'|=2b$

漸近線は2直線 $y=\dfrac{b}{a}x$, $y=-\dfrac{b}{a}x$

〈130〉 **2次曲線の接線の方程式**

(1) 放物線 $y^2=4px$ 上の点 $(x_1,\ y_1)$ における接線の方程式は
$$y_1y=2p(x+x_1)$$

(2) 楕円 $\dfrac{x^2}{a^2}+\dfrac{y^2}{b^2}=1$ 上の点 $(x_1,\ y_1)$ における接線の方程式は
$$\frac{x_1x}{a^2}+\frac{y_1y}{b^2}=1$$

(3) 双曲線 $\dfrac{x^2}{a^2}-\dfrac{y^2}{b^2}=1$ 上の点 $(x_1,\ y_1)$ における接線の方程式は
$$\frac{x_1x}{a^2}-\frac{y_1y}{b^2}=1$$

〈131〉 **2次曲線の媒介変数表示**

(1) 放物線 $y^2=4px$ の媒介変数表示
$$x=pt^2,\ y=2pt$$

(2) 円 $x^2+y^2=a^2$ の媒介変数表示
$$x=a\cos\theta,\ y=a\sin\theta$$

(3) 楕円 $\dfrac{x^2}{a^2}+\dfrac{y^2}{b^2}=1$ の媒介変数表示
$$x=a\cos\theta,\ y=b\sin\theta$$

(4) 双曲線 $\dfrac{x^2}{a^2}-\dfrac{y^2}{b^2}=1$ の媒介変数表示
$$x=\frac{a}{\cos\theta},\ y=b\tan\theta$$

〈132〉 **極座標と直交座標**

点 P の直交座標が $(x,\ y)$，極座標が $(r,\ \theta)$ であるとき

・$x=r\cos\theta,\ y=r\sin\theta$

・$r=\sqrt{x^2+y^2}$,

$r\neq0$ のとき $\cos\theta=\dfrac{x}{r}$, $\sin\theta=\dfrac{y}{r}$

基本問題 CHECK 表

分野	番号	内容	1回	2回
数学Ⅰ 数と式・集合と論証	1	整式の加法，減法および因数分解		
	2	分母の有理化，整数部分・小数部分		
	3	対称式		
	4	連立不等式		
	5	不等式の応用，絶対値を含む方程式，不等式		
	6	絶対値と場合分け		
	7	共通部分と和集合		
	8	部分集合と共通部分・和集合		
	9	命題の真偽と条件の否定		
	10	必要条件・十分条件		
2次関数	11	2次関数の最大・最小		
	12	放物線の平行移動		
	13	放物線の対称移動		
	14	2次関数の最大・最小（定数項にのみ文字を含む）		
	15	2次関数の最大・最小（軸の方程式や定義域に文字を含む）		
	16	最大・最小の応用		
	17	2次関数の決定		
	18	2次方程式，重解条件		
	19	2次不等式		
	20	判別式，絶対不等式		
	21	2次方程式の解の条件と2次関数のグラフ		
	22	2次不等式の解と整数問題		
図形と計量	23	三角比の相互関係，$90° - \theta$および$180° - \theta$の三角比		
	24	三角比を用いた方程式，不等式および2直線のなす角		
	25	正弦定理		
	26	余弦定理と四角形の面積		
	27	三角形の計量		
	28	外接円，内接円の半径		
	29	正弦・余弦定理の応用		
	30	鈍角三角形の成立条件と余弦定理		
	31	折れ線の最小値		
	32	空間図形の計量		
データの分析	33	四分位範囲と外れ値		
	34	箱ひげ図		
	35	分散・標準偏差		
	36	分散の性質		
	37	共分散と相関		
	38	相関係数と散布図		
	39	仮説検定の考え方		

分野	番号	内容	1回	2回
数学A 場合の数と確率	40	二つ以上の集合の要素の個数		
	41	順列および重複順列		
	42	円順列		
	43	組分け問題		
	44	同じものを含む順列		
	45	最短経路の数		
	46	重複順列の応用		
	47	和事象および余事象の確率		
	48	反復試行の確率		
	49	数直線上を移動する点の位置の確率		
	50	条件付き確率		
	51	期待値		
	52	原因の確率		
	53	さいころの目の最大・最小		
	54	正五角形の辺上を移動する点		
図形の性質	55	角の二等分線の性質		
	56	三角形の五心		
	57	内心と三角形の面積		
	58	メネラウスの定理と面積比		
	59	チェバの定理		
	60	円に内接する四角形の性質		
	61	接弦定理		
	62	方べきの定理		
	63	共通接線と接点間の距離		
	64	共通接線と接線の長さ		

基本問題 CHECK 表

分野	番号	内容	1回	2回
式と証明・高次方程式	65	二項定理とその応用		
	66	整式の除法，分数式		
	67	複素数，2次方程式の解の判別		
	68	解と係数の関係		
	69	剰余の定理		
	70	因数定理，高次方程式		
	71	恒等式，相加平均・相乗平均の関係		
	72	一つの虚数解が与えられた高次方程式		
図形と方程式	73	2点間の距離，直線の方程式，点と直線の距離		
	74	内分点，外分点，対称点，重心の座標		
	75	直線の平行と垂直，直線に関する対称点		
	76	円の方程式，円と直線の共有点		
	77	垂直二等分線と円の方程式		
	78	円の接線と円の弦の長さ		
	79	軌跡の方程式		
	80	領域内での最大・最小		
三角関数	81	扇形の弧の長さと中心角および面積		
	82	加法定理		
	83	2倍角の公式		
	84	三角関数の合成と不等式		
	85	2倍角の公式と最大・最小		
	86	三角関数を含む方程式，不等式		
	87	三角関数のグラフと周期		
	88	三角関数の合成と最大・最小		
	89	半角の公式		
	90	最大・最小への応用		
指数関数・対数関数	91	指数とその性質		
	92	対数とその性質		
	93	指数・対数の計算		
	94	桁数と小数首位		
	95	二つの指数関数のグラフの共有点		
	96	指数を含んだ関数の最大・最小		
	97	対数関数のグラフと平行移動		
	98	対数関数の最大・最小		
	99	指数・対数の連立方程式		
	100	対数不等式とその応用		
微分法と積分法	101	接線の方程式		
	102	極大値・極小値		
	103	3次関数の最大・最小		
	104	3次方程式の実数解の個数		
	105	曲線などで囲まれた部分の面積		
	106	絶対値を含んだ関数の積分		
	107	微分と積分の関係，定積分を含む関数		
	108	接線と放物線で囲まれた部分の面積		
	109	面積の最小値		
	110	3次関数のグラフと接線で囲まれた部分の面積		

（数学Ⅱ）

分野	番号	内容	1回	2回
数列	111	等差数列とその和		
	112	等比数列とその和		
	113	S_n と a_n の関係		
	114	Σ 計算		
	115	階差数列		
	116	等差中項・等比中項		
	117	漸化式で表された数列の一般項		
	118	群数列		
確率分布と統計的推測	119	確率変数の期待値と分散		
	120	変量変換		
	121	確率変数の和と積		
	122	確率変数の独立		
	123	二項分布		
	124	標準正規分布		
	125	正規分布と標準化		
	126	二項分布と正規分布		
	127	標本平均の期待値と標準偏差，母平均の推定		
	128	統計的仮説検定		

（数学B）

分野	番号	内容	1回	2回
ベクトル	129	平面ベクトルの垂直，大きさ，単位ベクトル		
	130	空間ベクトルの内積，平行と垂直		
	131	交点の位置ベクトル		
	132	垂線の長さと内積		
	133	三角形の内部の点の位置ベクトル		
	134	ベクトルの終点の表す図形		
	135	外心の位置ベクトル		
	136	空間ベクトルのなす角		
	137	空間における内積の利用		
	138	同じ平面上にある点		
複素数平面	139	複素数の偏角と図形		
	140	複素数の積とド・モアブルの定理		
	141	複素数平面上の図形と最大・最小		
	142	複素数平面上の図形		
	143	複素数平面上の点の移動		
平面上の曲線	144	放物線		
	145	楕円		
	146	双曲線		
	147	2次曲線と平行移動		
	148	2次曲線と接線の方程式		
	149	直交座標と極座標		

（数学C）

2025　ベストセレクション
大学入学共通テスト　数学重要問題集

表紙・本文デザイン
エッジ・デザインオフィス

2024年2月21日　初版第1刷発行

●編　者──塚本　有馬

松原　和樹

実教出版編修部

●発行者──小田　良次

●印刷所──株式会社　広済堂ネクスト

●発行所──実教出版株式会社

〒102-8377
東京都千代田区五番町5
電　話〈営業〉(03) 3238-7777
〈編修〉(03) 3238-7785
〈総務〉(03) 3238-7700
https://www.jikkyo.co.jp/

002402024②

ISBN　978-4-407-36379-1

BestSelection ベストセレクション

2025

数学
重要問題集

大学入学
共通テスト
解答編

目次

数と式・集合と論証

001 (1) 二つの整式を A, B とすると

$A+B=3x^2+4x-6$ ……①

$A-B=5x^2-2x-4$ ……② であるから

①+②より $2A=8x^2+2x-10$

よって $A=4x^2+x-5$

①−②より $2B=-2x^2+6x-2$

よって $B=-x^2+3x-1$

したがって，二つの整式は

$4x^2+x-5$ ア〜イ，**$-x^2+3x-1$** ウエオ

(2) $6y^2+7y-3=$**$(2y+3)(3y-1)$** カ〜ケ

であるから，C を x について降べきの順に整理すると

$C=2x^2+(y+7)x-(6y^2+7y-3)$

$=2x^2+(y+7)x-(2y+3)(3y-1)$ となる。

$$
\begin{array}{ccc}
2 & \diagdown & -(3y-1) \to -3y+1 \\
1 & \diagup & (2y+3) \to 4y+6 \\
\hline
 & & y+7
\end{array}
$$

たすきがけを利用することによって

$C=\{2x-(3y-1)\}\{x+(2y+3)\}$

$=$**$(2x-3y+1)(x+2y+3)$** コ〜セ

002 A の分母を有理化すると

$$A=\frac{2(3+\sqrt{5})}{(3-\sqrt{5})(3+\sqrt{5})}=\frac{3+\sqrt{5}}{2}\ \text{アイウ}$$

ここで，$2<\sqrt{5}<3$ より $\dfrac{5}{2}<\dfrac{3+\sqrt{5}}{2}<3$

だから，整数部分 $a=$**2** エ

よって，小数部分

$$b=A-2=\frac{3+\sqrt{5}}{2}-2=\frac{\sqrt{5}-1}{2}\ \text{オカキ}$$

このとき

$$\frac{1}{a}-\frac{1}{b}=\frac{1}{2}-\frac{2}{\sqrt{5}-1}=\frac{1}{2}-\frac{2(\sqrt{5}+1)}{(\sqrt{5}-1)(\sqrt{5}+1)}$$

$$=\frac{1}{2}-\frac{\sqrt{5}+1}{2}=-\frac{\sqrt{5}}{2}\ \text{クケコ}$$

さらに

$$a^2+ab+2b^2=2^2+2\times\frac{\sqrt{5}-1}{2}+2\times\left(\frac{\sqrt{5}-1}{2}\right)^2$$

$$=4+\sqrt{5}-1+2\times\frac{6-2\sqrt{5}}{4}=\textbf{6}\ \text{サ}$$

003 $x=\dfrac{(\sqrt{3}+1)^2}{(\sqrt{3}-1)(\sqrt{3}+1)}=\dfrac{4+2\sqrt{3}}{2}=2+\sqrt{3}$

$y=\dfrac{(\sqrt{3}-1)^2}{(\sqrt{3}+1)(\sqrt{3}-1)}=\dfrac{4-2\sqrt{3}}{2}=2-\sqrt{3}$

であるから

$x+y=(2+\sqrt{3})+(2-\sqrt{3})=$**$4$** ア

$xy=\dfrac{\sqrt{3}+1}{\sqrt{3}-1}\cdot\dfrac{\sqrt{3}-1}{\sqrt{3}+1}=$**$1$** イ

$x^2+y^2=(x+y)^2-2xy=4^2-2\times1=$**$14$** ウエ

$x^4+y^4=(x^2)^2+(y^2)^2=(x^2+y^2)^2-2x^2y^2$

$=14^2-2\times1^2=$**194** オカキ

さらに

$$\frac{y}{2(x-1)}+\frac{x}{2(y-1)}$$

$$=\frac{2-\sqrt{3}}{2(2+\sqrt{3}-1)}+\frac{2+\sqrt{3}}{2(2-\sqrt{3}-1)}$$

$$=\frac{2-\sqrt{3}}{2(1+\sqrt{3})}+\frac{2+\sqrt{3}}{2(1-\sqrt{3})}$$

$$=\frac{(2-\sqrt{3})(1-\sqrt{3})}{2(1+\sqrt{3})(1-\sqrt{3})}+\frac{(2+\sqrt{3})(1+\sqrt{3})}{2(1-\sqrt{3})(1+\sqrt{3})}$$

$$=\frac{5-3\sqrt{3}}{-4}+\frac{5+3\sqrt{3}}{-4}=-\frac{5}{2}\ \text{クケコ}$$

〔別解〕 $\dfrac{y}{2(x-1)}+\dfrac{x}{2(y-1)}$

$$=\frac{y(y-1)}{2(x-1)(y-1)}+\frac{x(x-1)}{2(x-1)(y-1)}$$

$$=\frac{y^2-y+x^2-x}{2(x-1)(y-1)}$$

$$=\frac{(x^2+y^2)-(x+y)}{2\{xy-(x+y)+1\}}$$

$$=\frac{14-4}{2(1-4+1)}=-\frac{5}{2}$$

004 (1) $x-3<5x$ より $-4x<3$

よって $x>-\dfrac{3}{4}$ ……①

また，$\dfrac{x-3}{7}>\dfrac{x-2}{4}$ の両辺に 28 をかけて

$4(x-3)>7(x-2)$

$4x-12>7x-14$ より $-3x>-2$

よって $x<\dfrac{2}{3}$ ……②

①，②の共通の範囲を求めて $-\dfrac{3}{4}<x<\dfrac{2}{3}$ ア〜オ

(2) $\begin{cases} \dfrac{x+3}{2} - \dfrac{2x-3}{3} < 3 & \cdots\cdots① \\ 2(x-1) \le a-x & \cdots\cdots② \end{cases}$

不等式①，②をそれぞれ解くと

$\begin{cases} -3 < x \\ x \le \dfrac{a+2}{3} \end{cases}$

となる。

この不等式を満たす整数 x がちょうど 4 個あるのは，下の数直線より

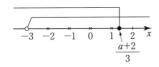

$1 \le \dfrac{a+2}{3} < 2$ のときである。

これを解いて，求める a の値の範囲は　$\underline{1 \le a < 4}_{\text{カキ}}$

SKILL 連立不等式の整数解の個数
1. それぞれの解を数直線上に図示し，共通の範囲を考える。
2. それぞれの解の範囲について，両端の値を含むかどうかに注意する。

005 (1) 走る時間を x 分とすると，走る距離は $140x$ m，歩く距離は $(3600-140x)$ m であるので，歩く時間は

$$\frac{3600-140x}{60} \text{ 分}$$

である。出発してから 40 分以内に駅に着くためには

$$x + \frac{3600-140x}{60} \le 40$$

両辺に 60 をかけて

$$60x + 3600 - 140x \le 2400$$
$$80x \ge 1200$$
$$x \ge 15$$

よって，走った時間は $\underline{15 \text{ 分以上}}_{\text{アイ}}$ である。

(2) $|1-2x| = 6$ より $1-2x = \pm 6$

よって　$x = -\underline{\dfrac{5}{2}}_{\text{ウエオ}}, \underline{\dfrac{7}{2}}_{\text{カ}}$

(3) ①より $-7 \le 2x-1 \le 7$

よって　$\underline{-3 \le x \le 4}_{\text{キクケ}} \cdots\cdots①'$

②より　$3x+2 < -5, 3x+2 > 5$

よって　$\underline{x < -\dfrac{7}{3}}_{\text{コサシ}}, \underline{x > 1}_{\text{ス}} \cdots\cdots②'$

①'と②'の共通の範囲を求めて

$$-3 \le x < -\frac{7}{3}, \ 1 < x \le 4 \cdots\cdots③$$

①，②を同時に満たす x の値の範囲は③であるから，③を満たす整数 x の個数を求めればよい。

それは，$x = -3, 2, 3, 4$ の $\underline{4 \text{ 個}}_{\text{セ}}$ である。

SKILL 絶対値を含む方程式と不等式
$r > 0$ とする。
$|A| = r \Longleftrightarrow A = \pm r$
$|A| < r \Longleftrightarrow -r < A < r$
$|A| > r \Longleftrightarrow A < -r, \ r < A$

006 (1) (i) $x \ge 2$ のとき
与えられた不等式は $3x-6 < x+2$　よって $x < 4$
したがって，この場合の解は　$2 \le x < 4 \cdots\cdots①$
(ii) $x < 2$ のとき
与えられた不等式は $-(3x-6) < x+2$　よって $x > 1$
したがって，この場合の解は　$1 < x < 2 \cdots\cdots②$
よって，①，②を合わせて　$\underline{1 < x < 4}_{\text{アイ}}$

(2) $A = \sqrt{(a-2)^2} + \sqrt{(a+3)^2}$
$\quad = |a-2| + |a+3|$　であるから
$\underline{2 \le a}_{\text{ウ}}$ のとき　$A = (a-2)+(a+3) = \underline{2a+1}_{\text{エオ}}$
$\underline{-3 \le a < 2}_{\text{カキ}}$ のとき　$A = -(a-2)+(a+3) = \underline{5}_{\text{ク}}$
$\underline{a < -3}$ のとき　$A = -(a-2)-(a+3) = \underline{-2a-1}_{\text{ケコサ}}$
また，$0 < a < 1$ のとき
$|a-1| = -(a-1)$，$A = 5$ であるから
$A - 2|a-1| = 5 + 2(a-1)$
$\qquad\qquad = \underline{2a+3}_{\text{シス}}$

(注)　$|a-2| = \begin{cases} a-2 & (a \ge 2) \\ -(a-2) & (a < 2) \end{cases}$

$\qquad\quad |a+3| = \begin{cases} a+3 & (a \ge -3) \\ -(a+3) & (a < -3) \end{cases}$

-3 と 2 が分類のポイント！

SKILL 絶対値を含む方程式，絶対値と根号
1. $|x-a| = \begin{cases} x-a & (x \ge a \text{ のとき}) \\ -(x-a) & (x < a \text{ のとき}) \end{cases}$
2. $\sqrt{A^2} = |A| = \begin{cases} A & (A \ge 0 \text{ のとき}) \\ -A & (A < 0 \text{ のとき}) \end{cases}$

007 (1) 条件をベン図で表すと次のようになる。

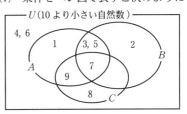

よって　$A \cap \overline{B} = \underline{\{1, 9\}}$ (④)$_{\text{ア}}$
$\overline{A \cap B} = \underline{\{1, 2, 4, 6, 8, 9\}}$ (③)$_{\text{イ}}$
$A \cup \overline{C} = \underline{\{1, 2, 3, 4, 5, 6, 7, 9\}}$ (①)$_{\text{ウ}}$
$A \cap B \cap C = \underline{\{7\}}$ (②)$_{\text{エ}}$
$A \cup B \cup C = \underline{\{1, 2, 3, 5, 7, 8, 9\}}$ (⑥)$_{\text{オ}}$
$A \cap B \cap \overline{C} = \underline{\{3, 5\}}$ (⑩)$_{\text{カ}}$

(2) ド・モルガンの法則から
$$\overline{B \cap C} = \overline{B} \cup \overline{C} \ (④)_{\text{キ}}, \quad \overline{B \cup \overline{C}} = \overline{B} \cap C \ (⓪)_{\text{ク}}$$

SKILL 共通部分と和集合
1. ベン図を用いて処理をする。
2. ド・モルガンの法則
$$\overline{A \cap B} = \overline{A} \cup \overline{B}, \quad \overline{A \cup B} = \overline{A} \cap \overline{B}$$

008 (1) $A \supset B$ であるから，まず
$k = 1, 3, 5, 6, 9, 11, 17, 19$ とおくと
$(k, 2k+1) = (1, 3), (3, 7), (5, 11), (6, 13),$
$\qquad\qquad (9, 19), (11, 23), (17, 35), (19, 39)$
となる。よって $A \supset B$ となるのは
$k = \textbf{1, 5, 9}_{\text{アイウ}}$ のときである。
(注) $2k+1 \leq 19$ より，$k \leq 9$ のときのみチェックすれば実際は足りる。

(2) 条件をベン図で表すと次のようになる。

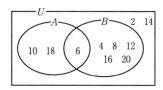

よって $A = \{\textbf{6, 10, 18}\}_{\text{エ～ク}}$，$\overline{A \cup B} = \{\textbf{2, 14}\}_{\text{ケコサ}}$

009 (1) (i) $a^2 - 3a + 2 = 0$ のとき
$(a-1)(a-2) = 0$ より $a = 1$ または 2
したがって $a = 1$ とは限らない。よって，**偽（①）**$_{\text{ア}}$

(ii) 「$a^2 - 3a + 2 \neq 0$ ならば $a \neq 1$ である」は，
「$a^2 - 3a + 2 = 0$ ならば $a = 1$ である」の**裏（③）**$_{\text{イ}}$である。
命題の真偽は，その対偶の命題「$a = 1$ ならば $a^2 - 3a + 2 = 0$ である」の真偽と一致するから，
真（⓪）$_{\text{ウ}}$

(iii) $|x-5| < 1$ を解くと
$-1 < x - 5 < 1$ 各辺に 5 を加えて
$4 < x < 6$ ……①
$x^2 > 4$ を解くと
$x^2 - 4 > 0$
$(x+2)(x-2) > 0$ より
$x < -2$ または $x > 2$ ……②
①は②に含まれるから，① $\Longrightarrow$ ②は真
したがって，この命題は**真（⓪）**$_{\text{エ}}$

(iv) $|x-5| < 1$ の否定は $|x-5| \geq 1$，
$x^2 > 4$ の否定は $x^2 \leq 4$ だから**対偶（④）**$_{\text{オ}}$
命題の真偽はその対偶の命題の真偽と一致するから，**真（⓪）**$_{\text{カ}}$

(2) $x^2 - 5x + 6 = 0$ を解くと
$(x-2)(x-3) = 0$ より $x = 2$ または 3
したがって，この条件の否定は
$\textbf{x} \neq \textbf{2 かつ x} \neq \textbf{3 （③）}_{\text{キ}}$

SKILL 命題の真偽と条件の否定
1. 命題「$p \Longrightarrow q$」の対偶は「$\overline{q} \Longrightarrow \overline{p}$」である。命題とその対偶の真偽は一致する。
命題の真偽が調べにくいとき，対偶の真偽を調べる。

2.

3. ド・モルガンの法則
「$\overline{p \text{ かつ } q}$」$\Longleftrightarrow$「$\overline{p}$ または $\overline{q}$」
「$\overline{p \text{ または } q}$」$\Longleftrightarrow$「$\overline{p}$ かつ $\overline{q}$」

010 (1) $(x-1)(y-2) = 0$ のとき
$x = 1$ または $y = 2$ である。
このとき $|x-1| + |y-2| = 0$ は必ずしも成立しない。
（反例：$x = 1$，$y = 3$）
逆に，$|x-1| + |y-2| = 0$ のとき
$x - 1 = 0$ かつ $y - 2 = 0$
つまり $x = 1$ かつ $y = 2$
であるので，$(x-1)(y-2) = 0$ は成立する。
よって，**必要条件であるが，十分条件でない（⓪）**$_{\text{ア}}$

(2) $x > 1$ かつ $y > 1$ のとき
$x + y > 1 + 1$ より
$x + y > 1$ が成立する。
逆に，$x + y > 1$ のとき
$x > 1$ かつ $y > 1$ は必ずしも成立しない。
（反例：$x = 2$，$y = 0$）
よって，**十分条件であるが，必要条件でない（①）**$_{\text{イ}}$

〔別解〕 $x > 1$ かつ $y > 1$ の表す領域を P
$x + y > 1$ の表す領域を Q
とするとそれぞれ下の図のようになる（ただし境界は含まない）。

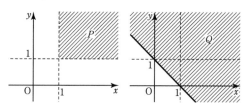

$P \subset Q$ であるので，$x > 1$ かつ $y > 1$ であることは $x + y > 1$ であるための**十分条件であるが，必要条件でない（①）**

(3) $x = 3$ のとき
$xy + x - 3y - 3 = 3y + 3 - 3y - 3 = 0$
$y = -1$ のとき
$xy + x - 3y - 3 = -x + x + 3 - 3 = 0$ であるので
$x = 3$ または $y = -1$ のとき $xy + x - 3y - 3 = 0$ は成立する。

逆に，$xy+x-3y-3=0$ のとき
左辺は
$$x(y+1)-3y-3=x(y+1)-3(y+1)$$
$$=(x-3)(y+1)$$
と因数分解できるので
$$(x-3)(y+1)=0 \quad \text{であるから，}$$
$$x-3=0 \text{ または } y+1=0$$
つまり $x=3$ または $y=-1$ が成立する。
よって，**必要十分条件である（②）**_ウ
〔別解〕 $xy+x-3y-3=x(y+1)-3(y+1)$
$$=(x-3)(y+1)=0 \quad \text{より}$$
$$x=3 \text{ または } y=-1$$
よって，**必要十分条件である（②）**

(4) △ABC が鈍角三角形であるとき，∠A＞90° は必ずしも成り立たない。
（反例：∠A＝∠B＝30°，∠C＝120°）
逆に ∠A＞90° であれば，△ABC は明らかに鈍角三角形である。
よって，**必要条件であるが十分条件でない（⓪）**_エ

┌─ **SKILL** 必要条件と十分条件 ─────────
│ 1. 二つの条件 p, q について，命題「$p \Longrightarrow q$」が
│ 成り立つ（真である）とき，
│ p は q であるための十分条件である
│ q は p であるための必要条件である
│ という。
│ また，「$p \Longrightarrow q$」および「$q \Longrightarrow p$」がともに成り立つとき，「$p \Longleftrightarrow q$」とかき，
│ p は q であるための必要十分条件である
│ q は p であるための必要十分条件である
│ という。（p と q は同値であるともいう。）
│ 2. 命題「$p \Longrightarrow q$」が偽であることを示すためには，
│ 「p であるのに q でない」という例を一つあげればよい。
│ このような例を，その命題に対する反例という。
│ 3. 条件 p, q を満たすものの集合をそれぞれ P, Q で表すとき，命題「$p \Longrightarrow q$」が真であることは，$P \subset Q$ が成り立つことと同じである。
└────────────────────

2次関数

011 (1) $y=-x^2+4x-3$
$$=-(x-2)^2+1$$
$0 \leqq x \leqq 5$ のとき，グラフは右の図のようになるから，

$$\boldsymbol{x=2}_{\text{ア}} \text{のとき最大値} \boldsymbol{1}_{\text{イ}}$$
$$\boldsymbol{x=5}_{\text{ウ}} \text{のとき最小値} \boldsymbol{-8}_{\text{エオ}}$$

(2) $y=2x^2+3x+1$
$$=2\left(x+\frac{3}{4}\right)^2-\frac{1}{8}$$
と変形できるから頂点の座標は
$$\left(-\frac{3}{4}, -\frac{1}{8}\right)_{\text{カ〜サ}} \text{である。}$$
$-3 \leqq x \leqq -1$ のとき，グラフは右の図のようになるから，
$$\boldsymbol{x=-3}_{\text{シス}} \text{のとき最大値} \boldsymbol{10}_{\text{セソ}}$$
$$\boldsymbol{x=-1}_{\text{タチ}} \text{のとき最小値} \boldsymbol{0}_{\text{ツ}}$$

┌─ **SKILL** 2次関数の最大・最小 ─────
│ 1. 平方完成して頂点の座標を求める。
│ $$y=ax^2+bx+c=a\left(x+\frac{b}{2a}\right)^2-\frac{b^2-4ac}{4a}$$
│ 2. 定義域や軸の位置などに注意して最大値・最小値を求める。
└────────────────────

012 (1) $y=-2x^2+4x-4=-2(x-1)^2-2$
と変形できるから，頂点の座標は $(1, -2)$
x 軸方向に -3，y 軸方向に 5 だけ平行移動すると頂点の座標は $(-2, 3)$ となる。
平行移動によってグラフの凹凸は変わらないから
$$\boldsymbol{y=-2(x+2)^2+3=-2x^2-8x-5}_{\text{ア〜エ}}$$
〔別解〕 放物線 $y=-2x^2+4x-4$ を x 軸方向に -3，y 軸方向に 5 だけ平行移動した放物線の方程式は
$$y-5=-2(x+3)^2+4(x+3)-4$$
整理して $\boldsymbol{y=-2x^2-8x-5}$

(2) ①は $y=4\left(x-\frac{3}{2}\right)^2-4$ となるから
頂点の座標は $\left(\frac{3}{2}, -4\right)$
②は $y=4(x-1)^2-1$ となるから
頂点の座標は $(1, -1)$
したがって，$\frac{3}{2}-1=\frac{1}{2}$，$-4-(-1)=-3$ より
①は②を $\boldsymbol{x}$ **軸方向に** $\boldsymbol{\frac{1}{2}}_{\text{オカ}}$，$\boldsymbol{y}$ **軸方向に** $\boldsymbol{-3}_{\text{キク}}$ だけ平行移動したものである。
また，求める放物線は②を x 軸方向に -2，y 軸方向に 4 だけ平行移動すると，頂点の座標は $(-1, 3)$ となる。
よって $\boldsymbol{y=4(x+1)^2+3=4x^2+8x+7}_{\text{ケコサ}}$

┌─ **SKILL** 放物線の平行移動 ─────
│ 1. 頂点の座標を求める。
│ 2. 平行移動によって頂点の座標がどのように変わるかを考える。
│ ▶放物線 $y=ax^2+bx+c$ を x 軸方向に p，y 軸方向に q だけ平行移動
│ ➡ $y-q=a(x-p)^2+b(x-p)+c$
└────────────────────

013 (1) $y=2(x-2)^2+1$ より，頂点の座標は $(2, 1)$ であるから，原点について頂点を対称移動した点は $(-2, -1)$

また，この対称移動によってグラフの凹凸が変化するから求める放物線の方程式は $y=-2(x+2)^2-1$

よって $\boldsymbol{y=-2x^2-8x-9}$ ₐ₋ₑ

〔別解〕 放物線 $y=2x^2-8x+9$ を原点に関して対称移動した放物線の方程式は

$$-y=2(-x)^2-8(-x)+9$$

よって $\boldsymbol{y=-2x^2-8x-9}$

(2) 放物線 $y=x^2-x-1=\left(x-\dfrac{1}{2}\right)^2-\dfrac{5}{4}$ より，

頂点の座標は $\left(\dfrac{1}{2}, -\dfrac{5}{4}\right)$

頂点を直線 $x=-1$ に関して対称に移動した点の座標は $\left(-\dfrac{5}{2}, -\dfrac{5}{4}\right)$

この移動により放物線の凹凸は変わらないから求める放物線の方程式は

$$\boldsymbol{y=\left(x+\dfrac{5}{2}\right)^2-\dfrac{5}{4}=x^2+5x+5}\ {}_{\text{オカ}}$$

SKILL 放物線の対称移動

1. 頂点の座標を求め，対称移動によって頂点がどのように変わるかを考える。
2. 対称移動によってグラフの凹凸が変化 ➡ x^2 の係数の符号が変化
 ▶放物線 $y=ax^2+bx+c$ について
   x 軸について対称移動 ➡ $-y=ax^2+bx+c$
   y 軸について対称移動 ➡ $y=a(-x)^2+b(-x)+c$
   原点について対称移動
   $\qquad\qquad➡ -y=a(-x)^2+b(-x)+c$

---

014 $y=-2x^2+3x+a$
$\qquad =-2\left(x-\dfrac{3}{4}\right)^2+a+\dfrac{9}{8}$

と平方完成できるので，頂点は $\left(\dfrac{3}{4},\ \boldsymbol{a+\dfrac{9}{8}}\right)$ ₐ₋ₑ

$0\leqq x\leqq 2$ より，$\boldsymbol{x=2}$ ₒ のとき最小値 $\boldsymbol{a-2}$ ₖ をとる。

また，最大値が $\dfrac{3}{2}$ より

$a+\dfrac{9}{8}=\dfrac{3}{2}$ であるので，$\boldsymbol{a=\dfrac{3}{8}}$ ₖ₇ である。

---

015 (1) $y=x^2-4x+1=(x-2)^2-3$ より，この関数のグラフは，直線 $x=2$ を軸とし，点 $(2, -3)$ を頂点とする下に凸の放物線である。

したがって，

$\boldsymbol{0<a<2}$ ₐ のとき

グラフは右の図のようになるので，

$x=a$ で最小値 $\boldsymbol{a^2-4a+1}$ ᵢ₇

をとる。

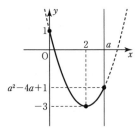

$2\leqq a$ のとき

グラフは右の図のようになるので，

$x=2$ で最小値 $\boldsymbol{-3}$ ₑₒ

をとる。

(2) 2次関数

$y=x^2-4ax+4a^2+8a-8$

を変形すると

$\boldsymbol{y=(x-2a)^2+8a-8}$ ₖₖ₇

となる。よって，この関数のグラフは直線 $x=2a$ を軸とし，点 $(2a,\ 8a-8)$ を頂点とする下に凸の放物線である。したがって，

$0<2a<2$ すなわち

$0<a<1$ のとき

グラフは，右の図のようになるので，

$x=2a$ で最小値 $\boldsymbol{8a-8}$ ₖₒ

をとる。

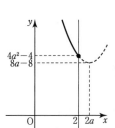

$2a\geqq 2$ すなわち

$a\geqq 1$ のとき

グラフは，右の図のようになるので，

$x=2$ で最小値 $\boldsymbol{4a^2-4}$ ₛₛ

をとる。

SKILL 定義域または軸が変化する場合の最大・最小

定義域または軸が変化する場合，軸が定義域に含まれるかどうかで場合分けをする。

016 2点P，Qが出発してから t 秒後に
$CP=t$，$CQ=8-2t$ である。

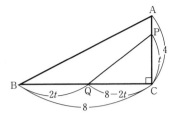

ただし，△CPQ ができるのは
$\quad 0<t\leqq4$ かつ $0<8-2t\leqq8$ より
$\quad 0<t<4$ ……① のときである。
△CPQ の面積を S とすると
$$S=\frac{1}{2}t(8-2t)=-(t^2-4t)=-(t-2)^2+4$$
よって，①の範囲で S は，$t=2$ のとき，すなわち，出発してから **2 秒後**_アに最大値 **4**_イをとる。

017 (1) 軸が直線 $x=2$ で
あるから，求める放物線の方
程式は
$$y=a(x-2)^2+q \quad \cdots\cdots①$$
とおける。2点
$(1,\ 3)$，$(4,\ -3)$ を通るから，
$\quad 3=a+q$，$\quad -3=4a+q$
よって $\quad a=-2$，$q=5$
これを①に代入して $\quad y=-2(x-2)^2+5$
ゆえに，求める方程式は $\quad \boldsymbol{y=-2x^2+8x-3}_{\text{ア〜エ}}$

(2) 求める2次関数を $y=ax^2+bx+c$ とおく。
3点 $(1,\ -3)$，$(3,\ 1)$，$(6,\ -8)$ を通るから
$\quad -3=a+b+c$ ……①
$\quad 1=9a+3b+c$ ……②
$\quad -8=36a+6b+c$ ……③
②－①より $\quad 8a+2b=4 \quad$ よって $\quad 4a+b=2$
③－①より $\quad 35a+5b=-5 \quad$ よって $\quad 7a+b=-1$
これを解いて $\quad a=-1$，$b=6$，$c=-8$
よって，求める放物線の方程式は
$\quad \boldsymbol{y=-x^2+6x-8}_{\text{オカキ}}$
さらに，放物線と x 軸の交点の x 座標は $y=0$ とおいて $\quad -x^2+6x-8=0$
より $\quad (x-2)(x-4)=0 \quad$ よって $\quad x=2,\ 4$
したがって，線分 AB の長さは，$4-2=\boldsymbol{2}_{\text{ク}}$

(3) 放物線と x 軸との2つの交
点の x 座標が -2 と 1 である
から，求める放物線の方程式
は
$$y=a(x+2)(x-1) \quad \cdots\cdots①$$
とおける。点 $(2,\ 8)$ を通るか
ら
$\quad 8=a(2+2)(2-1)$

よって $\quad a=2$
①より $\quad y=2(x+2)(x-1)$
すなわち $\quad \boldsymbol{y=2x^2+2x-4}_{\text{ケコサ}}$

018 (1) 解の公式より
$$x=\frac{5\pm\sqrt{41}}{4}$$
ここで α は小さい方の解だから
$$\alpha=\frac{5-\sqrt{41}}{4}_{\text{ア〜エ}}$$
$\sqrt{36}<\sqrt{41}<\sqrt{49}$ より $\quad 6<\sqrt{41}<7$
したがって $\quad \dfrac{5-7}{4}<\alpha<\dfrac{5-6}{4}$
$$-\frac{1}{2}<\alpha<-\frac{1}{4} \quad (②)_{\text{オ}}$$

(2) 判別式を D とおくと，重解をもつのは $D=0$ のときである。
$$\frac{D}{4}=m^2-(3m+10)=0$$
$\quad (m-5)(m+2)=0 \quad$ よって $\quad \boldsymbol{m=-2,\ 5}_{\text{カキク}}$
$m=5$ のとき，重解は $\boldsymbol{x=-m=-5}_{\text{ケコ}}$ である。

〔別解〕 $m=5$ のとき，方程式（＊）は $x^2+10x+25=0$
$(x+5)^2=0 \quad$ よって，重解は $\boldsymbol{x=-5}$

019 (1) $6x^2-5x-6>0$ より $\quad (3x+2)(2x-3)>0$
よって，解は $\quad \boldsymbol{x<-\dfrac{2}{3}}_{\text{アイウ}}$，$\boldsymbol{\dfrac{3}{2}<x}_{\text{エオ}}$

(2) $x^2+2x+1>0$ より $(x+1)^2>0$ したがって，
$\boldsymbol{x=-1\text{ 以外のすべての実数}\ (②)}_{\text{カ}}$
$-x^2+2x-3<0$ の両辺に -1 をかけて
$\quad x^2-2x+3>0$
ここで，$x^2-2x+3=(x-1)^2+2>0$ より，
不等式の解は，**すべての実数 （③）**_キ

(3) $x^2-2x-3\leqq0$ より $(x+1)(x-3)\leqq0$
よって $-1\leqq x\leqq3$ ……①
また
　$2x^2+4x-3=0$ を解くと
　　$x=\dfrac{-2-\sqrt{10}}{2},\ \dfrac{-2+\sqrt{10}}{2}$
であるから，$2x^2+4x-3>0$ の解は
　　$x<\dfrac{-2-\sqrt{10}}{2},\ \dfrac{-2+\sqrt{10}}{2}<x$ ……②
ここで，
　　$\sqrt{9}<\sqrt{10}<\sqrt{16}$

より
　　$3<\sqrt{10}<4$
であるから
　　$-3<\dfrac{-2-\sqrt{10}}{2}<-\dfrac{5}{2},\ \dfrac{1}{2}<\dfrac{-2+\sqrt{10}}{2}<1$
よって，①，②から，求める連立不等式の解は
　　$\underline{\dfrac{-2+\sqrt{10}}{2}<x\leqq3}$ ク～ス

SKILL　2次不等式の解

$a>0$ とする。
1. 2次方程式 $ax^2+bx+c=0$ が異なる二つの実数解 $\alpha,\ \beta$ をもつとき $(\alpha<\beta)$
　2次不等式 $ax^2+bx+c>0$ の解は，$x<\alpha,\ \beta<x$
　2次不等式 $ax^2+bx+c<0$ の解は，$\alpha<x<\beta$
2. 2次方程式 $ax^2+bx+c=0$ が重解 α をもつとき
　2次不等式 $a(x-\alpha)^2>0$ の解は，$x=\alpha$ 以外のすべての実数
　2次不等式 $a(x-\alpha)^2\geqq0$ の解は，すべての実数
　2次不等式 $a(x-\alpha)^2<0$ の解は，なし（解なし）
　2次不等式 $a(x-\alpha)^2\leqq0$ の解は，$x=\alpha$
3. 2次方程式 $ax^2+bx+c=0$ が実数解をもたないとき
　2次不等式 $ax^2+bx+c>0$ の解は，すべての実数
　2次不等式 $ax^2+bx+c\leqq0$ の解は，なし（解なし）

---

020 (1) 判別式を D とすると，実数解をもつのは $D\geqq0$ のときである。
　$D=(k+3)^2-4\geqq0$　整理して
　$k^2+6k+5\geqq0$
　$(k+1)(k+5)\geqq0$　よって　$\underline{k\leqq-5}$ アイ，$\underline{-1\leqq k}$ ウエ
(2) 方程式 $x^2-kx+3=0$ の判別式を D とおくと，すべての実数 x に対して $x^2-kx+3>0$ となるのは $D<0$ のときである。
　$D=(-k)^2-12<0$
　$(k-2\sqrt{3})(k+2\sqrt{3})<0$
よって　$\underline{-2\sqrt{3}<k<2\sqrt{3}}$ オ～ケ

〔別解〕 $x^2-kx+3=\left(x-\dfrac{k}{2}\right)^2-\dfrac{k^2}{4}+3$ となるから，すべての実数 x に対して $x^2-kx+3>0$ となるためには
　$-\dfrac{k^2}{4}+3>0$
　$k^2-12<0$ より $(k-2\sqrt{3})(k+2\sqrt{3})<0$
よって　$\underline{-2\sqrt{3}<k<2\sqrt{3}}$

(3) すべての実数 x に対して，2次不等式 $kx^2-2\sqrt{3}x+k+2\leqq0$ が成り立つのは $kx^2-2\sqrt{3}x+k+2=0$ の判別式を D とおくと，$k<0$ かつ $D\leqq0$ のときである。
　$\dfrac{D}{4}=(-\sqrt{3})^2-k(k+2)\leqq0$ より
　$k^2+2k-3\geqq0$
　$(k+3)(k-1)\geqq0$　よって　$k\leqq-3,\ 1\leqq k$
$k<0$ であるから $\underline{k\leqq-3}$ コサ

〔別解〕 $kx^2-2\sqrt{3}x+k+2=k\left(x-\dfrac{\sqrt{3}}{k}\right)^2-\dfrac{3}{k}+k+2$（ただし，$k\neq0$）であるから，すべての実数 x に対して，2次不等式 $kx^2-2\sqrt{3}x+k+2\leqq0$ が成り立つのは
　$k<0$ かつ $-\dfrac{3}{k}+k+2\leqq0$ ……① のときである。
$k<0$ であるから，①の両辺に k をかけると
　$k^2+2k-3\geqq0$
　$(k+3)(k-1)\geqq0$　よって　$k\leqq-3,\ 1\leqq k$
$k<0$ であるから $\underline{k\leqq-3}$

SKILL　2次方程式が実数解をもつ条件，
　　　　すべての実数に対して成り立つ不等式

1. 2次方程式 $ax^2+bx+c=0$ が実数解をもつ
　➡ 判別式 $D=b^2-4ac\geqq0$
2. 2次不等式 $ax^2+bx+c>0$ がすべての実数で成り立つ
　➡ $a>0$ かつ $D=b^2-4ac<0$

---

021 (1) $f(x)=x^2+kx+k+3$ とおくと
　$f(x)=\left(x+\dfrac{k}{2}\right)^2-\dfrac{k^2}{4}+k+3$

異なる二つの正の実数解をもつためには右の図から

$f(0)>0$ かつ $-\dfrac{k}{2}>0$

かつ $-\dfrac{k^2}{4}+k+3<0$

$f(0)=k+3>0$ より
　　$k>-3$ ……①

$-\dfrac{k}{2}>0$ より　$k<0$ ……②

$-\dfrac{k^2}{4}+k+3<0$ より　$k^2-4k-12>0$

$(k-6)(k+2)>0$　よって　$k<-2,\ 6<k$ ……③

— 8 —

①，②，③の共通部分を求めて

$\underline{-3<k<-2}_{\text{ア〜エ}}$

(2) 1より小さい解と1より
大きい解をもつためには
$f(1)=1+k+k+3<0$
よって　$\underline{k<-2}_{\text{オカ}}$

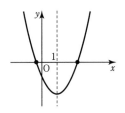

022 (1) 2次不等式（＊）は

$\underline{(x-2)(x-a)<0}_{\text{アイ}}$ と変形できるから

$a=\underline{2}_{\text{ウ}}$ のときは $(x-2)^2<0$ となり，不等式（＊）は解をもたない。

(2) 不等式（＊）の解は
(i) $a<2$ のとき　$a<x<2$
(ii) $a>2$ のとき　$2<x<a$　である。

したがって，(i)のとき不等式（＊）を満たす整数 x がちょうど2個であるのは下の図から　$\underline{-1\leqq a<0}_{\text{エオカ}}$

また，(ii)のとき不等式（＊）を満たす整数 x がちょうど2個であるのは下の図から　$\underline{4<a\leqq5}_{\text{キク}}$

図形と計量

023 (1) $\cos^2\theta=1-\sin^2\theta=1-\left(\dfrac{1}{5}\right)^2=\dfrac{24}{25}$

$90°<\theta<180°$ より $\cos\theta<0$ だから

$\cos\theta=-\sqrt{\dfrac{24}{25}}=\underline{-\dfrac{2\sqrt{6}}{5}}_{\text{ア〜エ}}$

$\tan\theta=\dfrac{\sin\theta}{\cos\theta}=\dfrac{\dfrac{1}{5}}{-\dfrac{2\sqrt{6}}{5}}=\underline{-\dfrac{\sqrt{6}}{12}}_{\text{オ〜ク}}$

(2) $\sin(90°-\theta)=\cos\theta$
$\cos(90°-\theta)=\sin\theta$
$\sin(180°-\theta)=\sin\theta$
$\cos(180°-\theta)=-\cos\theta$　だから
与式$=\cos\theta\cdot(-\cos\theta)-\sin\theta\cdot\sin\theta$
　　$=-(\cos^2\theta+\sin^2\theta)=\underline{-1}_{\text{ケコ}}$

(3) $\sin\theta-\cos\theta=\dfrac{1}{3}$

両辺を平方して

$(\sin\theta-\cos\theta)^2=\left(\dfrac{1}{3}\right)^2$

$\sin^2\theta+\cos^2\theta-2\sin\theta\cos\theta=\dfrac{1}{9}$

$1-2\sin\theta\cos\theta=\dfrac{1}{9}$

よって　$\sin\theta\cos\theta=\underline{\dfrac{4}{9}}_{\text{サシ}}$

$(\sin\theta+\cos\theta)^2$
$=\sin^2\theta+\cos^2\theta+2\sin\theta\cos\theta$
$=1+2\times\dfrac{4}{9}$
$=\dfrac{17}{9}$

ここで，$0°<\theta<90°$ より
$\sin\theta+\cos\theta>0$ だから

$\sin\theta+\cos\theta=\underline{\dfrac{\sqrt{17}}{3}}_{\text{スセソ}}$

024

(1)

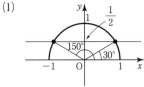

左の図より
$\theta=\underline{30}°_{\text{アイ}}$，$\underline{150}°_{\text{ウエオ}}$

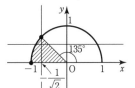

左の図より，
半径1の半円周上で x 座標が $-\dfrac{1}{\sqrt{2}}$ 以下である部分を調べて

$\underline{135°\leqq\theta\leqq180°}_{\text{カ〜サ}}$

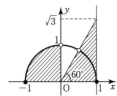

直線 $x=1$ 上で，y 座標が $\sqrt{3}$ 未満である場合を調べて

$$0° \leqq \theta < 60°_{シスセ},$$
$$90° < \theta \leqq 180°_{ソ〜テ}$$

(2)

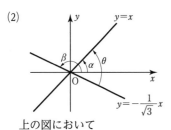

上の図において

$$\tan\alpha = 1, \quad \tan\beta = -\frac{1}{\sqrt{3}}$$

$0° < \alpha < 180°, \ 0° < \beta < 180°$ より

$\alpha = 45°, \ \beta = 150°$

$\beta - \alpha = 105°$ だから

なす鋭角 $\theta = 180° - 105° = \underline{75°}_{トナ}$

SKILL 三角比の定義，直線の傾きと正接の関係

1. 三角比の定義 $(0° \leqq \theta \leqq 180°)$

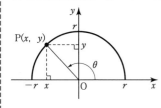

左の図において

$$\sin\theta = \frac{y}{r}$$
$$\cos\theta = \frac{x}{r}$$
$$\tan\theta = \frac{y}{x}$$

（ただし $x \neq 0$）

2. 直線の傾きと正接 $(0° \leqq \theta \leqq 180°, \ \theta \neq 90°)$

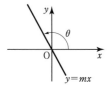

左の図において

$$m = \tan\theta$$

025

(1)

正弦定理より

$$\frac{2\sqrt{6}}{\sin 60°} = 2R$$

$$R = \frac{1}{2} \times \frac{2\sqrt{6}}{\frac{\sqrt{3}}{2}} = \underline{2\sqrt{2}}_{アイ}$$

次に $A = 180° - (60° + 75°) = 45°$

したがって正弦定理より

$$\frac{BC}{\sin 45°} = 2R$$

$$BC = 2R\sin 45° = 2 \cdot 2\sqrt{2} \cdot \frac{1}{\sqrt{2}} = \underline{4}_{ウ}$$

〔別解〕 BC の長さを求めるとき

$$\frac{BC}{\sin 45°} = \frac{2\sqrt{6}}{\sin 60°} \quad \text{から BC} = \underline{4}$$

としてもよい。

(2) 正弦定理より

$$\frac{\sqrt{6}}{\sin 30°} = \frac{2\sqrt{3}}{\sin C}$$

$$\sqrt{6}\sin C = 2\sqrt{3} \cdot \sin 30°$$

$$\sin C = \frac{2\sqrt{3}}{\sqrt{6}} \cdot \frac{1}{2} = \frac{1}{\sqrt{2}}$$

$0° < C < 150°$ より

$C = \underline{45°}_{エオ}, \quad \underline{135°}_{カキク}$

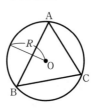

SKILL 正弦定理

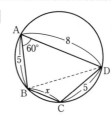

$$\frac{a}{\sin A} = \frac{b}{\sin B} = \frac{c}{\sin C} = 2R$$

$\left(\begin{array}{l}1組の向かい合う辺と角が\\既知のときに利用すること\end{array}\right)$
が多い。

〈例〉 角 C と辺 c が既知

➡ $\dfrac{c}{\sin C} = 2R$ の利用

026

(1) △ABD において

余弦定理より

$$BD^2 = 5^2 + 8^2$$
$$\qquad -2 \cdot 5 \cdot 8 \cdot \cos 60°$$
$$\qquad = 49$$

$BD > 0$ より

$$\mathbf{BD} = \underline{7}_{ア}$$

(2) 円に内接する四角形の性質から

∠BCD $= 180° - $ ∠BAD $= \underline{120°}_{イウエ}$

BC $= x$ とおくと，△BCD において余弦定理より

$$7^2 = x^2 + 5^2 - 2 \cdot x \cdot 5 \cdot \cos 120°$$
$$x^2 + 5x - 24 = 0$$
$$(x+8)(x-3) = 0$$

$x > 0$ より $x = 3$ よって $\mathbf{BC} = \underline{3}_{オ}$

(3) □ABCD の面積

$= (△ABD の面積) + (△BCD の面積)$

$= \dfrac{1}{2} \cdot 5 \cdot 8 \cdot \sin 60° + \dfrac{1}{2} \cdot 3 \cdot 5 \cdot \sin 120° = \underline{\dfrac{55\sqrt{3}}{4}}_{カ〜ケ}$

〔別解〕 □ABCD の面積 $= \dfrac{1}{2}(AD + BC) \cdot \dfrac{5}{2}\sqrt{3}$

$$= \frac{55\sqrt{3}}{4}$$

2辺とその間の角が既知のとき
〈例〉 辺 b, c と角 A が既知
➡ $a^2=b^2+c^2-2bc\cos A$
の利用

そのほかに
$$b^2=c^2+a^2-2ca\cos B$$
$$c^2=a^2+b^2-2ab\cos C$$

027 (1)

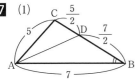

△ABC において
余弦定理より
$$\cos B=\frac{7^2+6^2-5^2}{2\cdot7\cdot6}$$
$$=\frac{\mathbf{5}}{\mathbf{7}}_{アイ}$$

次に △ABD において余弦定理より
$$AD^2=7^2+\left(\frac{7}{2}\right)^2-2\cdot7\cdot\frac{7}{2}\cos B$$
$$=49+\frac{49}{4}-49\cdot\frac{5}{7}=\frac{105}{4}$$

AD$>$0 より AD$=\dfrac{\sqrt{\mathbf{105}}}{\mathbf{2}}_{ウ\sim カ}$

(2)

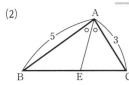

線分 AE は ∠BAC の二等分線だから
∠BAE$=$∠CAE$=30°$
また, 三角形の面積について
△ABC$=$△ABE$+$△ACE

であるから
$$\frac{1}{2}\cdot5\cdot AE\cdot\sin30°$$
$$+\frac{1}{2}\cdot3\cdot AE\cdot\sin30°=\frac{1}{2}\cdot5\cdot3\cdot\sin60°$$
$$4AE=\frac{15\sqrt{3}}{2}\qquad よって\quad AE=\frac{\mathbf{15\sqrt{3}}}{\mathbf{8}}_{キ\sim コ}$$

∠BAD$=$∠CAD$=\theta$ とすると
△ABD$+$△ACD$=$△ABC より,
$\frac{1}{2}$AB$\cdot$AD$\sin\theta+\frac{1}{2}$AC$\cdot$AD$\sin\theta=S$

が成り立つ。(ただし, S は △ABC の面積)
これを用いて二等分線 AD の長さを求めることができる。

028

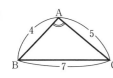

(1) 余弦定理より
$$\cos A=\frac{4^2+5^2-7^2}{2\cdot4\cdot5}$$
$$=-\frac{\mathbf{1}}{\mathbf{5}}_{アイウ}$$

$\sin A>0$ だから
$$\sin A=\sqrt{1-\cos^2A}=\sqrt{\frac{24}{25}}=\frac{\mathbf{2\sqrt{6}}}{\mathbf{5}}_{エオカ}$$

(2) 正弦定理より $\dfrac{7}{\sin A}=2R$
$$R=\frac{1}{2}\cdot\frac{7}{\sin A}=\frac{1}{2}\cdot\frac{7}{\frac{2\sqrt{6}}{5}}=\frac{35}{4\sqrt{6}}=\frac{\mathbf{35\sqrt{6}}}{\mathbf{24}}_{キ\sim サ}$$

また,
$$\frac{1}{2}(4+5+7)r=△ABC の面積$$
$$8r=\frac{1}{2}\cdot4\cdot5\cdot\frac{2\sqrt{6}}{5}$$
$$r=\frac{\mathbf{\sqrt{6}}}{\mathbf{2}}_{シス}$$

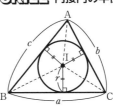

内接円の半径を r とおくと, 面積について
△ABC$=$△ABI$+$△BCI
$+$△CAI
である。したがって,
△ABC の面積を S とおくと
$$S=\frac{1}{2}(a+b+c)r\qquad よって\quad r=\frac{2S}{a+b+c}$$

029 (1)

余弦定理から
$$BC^2=\{2(\sqrt{3}+1)\}^2+4^2-2\cdot2(\sqrt{3}+1)\cdot4\cdot\cos60°$$
$$=24$$

BC$>$0 より BC$=\mathbf{2\sqrt{6}}_{アイ}$
また, 正弦定理より
$$\frac{2\sqrt{6}}{\sin60°}=\frac{4}{\sin B}$$
$$\sin B=\frac{1}{\sqrt{2}}$$

$0°<B<120°$ より $B=\mathbf{45°}_{ウエ}$

(2) $\sin A:\sin B:\sin C$
$$=\frac{a}{2R}:\frac{b}{2R}:\frac{c}{2R}=a:b:c=\mathbf{3:7:5}_{オカキ}$$
また, $a=3k$, $b=7k$, $c=5k$ (ただし $k>0$)
とおける。b が最大であるから最大角は B で
$$\cos B=\frac{(3k)^2+(5k)^2-(7k)^2}{2\cdot3k\cdot5k}=-\frac{1}{2}$$
$0°<B<180°$ より $B=\mathbf{120°}_{クケコ}$

(3) $\sin A>0$ だから $\sin A=\sqrt{1-\cos^2 A}$

$$=\sqrt{1-\frac{5}{9}}=\frac{2}{3}$$

また $b=c+2$ より，
$\triangle ABC$ の面積は

$$\frac{1}{2}c(c+2)\cdot\sin A=\frac{1}{3}$$

$$c^2+2c-1=0$$

$$c=-1\pm\sqrt{2}$$

$c>0$ より $\boxed{c=\sqrt{2}-1}_{サシ}$

SKILL 正弦と辺の関係，辺と角の関係

1. 正弦と辺の関係

$$\frac{a}{\sin A}=\frac{b}{\sin B}=\frac{c}{\sin C}$$

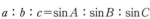

$\Updownarrow$

$$a:b:c=\sin A:\sin B:\sin C$$

2. 辺と角の関係

$$b<c \Longleftrightarrow B<C$$

（2辺の大小関係は向かい合う角の大小関係と一致）

---

030 (1) 3辺の長さは正であるから $x>0$ ……①
最大の辺は $x+4$ であるから，三角形の成立条件から
$x+4<x+(x+2)$ よって $2<x$ ……②
さらに，$\triangle ABC$ が鈍角三角形だから，最大辺に向かい合う角が鈍角である。よって
$(x+4)^2>x^2+(x+2)^2$ が成り立つ。
整理して $x^2-4x-12<0$ より $(x+2)(x-6)<0$
したがって $-2<x<6$ ……③
①，②，③の共通の範囲を求めて $\boxed{2<x<6}_{アイ}$

(2) 最大辺は $x+4$ であるから，$x+4$ に対応する角が $120°$ であればよい。

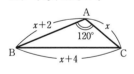

$\triangle ABC$ において余弦定理より

$$(x+4)^2=x^2+(x+2)^2$$
$$-2x(x+2)\cos 120°$$

整理して

$$x^2-x-6=0$$ より $(x-3)(x+2)=0$

(1)より $2<x<6$ だから $\boxed{x=3}_{ウ}$

SKILL 三角形の成立条件，鈍角三角形の成立条件

1. 三角形の成立条件

最大辺を a とすると

$$a<b+c$$

※最大辺が特定できない場合は

$$|b-c|<a<b+c$$

2. 鈍角三角形の成立条件

A が鈍角である $\Longleftrightarrow a^2>b^2+c^2$

（A が最大角 $\Longleftrightarrow a$ が最大辺）

---

031 (1)

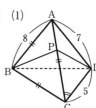

$\triangle ACD$ において
$\angle ACD=C$ とすると，
余弦定理より

$$\cos C=\frac{5^2+8^2-7^2}{2\cdot 5\cdot 8}$$

$$=\frac{1}{2}$$

よって $\boxed{C=60°}_{アイ}$
左の展開図において，3点
B, P, D が一直線上にあるとき，$l=BP+PD$ は最小値をとる。
$\triangle ABC$ は正三角形より

$$\angle ACB=60°$$

(2)

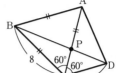

(1)より $\angle ACD=60°$
したがって，$\triangle BCD$ において余弦定理から
$BD^2=8^2+5^2-2\cdot 8\cdot 5\cdot\cos 120°=129$
よって $BD>0$ より $\boxed{BD=\sqrt{129}}_{ウエオ}$

SKILL 立体の面上の線分の最小値

▶空間図形　　▶展開図（の一部）

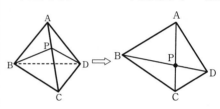

折れ線 $BP+PD$ の長さは，展開図において3点
B, P, D が一直線上に並んだとき最小。

---

032 (1)

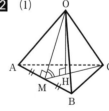

$$OM=\sqrt{OA^2-AM^2}$$
$$=\sqrt{4^2-(\sqrt{6})^2}=\sqrt{10}$$
$$MC=\sqrt{3}BM=\sqrt{3}\times\sqrt{6}$$
$$=3\sqrt{2}$$

よって，$\triangle OMC$ において余弦定理より

$$\cos\theta=\frac{(\sqrt{10})^2+(3\sqrt{2})^2-4^2}{2\cdot\sqrt{10}\cdot 3\sqrt{2}}=\boxed{\frac{1}{\sqrt{5}}}_{アイ}$$

$OH=OM\cdot\sin\theta$ であり，

$$\sin\theta=\sqrt{1-\cos^2\theta}=\sqrt{1-\frac{1}{5}}=\frac{2}{\sqrt{5}}$$

よって $OH=\sqrt{10}\times\frac{2}{\sqrt{5}}=\boxed{2\sqrt{2}}_{ウエ}$

(2) 四面体 $OAMH$ の体積は $\frac{1}{3}\times\triangle AMH\times OH$

また $AM=\sqrt{6}$, $MH=\sqrt{OM^2-OH^2}$
$$=\sqrt{(\sqrt{10})^2-(2\sqrt{2})^2}=\sqrt{2}$$

だから

$$\frac{1}{3}\times\frac{1}{2}\times\sqrt{6}\times\sqrt{2}\times 2\sqrt{2}=\underline{\frac{2\sqrt{6}}{3}}_{オカキ}$$

データの分析

033 第1四分位数 Q_1 は小さい方の20個のデータの中央値であるから，10番目と11番目のデータより

$$Q_1=\frac{33+33}{2}=33$$

第3四分位数 Q_3 は大きい方の20個のデータの中央値であるから，30番目と31番目のデータより

$$Q_3=\frac{45+45}{2}=45$$

よって，四分位範囲は $Q_3-Q_1=45-33=\underline{\textbf{12}}_{アイ}$

問題文より，

$Q_1-1.5\times12=33-18=15$ 以下のすべての値と

$Q_3+1.5\times12=45+18=63$ 以上のすべての値

を外れ値とすると，与えられたデータのうち，外れ値であるデータは

73, 67, 65, 14 の $\underline{\textbf{4}}$ 個_ウ

SKILL 四分位数，四分位範囲

第2四分位数 Q_2 …データを大きさの順に並べたときの中央値

第1四分位数 Q_1 …下位のデータの中央値

データが奇数個の場合は Q_2 を除く下位のデータの中央値，データが偶数個の場合は前半のデータの中央値。

第3四分位数 Q_3 …上位のデータの中央値

データが奇数個の場合は Q_2 を除く上位のデータの中央値，データが偶数個の場合は後半のデータの中央値。

四分位範囲は Q_3-Q_1

034 (1) P組のデータの範囲は，$90-36=\underline{\textbf{54}}_{アイ}$ であり，第1四分位数は箱ひげ図より $\underline{\textbf{51}}_{ウエ}$ である。

(2) Q組の四分位範囲は，$73-56=\underline{\textbf{17}}_{オカ}$ である。

また，四分位偏差は，$\dfrac{73-56}{2}=\underline{\textbf{8.5}}_{キク}$ である。

(3) P組の四分位範囲は，$70-51=19$ であり，(2)からQ組の四分位範囲は17であるから

四分位範囲が大きいのは $\underline{\textbf{P 組（①）}}_{ケ}$ である。

また，P組とQ組を比べると，データの範囲，最大値，最小値，四分位範囲はほぼ同じであるが第1，第2，第3四分位数はともにQ組が大きいことなどから，どちらも単峰な分布のとき平均点は $\underline{\textbf{Q 組（②）}}_{コ}$ の方が高いと考えられる。

SKILL 箱ひげ図

データの最大値，最小値，中央値（第2四分位数），第1四分位数，第3四分位数を使ってデータを要約することを5数要約という。

5数要約を図に表したものが箱ひげ図である。

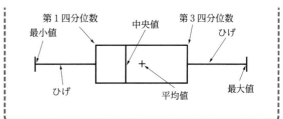

035 平均値は

$$\frac{1}{20}(5\times2+10\times3+15\times6+20\times7+25\times2)=\underline{\textbf{16}}\ (\text{冊})_{アイ}$$

次に $\dfrac{1}{20}(5^2\times2+10^2\times3+15^2\times6$
$\qquad\qquad +20^2\times7+25^2\times2)=287.5$

よって，分散は $287.5-16^2=\underline{\textbf{31.5}}_{ウエオ}$

ゆえに，標準偏差は $\sqrt{31.5}$

ここで，$5.60^2≒31.4,\ 5.65^2≒31.9$ であるから

$5.60^2<31.5<5.65^2$

より，$\sqrt{31.5}$ の値は小数第2位を四捨五入すると 5.6 となる。

よって，標準偏差は $\underline{\textbf{5.6}}\ (\text{冊})_{カキ}$ である。

〔別解〕 分散は

$$\frac{1}{20}\{(5-16)^2\times2+(10-16)^2\times3+(15-16)^2\times6$$
$$+(20-16)^2\times7+(25-16)^2\times2\}=\underline{\textbf{31.5}}$$

として求めてもよい。

SKILL 分散，標準偏差

変量 x のとる N 個の値を $x_1,\ x_2,\ \cdots,\ x_N$，平均値を $\overline{x}$ とする。

分散は

$$s^2=\frac{1}{N}\{(x_1-\overline{x})^2+(x_2-\overline{x})^2+\cdots\cdots+(x_N-\overline{x})^2\}$$

または

$$s^2=\frac{1}{N}(x_1{}^2+x_2{}^2+\cdots\cdots+x_N{}^2)-(\overline{x})^2$$

さらに，標準偏差は $s=\sqrt{分散}$

036 会場Aで試験を受けた40人の得点の平均値は

$$\frac{400}{40}=\underline{\textbf{10}}\ (\text{点})_{アイ}$$

また，得点の2乗の平均値は $\dfrac{5000}{40}$ であるから，

分散は $\dfrac{5000}{40}-10^2=\underline{\textbf{25}}_{ウエ}$

標準偏差は $\sqrt{25}=\underline{\textbf{5}}_{オ}$

となる。

会場A，Bのそれぞれの得点の合計を S_1，S_2，得点の2乗の合計を T_1，T_2 とすると，

会場Aでは $S_1=400,\ T_1=5000$

会場Bでは，60人での平均点が13点より，

$S_2=60\times13=780$

また，標準偏差が9から，分散は9^2であるので，

$$9^2 = \frac{T_2}{60} - 13^2$$

より　$T_2 = 60 \times (81 + 169) = 15000$

合計 100 人の得点の合計は，

$$S_1 + S_2 = 400 + 780 = 1180$$

であるから，平均点は，

$$\frac{1180}{100} = \underline{\textbf{11.8}}_{\text{カキク}}$$

である。

また，100 人の得点の 2 乗の合計は，

$$T_1 + T_2 = 5000 + 15000 = 20000$$

より，100 人の得点の分散は，

$$\frac{20000}{100} - 11.8^2 = \underline{\textbf{60.76}}_{\text{ケ〜シ}}$$

となる。

SKILL 分散と平均

分散 $s^2 = (x^2$ の平均値$) - (x$ の平均値$)^2$

037 (1) $\bar{x} = \dfrac{8+4+7+6+9+5+4+5}{8} = \underline{\textbf{6}}$（点）$_\text{ア}$

$\bar{y} = \dfrac{4+10+6+9+3+8+7+9}{8} = \underline{\textbf{7}}$（点）$_\text{イ}$

x	y	$x-\bar{x}$	$y-\bar{y}$	$(x-\bar{x})(y-\bar{y})$
8	4	2	-3	-6
4	10	-2	3	-6
7	6	1	-1	-1
6	9	0	2	0
9	3	3	-4	-12
5	8	-1	1	-1
4	7	-2	0	0
5	9	-1	2	-2
合計				-28

この表から，共分散　$s_{xy} = \dfrac{-28}{8} = \underline{\textbf{-3.5}}_{\text{ウエオ}}$

(2) ⓪と②については正しい。また①については，相関がみられないときは共分散は 0 に近い値となるが，負の値とは限らないので誤り。よって，正解は①$_\text{カ}$

SKILL 共分散と相関係数

	x	y	$x-\bar{x}$	$y-\bar{y}$	$(x-\bar{x})^2$	$(y-\bar{y})^2$	$(x-\bar{x})(y-\bar{y})$
1	x_1	y_1	$x_1-\bar{x}$	$y_1-\bar{y}$	$(x_1-\bar{x})^2$	$(y_1-\bar{y})^2$	$(x_1-\bar{x})(y_1-\bar{y})$
2	x_2	y_2	$x_2-\bar{x}$	$y_2-\bar{y}$	$(x_2-\bar{x})^2$	$(y_2-\bar{y})^2$	$(x_2-\bar{x})(y_2-\bar{y})$
$\vdots$	$\vdots$	$\vdots$	$\vdots$	$\vdots$	$\vdots$	$\vdots$	$\vdots$
N	x_N	y_N	$x_N-\bar{x}$	$y_N-\bar{y}$	$(x_N-\bar{x})^2$	$(y_N-\bar{y})^2$	$(x_N-\bar{x})(y_N-\bar{y})$
合計					A	B	C

共分散 $s_{xy} = \dfrac{1}{N}\{(x_1-\bar{x})(y_1-\bar{y}) + (x_2-\bar{x})(y_2-\bar{y}) + \cdots$

$$\cdots + (x_N-\bar{x})(y_N-\bar{y})\} = \frac{C}{N}$$

相関係数 $r = \dfrac{s_{xy}}{s_x \cdot s_y} = \dfrac{C}{\sqrt{AB}}$

（ただし，s_x，s_y はそれぞれ変量 x，y の標準偏差）

038 $\bar{x} = \dfrac{4+5+7+5+6+9}{6} = \underline{\textbf{6}}$（個）$_\text{ア}$

$\bar{y} = \dfrac{2+5+6+4+5+8}{6} = \underline{\textbf{5}}$（個）$_\text{イ}$

x	y	$x-\bar{x}$	$y-\bar{y}$	$(x-\bar{x})^2$	$(y-\bar{y})^2$	$(x-\bar{x})(y-\bar{y})$
4	2	-2	-3	4	9	6
5	5	-1	0	1	0	0
7	6	1	1	1	1	1
5	4	-1	-1	1	1	1
6	5	0	0	0	0	0
9	8	3	3	9	9	9
合計				16	20	17

上の表から　$s_x = \sqrt{\dfrac{16}{6}} = \underline{\dfrac{\textbf{4}}{\sqrt{6}}}_{\text{ウエ}}$

$$s_y = \sqrt{\frac{20}{6}} = \underline{\frac{\textbf{2}\sqrt{\textbf{5}}}{\sqrt{6}}}_{\text{オカ}}$$

また，共分散が $s_{xy} = \dfrac{17}{6}$ だから

相関係数は　$r = \dfrac{s_{xy}}{s_x s_y} = \dfrac{\dfrac{17}{6}}{\dfrac{4}{\sqrt{6}} \times \dfrac{2\sqrt{5}}{\sqrt{6}}} = \dfrac{17\sqrt{5}}{40}$

$$= \frac{17 \times 2.24}{40} = 0.952 ≒ \underline{\textbf{0.95}}_{\text{キクケ}}$$

データ数が少ないので，対応する x, y の値を直接調べてもよいが，散布図①は相関係数の正負が逆であること，また散布図⓪は x, y それぞれの範囲が違っていることより，不適合であると判断できる（⓪の図は対応する x, y の値が逆になった図となっている）。

よって，散布図として正しいのは②$_\text{コ}$である。

SKILL 相関係数と散布図

相関係数 r は，$-1 \leqq r \leqq 1$ である。

(i) r が 1 に近い値のとき，強い正の相関があり，散布図の点は右上がりに分布する。

r が -1 に近い値のとき，強い負の相関があり，散布図の点は右下がりに分布する。

(ii) $r > 0$ ならば，散布図では傾きが正の直線の近くに点が集まっている。

$r < 0$ ならば，散布図では傾きが負の直線の近くに点が集まっている。

r が 0 に近いときには，相関関係がない。

(iii) 正しい散布図かどうかを判断するには，相関係数，中央値，標準偏差などを利用する。

039 表より，硬貨が 21 枚以上表となった回数の割合は

$1.4+1.0+0.0+0.1+0.0+0.1+0.0+0.0+0.0+0.0$
$=\textbf{2.6}(\%)_{\text{アイ}}$

この結果は，アンケートに回答した 30 人のうち「便利だと思う」と回答した人数が 21 人以上である確率が 2.6％であるとみなすことができ，5％未満であるから，"「便利だと思う」と回答する割合と，「便利だと思う」と回答しない割合が等しい"という仮説は**誤っていると判断され**（⓪）$_\text{ウ}$，この施設は便利だと思う人の方が**多いといえる**（⓪）$_\text{エ}$。

場合の数と確率

040 (1) 2 の倍数の個数は $100÷2=50$ より
$n(A)=\textbf{50}_{\text{アイ}}$

7 の倍数の個数は $100÷7=14…2$ より　$n(C)=\textbf{14}_{\text{ウエ}}$

2 と 7 の最小公倍数は 14 であるから $A\cap C$ は 14 の倍数の集合である。

14 の倍数の個数は $100÷14=7…2$ より
$n(A\cap C)=\textbf{7}_\text{オ}$

また　$n(A\cup C)=n(A)+n(C)-n(A\cap C)$
$=50+14-7=\textbf{57}_{\text{カキ}}$

さらに，$A\cap\overline{C}$ は 2 の倍数であるが 7 の倍数ではない数の集合であるから
$n(A\cap\overline{C})=n(A)-n(A\cap C)=50-7=\textbf{43}_{\text{クケ}}$

(2) 2 と 3 と 7 の最小公倍数は 42 であるから，
$A\cap B\cap C$ は 42 の倍数の集合である。

42 の倍数の個数は $100÷42=2…16$ より
$n(A\cap B\cap C)=\textbf{2}_\text{コ}$

次に，
$n(A\cup B\cup C)=n(A)+n(B)+n(C)-n(A\cap B)$
$-n(B\cap C)-n(C\cap A)+n(A\cap B\cap C)$
である。

ここで，3 の倍数の個数は $100÷3=33…1$ より
$n(B)=33$

$A\cap B$，$B\cap C$ はそれぞれ 6 の倍数の集合，21 の倍数の集合であるから

$100÷6=16…4$，$100÷21=4…16$ より，
$n(A\cap B)=16$，$n(B\cap C)=4$

よって　$n(A\cup B\cup C)=50+33+14-16-4-7+2$
$=\textbf{72}_{\text{サシ}}$

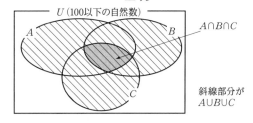

041 (1) 千の位の数の選び方は 0 以外の 5 通り。
百，十，一の位の数の並べ方は $_5P_3$ 通り。
したがって　$5\times{}_5P_3=5\times5\times4\times3=\textbf{300 個}_{\text{アイウ}}$

〔別解〕 0，1，2，3，4，5 から 4 つ選んで並べる方法は $_6P_4$ 通り。
このうち，千の位が 0 になるものは $_5P_3$ 通り
したがって　$_6P_4-{}_5P_3=360-60=\textbf{300 個}$

(2) 5 の倍数は一の位の数字が 0 または 5 である。
一の位が 0 のときは　$_5P_3=60$ 個
一の位が 5 のときは　$4\times{}_4P_2=48$ 個
したがって　$60+48=\textbf{108 個}_{\text{エオカ}}$

次に，各位の数字の和が 3 の倍数であるものが 3 の倍数であるから，その 4 つの数の選び方は
(ア) (0，1，2，3) (0，1，3，5) (0，2，3，4)
(0，3，4，5)
(イ) (1，2，4，5)
異なる整数は
(ア)の各々について　$3\times{}_3P_3=18$ 個
(イ)について　$_4P_4=24$ 個
つくれるから
$18\times4+24=\textbf{96 個}_{\text{キク}}$

(3) 千の位の数の選び方は 0 以外の 5 通り。
百，十，一の位の数の並べ方は 6^3 通り。
したがって　$5\times6^3=\textbf{1080 個}_{\text{ケ〜シ}}$

$$\left(\begin{array}{l} A \text{ が 3 の倍数} \Longleftrightarrow \\ \quad A \text{ の各位の数字の和が 3 の倍数} \end{array}\right)$$

042 (1) 6 色の塗り方は，円順列の公式から

$$(6-1)!=5!=\textbf{120 通り}_{\text{アイウ}}$$

色 a を塗った位置を固定すると
色 b を塗る位置は 1 通りに決まる。
残りの 4 色の塗り方は 4! 通りだから

$$1 \times 4!=\textbf{24 通り}_{\text{エオ}}$$

色 a を塗った位置を固定すると
b，c は斜線部に塗るから 2! 通りの塗り
方があり，さらに残りの 3 色の塗り方は
3! 通りである。

したがって　$2! \times 3!=\textbf{12 通り}_{\text{カキ}}$

(2) 立方体の上の面を a で塗るとすると，底面の塗り方
は 5 通り。

また，側面は，回転すると同じ塗り方を除くと

$$(4-1)!=3! \text{ 通り}$$

したがって　$5 \times 3!=\textbf{30 通り}_{\text{クケ}}$

SKILL 円順列

異なる n 個のものを円形に並べる方法の数は，回転
すると同じ並べ方になるものを除くた
め，特定の 1 個●を固定し，残りの
$(n-1)$ 個の並べ方を考えればよい。
したがって
　　$(n-1)!$ 通り

---

043 (1) 9 冊から 4 冊選ぶ方法は ${}_9C_4$ 通り。
次に，残りの 5 冊から 3 冊選ぶ方法は ${}_5C_3$ 通り
残りの 2 冊は 1 通りに定まるから

$${}_9C_4 \times {}_5C_3 \times 1=126 \times 10=\textbf{1260 通り}_{\text{ア〜エ}}$$

(2) 3 人の友人を A，B，C とすると，それぞれに分け
る方法は ${}_9C_3$，${}_6C_3$，1 通りだから

$${}_9C_3 \times {}_6C_3 \times 1=84 \times 20=\textbf{1680 通り}_{\text{オ〜ク}}$$

(3) A，B，C の 3 人の区別をなくすと，同じ分け方が 3!
通りずつできるから，(2)より

$$\frac{1680}{3!}=\textbf{280 通り}_{\text{ケコサ}}$$

(4) 5 冊，2 冊，2 冊を各々 A，B，C に分けるとすると
その方法は　${}_9C_5 \times {}_4C_2 \times 1$ 通り。
B，C の区別をなくすと同じ分け方が 2! ずつできるか
ら

$$\frac{{}_9C_5 \times {}_4C_2 \times 1}{2!}=\frac{756}{2}=\textbf{378 通り}_{\text{シスセ}}$$

SKILL 組分け問題
---

1. 組合せ

異なる n 個から r 個取る場合は

$${}_nC_r=\frac{{}_nP_r}{r!}=\frac{n!}{(n-r)!\,r!}$$

---

2. 組分け問題のポイント

9 冊の本は異なるから区別できる。さらに，
　(1)の場合は，3 組は冊数が違うから区別できる。
　(2)の場合は，3 人の友人は区別できる。
　(3)の場合は，3 組は冊数が同じだから区別でき
ない。
　(4)の場合は，2 冊，2 冊の 2 組は冊数が同じだか
ら区別できない。
区別できないものが n 組あるときは，$n!$ で割る。

---

044 (1) 7 個の文字のうち，J，K がそれぞれ 2 個ず
つ含まれているから

$$\frac{7!}{2!\,2!}=\textbf{1260 個}_{\text{ア〜エ}}$$

(2) JJ を一つの文字○と見なすと，○，K，K，I，Y，O
の 6 個を並べる並べ方と同じだから

$$\frac{6!}{2!}=\textbf{360 個}_{\text{オカキ}}$$

同様に，JJ，KK をそれぞれ一つの文字○，●と見なし
て，○，●，I，Y，O を並べる並べ方と同じだから

$$5!=\textbf{120 個}_{\text{クケコ}}$$

(3)

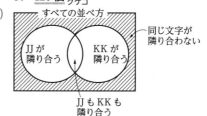

求めるものは，上の図の斜線部であり，
KK が隣り合う場合も(2)と同様に 360 個だから

$$1260-(360+360-120)=\textbf{660 個}_{\text{サシス}}$$

SKILL 同じものを含む順列

全部で n 個の文字があって，そのうち a が p 個，b
が q 個，c が r 個，……のとき

$$\underbrace{\underbrace{a, \cdots, a,}_{p \text{ 個}} \underbrace{b, \cdots, b,}_{q \text{ 個}} \underbrace{c, \cdots, c,}_{r \text{ 個}} \cdots\cdots}_{n \text{ 個}}$$

これらを一列に並べる並べ方の総数は

$$\frac{n!}{p!\,q!\,r!\cdots\cdots} \quad (p+q+r+\cdots\cdots=n) \text{ である。}$$

$({}_nC_p \times {}_{n-p}C_q \times {}_{n-p-q}C_r \times \cdots\cdots \text{ でもよい。})$

---

045 東に 1 マス進むことを E
　　　　北に 1 マス進むことを N とおく。

(1) P から Q への最短経路の数は，E を 4 個，N を 6 個
並べる順列の数と等しいから

$${}_{10}C_4=\textbf{210 通り}_{\text{アイウ}}$$

〔別解〕　$\dfrac{10!}{4!\,6!}=\textbf{210 通り}$

(2) (1)と同様に考えて　P→R の経路は　$_3C_1$ 通り

R→Q の経路は　$_7C_3$ 通り

したがって，P→R→Q の経路は

$_3C_1×_7C_3=3×35=$**105 通り** エオカ

次に，P→R→S→Q の経路は

$_3C_1×_3C_1×_4C_1=36$ 通り

したがって，R を通り S を通らない経路は

$105−36=$**69 通り** キク

さらに，P→S→Q の経路は　$_6C_3×_4C_1=80$ 通り

したがって，R または S を通る経路は

$105+80−36=149$ 通り

よって，R も S も通らない経路は

$210−149=$**61 通り** ケコ

SKILL 最短経路の数

東に1区進むことを→，北に
1区進むことを↑で表すと，
例えば右の図の経路は
　→→↑→↑↑→
で表される。

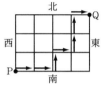

したがってすべての経路の数は，4個の→と3個の
↑を使ってつくられる順列の総数と等しい。

（この場合の経路の数は $_7C_3$ または $\dfrac{7!}{4!3!}$ ）

046　A, B, C, D, E の5人がⅡ, Ⅲのいずれかの部屋に入るのは $2^5=32$ 通り

このうち，5人ともⅡの部屋，Ⅲの部屋に入るのはともに1通りである。

よって，Ⅰの部屋だけが空き部屋になるのは

$32−(1+1)=$**30 通り** アイ

同様にして，Ⅱの部屋，Ⅲの部屋だけが空き部屋になるのは，ともに30通りである。

また，A, B, C, D, E の5人がⅠ, Ⅱ, Ⅲのいずれかの部屋に入るのは $3^5=243$ 通りである。

したがって空き部屋がないような入れ方は，この場合から，Ⅰの部屋だけ，Ⅱの部屋だけ，Ⅲの部屋だけが空き部屋になる場合と，5人ともⅠの部屋だけ，Ⅱの部屋だけ，Ⅲの部屋だけに入る場合を除けばよい。ゆえに

$243−(30×3+1×3)=$**150 通り** ウエオ

〔別解〕　5人を空き部屋がないように入れる入れ方は，以下の6通りである。

Ⅰ	Ⅱ	Ⅲ	場合の数
3人	1人	1人	$_5C_3·_2C_1=20$
1人	3人	1人	$_5C_1·_4C_3=20$
1人	1人	3人	$_5C_1·_4C_1=20$
2人	2人	1人	$_5C_2·_3C_2=30$
2人	1人	2人	$_5C_2·_3C_1=30$
1人	2人	2人	$_5C_1·_4C_2=30$

よって，これらは互いに排反であるから

$20×3+30×3=$**150 通り**

047　同時に2個の球を取り出す方法は全部で

$_{10}C_2=45$ 通り

2個とも赤球である場合は　$_5C_2=10$ 通り

2個とも白球である場合は　$_3C_2=3$ 通り

2個とも青球である場合は　$_2C_2=1$ 通り

したがって，求める確率は

$\dfrac{10}{45}+\dfrac{3}{45}+\dfrac{1}{45}=\dfrac{\mathbf{14}}{\mathbf{45}}$ ア〜エ

異なる色である確率は，余事象を考えて

$1−\dfrac{14}{45}=\dfrac{\mathbf{31}}{\mathbf{45}}$ オ〜ク

同時に4個の球を取り出す方法は全部で

$_{10}C_4=\dfrac{10·9·8·7}{4·3·2}=210$ 通り

4個とも白球でない場合は

$_7C_4=\dfrac{7·6·5}{3·2}=35$ 通り

余事象を考えて　$1−\dfrac{35}{210}=\dfrac{\mathbf{5}}{\mathbf{6}}$ ケコ

〔別解〕　同時に2個の球を取り出すとき，異なる色であるのは，赤−白，赤−青，青−白の3つの場合であるから

$_5C_1×_3C_1+_5C_1×_2C_1+_2C_1×_3C_1$

$=5×3+5×2+2×3=31$　であるから　$\dfrac{\mathbf{31}}{\mathbf{45}}$

SKILL 確率の定義，和事象および余事象の確率

1. 事象 A の起こる確率 $P(A)$

$$P(A)=\dfrac{n(A)}{n(U)}=\dfrac{\text{事象 }A\text{ の起こる場合の数}}{\text{全事象の起こる場合の数}}$$

2. 和事象の確率

二つの事象 A, B が互いに排反のとき

$$P(A\cup B)=P(A)+P(B)$$

二つの事象 A, B が排反でないとき

$$P(A\cup B)=P(A)+P(B)−P(A\cap B)$$

を用いる。

3. 余事象の確率

$$P(\overline{A})=1−P(A)$$

048　赤のシールが3枚，青のシールが2枚貼られている確率は，5回中3回3の倍数が出ればよいから

$_5C_3\left(\dfrac{1}{3}\right)^3\left(\dfrac{2}{3}\right)^2=\dfrac{\mathbf{40}}{\mathbf{243}}$ ア〜オ

ちょうど5回目に3枚目の赤のシールが貼られる確率は，4回目までに赤青2枚ずつ貼られていて5回目に3の倍数が出ればよいから

$_4C_2\left(\dfrac{1}{3}\right)^2\left(\dfrac{2}{3}\right)^2×\dfrac{1}{3}=\dfrac{24}{243}=\dfrac{\mathbf{8}}{\mathbf{81}}$ カキク

シールが交互に貼られている場合は次の(i), (ii)の場合

である。

(i) 赤→青→赤→青→赤 となるとき

$$\frac{1}{3}\times\frac{2}{3}\times\frac{1}{3}\times\frac{2}{3}\times\frac{1}{3}=\frac{4}{243}$$

(ii) 青→赤→青→赤→青 となるとき

$$\frac{2}{3}\times\frac{1}{3}\times\frac{2}{3}\times\frac{1}{3}\times\frac{2}{3}=\frac{8}{243}$$

したがって，(i)，(ii)は互いに排反であるから

$$\frac{4}{243}+\frac{8}{243}=\frac{12}{243}=\underset{\text{ケコサ}}{\frac{4}{81}}$$

青のシールが3枚だけ連続して貼られている部分を含んでいるのは次の(i)，(ii)，(iii)の場合である。ただし，●は赤，青どちらのシールでもよいことを表す。

(i) 青→青→青→赤→● となるとき

$$\frac{2}{3}\times\frac{2}{3}\times\frac{2}{3}\times\frac{1}{3}\times 1=\frac{8}{81}$$

(ii) 赤→青→青→青→赤 となるとき

$$\frac{1}{3}\times\frac{2}{3}\times\frac{2}{3}\times\frac{2}{3}\times\frac{1}{3}=\frac{8}{243}$$

(iii) ●→赤→青→青→青 となるとき

$$1\times\frac{1}{3}\times\frac{2}{3}\times\frac{2}{3}\times\frac{2}{3}=\frac{8}{81}$$

したがって，(i)，(ii)，(iii)は互いに排反であるから

$$\frac{8}{81}+\frac{8}{243}+\frac{8}{81}=\underset{\text{シ～タ}}{\frac{56}{243}}$$

SKILL 反復試行の確率

1回の試行で事象 A の起こる確率が p であるとする。この試行を n 回繰り返すとき
A が r 回起こる確率は $\quad {}_nC_rp^r(1-p)^{n-r}$

049 5回の試行のうち，4以下の目が出る回数を x とおくと，5以上の目が出る回数は $5-x$ である。
さいころを5回投げて，点Pの座標が1になるのは，
$x+(-1)(5-x)=1$ より $x=3$
よって，点Pの座標が1になるのは，5回の試行のうち4以下の目が3回，5以上の目が2回出るときである。

ゆえに，求める確率は $\quad {}_5C_3\left(\frac{2}{3}\right)^3\left(\frac{1}{3}\right)^2=\underset{\text{ア～オ}}{\frac{80}{243}}$

次に，さいころを5回投げる間に，点Pの座標が一度も -2 にならない確率を求めるために，まず余事象を考える。点Pの座標が -2 になるのは，4以下の目が出るという事象を A，5以上の目が出るという事象を B とすると次の(i)，(ii)のいずれかである。

(i) 最初の2回が B，B
(ii) 最初の4回が A，B，B，B または B，A，B，B

(i)の確率は $\quad \left(\frac{1}{3}\right)^2=\frac{1}{9}$ であり，

(ii)の確率は $\quad 2\times\left(\frac{2}{3}\right)\left(\frac{1}{3}\right)^3=\frac{4}{81}$ である。

(i)，(ii)は互いに排反であるから，足して

$$\frac{1}{9}+\frac{4}{81}=\frac{13}{81}$$

よって，求める確率は $\quad 1-\frac{13}{81}=\underset{\text{カ～ケ}}{\frac{68}{81}}$

050 球を1個取り出す場合，袋Aの赤球，白球の個数が最初と同じになるのは

(i) 袋Aから赤球を取り出して，袋Bからも赤球を取り出す
(ii) 袋Aから白球を取り出して，袋Bからも白球を取り出す

のいずれかのときである。

(i)のとき：袋Aから赤球を取り出す確率は $\frac{3}{4}$，その球を袋Bに入れたのち袋Bから赤球を取り出す確率は $\frac{2}{5}$ であるから，事象(i)の確率は

$$\frac{3}{4}\times\frac{2}{5}=\frac{6}{20}$$

(ii)のとき：袋Aから白球を取り出す確率は $\frac{1}{4}$，その球を袋Bに入れたのち袋Bから白球を取り出す確率は $\frac{4}{5}$ であるから，事象(ii)の確率は

$$\frac{1}{4}\times\frac{4}{5}=\frac{4}{20}$$

事象(i)と事象(ii)は互いに排反であるから，袋Aの赤球と白球の個数が最初と同じになる確率は

$$\frac{6}{20}+\frac{4}{20}=\underset{\text{アイ}}{\frac{1}{2}}$$

また，球を2個取り出す場合，袋Aの赤球，白球の個数が最初と同じになるのは

(iii) 袋Aから赤球を2個取り出して，袋Bからも赤球を2個取り出す
(iv) 袋Aから赤球と白球を1個ずつ取り出して，袋Bからも赤球と白球を1個ずつ取り出す

のいずれかのときである。

(iii)のとき：袋Aから赤球を2個取り出す確率は $\frac{{}_3C_2}{{}_4C_2}=\frac{3}{6}$，その球を袋Bに入れたのち袋Bから赤球を2個取り出す確率は $\frac{{}_3C_2}{{}_6C_2}=\frac{3}{15}$ であるから，事象(iii)の確率は

$$\frac{3}{6}\times\frac{3}{15}=\frac{9}{90}$$

(iv)のとき：袋Aから赤球と白球を1個ずつ取り出す確率は $\frac{3\times 1}{{}_4C_2}=\frac{3}{6}$，その球を袋Bに入れたのち袋Bから赤球と白球を1個ずつ取り出す確率は $\frac{2\times 4}{{}_6C_2}=\frac{8}{15}$ であるから，事象(iv)の確率は

$$\frac{3}{6}\times\frac{8}{15}=\frac{24}{90}$$

事象(ⅲ)と事象(ⅳ)は互いに排反であるから，袋 A の赤球と白球の個数が最初と同じになる確率は

$$\frac{9}{90}+\frac{24}{90}=\underline{\frac{11}{30}}_{\text{ウ〜カ}}$$

051 球の取り出し方は全部で $_9C_3=84$ 通りの場合がある。

(1) 取り出した 3 個の球に白球が 1 個も含まれない場合は $_5C_3=10$ 通りの場合がある。

よって $p_0=\frac{10}{84}=\underline{\frac{5}{42}}_{\text{アイウ}}$

また，白球が 1 個，赤球が 2 個含まれる場合は

$_4C_1\times{_5C_2}=4\times10=40$ 通り

よって $p_1=\frac{40}{84}=\underline{\frac{10}{21}}_{\text{エ〜キ}}$

(2) 同様に，取り出した 3 個の球に白球が 2 個，赤球が 1 個含まれる確率 p_2 は

$$p_2=\frac{_4C_2\times{_5C_1}}{84}=\frac{6\times5}{84}=\frac{5}{14}$$

取り出した 3 個とも白球である確率 p_3 は

$$p_3=\frac{_4C_3}{84}=\frac{4}{84}=\frac{1}{21}$$

以上から，取り出した 3 個の球に含まれる白球の個数の期待値は

$$0\times\frac{5}{42}+1\times\frac{10}{21}+2\times\frac{5}{14}+3\times\frac{1}{21}=\underline{\frac{4}{3}}_{\text{クケ}}$$

052

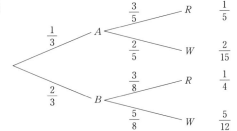

$$P(A)=\underline{\frac{1}{3}}_{\text{アイ}}，\ P(B)=\underline{\frac{2}{3}}_{\text{ウエ}}，$$
$$P_A(R)=\underline{\frac{3}{5}}_{\text{オカ}}，\ P_B(R)=\frac{3}{8}$$

である。

取り出した球が赤球である確率は $P(R)$ だから

$$P(R)=P(A)\cdot P_A(R)+P(B)\cdot P_B(R)$$

$$=\frac{1}{3}\times\frac{3}{5}+\frac{2}{3}\times\frac{3}{8}=\underline{\frac{9}{20}}_{\text{キクケ}}$$

取り出した球が赤球であったとき，それが A から取り出されたものである確率は $P_R(A)$ だから

$$P_R(A)=\frac{P(A\cap R)}{P(R)}=\frac{\frac{1}{3}\times\frac{3}{5}}{\frac{9}{20}}=\underline{\frac{4}{9}}_{\text{コサ}}$$

053 全部で $6\times6\times6=216$ 通りの場合がある。

最大値が 5 以下となるのは 6 が出ないときだから

$5\times5\times5=125$ 通り

よって，求める確率は $\underline{\dfrac{125}{216}}_{\text{ア〜カ}}$

最大値が 5 のときは，最大値が 5 以下のときから，最大値が 4 以下の場合を除けばよいから

$125-4\times4\times4=61$ ……①

よって，求める確率は $\underline{\dfrac{61}{216}}_{\text{キ〜サ}}$

最大値が 5，最小値が 2 のときは，さいころの目の数が 2，3，5 のときと，2，4，5 のときがそれぞれ

$3\times2\times1=6$ 通り

さいころの目が 2，2，5 と 2，5，5 のときがそれぞれ

3 通り

だから，合計 $6\times2+3\times2=18$ 通り

よって，求める確率は $\dfrac{18}{216}=\underline{\dfrac{1}{12}}_{\text{シスセ}}$

054 (1) 3 秒間で点 D に移動するためには，

A→B→C→D　と移動すればよいから

$$\frac{1}{2}\times\frac{2}{3}\times\frac{2}{3}=\underline{\frac{2}{9}}_{\text{アイ}}$$

3 秒間で点 B に移動するためには，

A→B→C→B　$\dfrac{1}{2}\times\dfrac{2}{3}\times\dfrac{1}{3}=\dfrac{2}{18}$

A→B→A→B　$\dfrac{1}{2}\times\dfrac{1}{3}\times\dfrac{1}{3}=\dfrac{1}{18}$

A→E→A→B　$\dfrac{1}{2}\times\dfrac{1}{3}\times\dfrac{2}{3}=\dfrac{2}{18}$

よって　$\dfrac{2}{18}+\dfrac{1}{18}+\dfrac{2}{18}=\underline{\dfrac{5}{18}}_{\text{ウエオ}}$

(2) 4 秒間で点 A に移動するには，はじめに B に進むとき，A → B → C ⇒ B → A

A → B ⇒ A ⇒ B ⇒ A

A → B ⇒ A → E ⇒ A

ここで，→は確率 $\dfrac{1}{2}$，→は確率 $\dfrac{2}{3}$，⇒は確率 $\dfrac{1}{3}$

$$\frac{1}{2} \times \frac{2}{3} \times \frac{1}{3} \times \frac{2}{3} + \frac{1}{2} \times \frac{1}{3} \times \frac{1}{3} \times \frac{1}{3}$$
$$+ \frac{1}{2} \times \frac{1}{3} \times \frac{2}{3} \times \frac{1}{3} = \frac{7}{54}$$

はじめに E に進むときも同じだから,

$$\frac{7}{54} \times 2 = \underline{\frac{\mathbf{7}}{\mathbf{27}}}_{\text{カキク}}$$

図形の性質

055 (1)

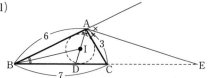

∠BAC の二等分線の性質から

BD：DC＝AB：AC＝2：1　より

$$BD = \frac{2}{3}BC = \underline{\frac{\mathbf{14}}{\mathbf{3}}}_{\text{アイウ}}$$

同様に ∠BAC の外角の二等分線の性質から

BE：EC＝AB：AC＝2：1　より

BC＝CE　　よって　BE＝2BC＝14

したがって　$DE = BE - BD = \underline{\frac{\mathbf{28}}{\mathbf{3}}}_{\text{エオカ}}$

(2) 内心は各内角の二等分線の交点である。

∠ABD の二等分線の性質から

$$AI : ID = BA : BD = 6 : \frac{14}{3} = \underline{\mathbf{9 : 7}}_{\text{キク}}$$

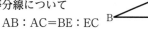
056 (1)　三角形の外心は，**3 辺の垂直二等分線の交点（②）**_ア_である。

また，三角形の重心は，**各頂点から向かい合う辺の中点に引いた線（中線）の交点（③）**_イ_である。

(2) (a)　I は △ABC の内心であるから

∠BAI＝∠CAI＝30°

∠ABI＝∠CBI＝x

∠BCI＝∠ACI＝34°

である。

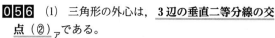

よって，$2x + 2 \times 30° + 2 \times 34° = 180°$

より　$\boldsymbol{x} = \underline{\mathbf{26°}}_{\text{ウエ}}$

また，$x + y + 34° = 180°$　より　$\boldsymbol{y} = \underline{\mathbf{120°}}_{\text{オカキ}}$

(b)　O は △ABC の外心である。

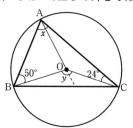

三角形の内角と外角の関係から

$y = x + 50° + 24°$ ……①

また，円周角と中心角の関係から

$y = 2x$ ……②

よって，①，②より

$\boldsymbol{x} = \underline{\mathbf{74°}}_{\text{クケ}}$，　$\boldsymbol{y} = \underline{\mathbf{148°}}_{\text{コサシ}}$

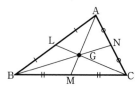
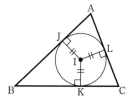
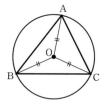

057 右の図において，
BH＝HC＝2，AB＝7 より
$$AH=\sqrt{7^2-2^2}=3\sqrt{5}$$
よって，面積は
$$S=\frac{1}{2}\times4\times3\sqrt{5}=\underline{\textbf{6}\sqrt{\textbf{5}}}_{\text{アイ}}$$

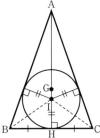

次に，三角形の面積について
△ABC＝△ABI＋△BCI＋△CAI が成り立つから
$$6\sqrt{5}=\frac{1}{2}\times7r+\frac{1}{2}\times4r+\frac{1}{2}\times7r$$
よって $r=\dfrac{\textbf{2}\sqrt{\textbf{5}}}{\textbf{3}}_{\text{ウエオ}}$
さらに，△ABC の重心 G は線分 AH 上にあり，
AG：GH＝2：1 が成り立つから
$$GH=\frac{1}{3}AH=\sqrt{5}$$
よって $IG=GH-IH=\sqrt{5}-\dfrac{2\sqrt{5}}{3}=\dfrac{\sqrt{\textbf{5}}}{\textbf{3}}_{\text{カキ}}$

SKILL 内接円の半径と三角形の面積
内接円 I の半径を r とする。
S＝△ABI＋△BCI＋△CAI だから
$$S=\frac{1}{2}cr+\frac{1}{2}ar+\frac{1}{2}br$$
すなわち
$$S=\frac{1}{2}(a+b+c)r$$

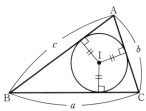

058 (1) △ABE と直線 CD について
メネラウスの定理を用いると
$$\frac{AD}{DB}\cdot\frac{BC}{CE}\cdot\frac{EF}{FA}=1$$
$$\frac{1}{3}\cdot\frac{5}{3}\cdot\frac{EF}{FA}=1$$
$$\frac{EF}{FA}=\frac{9}{5}$$
よって **AF：FE＝5：9**ア イ
次に，△BCD と直線 AE について
メネラウスの定理を用いると
$$\frac{BE}{EC}\cdot\frac{CF}{FD}\cdot\frac{DA}{AB}=1$$
$$\frac{2}{3}\cdot\frac{CF}{FD}\cdot\frac{1}{4}=1$$
$$\frac{CF}{FD}=6$$
よって **CF：FD＝6：1**ウエ

(2) △BEF＝$2S$ とおくと，△CFE は BE：EC＝2：3 で
高さが共通だから
△CFE＝3Sオ
AF：FE＝5：9 より
$$T_1=\triangle ABF$$
$$=\frac{5}{9}\times2S=\frac{\textbf{10}}{\textbf{9}}S_{\text{カキク}}$$
$$T_3=\triangle CAF$$
$$=\frac{5}{9}\times3S=\frac{\textbf{5}}{\textbf{3}}S_{\text{ケコ}}$$
また，$T_2=\triangle BCF=2S+3S=5S$
したがって
$$T_1:T_2:T_3=\frac{10}{9}S:5S:\frac{5}{3}S=\textbf{2：9：3}_{\text{サシス}}$$

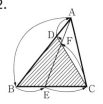

SKILL メネラウスの定理

1.

2.

△ABE と直線 CD に
おいて適用

△BCD と直線 AE に
おいて適用

1.では $\dfrac{AD}{DB}\cdot\dfrac{BC}{CE}\cdot\dfrac{EF}{FA}=1$
（左辺は，頂点 A から矢印の順に AD→DB→BC
→CE→EF→FA となっている。）
2.では $\dfrac{BE}{EC}\cdot\dfrac{CF}{FD}\cdot\dfrac{DA}{AB}=1$

059 (1) 3 直線 AG，BE，CD
が 1 点で交わっているから，
チェバの定理より
$$\frac{AD}{DB}\cdot\frac{BG}{GC}\cdot\frac{CE}{EA}=1$$
$$\frac{3}{4}\cdot\frac{BG}{GC}\cdot\frac{1}{6}=1$$
$$\frac{BG}{GC}=8$$
よって **BG：GC＝8：1**ア イ
したがって $GC=\dfrac{1}{9}BC=\dfrac{\textbf{7}}{\textbf{9}}_{\text{ウエ}}$

(2)

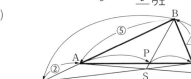

3 直線 AQ，BS，CR が 1 点 S で交わっているから，
チェバの定理より

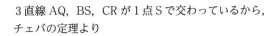

$$\frac{BR}{RA}\cdot\frac{AP}{PC}\cdot\frac{CQ}{QB}=1$$

$$\frac{7}{2}\cdot\frac{AP}{PC}\cdot\frac{1}{5}=1$$

$$\frac{AP}{PC}=\frac{10}{7}$$

よって **AP：PC＝10：7** _{オカキ}

$$CP=\frac{7}{17}AC=\frac{7}{17}\times 13=\frac{\mathbf{91}}{\mathbf{17}}$$ _{ク～サ}

SKILL チェバの定理

1.

△ABC の内部の点 G で交わるとき

$$\frac{AD}{DB}\cdot\frac{BF}{FC}\cdot\frac{CE}{EA}=1$$

2.
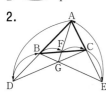
△ABC の外部の点 G で交わるとき

$$\frac{AD}{DB}\cdot\frac{BF}{FC}\cdot\frac{CE}{EA}=1$$

---

060 (1)

円に内接する四角形の性質から

$$\angle BAD+\angle BCD=180°$$

よって，

$$\angle BCD=180°-82°=98°$$

したがって，三角形の内角の和は 180° だから

$$x+36°+98°=180°\text{ より }\quad x=\mathbf{46°}\text{ }_{アイ}$$

(2)
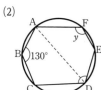
左の図において，四角形 ABCD は円に内接するから

$$\angle ADC=180°-\angle CBA$$
$$=180°-130°=50°$$

また，$\angle ADE=\angle CDE-\angle ADC$

$$=110°-50°=60°$$

さらに，四角形 ADEF も円に内接しているから

$$y=\angle AFE=180°-\angle ADE=180°-60°=\mathbf{120°}\text{ }_{ウエオ}$$

(3)
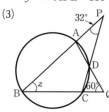
四角形 ABCD は円に内接するから $\angle ABC=\angle ADP=z$

また，△ABQ において内角と外角の関係から

$$\angle PAD=\angle ABQ+\angle AQB$$
$$=z+60°$$

△ADP において，三角形の内角の和は 180° だから

$$32°+z+(z+60°)=180°\quad\text{よって}\quad z=\mathbf{44°}\text{ }_{カキ}$$

SKILL 円に内接する四角形の性質

対角の和は 180° である。

$$\angle CAB+\angle CDB=180°$$

外角はそれと隣り合う内角の対角に等しい。

$$\angle BDE=\angle CAB$$

---

061 (1)
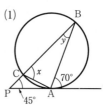
左の図において，接弦定理から

$$\angle ACB=\angle BAT$$

よって $x=\mathbf{70°}\text{ }_{アイ}$

さらに接弦定理から

$$\angle PAC=\angle ABC=y$$

△ACP において内角と外角の関係から

$$x=\angle CPA+\angle CAP=45°+y$$

したがって，$70°=45°+y$　よって $y=\mathbf{25°}\text{ }_{ウエ}$

(2)
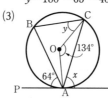
接弦定理から

$$\angle PAB=\angle ACB=65°$$
$$\angle PBA=\angle ACB=65°$$

△BPA において

$$x+\angle PBA$$
$$+\angle PAB=180°$$

より

$$x=180°-65°-65°=\mathbf{50°}\text{ }_{オカ}$$

また，四角形 ABDC は円に内接するから

$$\angle BAC=180°-\angle BDC=180°-140°=40°$$

よって，$\angle PAB+\angle BAC+y=180°$ から

$$y=180°-65°-40°=\mathbf{75°}\text{ }_{キク}$$

(3)
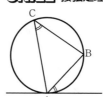
接弦定理から

$$\angle ABC=\angle CAT=x$$

円周角と中心角の関係から

$$\angle ABC=\frac{1}{2}\angle AOC=67°$$

よって $x=\mathbf{67°}\text{ }_{ケコ}$

次に，△AOC は二等辺三角形であるから

$$\angle OCA=\angle OAC=\frac{1}{2}(180°-134°)=23°$$

接弦定理より $\angle BCA=\angle PAB=64°$ だから

$$y=\angle BCA-\angle OCA=64°-23°=\mathbf{41°}\text{ }_{サシ}$$

SKILL 接弦定理

円の接線とその接点を通る弦のつくる角は，

その角の内部にある弧に対する円周角に等しい。

$$\angle BAT=\angle ACB$$

---

062 (1)

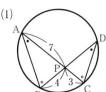

方べきの定理から
PA・PC＝PB・PD
$7 \times 3 = 4 \times PD$
$$PD = \frac{21}{4} \quad \text{アイウ}$$

〔別解〕△PAB∽△PDC より
PA：PD＝PB：PC
7：PD＝4：3
よって $PD = \dfrac{21}{4}$

(2)

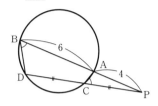

PC＝CD＝x とおくと，方べきの定理より
PA・PB＝PC・PD
$4 \times 10 = x \times 2x$
$x^2 = 20$
$x > 0$ より $x = 2\sqrt{5}$
よって $PC = CD = 2\sqrt{5}$ エオ

〔別解〕△PAC∽△PDB より
PA：PD＝PC：PB
$4 : 2x = x : 10$
$2x^2 = 40$
$x > 0$ より $x = 2\sqrt{5}$

(3)

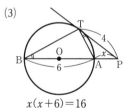

PA＝x とおく。
直線 PO と円との交点で A
以外の点を B とすると，
方べきの定理より
PA・PB＝PT²

$x(x+6) = 16$
$x^2 + 6x - 16 = 0$
$(x+8)(x-2) = 0$
$x > 0$ より $x = 2$
したがって $PA = 2$ カ

〔別解〕∠OTP＝90° だから △OTP において三平方の
定理より
$3^2 + 4^2 = (3+x)^2$
$(3+x)^2 = 25$
$3+x > 0$ より $3+x = 5$
よって $x = 2$
したがって $PA = 2$

SKILL 方べきの定理

1. 二つの図のどちらについても以下の関係が成り
立つ。

PA・PB＝PC・PD

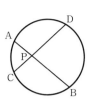 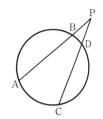

（注）いずれの図においても，△PAC∽△PDB
2. 図において，点 T が直線 PT と円との接点であ
るとき，以下の関係が成り立つ。
PT²＝PA・PB

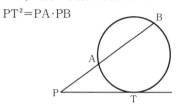

（注）この図では，△PAT∽△PTB

 063 (1)

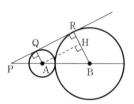

前の図において，点 A を通り QR に平行な直線と BR
の交点を H とおくと BH＝3－1＝2
△ABH は直角三角形だから
$AH = \sqrt{AB^2 - BH^2} = \sqrt{4^2 - 2^2} = 2\sqrt{3}$
QR＝AH だから $QR = 2\sqrt{3}$ アイ
また，△PAQ∽△PBR だから
PA：PB＝AQ：BR＝1：3
PA＝x とおくと $x:(x+4) = 1:3$ より
$3x = x + 4$
∴ $x = 2$ よって $PA = 2$ ウ

(2)

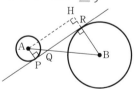

点 A を通り QR に平行な直線と直線 BR の交点を H
とすると BH＝BR＋AP＝4＋1＝5
△ABH は直角三角形だから
$AH = \sqrt{AB^2 - BH^2} = \sqrt{6^2 - 5^2} = \sqrt{11}$
PR＝AH より $PR = \sqrt{11}$ エオ
さらに，△APQ∽△BRQ より
AQ：QB＝AP：BR＝1：4
よって $AQ = \dfrac{1}{5}AB = \dfrac{6}{5}$ カキ

— 23 —

円 A，B の半径をそれぞれ R，r（$R>r$）とし，$AB=a$ とする。

1.

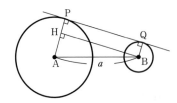

上の図において，共通接線の接点間の距離
$PQ=BH$ である。

$AH=R-r$，$AB=a$ だから，

$$PQ=BH=\sqrt{a^2-(R-r)^2}$$

2.

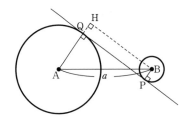

上の図において，

$AH=AQ+QH=AQ+BP=R+r$，$AB=a$ だから
共通接線の接点間の距離 $PQ=BH=\sqrt{AB^2-AH^2}$

よって $PQ=\sqrt{a^2-(R+r)^2}$

064

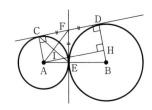

(1) 点 A から線分 BD に引いた垂線を AH とおく。

AB＝8，BH＝2 より

$AH=\sqrt{AB^2-BH^2}=\sqrt{60}=\underline{\mathbf{2\sqrt{15}}}_{アイウ}=CD$

(2) 円外の点から引いた接線の長さは等しいから

$FC=\underline{\mathbf{FD}\ (\textcircled{0})}_{エ}=\underline{\mathbf{FE}\ (\textcircled{3})}_{オ}$

したがって $FC=\dfrac{1}{2}CD=\sqrt{15}$

次に

$AF=\sqrt{AC^2+FC^2}=\sqrt{3^2+(\sqrt{15})^2}=\underline{\mathbf{2\sqrt{6}}}_{カキ}$

さらに，線分 AF と CE の交点を I とおくと

$\triangle ACF\equiv\triangle AEF$ より

$\angle CAF=\angle EAF$ また $AC=AE$ より

$AI\perp CE$

よって，四角形 AEFC の面積を 2 通りに求めると

$$\dfrac{1}{2}\cdot CE\cdot AF=\left(\dfrac{1}{2}\cdot AC\cdot CF\right)+\left(\dfrac{1}{2}\cdot AE\cdot EF\right)$$

$$\dfrac{1}{2}\cdot CE\cdot 2\sqrt{6}=3\cdot\sqrt{15}$$

$$CE=\dfrac{3\sqrt{15}}{\sqrt{6}}=\underline{\dfrac{\mathbf{3\sqrt{10}}}{\mathbf{2}}}_{ク\sim サ}$$

$PA=PB$

（円外の 1 点 P からその円に引いた 2 本の接線において，P から二つの接点までの距離は等しい。）

式と証明・高次方程式

065 (1) 二項定理より

$$(x-3)^5$$
$$={}_5C_0x^5+{}_5C_1x^4(-3)+{}_5C_2x^3(-3)^2+{}_5C_3x^2(-3)^3$$
$$+{}_5C_4x(-3)^4+{}_5C_5(-3)^5$$
$$=\underline{\boldsymbol{x^5-15x^4+90x^3-270x^2+405x-243}}_{ア\sim オ}$$

(2) $(x^2-2y)^7$ の展開式における一般項は

$${}_7C_r(x^2)^{7-r}(-2y)^r={}_7C_r(-2)^rx^{14-2r}y^r$$ である。

x^8y^3 の項は $r=3$ のときであるから，x^8y^3 の項の係数は ${}_7C_3(-2)^3=35\times(-8)=\underline{\mathbf{-280}}_{カ\sim ケ}$

(3) $\{(a+b)-4c\}^6$ の展開式における一般項は

$${}_6C_r(a+b)^{6-r}(-4c)^r={}_6C_r(-4)^r(a+b)^{6-r}c^r$$ である。

まず，c の次数が 1 であるのは $r=1$ のときであるから a^2b^3c の項は ${}_6C_1(-4)(a+b)^5c$ の展開式の中にある。

ここで，$(a+b)^5$ の展開式における a^2b^3 の項は ${}_5C_3a^2b^3$ である。

よって，求める a^2b^3c の項の係数は，

$${}_6C_1\times(-4)\times{}_5C_3=\underline{\mathbf{-240}}_{コ\sim ス}$$

〔別解〕 $(a+b-4c)^6$ の展開式における a^2b^3c の項は，

$$\dfrac{6!}{2!3!1!}a^2b^3(-4c)$$ だから，

a^2b^3c の項の係数は，

$$\dfrac{6!}{2!3!1!}\times(-4)=60\times(-4)=\underline{\mathbf{-240}}$$

066 (1) 条件から

$$3x^3+5x^2-18x+8=B(3x-1)+(-x+3)$$

と表せるから

$B(3x-1)$
$=3x^3+5x^2-17x+5$
よって
$B=(3x^3+5x^2-17x+5)$
$\qquad \div(3x-1)$

右の計算から，$B=\boldsymbol{x^2+2x-5}_{\text{アイ}}$

$$3x-1\,\overline{\smash{)}\,3x^3+5x^2-17x+5}$$

計算:
$$\frac{x^2+2x-5}{3x-1\,)\,3x^3+5x^2-17x+5}$$
$$\underline{3x^3-\ \ x^2}$$
$$6x^2-17x$$
$$\underline{6x^2-\ 2x}$$
$$-15x+5$$
$$\underline{-15x+5}$$
$$0$$

(2) $\dfrac{x+1}{x^2+2x-3}-\dfrac{x}{x^2-9}$

$=\dfrac{x+1}{(x+3)(x-1)}-\dfrac{x}{(x+3)(x-3)}$

$=\dfrac{(x+1)(x-3)}{(x+3)(x-1)(x-3)}-\dfrac{x(x-1)}{(x+3)(x-1)(x-3)}$

$=\dfrac{(x+1)(x-3)-x(x-1)}{(x+3)(x-1)(x-3)}=\dfrac{-(x+3)}{(x+3)(x-1)(x-3)}$

$=-\dfrac{1}{\boldsymbol{(x-1)(x-3)}}_{\text{ウ～カ}}$

SKILL 整式の除法，分数式

1. 整式 A を整式 B で割ったときの商を Q，余りを R とすると
$A=BQ+R$ （ただし，R の次数 $<B$ の次数）
が成り立つ。

2. 分母が異なる分数式の加法，減法は，通分して計算する。

067 (1) $\dfrac{1+5i}{3-2i}=\dfrac{(1+5i)(3+2i)}{(3-2i)(3+2i)}=\dfrac{3+17i+10i^2}{9-4i^2}$

$=\dfrac{3+17i+10\cdot(-1)}{9-4\cdot(-1)}=\dfrac{-7+17i}{13}$

$=-\dfrac{\boldsymbol{7}}{\boldsymbol{13}}+\dfrac{\boldsymbol{17}}{\boldsymbol{13}}\boldsymbol{i}_{\text{ア～オ}}$

また $(2x+3yi)(1+2i)$
$=2x+(4x+3y)i+6yi^2$
$=2x+(4x+3y)i+6y\cdot(-1)$
$=(2x-6y)+(4x+3y)i$ であるから
$(2x-6y)+(4x+3y)i=11-3i$

$x,\ y$ は実数だから $2x-6y,\ 4x+3y$ も実数である。

よって $\begin{cases} 2x-6y=11 \\ 4x+3y=-3 \end{cases}$

これを解いて $\boldsymbol{x=\dfrac{1}{2}}_{\text{カキ}}$，$\boldsymbol{y=-\dfrac{5}{3}}_{\text{クケコ}}$

(2) 2 次方程式 $x^2-2ax+3a^2-a-1=0$ が虚数解をもつから判別式 $D<0$

$\dfrac{D}{4}=(-a)^2-(3a^2-a-1)=-2a^2+a+1<0$

よって $2a^2-a-1>0$
$\qquad (2a+1)(a-1)>0$

より $\boldsymbol{a<-\dfrac{1}{2}}_{\text{サシス}}$，$\boldsymbol{1<a}_{\text{セ}}$

さらに，2 次方程式 $2x^2-(k+2)x+k-1=0$ の判別式

をDとすると
$D=(k+2)^2-4\cdot2(k-1)=k^2-4k+12=(k-2)^2+8$
ゆえに，すべての実数 k について $D>0$
よって，<u>異なる二つの実数解をもつ（⓪）</u>ソ

SKILL 複素数，2 次方程式の解の判別

1. 複素数

分母の実数化 $\dfrac{1}{a+bi}=\dfrac{a-bi}{(a+bi)(a-bi)}$

（$i^2=-1$ であることに注意）

2. 2 次方程式 $ax^2+bx+c=0$（$a\neq0$）の解の判別

判別式 $D=b^2-4ac$ において
$D>0$ のとき異なる二つの実数解をもつ
$D=0$ のとき重解をもつ
$D<0$ のとき異なる二つの虚数解をもつ
$D\geqq0$ のとき実数解をもつ

068 (1) 解と係数の関係から

$\alpha+\beta=-\dfrac{1}{2}$，$\alpha\beta=\dfrac{6}{2}=3$

よって，

$(\alpha+1)(\beta+1)=\alpha\beta+(\alpha+\beta)+1=3+\left(-\dfrac{1}{2}\right)+1$

$\qquad\qquad =\dfrac{\boldsymbol{7}}{\boldsymbol{2}}_{\text{アイ}}$

$\alpha^2+\beta^2=(\alpha+\beta)^2-2\alpha\beta=\left(-\dfrac{1}{2}\right)^2-2\cdot3=-\dfrac{\boldsymbol{23}}{\boldsymbol{4}}_{\text{ウエオ}}$

$\alpha^3+\beta^3=(\alpha+\beta)^3-3\alpha\beta(\alpha+\beta)$

$\qquad =\left(-\dfrac{1}{2}\right)^3-3\cdot3\cdot\left(-\dfrac{1}{2}\right)=\dfrac{\boldsymbol{35}}{\boldsymbol{8}}_{\text{カキク}}$

$\dfrac{\beta}{\alpha-1}+\dfrac{\alpha}{\beta-1}=\dfrac{\beta(\beta-1)}{(\alpha-1)(\beta-1)}+\dfrac{\alpha(\alpha-1)}{(\alpha-1)(\beta-1)}$

$\qquad =\dfrac{(\alpha^2+\beta^2)-(\alpha+\beta)}{\alpha\beta-(\alpha+\beta)+1}$

$\qquad =\dfrac{\left(-\dfrac{23}{4}\right)-\left(-\dfrac{1}{2}\right)}{3-\left(-\dfrac{1}{2}\right)+1}=\dfrac{-\dfrac{21}{4}}{\dfrac{9}{2}}$

$\qquad =-\dfrac{\boldsymbol{7}}{\boldsymbol{6}}_{\text{ケコ}}$

(2) 解と係数の関係から $\alpha+\beta=2$，$\alpha\beta=5$

ここで，

$\left(\alpha-\dfrac{1}{\beta}\right)+\left(\beta-\dfrac{1}{\alpha}\right)=(\alpha+\beta)-\dfrac{\alpha+\beta}{\alpha\beta}=2-\dfrac{2}{5}=\dfrac{8}{5}$

$\left(\alpha-\dfrac{1}{\beta}\right)\left(\beta-\dfrac{1}{\alpha}\right)=\alpha\beta-2+\dfrac{1}{\alpha\beta}=5-2+\dfrac{1}{5}=\dfrac{16}{5}$

よって，求める 2 次方程式は

$x^2-\dfrac{8}{5}x+\dfrac{16}{5}=0$ より $\boldsymbol{5x^2-8x+16=0}_{\text{サシス}}$

(3) 条件から二つの解の比は $2\alpha,\ 3\alpha$ とおくことができる。

解と係数の関係から $\begin{cases} 2\alpha+3\alpha=k-1 \\ 2\alpha\cdot3\alpha=k \end{cases}$

すなわち $\begin{cases} 5\alpha=k-1 \\ 6\alpha^2=k \end{cases}$

2式から α を消去して $6\cdot\left(\dfrac{k-1}{5}\right)^2=k$

整理して $6k^2-37k+6=0$ より

$(6k-1)(k-6)=0$ ゆえに $\boldsymbol{k=\dfrac{1}{6}}_{\text{セソ}}$, $\underline{\boldsymbol{6}}_{\text{タ}}$

SKILL 解と係数の関係
1. **2次方程式の解と係数の関係**
2次方程式 $ax^2+bx+c=0$ の二つの解を α, β とすると

$$\alpha+\beta=-\frac{b}{a},\quad \alpha\beta=\frac{c}{a}$$

2. **α, β を解にもつ2次方程式**
$\alpha+\beta=p$, $\alpha\beta=q$ のとき, α, β を解にもつ2次方程式は

$$x^2-px+q=0$$

069 (1) $P(x)=x^3+ax+3$ とおく。
$P(x)$ が $x+3$ で割り切れるから $P(-3)=0$
すなわち $-27-3a+3=0$ よって $\boldsymbol{a=\underline{-8}}_{\text{アイ}}$

(2) $P(x)=2x^3+x^2-ax+b$ とおく。
$P(x)$ を $x+2$ で割ると -12 余るから $P(-2)=-12$
すなわち $-16+4+2a+b=-12$ よって
$2a+b=0$ ……①

また, $P(x)$ は $2x-1$ で割り切れるから $P\left(\dfrac{1}{2}\right)=0$

すなわち, $\dfrac{1}{4}+\dfrac{1}{4}-\dfrac{1}{2}a+b=0$ よって
$a-2b=1$ ……②

①, ②を解いて $\boldsymbol{a=\dfrac{1}{5}}_{\text{ウエ}}$, $\boldsymbol{b=-\dfrac{2}{5}}_{\text{オカキ}}$

(3) $P(x)$ を $x^2-2x-3=(x-3)(x+1)$ で割った商を
$Q(x)$, 余りを $ax+b$ とおくと
$P(x)=(x-3)(x+1)Q(x)+ax+b$
$P(x)$ を $x-3$ で割ると -9 余り, $x+1$ で割ると 7 余る
から $P(3)=-9$ かつ $P(-1)=7$
すなわち $\begin{cases} 3a+b=-9 \\ -a+b=7 \end{cases}$
これを解いて $a=-4$, $b=3$
よって, 余りは $\underline{\boldsymbol{-4x+3}}_{\text{クケコ}}$

SKILL 剰余の定理
整式 $P(x)$ を $x-\alpha$ で割ったときの余りは $P(\alpha)$
整式 $P(x)$ を $ax+b$ で割ったときの余りは $P\left(-\dfrac{b}{a}\right)$

070 (1) $P(x)=x^3+3x^2+4x+4$
とおくと, $P(-2)=0$ であ
るから $P(x)$ は $x+2$ を因
数にもつ。
よって $(x+2)(x^2+x+2)=0$
$x+2=0$ または $x^2+x+2=0$
ゆえに $\boldsymbol{x=\underline{-2}}_{\text{アイ}}$, $\dfrac{-1\pm\sqrt{7}i}{2}_{\text{ウ～カ}}$

$$\begin{array}{r} x^2+x+2 \\ x+2\,\overline{\big)\,x^3+3x^2+4x+4} \\ \underline{x^3+2x^2} \\ x^2+4x \\ \underline{x^2+2x} \\ 2x+4 \\ \underline{2x+4} \\ 0 \end{array}$$

(2) 4 と -1 が方程式 $x^3+ax^2+bx-8=0$ の解であるか
ら
$4^3+a\cdot4^2+4b-8=0$ かつ
$(-1)^3+a\cdot(-1)^2+b\cdot(-1)-8=0$
すなわち $\begin{cases} 4a+b=-14 \\ a-b=9 \end{cases}$
これを解いて $\boldsymbol{a=\underline{-1}}_{\text{キク}}$, $\boldsymbol{b=\underline{-10}}_{\text{ケコサ}}$
このとき, 方程式は $x^3-x^2-10x-8=0$
条件から, 左辺は $(x-4)(x+1)$ を因数にもつから, 因
数分解して $(x-4)(x+1)(x+2)=0$
よって, 解は $x=4$, -1, -2
ゆえに, 他の解は $\underline{\boldsymbol{-2}}_{\text{シス}}$

SKILL 因数定理, 高次方程式の解
1. **因数定理**
$P(x)$ が $x-\alpha$ を因数にもつ $\iff P(\alpha)=0$
2. **高次方程式の解**
$x=\alpha$ が方程式 $P(x)=0$ の解 $\iff P(\alpha)=0$

071 (1) 等式の左辺を展開して整理すると
$ax^2+(2a+b)x+(a+b+c)=2x^2-x-4$
これが x についての恒等式となる条件は, 両辺の同じ
次数の項の係数を比較して
$a=2$, $2a+b=-1$, $a+b+c=-4$
これを解いて $\boldsymbol{a=\underline{2}}_{\text{ア}}$, $\boldsymbol{b=\underline{-5}}_{\text{イウ}}$, $\boldsymbol{c=\underline{-1}}_{\text{エオ}}$

〔別解〕 この式が恒等式であれば, $x=-1$, 0, -2 を代
入しても成り立つ。
$x=-1$ を代入すると $c=-1$
$x=0$ を代入すると $a+b+c=-4$
$x=-2$ を代入すると $a-b+c=6$
したがって $c=-1$, $a=2$, $b=-5$
このとき, (左辺)$=2(x+1)^2-5(x+1)-1=2x^2-x-4$
だから与式は恒等式である。
よって $\boldsymbol{a=\underline{2}}$, $\boldsymbol{b=\underline{-5}}$, $\boldsymbol{c=\underline{-1}}$

(2) 両辺に $(x+1)(2x-1)$ をかけて得られる等式
$3=a(2x-1)+b(x+1)$
が恒等式であればよい。右辺を展開して整理すると
$3=(2a+b)x+(-a+b)$
両辺の同じ次数の項の係数を比較して
$2a+b=0$, $-a+b=3$
これを解いて $\boldsymbol{a=\underline{-1}}_{\text{カキ}}$, $\boldsymbol{b=\underline{2}}_{\text{ク}}$

(3) $y=(x+3)\left(\dfrac{1}{x}+1\right)=1+x+\dfrac{3}{x}+3=\underline{x+\dfrac{3}{x}+4}_{\ \text{ケコ}}$

……① である。

ここで，$x>0$，$\dfrac{3}{x}>0$ であるから，相加平均・相乗平均の関係から $x+\dfrac{3}{x}\geqq 2\sqrt{x\cdot\dfrac{3}{x}}=2\sqrt{3}$

等号が成り立つのは，$x=\dfrac{3}{x}$　すなわち $x^2=3$ のときである。

よって，$\boldsymbol{x=\underline{\sqrt{3}}_{\ \text{サ}}}$ のとき $x+\dfrac{3}{x}$ は最小値 $\underline{2\sqrt{3}}_{\ \text{シス}}$ をとる。

ゆえに，①より y の最小値は $\underline{2\sqrt{3}+4}_{\ \text{セソタ}}$

┌─ **SKILL** 恒等式，相加平均・相乗平均の関係 ─┐

1. 恒等式（未知の係数を決定する方法）

(a) 両辺の同じ次数の項の係数が等しいことを利用する。（係数比較法）

(b) x にどんな値を代入しても等式は成り立つことを利用する。（数値代入法）

※(b)は恒等式の定義である。

2. 相加平均・相乗平均の関係

　　$a>0$，$b>0$ のとき，$\dfrac{a+b}{2}\geqq\sqrt{ab}$

　　（等号が成り立つのは，$a=b$ のとき）

が成り立つから，$a+b\geqq 2\sqrt{ab}$ と変形して，$a+b$ の最小値を求めるために利用されることが多い。（等号を成り立たせる a，b が存在するとき，$2\sqrt{ab}$ は $a+b$ の最小値である。）

└────────────────────────┘

072 (1) $-1+3i$ が方程式 $x^3+3x^2+ax+b=0$ の解であるから

$(-1+3i)^3+3(-1+3i)^2+a(-1+3i)+b=0$

が成り立つ。左辺を整理して

$(-a+b+2)+3(a-12)i=0$

a，b は実数だから，$-a+b+2$，$a-12$ も実数であるから

$\begin{cases} -a+b+2=0 \\ a-12=0 \end{cases}$

これを解いて　$\boldsymbol{a=\underline{12}}_{\ \text{アイ}}$，$\boldsymbol{b=\underline{10}}_{\ \text{ウエ}}$

このとき，方程式は　$x^3+3x^2+12x+10=0$

$P(x)=x^3+3x^2+12x+10$ とおくと $P(-1)=0$ だから $P(x)$ は $x+1$ を因数にもつ。

よって，左辺を因数分解すると

$(x+1)(x^2+2x+10)=0$

よって，解は $x=-1$，$-1\pm 3i$

ゆえに，他の解は $\underline{-1}_{\ \text{オカ}}$，$\underline{-1-3i}_{\ \text{キクケ}}$

〔別解1〕 実数係数の3次方程式が虚数解 $-1+3i$ をもつから，それと共役な複素数 $-1-3i$ もこの方程式の解になる。

$-1+3i$，$-1-3i$ を2解にもつ2次方程式は

$x^2-\{(-1+3i)+(-1-3i)\}x+(-1+3i)(-1-3i)=0$

すなわち　$x^2+2x+10=0$

よって，x^3+3x^2+ax+b は $x^2+2x+10$ で割り切れる。

すなわち

$x^3+3x^2+ax+b=(x^2+2x+10)(x+k)$

とおける。k は定数。

右辺を展開して整理すると

$x^3+3x^2+ax+b=x^3+(k+2)x^2+2(k+5)x+10k$

これは x についての恒等式であるから

$\begin{cases} k+2=3 \\ 2(k+5)=a \\ 10k=b \end{cases}$　よって　$k=1$，$\boldsymbol{a=\underline{12}}$，$\boldsymbol{b=\underline{10}}$

他の解は $\underline{-1}$，$\underline{-1-3i}$

〔別解2〕 この3次方程式の三つの解は

$-1+3i$，$-1-3i$，c とおける。

3次方程式の解と係数の関係から

$\begin{cases} (-1+3i)+(-1-3i)+c=-3 \\ (-1+3i)(-1-3i)+c(-1+3i)+c(-1-3i)=a \\ (-1+3i)(-1-3i)c=-b \end{cases}$

これを解いて　$c=-1$，$\boldsymbol{a=\underline{12}}$，$\boldsymbol{b=\underline{10}}$

ゆえに，他の解は $\underline{-1}$，$\underline{-1-3i}$

(2) ω は方程式 $x^3=1$ の解だから $\omega^3=\underline{1}_{\ \text{コ}}$ ……①である。

また，$x^3-1=(x-1)(x^2+x+1)$ と因数分解できる。

ここで，ω は虚数だから，方程式 $x^2+x+1=0$ の解である。

ゆえに　$\omega^2+\omega+1=\underline{0}_{\ \text{サ}}$ ……②

①，②を用いると

$\omega^{11}+\omega^{10}=(\omega^3)^3\cdot\omega^2+(\omega^3)^3\omega$

$\qquad\qquad =1^3\cdot\omega^2+1^3\cdot\omega=\omega^2+\omega$

ここで，②より，$\omega^2+\omega=-1$ だから，

$\omega^{11}+\omega^{10}=\underline{-1}_{\ \text{シス}}$

┌─ **SKILL** 高次方程式，1の3乗根 ─┐

1. 虚数解 $p+qi$ をもつ高次方程式

(a) $p+qi$ を方程式に代入し，i について整理する。

(b) A，B が実数のとき

　　「$A+Bi=0\iff A=0$，$B=0$」を利用する。

(c) 高次方程式を因数分解して他の解を求める。

2. 1の3乗根

　$x^3=1$ の解を1の3乗根（または立方根）という。

　1の3乗根のうち虚数であるものの一つを ω とおくと

　　$\omega^3=1$ かつ $\omega^2+\omega+1=0$ が成り立つ。

└────────────────────────┘

図形と方程式

073 $AB = \sqrt{(17-11)^2 + (6-3)^2} = \sqrt{6^2 + 3^2} = \underline{3\sqrt{5}}_{\text{アイ}}$

A, B を通る直線 l の方程式は

$$y - 3 = \frac{6-3}{17-11}(x-11) \quad \text{より} \quad y = \frac{1}{2}x - \frac{5}{2}$$

よって $\quad \underline{x - 2y - 5 = 0}_{\text{ウエ}}$

直線 l と C の距離は $\quad \dfrac{|6 - 2\cdot8 - 5|}{\sqrt{1^2 + (-2)^2}} = \dfrac{15}{\sqrt{5}} = \underline{3\sqrt{5}}_{\text{オカ}}$

$\triangle ABC$ の面積は $\quad \dfrac{1}{2}\cdot 3\sqrt{5}\cdot 3\sqrt{5} = \underline{\dfrac{45}{2}}_{\text{キクケ}}$

SKILL 2点間の距離，直線の方程式，点と直線の距離

$A(x_1,\ y_1)$, $B(x_2,\ y_2)$ とする。

1. 2点間の距離

$$AB = \sqrt{(x_2 - x_1)^2 + (y_2 - y_1)^2}$$

2. 直線の方程式

点 A を通り，傾き m の直線

$$y - y_1 = m(x - x_1) \quad \cdots\cdots ①$$

2点 A, B を通る直線

$x_1 \neq x_2$ のとき ①に $m = \dfrac{y_2 - y_1}{x_2 - x_1}$ を代入する。

$x_1 = x_2$ のとき $x = x_1$ (x 軸と垂直な直線)

3. 点と直線の距離

点 A と直線 $ax + by + c = 0$ の距離は

$$\frac{|ax_1 + by_1 + c|}{\sqrt{a^2 + b^2}}$$

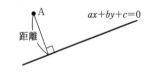

---

074 (1) AB を $1:3$ に内分する点の x 座標，y 座標について

$$\frac{3\cdot x + 1\cdot 3}{1+3} = -3, \quad \frac{3\cdot(-2) + 1\cdot y}{1+3} = -1$$

が成り立つので，これを解くと

$$x = \underline{-5}_{\text{アイ}}, \quad y = \underline{2}_{\text{ウ}}$$

また，$A(-1,\ -2)$, $B(3,\ 4)$ のとき，線分 AB を $5:2$ に外分する点の座標は

$$\left(\frac{-2\cdot(-1) + 5\cdot 3}{5-2}, \ \frac{-2\cdot(-2) + 5\cdot 4}{5-2} \right)$$

よって $Q\left(\underline{\dfrac{17}{3}},\ 8 \right)$ である。
$_{\text{エ～キ}}$

(2) 求める点の座標を $S(a,\ b)$ とすると，線分 RS の中点が C であるので

$$\frac{a-1}{2} = 2, \quad \frac{b+3}{2} = \frac{1}{2}$$

よって $\quad a = 5, \quad b = -2$

求める点の座標は $\quad \underline{(5,\ -2)}_{\text{クケコ}}$

---

(3) $F(x,\ y)$ とすると

$$\frac{4-5+x}{3} = -1, \quad \frac{3+2+y}{3} = 2 \quad \text{より}$$

$$x = -2, \quad y = 1 \quad \text{よって} \ \underline{F(-2,\ 1)}_{\text{サシス}} \text{である。}$$

SKILL 内分点，外分点，重心の座標

1. 内分点，外分点の座標

$A(x_1,\ y_1)$, $B(x_2,\ y_2)$ のとき，線分 AB を $m:n$ に内分する点の座標は

$$\left(\frac{nx_1 + mx_2}{m+n}, \ \frac{ny_1 + my_2}{m+n} \right)$$

外分する点の座標は

$$\left(\frac{-nx_1 + mx_2}{m-n}, \ \frac{-ny_1 + my_2}{m-n} \right) \text{(ただし } m \neq n\text{)}$$

2. 重心の座標

$A(x_1,\ y_1)$, $B(x_2,\ y_2)$, $C(x_3,\ y_3)$ のとき，$\triangle ABC$ の重心の座標は

$$\left(\frac{x_1 + x_2 + x_3}{3}, \ \frac{y_1 + y_2 + y_3}{3} \right)$$

である。

---

075 (1) 直線 $3x + 2y + 1 = 0$ の傾きは $-\dfrac{3}{2}$ であるから，平行な直線は傾きが $-\dfrac{3}{2}$ で，点 $(-2,\ 1)$ を通る。

よって，求める直線の方程式は

$$y - 1 = -\frac{3}{2}\{x - (-2)\}$$

すなわち $\quad \underline{3x + 2y + 4 = 0}_{\text{アイウ}}$

また，垂直な直線の傾きを m とすると

$$-\frac{3}{2}\cdot m = -1 \quad \text{より} \quad m = \frac{2}{3}$$

よって，求める直線の方程式は

$$y - 1 = \frac{2}{3}\{x - (-2)\}$$

すなわち $\quad \underline{2x - 3y + 7 = 0}_{\text{エオカ}}$

(2) 直線 $2x + y - 5 = 0$ を l，点 Q の座標を (a, b) とする。

直線 l の傾きは -2 であり，直線 PQ の傾きは

$\dfrac{b-2}{a+1}$ である。

$l \perp PQ$ であるから $\quad -2\cdot\dfrac{b-2}{a+1} = -1$

よって $\quad a - 2b = -5 \quad \cdots\cdots ①$

線分 PQ の中点 $\left(\dfrac{a-1}{2}, \ \dfrac{b+2}{2} \right)$ は直線 l 上にあるから $\quad 2\cdot\dfrac{a-1}{2} + \dfrac{b+2}{2} - 5 = 0$

よって $\quad 2a + b = 10 \quad \cdots\cdots ②$

①，②より $\quad a = 3, \quad b = 4$

よって $\underline{Q(3,\ 4)}_{\text{キク}}$ である。

076 (1) $(x^2-8x+16)+(y^2+6y+9)-25=0$
$(x-4)^2+(y+3)^2=5^2$
よって，中心の座標は **$(4, -3)$**$_{アイウ}$，
半径は **5**$_{エ}$ である。

(2) $y=x+a$ を $x^2+y^2=4$ に代入して
$x^2+(x+a)^2=4$
$2x^2+2ax+(a^2-4)=0$ ……①
共有点をもつのは
$\dfrac{D}{4}=a^2-2(a^2-4)\geqq0$
$a^2-8\leqq0$
$(a-2\sqrt{2})(a+2\sqrt{2})\leqq0$
よって **$-2\sqrt{2}\leqq a\leqq2\sqrt{2}$**$_{オ\sim ケ}$
$a=-2\sqrt{2}$ のとき，$\dfrac{D}{4}=0$ であるので，①より
$$x=\dfrac{-a\pm\sqrt{\dfrac{D}{4}}}{2}=\dfrac{2\sqrt{2}}{2}=\sqrt{2}$$
$y=x+a=\sqrt{2}-2\sqrt{2}=-\sqrt{2}$
共有点の座標は **$(\sqrt{2}, -\sqrt{2})$**$_{コサシ}$
〔別解〕 直線 $x-y+a=0$ と円の中心 $(0, 0)$ の距離が半径の 2 以下となれば共有点をもつので
$$\dfrac{|0-0+a|}{\sqrt{1^2+(-1)^2}}\leqq2 \quad \text{すなわち} \quad |a|\leqq2\sqrt{2}$$
よって **$-2\sqrt{2}\leqq a\leqq2\sqrt{2}$**

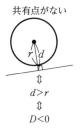
077 (1) 線分 PQ の傾きは $\dfrac{9-2}{4-(-3)}=\underline{1}_{ア}$ である。

線分 PQ の垂直二等分線は，PQ の中点 $\left(\dfrac{1}{2}, \dfrac{11}{2}\right)$ を通り，傾きが -1 だから $y-\dfrac{11}{2}=-1\left(x-\dfrac{1}{2}\right)$
よって **$y=-x+6$**$_{イウ}$ ……①
線分 PR の傾きは $\dfrac{8-9}{5-4}=-1$ なので，線分 PR の垂直二等分線は，傾き 1 で PR の中点 $\left(\dfrac{9}{2}, \dfrac{17}{2}\right)$ を通る。
$y-\dfrac{17}{2}=1\cdot\left(x-\dfrac{9}{2}\right)$ よって **$y=x+4$**$_{エ}$ ……②

(2) ①，②を連立して $(x, y)=(1, 5)$
これが円 C の中心の座標である。この中心と P の距離が半径となる。ゆえに，半径は
$$\sqrt{(4-1)^2+(9-5)^2}=5$$
である。したがって，円 C の方程式は
$(x-1)^2+(y-5)^2=5^2$
つまり **$x^2+y^2-2x-10y+1=0$**$_{オ\sim ク}$
(注) 円 C は△PQR の外接円となっているので，円 C の中心は，△PQR の3辺の垂直二等分線の交点である。

078 (1) 接点を P(x_1, y_1) とすると，求める接線の方程式は $x_1x+y_1y=10$ ……① とおける。
①は点 $(4, 2)$ を通るから
$4x_1+2y_1=10$ ……②
点 P は円 $x^2+y^2=10$ の周上の点であるから
$x_1^2+y_1^2=10$ ……③
②と③から y_1 を消去すると
$x_1^2+(5-2x_1)^2=10$
$x_1^2-4x_1+3=0$
$(x_1-1)(x_1-3)=0$ よって $x_1=1, 3$
これを②に代入して
$x_1=1$ のとき $y_1=3$，$x_1=3$ のとき $y_1=-1$
よって，求める接線の方程式は①より
$x+3y=10$ $_{アイウ}$，**$3x-y=10$**$_{エオカ}$

(2) 円の中心 $(0, 0)$ と
直線 $2x+y+5=0$ の距離 d は
$$d=\frac{|2\cdot 0+0+5|}{\sqrt{2^2+1^2}}=\sqrt{5}$$
円の半径 r は $r=\sqrt{10}$
三平方の定理より
$$AB=2\sqrt{r^2-d^2}=2\sqrt{10-5}$$
$$=\underline{2\sqrt{5}}_{\text{キク}}$$

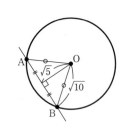

SKILL 円の接線の方程式

円 $x^2+y^2=r^2$ の周上の
点 (x_1, y_1) における接
線の方程式は
$$x_1x+y_1y=r^2$$
である。

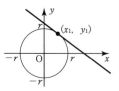

079 (1) $P(x, y)$ とおく。
$PA:PB=2:1$ より $PA=2PB$
$$PA^2=4PB^2$$
$$(x+2)^2+y^2=4\{(x-4)^2+y^2\}$$
$$x^2+4x+4+y^2=4x^2-32x+64+4y^2$$
$$3x^2-36x+3y^2+60=0$$
$$x^2-12x+y^2+20=0$$
$$(x-6)^2+y^2=4^2$$
よって，点 $\underline{(6, 0)}_{\text{アイ}}$ を中心とする**半径 $\underline{4}_{\text{ウ}}$** の円である。

(注) 一般に，2点 A，B からの距離の比が $m:n$（$m \neq n$ とする）となる点 P の軌跡は，AB を $m:n$ に内分，外分する点を直径の両端とする円となることが知られている。これをアポロニウスの円という。

(2)

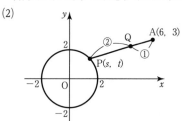

上の図において，円 $C:x^2+y^2=4$ 上の点を $P(s, t)$ とおくと，$s^2+t^2=4$ ……① が成り立つ。
線分 AP を $1:2$ に内分する点を $Q(x, y)$ とおくと，
$$\begin{cases}x=\dfrac{s+12}{3}\\y=\dfrac{t+6}{3}\end{cases}$$ となるから，$\begin{cases}s=3x-12\\t=3y-6\end{cases}$ ……②
①，②から，
$$(3x-12)^2+(3y-6)^2=4$$
両辺を9で割って，
$$(x-4)^2+(y-2)^2=\frac{4}{9}$$

よって，点 Q は中心 $\underline{(4, 2)}_{\text{エオ}}$，半径 $\underline{\dfrac{2}{3}}_{\text{カキ}}$ の円上を動く。

080 (1) $2x-y=-4$ ……①，$x-2y=-2$ ……②，$x+y=7$ ……③ とおき，2直線①と②の交点を A，2直線②と③の交点を B，2直線③と①の交点を C とおく。
①，②より，$A(-2, 0)$，②，③より $B(4, 3)$，③，① より $C(1, 6)$ だから，領域 M は下の図のようになる。

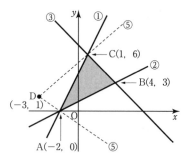

$2x+y=m$ とおくと，$y=-2x+m$ ……④ から m は傾きが -2 の直線の y 切片を表す。
図から，直線④が点 $B(4, 3)$ を通るとき m は最大となり，点 $A(-2, 0)$ を通るとき m は最小となる。
よって，$\underline{x=4}_{\text{ア}}$，$\underline{y=3}_{\text{イ}}$ のとき m は最大となり，このとき $m=2x+y=\underline{11}_{\text{ウエ}}$
$\underline{x=-2}_{\text{オカ}}$，$\underline{y=0}_{\text{キ}}$ のとき m は最小となり，このとき $m=2x+y=\underline{-4}_{\text{クケ}}$

(2) $\dfrac{y-1}{x+3}=k$ より $y-1=k(x+3)$ ……⑤
この等式が k の値に関係なく成り立つためには
$$\begin{cases}x+3=0\\y-1=0\end{cases}$$ よって $x=-3, y=1$
したがって，直線⑤は定点 $D\underline{(-3, 1)}_{\text{コサシ}}$ を通る。
また，k は直線⑤の傾きを表す。
図から，直線⑤が点 $C(1, 6)$ を通るとき傾き k は最大で，$k=\dfrac{6-1}{1+3}=\dfrac{5}{4}$
また直線⑤が点 $A(-2, 0)$ を通るとき傾き k は最小で，$k=\dfrac{0-1}{-2+3}=-1$

ゆえに，k のとり得る値の範囲は $\underline{-1 \leqq k \leqq \dfrac{5}{4}}_{\text{ス～タ}}$

三角関数

081 (1) 半径を r，弧の長さ l，中心角 θ とおくと，
$$\theta=\frac{l}{r}=\frac{8\pi}{12}=\underline{\frac{2}{3}}_{\text{ア}}\pi \quad (\text{ラジアン})$$
また，面積を S とおくと，$S=\dfrac{1}{2}r^2\theta$ より，
$$\theta=\frac{2S}{r^2}=\frac{2\cdot 6}{3^2}=\underline{\frac{4}{3}}_{\text{ウエ}} \quad (\text{ラジアン})$$

(2) 左の図のように，扇形の半径を r，中心角を θ，弧の長さを l，面積を S とする。
このとき，条件から $2r+l=12$
よって $l=12-2r$ ……①

また，面積 $S=\dfrac{1}{2}lr$ だから，①より

$$S=\dfrac{1}{2}lr=\dfrac{1}{2}(12-2r)r=-r^2+6r=-(r-3)^2+9$$

ここで，$l>0$ だから，①より $12-2r>0$
よって $0<r<6$
したがって，$r=\textbf{3}_\text{オ}$ のとき S は**最大値** $\textbf{9}_\text{キ}$ をとる。
このとき，$\theta=\dfrac{2S}{r^2}=\dfrac{2\cdot 9}{3^2}=\textbf{2}_\text{カ}$ （ラジアン）

082 (1) α は第2象限の角であるから $\cos\alpha<0$
よって $\cos\alpha=-\sqrt{1-\sin^2\alpha}$
$$=-\sqrt{1-\left(\dfrac{2}{3}\right)^2}=-\dfrac{\sqrt5}{3}$$

β は第3象限の角であるから $\sin\beta<0$
よって $\sin\beta=-\sqrt{1-\cos^2\beta}$
$$=-\sqrt{1-\left(-\dfrac{2}{7}\right)^2}=-\dfrac{3\sqrt5}{7}$$

したがって
$$\sin(\alpha+\beta)=\sin\alpha\cos\beta+\cos\alpha\sin\beta$$
$$=\dfrac{2}{3}\cdot\left(-\dfrac{2}{7}\right)+\left(-\dfrac{\sqrt5}{3}\right)\cdot\left(-\dfrac{3\sqrt5}{7}\right)=\dfrac{\textbf{11}}{\textbf{21}}_\text{ア〜エ}$$
$$\cos(\alpha+\beta)=\cos\alpha\cos\beta-\sin\alpha\sin\beta$$
$$=\left(-\dfrac{\sqrt5}{3}\right)\cdot\left(-\dfrac{2}{7}\right)-\dfrac{2}{3}\cdot\left(-\dfrac{3\sqrt5}{7}\right)=\dfrac{\textbf{8}\sqrt5}{\textbf{21}}_\text{オ〜ク}$$

(2) 2直線 $y=\dfrac{1}{2}x$，$y=-\dfrac{1}{3}x$ と x 軸の正の向きとのなす角をそれぞれ，図のように θ_1，θ_2 とすると

$\tan\theta_1=\dfrac{1}{2}$

$\tan\theta_2=-\dfrac{1}{3}$

$\theta=\theta_1-\theta_2$ だから
$\tan\theta=\tan(\theta_1-\theta_2)$
$$=\dfrac{\tan\theta_1-\tan\theta_2}{1+\tan\theta_1\tan\theta_2}$$

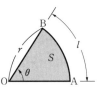

$$=\dfrac{\dfrac{1}{2}-\left(-\dfrac{1}{3}\right)}{1+\dfrac{1}{2}\cdot\left(-\dfrac{1}{3}\right)}=\textbf{1}_\text{ケ}$$

$0<\theta<\dfrac{\pi}{2}$ より $\theta=\dfrac{\textbf{1}}{\textbf{4}}\pi_\text{コサ}$

083 $\sin\theta+\cos\theta=\dfrac{1}{2}$ より

$(\sin\theta+\cos\theta)^2=\dfrac{1}{4}$

$1+2\sin\theta\cos\theta=\dfrac{1}{4}$ ……①

$1+\sin2\theta=\dfrac{1}{4}$ ゆえに $\sin2\theta=-\dfrac{\textbf{3}}{\textbf{4}}_\text{アイウ}$

また $(\cos\theta-\sin\theta)^2=1-2\sin\theta\cos\theta$

ここで，①より $\sin\theta\cos\theta=-\dfrac{3}{8}$ であるから

$(\cos\theta-\sin\theta)^2=\dfrac{7}{4}$

$\dfrac{\pi}{2}\leqq\theta\leqq\pi$ より $\cos\theta\leqq0$，$\sin\theta\geqq0$

よって $\cos\theta-\sin\theta\leqq0$

したがって $\cos\theta-\sin\theta=-\dfrac{\sqrt7}{\textbf{2}}_\text{エオカ}$

また $\cos2\theta=\cos^2\theta-\sin^2\theta$
$$=(\cos\theta+\sin\theta)(\cos\theta-\sin\theta)$$
$$=\dfrac{1}{2}\times\left(-\dfrac{\sqrt7}{2}\right)=-\dfrac{\sqrt7}{\textbf{4}}_\text{キクケ}$$

また $\tan2\theta=\dfrac{\sin2\theta}{\cos2\theta}=\left(-\dfrac{3}{4}\right)\div\left(-\dfrac{\sqrt7}{4}\right)=\dfrac{3}{\sqrt7}$
$$=\dfrac{\textbf{3}\sqrt7}{\textbf{7}}_\text{コサシ}$$

$\sin\left(\theta+\dfrac{3}{4}\pi\right)=\sin\theta\cos\dfrac{3}{4}\pi+\cos\theta\sin\dfrac{3}{4}\pi$
$$=-\dfrac{1}{\sqrt2}\sin\theta+\dfrac{1}{\sqrt2}\cos\theta$$
$$=\dfrac{\sqrt2}{2}(\cos\theta-\sin\theta)$$
$$=\dfrac{\sqrt2}{2}\times\left(-\dfrac{\sqrt7}{2}\right)=-\dfrac{\sqrt{14}}{\textbf{4}}_\text{ス〜タ}$$

084
$$f(x) = -\sin x + \sqrt{3}\cos x$$

$$= 2\left(-\frac{1}{2}\sin x + \frac{\sqrt{3}}{2}\cos x\right)$$

$$= \mathbf{2\sin\left(x + \frac{2}{3}\pi\right)}_{\text{アイウ}}$$

と変形できるから，不等式 $f(x) \geqq \sqrt{2}$ より

$$2\sin\left(x + \frac{2}{3}\pi\right) \geqq \sqrt{2}$$

よって $\sin\left(x + \frac{2}{3}\pi\right) \geqq \frac{\sqrt{2}}{2}$ ……①

ここで，$x + \frac{2}{3}\pi = t$ とおくと

$0 \leqq x < 2\pi$ より $\frac{2}{3}\pi \leqq t < \frac{8}{3}\pi$ ……②

また①より $\sin t \geqq \frac{\sqrt{2}}{2}$ ……③

②，③より $\frac{2}{3}\pi \leqq t \leqq \frac{3}{4}\pi, \frac{9}{4}\pi \leqq t < \frac{8}{3}\pi$

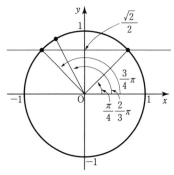

したがって

$$\frac{2}{3}\pi \leqq x + \frac{2}{3}\pi \leqq \frac{3}{4}\pi, \quad \frac{9}{4}\pi \leqq x + \frac{2}{3}\pi < \frac{8}{3}\pi$$

ゆえに $\mathbf{0 \leqq x \leqq \frac{1}{12}\pi}_{\text{エ〜キ}}, \quad \mathbf{\frac{19}{12}\pi \leqq x < 2\pi}_{\text{ク〜シ}}$

085
$$y = \cos 2x + 2\sin x$$

$$= 1 - 2\sin^2 x + 2\sin x$$

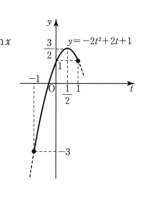

ここで $\sin x = t$ とおくと

$-\pi \leqq x < \pi$ より

$-1 \leqq t \leqq 1$

$$y = -2t^2 + 2t + 1$$

$$= -2\left(t - \frac{1}{2}\right)^2 + \frac{3}{2}$$

よって，y は

$-1 \leqq t \leqq 1$ の範囲で

$t = \frac{1}{2}$ のとき最大値 $\frac{3}{2}$

$t = -1$ のとき最小値 -3 をとる。

ここで，

$t = \frac{1}{2}$ のとき $\sin x = \frac{1}{2}$

$-\pi \leqq x < \pi$ より $x = \frac{\pi}{6}, \frac{5}{6}\pi$

$t = -1$ のとき $\sin x = -1$

$-\pi \leqq x < \pi$ より $x = -\frac{1}{2}\pi$

したがって

$\mathbf{x = \frac{1}{6}\pi}_{\text{アイ}}, \quad \mathbf{\frac{5}{6}\pi}_{\text{ウエ}}$ のとき**最大値 $\frac{3}{2}$**$_{\text{オカ}}$ を，

$\mathbf{x = -\frac{1}{2}\pi}_{\text{キクケ}}$ のとき**最小値 -3**$_{\text{コサ}}$ をとる。

086 (1) 変形して $\sin\theta = -\frac{\sqrt{3}}{2}$

$0 \leqq \theta < 2\pi$ より $\mathbf{\theta = \frac{4}{3}\pi}_{\text{アイ}}, \quad \mathbf{\frac{5}{3}\pi}_{\text{ウエ}}$

また，$\tan\theta \geqq -\frac{1}{\sqrt{3}}$ を満たす θ の値の範囲は，下の図より

$\mathbf{0 \leqq \theta < \frac{1}{2}\pi}_{\text{オカ}},$

$\mathbf{\frac{5}{6}\pi \leqq \theta < \frac{3}{2}\pi}_{\text{キ〜コ}},$

$\mathbf{\frac{11}{6}\pi \leqq \theta < 2\pi}_{\text{サシス}}$

(2) $\cos 2\theta = 2\cos^2\theta - 1$

であるから，

$\cos 2\theta + \cos\theta \leqq 0$ より

$2\cos^2\theta + \cos\theta - 1 \leqq 0$

$(2\cos\theta - 1)(\cos\theta + 1) \leqq 0$

よって $-1 \leqq \cos\theta \leqq \frac{1}{2}$

— 32 —

$0≦θ<2\pi$ より，求める $θ$ の値の範囲は

$$\frac{1}{3}\pi≦\theta≦\frac{5}{3}\pi \quad_{セ～チ}$$

また，$\sin 2\theta=2\sin\theta\cos\theta$ であるから

$\sin 2\theta+\sin\theta<0$ より

$2\sin\theta\cos\theta+\sin\theta<0$

$\sin\theta(2\cos\theta+1)<0$

$$\begin{cases}\sin\theta>0\\2\cos\theta+1<0\end{cases}$$

または

$$\begin{cases}\sin\theta<0\\2\cos\theta+1>0\end{cases}$$

よって

$$\begin{cases}\sin\theta>0\\\cos\theta<-\dfrac{1}{2}\end{cases}\quad……①$$

または

$$\begin{cases}\sin\theta<0\\\cos\theta>-\dfrac{1}{2}\end{cases}\quad……②$$

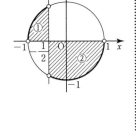

①より $\dfrac{2}{3}\pi<\theta<\pi$

②より $\dfrac{4}{3}\pi<\theta<2\pi$

ゆえに $\dfrac{2}{3}\pi<\theta<\pi \quad_{ツテ}$ ，$\dfrac{4}{3}\pi<\theta<2\pi \quad_{トナ}$

SKILL 三角関数を含む方程式，不等式

1. 方程式

● $\sin\theta=k$ $(-1≦k≦1)$　● $\cos\theta=k$ $(-1≦k≦1)$

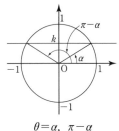 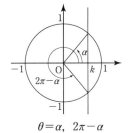

$\theta=\alpha,\ \pi-\alpha$ 　　　$\theta=\alpha,\ 2\pi-\alpha$

● $\tan\theta=k$

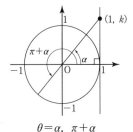

$\theta=\alpha,\ \pi+\alpha$

2. 不等式

① 不等号を $=$ とおいた方程式の解を求める。

② その解を利用し，動径の存在範囲を調べて不等式の解を求める。

---

087 (1)　$y=\sin\dfrac{x}{2}$ ……① の周期は，$\dfrac{2\pi}{\frac{1}{2}}=\underline{\boldsymbol{4\pi}}_{ア}$ である。また，$y=\sin\left(\dfrac{x}{2}-\dfrac{\pi}{6}\right)=\sin\dfrac{1}{2}\left(x-\dfrac{\pi}{3}\right)$

だから，このグラフは①のグラフを x 軸方向に $\underline{\dfrac{\pi}{3}}_{イ}$ だけ平行移動したものである。

(2)　$y=a\cos(b\theta+c)=a\cos b\left(\theta+\dfrac{c}{b}\right)$

だから，グラフよりまず $\boldsymbol{a=\underline{2}}_{ウ}$

この関数の周期は，$\dfrac{2\pi}{b}$ であり，グラフから周期は

$$2\left(\frac{5}{12}\pi-\frac{\pi}{12}\right)=\frac{2}{3}\pi \quad である。$$

よって $\dfrac{2\pi}{b}=\dfrac{2}{3}\pi$ 　ゆえに $\boldsymbol{b=\underline{3}}_{エ}$

また，このグラフは $y=a\cos b\theta$ のグラフを θ 軸方向に $-\dfrac{c}{b}$ だけ平行移動したものである。

グラフから $-\dfrac{c}{b}=\dfrac{\pi}{12}$

よって $-\dfrac{c}{3}=\dfrac{\pi}{12}$ だから $\boldsymbol{c=\underline{-\dfrac{\pi}{4}}}_{オ}$

$\left(\text{これは，}-\dfrac{\pi}{2}<c<0 \text{ を満たす。}\right)$

さらに $p=\dfrac{\pi}{12}+\dfrac{2}{3}\pi=\underline{\dfrac{3}{4}\pi}_{カキ}$

この関数は，$y=2\cos\left(3\theta-\dfrac{\pi}{4}\right)$ であり，y 軸との交点の y 座標は $\theta=0$ とおいて $y=q=2\cos\left(-\dfrac{\pi}{4}\right)=\underline{\sqrt{2}}_{ク}$ である。

SKILL 三角関数のグラフの周期および平行移動

$a\neq0$ とする。

1. 関数 $y=\sin ax$ のグラフの周期は $\dfrac{2\pi}{|a|}$，関数 $y=\cos ax$ のグラフの周期は $\dfrac{2\pi}{|a|}$ であり，関数 $y=\tan ax$ のグラフの周期は $\dfrac{\pi}{|a|}$ である。

2. 関数 $y=\sin(ax+b)$ は，$y=\sin a\left(x+\dfrac{b}{a}\right)$ と変形できるから，このグラフは関数 $y=\sin ax$ のグラフを x 軸方向に $-\dfrac{b}{a}$ だけ平行移動したものである。

※ 関数 $y=\cos(ax+b)$，関数 $y=\tan(ax+b)$ についても同じである。

088　$(\sin\theta+\cos\theta)^2=\sin^2\theta+\cos^2\theta+2\sin\theta\cos\theta$

より $t^2=1+2\sin\theta\cos\theta$

よって $\sin\theta\cos\theta=\dfrac{t^2-1}{2}$

したがって $y=\dfrac{t^2-1}{2}+t=\underline{\dfrac{1}{2}t^2+t-\dfrac{1}{2}}_{\text{ア〜エ}}$

また，$t=\sin\theta+\cos\theta$

$\qquad =\sqrt{2}\sin\left(\theta+\dfrac{\pi}{4}\right)$

$-\pi\leqq\theta\leqq0$ より

$\qquad -\dfrac{3}{4}\pi\leqq\theta+\dfrac{\pi}{4}\leqq\dfrac{\pi}{4}$

であるから

$\qquad -1\leqq\sin\left(\theta+\dfrac{\pi}{4}\right)\leqq\dfrac{1}{\sqrt{2}}$

ゆえに

$\qquad \underline{-\sqrt{2}\leqq t\leqq1}_{\text{オカ}}\ \cdots\cdots①$

ここで，

$\qquad y=\dfrac{1}{2}(t+1)^2-1$

と変形できるから，

①より，y は

$t=1$ のとき 最大値 1

$t=-1$ のとき 最小値 -1 をとる。

$t=1$ のとき $\quad\sqrt{2}\sin\left(\theta+\dfrac{\pi}{4}\right)=1$

$\qquad\qquad\qquad \sin\left(\theta+\dfrac{\pi}{4}\right)=\dfrac{1}{\sqrt{2}}$

ここで，$-\dfrac{3}{4}\pi\leqq\theta+\dfrac{\pi}{4}\leqq\dfrac{\pi}{4}$ であるから

$\qquad \theta+\dfrac{\pi}{4}=\dfrac{\pi}{4}\qquad$ よって $\quad\theta=0$

$t=-1$ のとき $\quad\sqrt{2}\sin\left(\theta+\dfrac{\pi}{4}\right)=-1$

$\qquad\qquad\qquad\quad \sin\left(\theta+\dfrac{\pi}{4}\right)=-\dfrac{1}{\sqrt{2}}$

ここで，$-\dfrac{3}{4}\pi\leqq\theta+\dfrac{\pi}{4}\leqq\dfrac{\pi}{4}$ であるから

$\qquad \theta+\dfrac{\pi}{4}=-\dfrac{3}{4}\pi,\ -\dfrac{\pi}{4}$

よって $\quad\theta=-\pi,\ -\dfrac{\pi}{2}$

ゆえに，y は

$\qquad \theta=\underline{0}_{\text{キ}}$ のとき **最大値 1**$_{\text{ク}}$ を

$\qquad \theta=\underline{-\pi}_{\text{ケ}},\ \underline{-\dfrac{1}{2}\pi}_{\text{コサシ}}$ のとき **最小値 -1**$_{\text{スセ}}$ をとる。

SKILL $t=\sin\theta+\cos\theta$ のとり得る値の範囲

$\qquad t=\sin\theta+\cos\theta$

$\qquad\quad =\sqrt{2}\sin\left(\theta+\dfrac{\pi}{4}\right)\qquad$（三角関数の合成）

t のとり得る値の範囲は，角 $\left(\theta+\dfrac{\pi}{4}\right)$ の変域を調べて求める。

---

089 (1) $\pi<\theta<2\pi$ より，$\dfrac{\pi}{2}<\dfrac{\theta}{2}<\pi$ だから，$\dfrac{\theta}{2}$

は **第 2 象限**$_{\text{ア}}$ の角である。

よって，$\sin\dfrac{\theta}{2}>0$，$\cos\dfrac{\theta}{2}<0$，$\tan\dfrac{\theta}{2}<0$ である。

$\qquad \sin^2\dfrac{\theta}{2}=\dfrac{1-\cos\theta}{2}=\dfrac{1-\frac{7}{25}}{2}=\dfrac{9}{25}$

$\sin\dfrac{\theta}{2}>0$ より $\quad\sin\dfrac{\theta}{2}=\underline{\dfrac{3}{5}}_{\text{イウ}}$

次に，

$\qquad \cos^2\dfrac{\theta}{2}=\dfrac{1+\cos\theta}{2}=\dfrac{1+\frac{7}{25}}{2}=\dfrac{16}{25}\quad$ であり，

$\cos\dfrac{\theta}{2}<0$ から $\quad\cos\dfrac{\theta}{2}=\underline{-\dfrac{4}{5}}_{\text{エオカ}}$

よって $\quad\tan\dfrac{\theta}{2}=\dfrac{\sin\frac{\theta}{2}}{\cos\frac{\theta}{2}}=\dfrac{\frac{3}{5}}{-\frac{4}{5}}=\underline{-\dfrac{3}{4}}_{\text{キクケ}}$

(2) $\tan^2\dfrac{\theta}{2}=\dfrac{1-\cos\theta}{1+\cos\theta}$ より $\quad\dfrac{1-\cos\theta}{1+\cos\theta}=\left(\dfrac{1}{2}\right)^2=\dfrac{1}{4}$

$4(1-\cos\theta)=1+\cos\theta$ から $\quad\cos\theta=\underline{\dfrac{3}{5}}_{\text{コサ}}$

また，2 倍角の公式より

$\qquad \tan\theta=\dfrac{2\tan\frac{\theta}{2}}{1-\tan^2\frac{\theta}{2}}=\dfrac{2\cdot\frac{1}{2}}{1-\left(\frac{1}{2}\right)^2}=\underline{\dfrac{4}{3}}_{\text{シス}}$

さらに $\quad\tan2\theta=\dfrac{2\tan\theta}{1-\tan^2\theta}=\dfrac{2\cdot\frac{4}{3}}{1-\frac{16}{9}}=\underline{-\dfrac{24}{7}}_{\text{セ〜チ}}$

〔別解〕 $\cos\theta$ を求める。

$\qquad \cos\theta=\cos\left(2\cdot\dfrac{\theta}{2}\right)=2\cos^2\dfrac{\theta}{2}-1$

ここで，$1+\tan^2\dfrac{\theta}{2}=\dfrac{1}{\cos^2\frac{\theta}{2}}\quad$ であるから

$\qquad 1+\left(\dfrac{1}{2}\right)^2=\dfrac{1}{\cos^2\frac{\theta}{2}}$

$\qquad\qquad \cos^2\dfrac{\theta}{2}=\dfrac{4}{5}$

よって

$\qquad \cos\theta=2\cdot\dfrac{4}{5}-1=\underline{\dfrac{3}{5}}$

SKILL 半角の公式

$\qquad \sin^2\dfrac{\theta}{2}=\dfrac{1-\cos\theta}{2}$，$\quad\cos^2\dfrac{\theta}{2}=\dfrac{1+\cos\theta}{2}$，

$\qquad \tan^2\dfrac{\theta}{2}=\dfrac{1-\cos\theta}{1+\cos\theta}$

090 (1) P(3, −2) とおく
と

$$OP = \sqrt{3^2 + (-2)^2} = \sqrt{13}$$

また，線分 OP と x 軸の正の
向きとのなす角を α とする
と

$$\cos\alpha = \frac{3}{\sqrt{13}}, \quad \sin\alpha = -\frac{2}{\sqrt{13}}$$

よって　$y = \sqrt{13}\sin(\theta + \alpha)$

したがって　$r = \underline{\sqrt{13}}_{\text{アイ}}$,

$$\cos\alpha = \underline{\frac{3}{\sqrt{13}}}_{\text{ウエオ}}, \quad \sin\alpha = -\underline{\frac{2}{\sqrt{13}}}_{\text{カキ}}$$

〔別解〕　$y = 3\sin\theta - 2\cos\theta$

$$= \sqrt{13}\left(\sin\theta \cdot \frac{3}{\sqrt{13}} - \cos\theta \cdot \frac{2}{\sqrt{13}}\right)$$

ここで $\cos\alpha = \frac{3}{\sqrt{13}}$, $\sin\alpha = -\frac{2}{\sqrt{13}}$ とおくと

$$y = \sqrt{13}(\sin\theta\cos\alpha + \cos\theta\sin\alpha) = \sqrt{13}\sin(\theta + \alpha)$$

したがって　$r = \sqrt{13}$, $\cos\alpha = \frac{3}{\sqrt{13}}$, $\sin\alpha = -\frac{2}{\sqrt{13}}$

(2)　$0 \leq \theta \leq \pi$ より　$\alpha \leq \theta + \alpha \leq \pi + \alpha$

また，(1)より $-\dfrac{\pi}{2} < \alpha < 0$ である。

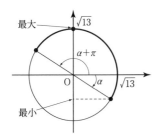

上の図から，y の最大値は $\underline{\sqrt{13}}_{\text{クケ}}$ $\left(\theta + \alpha = \dfrac{\pi}{2} \text{ のとき}\right)$

y の最小値は　$y = \sqrt{13}\sin\alpha$

$$= \sqrt{13} \cdot \frac{-2}{\sqrt{13}} = \underline{-2}_{\text{コサ}}$$

$(\theta + \alpha = \alpha \text{ のとき})$

指数関数・対数関数

091 (1)　$a = \sqrt[3]{4} = \sqrt[3]{2^2} = 2^{\frac{2}{3}}$

$$b = \left(\frac{1}{2}\right)^{-\frac{1}{3}} = (2^{-1})^{-\frac{1}{3}} = 2^{\frac{1}{3}}$$

$$c = (\sqrt{2})^{\frac{1}{3}} = \left(2^{\frac{1}{2}}\right)^{\frac{1}{3}} = 2^{\frac{1}{6}}$$

指数を比較すると　$\dfrac{1}{6} < \dfrac{1}{3} < \dfrac{2}{3}$

底 2 は 1 より大きいから

$2^{\frac{1}{6}} < 2^{\frac{1}{3}} < 2^{\frac{2}{3}}$　よって　$\underline{c < b < a}_{\text{アイウ}}$

---

(2)　$4^x - 3 \cdot 2^{x+2} + 32 > 0$ より

$$(2^2)^x - 3 \cdot 2^2 \cdot 2^x + 32 > 0$$

$$(2^2)^x - 12 \cdot 2^x + 32 > 0$$

$$(2^x - 4)(2^x - 8) > 0$$

よって　$2^x < 4$ または $2^x > 8$

ゆえに　$2^x < 2^2$ または $2^3 < 2^x$

ここで，底 2 は 1 より大きいから　$\underline{x < 2}_{\text{エ}}$, $\underline{3 < x}_{\text{オ}}$

092 (1)　$\log_{10} 360 = \log_{10}(2^2 \cdot 3^2 \cdot 10)$

$$= 2\log_{10}2 + 2\log_{10}3 + \log_{10}10$$

$$= \underline{2a + 2b + 1}_{\text{アイウ}}$$

$$\log_4 13.5 = \frac{\log_{10}13.5}{\log_{10}4}$$

$$= \frac{\log_{10}\frac{3^3}{2}}{\log_{10}2^2}$$

$$= \frac{3\log_{10}3 - \log_{10}2}{2\log_{10}2}$$

$$= \underline{\frac{3b - a}{2a}}_{\text{エオ}}$$

(2)　$\log_3(x+2) + \log_3(x-4) \leq 3$ ……①

真数は正であるから

　$x + 2 > 0$　かつ　$x - 4 > 0$

よって　$x > 4$ ……②

①を変形して

　$\log_3(x+2)(x-4) \leq \log_3 27$

底 3 は 1 より大きいから

　$(x+2)(x-4) \leq 27$

　$x^2 - 2x - 35 \leq 0$

　$(x+5)(x-7) \leq 0$

よって　$-5 \leq x \leq 7$ ……③

②，③の共通範囲を求めて

　$\underline{4 < x \leq 7}_{\text{カキ}}$

(3)　与えられた不等式において真数は正であるから

　$x > 0$, $x + 2 > 0$　これより　$x > 0$ ……①

$2\log_{\frac{1}{3}}x > \log_{\frac{1}{3}}(x+2)$ より　$\log_{\frac{1}{3}}x^2 > \log_{\frac{1}{3}}(x+2)$

底 $\dfrac{1}{3}$ は 1 より小さいから

$x^2 < x+2$

$x^2 - x - 2 < 0$

$(x+1)(x-2) < 0$　　　よって　$-1 < x < 2$

①より　$\underline{0 < x < 2}_{\text{クケ}}$

SKILL 対数の定義，対数の計算，対数関数
　　　　の性質

1. 対数の定義 （$M > 0$, $a > 0$, $a \neq 1$）

$$M = a^r \iff \log_a M = r$$

(注)　$M > 0$ が真数条件。

　　　　$a > 0$, $a \neq 1$ が底の条件。

2. 対数の計算

　　（$M > 0$, $N > 0$, $a > 0$, $c > 0$, $a \neq 1$, $c \neq 1$）

$$\log_a MN = \log_a M + \log_a N$$

$$\log_a \frac{M}{N} = \log_a M - \log_a N$$

$$\log_a M^p = p \log_a M$$

$$\log_a M = \frac{\log_c M}{\log_c a}　\text{（底の変換公式）}$$

3. 対数関数の性質　　　　　　　　注意！

$$\begin{cases} 0 < a < 1 \text{ のとき } \log_a M < \log_a N \iff \underset{\sim}{M > N} \\ a > 1 \text{ のとき }　\log_a M < \log_a N \iff \underset{\sim}{M < N} \end{cases}$$

---

093 (1) $a^{\frac{1}{2}} + a^{-\frac{1}{2}} = 3$　の両辺を2乗して

$$\left(a^{\frac{1}{2}}\right)^2 + 2a^{\frac{1}{2}}a^{-\frac{1}{2}} + \left(a^{-\frac{1}{2}}\right)^2 = 9$$

$a + 2 + a^{-1} = 9$　　よって　$a + a^{-1} = \underline{7}_{\text{ア}}$

また　$a^2 - a^{-2} = a^2 - (a^{-1})^2$

$$= (a + a^{-1})(a - a^{-1})$$

$$= 7(a - a^{-1})$$

ところで

$(a - a^{-1})^2 = a^2 - 2 \cdot a \cdot a^{-1} + (a^{-1})^2$

$$= a^2 - 2 + a^{-2}$$

$$= a^2 + 2 + a^{-2} - 4$$

$$= a^2 + 2 \cdot a \cdot a^{-1} + (a^{-1})^2 - 4$$

$$= (a + a^{-1})^2 - 4 = 7^2 - 4 = 45$$

ここで，$a > 1$ より　$a^{-1} = \dfrac{1}{a} < 1$

よって　$a - a^{-1} > 0$

したがって　$a - a^{-1} = 3\sqrt{5}$

ゆえに　$a^2 - a^{-2} = \underline{21\sqrt{5}}_{\text{イウエ}}$

(2) $6a = 6\log_2 3 = \log_2 3^6 = \underline{\log_2 729}_{\text{オカキ}}$

$6b = 6\log_4 7 = 6 \dfrac{\log_2 7}{\log_2 4} = 3\log_2 7$

$$= \log_2 7^3 = \underline{\log_2 343}_{\text{クケコ}}$

$c = 1 + \log_2 \sqrt[3]{3} = \log_2 2 + \log_2 \sqrt[3]{3}$

$$= \log_2 2\sqrt[3]{3} = \log_2 \sqrt[3]{24}$$

$6c = 6\log_2 \sqrt[3]{24} = \log_2 (\sqrt[3]{24})^6$

$$= \log_2 (24)^2 = \underline{\log_2 576}_{\text{サシス}}$

底 2 は 1 より大きく，$343 < 576 < 729$ であるので，

$6b < 6c < 6a$

ゆえに　$\underline{b < c < a}_{\text{セソタ}}$

094 6^{30} の常用対数をとると

$\log_{10} 6^{30} = 30\log_{10} 6 = 30\log_{10}(2 \cdot 3)$

$$= 30(\log_{10} 2 + \log_{10} 3)$$

$$= 30(0.3010 + 0.4771) = 23.343$$

これより　$23 \leq \log_{10} 6^{30} < 24$

したがって　$10^{23} \leq 6^{30} < 10^{24}$

ゆえに，6^{30} は $\underline{24 \text{ 桁}}_{\text{アイ}}$ の数である。

また，$\left(\dfrac{1}{15}\right)^{30}$ の常用対数をとると

$\log_{10}\left(\dfrac{1}{15}\right)^{30} = 30\log_{10}\dfrac{1}{15}$

$$= 30\log_{10}\dfrac{2}{3 \cdot 10}$$

$$= 30(\log_{10} 2 - \log_{10} 3 - \log_{10} 10)$$

$$= 30(0.3010 - 0.4771 - 1) = -35.283$$

これより　$-36 \leq \log_{10}\left(\dfrac{1}{15}\right)^{30} < -35$

したがって　$10^{-36} \leq \left(\dfrac{1}{15}\right)^{30} < 10^{-35}$

ゆえに，$\left(\dfrac{1}{15}\right)^{30}$ を小数で表すと，$\underline{\text{小数第 36 位}}_{\text{ウエ}}$ にはじめて 0 でない数字が現れる。

SKILL 桁数および小数首位

1. 桁数

　$A \geq 1$ とする。

　A が n 桁の数 $\iff 10^{n-1} \leq A < 10^n$

　　　　　　　　　$\iff n - 1 \leq \log_{10} A < n$

2. 小数首位

　$0 < B < 1$ とする。

　B は小数第 n 位にはじめて 0 でない数字が現れる

　　　　$\iff 10^{-n} \leq B < 10^{-n+1}$

　　　　$\iff -n \leq \log_{10} B < -n+1$

---

095 $f(x) = 2^x - 2^{-x}$　より

$f(-x+3) = 2^{-x+3} - 2^{-(-x+3)}$

$$= 2^3 \cdot 2^{-x} - 2^{-3} \cdot 2^x = \underline{8 \cdot 2^{-x} - \dfrac{1}{8} \cdot 2^x}_{\text{アイウ}}$$

である。また $f(x) = f(-x+3)$ とすると

$2^x - 2^{-x} = 8 \cdot 2^{-x} - \dfrac{1}{8} \cdot 2^x$

$\dfrac{9}{8} \cdot 2^x = 9 \cdot 2^{-x}$

$2^x = 8 \cdot 2^{-x}$

$2^x = 2^3 \cdot 2^{-x}$

$2^x = 2^{3-x}$

$x = 3 - x$　　したがって　$x = \dfrac{3}{2}$

ゆえに，共有点の x 座標は $\underline{\dfrac{3}{2}}_{\text{エオ}}$ である。

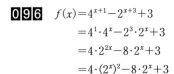
1. 底をそろえて $a^x=a^p$ の形を導く。
2. $a>0$, $a \neq 1$ のとき
   $a^x=a^p$ ならば $x=p$ である。

096
$$f(x)=4^{x+1}-2^{x+3}+3$$
$$=4^1 \cdot 4^x-2^3 \cdot 2^x+3$$
$$=4 \cdot 2^{2x}-8 \cdot 2^x+3$$
$$=4 \cdot (2^x)^2-8 \cdot 2^x+3$$

ここで，$2^x=t$ とおくと　$f(x)=\underline{\boldsymbol{4t^2-8t+3}}_{アイ}$
また，$2^x>0$ より　$t>0$
よって，方程式 $f(x)=0$ を解くと
$$4t^2-8t+3=0$$
$$(2t-1)(2t-3)=0$$
$$t=\frac{1}{2}, \ \frac{3}{2}　\quad これらは t>0 を満たす。$$

よって　$2^x=\dfrac{1}{2}, \ \dfrac{3}{2}$
したがって
$$x=\log_2\frac{1}{2}, \ \log_2\frac{3}{2}$$
$\boldsymbol{x=-1}_{ウエ}, \ \underline{\boldsymbol{\log_2 3-1}}_{オ}$
また，
$$f(x)=4t^2-8t+3$$
$$=4(t-1)^2-1$$
$t>0$ であるから，$f(x)$ は
$t=2^x=1$ のとき，すなわち
$\boldsymbol{x=0}_{カ}$ のとき最小値 $\boldsymbol{-1}_{キク}$ をとる。

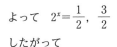

097　$y=\log_3(3x+9)=\log_3 3(x+3)$
$$=\log_3 3+\log_3(x+3)=\log_3(x+3)+1$$
よって，$y=\log_3(3x+9)$
のグラフは，
$y=\log_3 x$ のグラフを，
$\boldsymbol{x}$ 軸方向に $\boldsymbol{-3}_{アイ}$，
$\boldsymbol{y}$ 軸方向に $\boldsymbol{1}_{ウ}$
だけ平行移動したもので
ある。
また，$3x+9>0$ より　$x>-3$
よって，定義域は　$x>-3$ ……①
さらに，$y=\log_3(3x+9)$ において $y=0$ とすると
$$0=\log_3(3x+9)$$
$$3x+9=3^0$$
$$3x+9=1$$
$$x=-\frac{8}{3}　（これは①を満たす。）$$
よって，x 軸との共有点の座標は $\left(-\dfrac{8}{3}, \ 0\right)_{エオ}$
$x=0$ とすると　$y=\log_3 9=2$
よって，y 軸との共有点の座標は $(0, \ \underline{\boldsymbol{2}})_{カ}$ である。

1. 対数関数のグラフ
   $$y=\log_a x$$

　　　$a>1$ のとき　　　　$0<a<1$ のとき

$x>0$，漸近線は y 軸。点 $(1, \ 0)$ を通る。
2. 平行移動
   対数関数 $y=\log_a x$ のグラフを x 軸方向に p，y 軸
   方向に q だけ平行移動したグラフの方程式は
   $$y=\log_a(x-p)+q$$

098　$y=\left(\log_2\dfrac{4}{x}\right)(\log_2 x-1)$
$$=(\log_2 4-\log_2 x)(\log_2 x-1)$$
$$=(2-t)(t-1)$$
$$=\underline{\boldsymbol{-t^2+3t-2}}_{アイ}　\cdots\cdots①$$

$\dfrac{1}{2} \leqq x \leqq 4$ で，底 $2>1$ であるから
$$\log_2\frac{1}{2} \leqq \log_2 x \leqq \log_2 4$$
よって　$\underline{\boldsymbol{-1 \leqq t \leqq 2}}_{ウエオ}$
①は
$$y=-\left(t-\frac{3}{2}\right)^2+\frac{1}{4}　と変形できるから，$$
$t=\dfrac{3}{2}$ のとき，すなわち $\log_2 x=\dfrac{3}{2}$ より
$\boldsymbol{x=2\sqrt{2}}_{カキ}$ のとき最大値 $\dfrac{\boldsymbol{1}}{\boldsymbol{4}}_{クケ}$
$t=-1$ のとき，すなわち $\log_2 x=-1$ より
$\boldsymbol{x=\dfrac{1}{2}}_{コサ}$ のとき最小値 $\boldsymbol{-6}_{シス}$ をとる。

099　(1) $2^x=A$，$3^y=B$ とおくと，与式は
$$\begin{cases} \dfrac{1}{2}A+9B=31 \\ 2A+\dfrac{1}{3}B=17 \end{cases}　と変形できる。$$

これを解くと　$A=8$，$B=3$
つまり　$2^x=8$，$3^y=3$
よって　$\boldsymbol{x=3}_{ア}$，$\boldsymbol{y=1}_{イ}$

(2) $\begin{cases} \log_3(x+1)-\log_9 y=\dfrac{3}{2} & \cdots\cdots① \\ x+3y=3 & \cdots\cdots② \end{cases}$ とすると
①について，真数は正であるから，
　$x+1>0$　かつ　$y>0$
これより　$x>-1$ かつ $y>0$
①を変形すると
$$\log_3(x+1)-\frac{\log_3 y}{\log_3 9}=\frac{3}{2}$$

$$\log_3(x+1) - \frac{1}{2}\log_3 y = \frac{3}{2}$$

$$\log_3(x+1)^2 - \log_3 y = 3$$

$$\log_3 \frac{(x+1)^2}{y} = \log_3 27$$

$$(x+1)^2 = 27y$$

②より $3y = 3 - x$ これを代入して

$$(x+1)^2 = 9(3-x)$$

$$x^2 + 11x - 26 = 0$$

$$(x+13)(x-2) = 0$$

$x > -1$ より $\boldsymbol{x = \underset{\text{ウ}}{\boldsymbol{2}}}$

このとき②より $\boldsymbol{y = \underset{\text{エオ}}{\dfrac{1}{3}}}$

であり，これは $y > 0$ を満たす。

100 $1 + \log_2 y \leqq \log_2(18 - 3x)$ ……①

$1 + \log_2 y \leqq \log_2(10 - x)$ ……②

与えられた不等式の真数は正であるから

$$y > 0, \quad 18 - 3x > 0, \quad 10 - x > 0$$

これより $\boldsymbol{x < \underset{\text{ア}}{\boldsymbol{6}}}$，$\boldsymbol{y > \underset{\text{イ}}{\boldsymbol{0}}}$ である。

①について $\log_2 2 + \log_2 y \leqq \log_2(18 - 3x)$

$$\log_2 2y \leqq \log_2(18 - 3x)$$

底 2 は 1 より大きいから $2y \leqq 18 - 3x$

$$\boldsymbol{y \leqq \underset{\text{ウ～カ}}{-\dfrac{3}{2}x + 9}}$$

同様に②について $2y \leqq 10 - x$ すなわち

$$\boldsymbol{y \leqq \underset{\text{キ～コ}}{-\dfrac{1}{2}x + 5}}$$

よって，連立不等式は

$$x < 6, \quad y > 0, \quad y \leqq -\frac{3}{2}x + 9, \quad y \leqq -\frac{1}{2}x + 5$$

となる。これを座標平面に表すと右の図の斜線部分。ただし，直線 $y = 0$ 上の点は含まない。

2 直線

$$y = -\frac{3}{2}x + 9, \quad y = -\frac{1}{2}x + 5$$

の交点の座標は $(4, 3)$ であり，

$x + y = k$ ……③ とおくと，

直線③が点 $(4, 3)$ を通るとき k は最大値 $k = 4 + 3 = 7$ をとる。

したがって $\boldsymbol{x = \underset{\text{サ}}{\boldsymbol{4}}}$，$\boldsymbol{y = \underset{\text{シ}}{\boldsymbol{3}}}$ のとき最大値 $\underset{\text{ス}}{\boldsymbol{7}}$ をとる。

微分法と積分法

101 (1) $y' = 2x - 2$ から $x = 3$ のとき $y' = 4$

よって，求める接線の方程式は

$$y - 3 = 4(x - 3)$$

すなわち $\boldsymbol{y = \underset{\text{アイ}}{\boldsymbol{4x - 9}}}$

(2) $y' = 2x - 3$

より，点 $(a, a^2 - 3a + 1)$ における接線の方程式は

$$y - (a^2 - 3a + 1) = (2a - 3)(x - a)$$

すなわち $\boldsymbol{y = \underset{\text{ウエオ}}{(2a-3)x - a^2 + 1}}$ ……①

この接線が点 $(3, 0)$ を通るとき

$$a^2 - 6a + 8 = 0$$

よって $(a - 2)(a - 4) = 0$

$$a = 2, \ 4$$

このとき，接線の傾きは

$a = 2$ のとき 1

$a = 4$ のとき 5

よって，傾きが大きい方の接線の方程式は①に $a = 4$ を代入して $\boldsymbol{y = \underset{\text{カキク}}{\boldsymbol{5x - 15}}}$

SKILL 曲線の接線の方程式

曲線 $y = f(x)$ の点 $(a, f(a))$ における接線の方程式は

$$y - f(a) = f'(a)(x - a)$$

※ $\underset{\sim}{f'(a)}$ を $f'(x)$ と間違いやすいので注意。

102 $f'(x) = -3x^2 + 6ax + 3b$

$x = 1, 2$ で極値をとるから

$f'(1) = 0, \ f'(2) = 0$ である。

$f'(1) = -3 + 6a + 3b = 0$ より $2a + b = 1$ ……①

$f'(2) = -12 + 12a + 3b = 0$ より $4a + b = 4$ ……②

①，②を解いて $\boldsymbol{a = \underset{\text{アイ}}{\dfrac{3}{2}}}$，$\boldsymbol{b = \underset{\text{ウエ}}{\boldsymbol{-2}}}$

よって $f(x) = -x^3 + \dfrac{9}{2}x^2 - 6x$

$$f'(x) = -3x^2 + 9x - 6$$
$$= -3(x-1)(x-2)$$

となり，増減表は次のようになる。

x	$\cdots$	1	$\cdots$	2	$\cdots$
$f'(x)$	$-$	0	$+$	0	$-$
$f(x)$	$\searrow$	$-\dfrac{5}{2}$	$\nearrow$	-2	$\searrow$

よって，極大値は $\underset{\text{オカ}}{\boldsymbol{-2}}$，極小値は $\underset{\text{キクケ}}{-\dfrac{5}{2}}$ である。

SKILL 極値と微分係数

$x = a$ で極値をとる $\Longrightarrow f'(a) = 0$

(注) この命題の逆は成り立たない。例えば

x	$\cdots$	a	$\cdots$
$f'(x)$	$+$	0	$+$
$f(x)$	$\nearrow$		$\nearrow$

x	$\cdots$	a	$\cdots$
$f'(x)$	$-$	0	$-$
$f(x)$	$\searrow$		$\searrow$

極大でも極小でもない

103 $f'(x) = 3x^2 + 6x = 3x(x + 2)$

$f'(x) = 0$ とすると $x = -2, 0$

したがって，増減表は次のようになる。

x	-3	$\cdots$	-2	$\cdots$	0	$\cdots$
$f'(x)$		$+$	0	$-$	0	$+$
$f(x)$	0	↗	4	↘	0	↗

$y=x^3+3x^2$ は $\boldsymbol{x=-2}$ ₐᵧのとき極大値 $\boldsymbol{4}$ ᵤ,

$\boldsymbol{x=0}$ ₑのとき極小値 $\boldsymbol{0}$ ₒをとる。

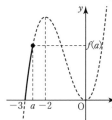

$-3<\boldsymbol{a}<-2$ ₖₖのとき,
グラフより
$f(x)$ は $x=a$ で最大値
$$f(a)=\boldsymbol{a^3+3a^2}$$ ₖₖ
をとる。

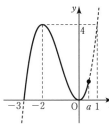

$f(x)=4$ となる x を求めると
$$x^3+3x^2=4$$
$$(x+2)^2(x-1)=0$$
よって $x=-2,\ 1$
$\boldsymbol{-2\leqq a<1}$ のとき,
$f(x)$ は $x=-2$ で最大値 $\boldsymbol{4}$ ₛ
をとる。

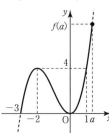

$\boldsymbol{a\geqq 1}$ ₇のとき, グラフより
$f(x)$ は $x=a$ で最大値
$$f(a)=\boldsymbol{a^3+3a^2}$$
をとる。(ただし, $a=1$ のときは $x=-2,\ a$ で最大値をとる)

SKILL 3次関数のグラフと極大値・極小値
の関係

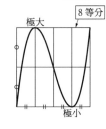

3次関数が極大値, 極小値をもつときグラフは左の図のようになる。
このことを利用して, 確かめをすることができる。

104 $f(x)=x^3+6x^2-15x$ とおく。

$x^3+6x^2-15x-k=0$ の異なる実数解の個数は,
$y=f(x)$ と $y=k$ のグラフの共有点の個数と同じである。

$f'(x)=3x^2+12x-15=3(x-1)(x+5)$

x	$\cdots$	-5	$\cdots$	1	$\cdots$
y'	$+$	0	$-$	0	$+$
y	↗	100	↘	-8	↗

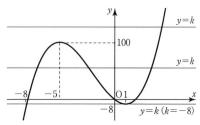

よって, 異なる3個の実数解をもつときの k の値の範囲は

$\boldsymbol{-8<k<100}$ ₐ~ₒ

ただ一つの実数解をもち, しかもそれが正の解であるときの k の値の範囲は

$\boldsymbol{100<k}$ ₖₖₖ である。

正の重解をもつときの k の値は

$\boldsymbol{k=-8}$ ₖₒ である。このとき, 3次方程式は

$$x^3+6x^2-15x+8=0$$

因数分解して $(x-1)^2(x+8)=0$

となるから, 正の2重解1をもち, 負の解は $\boldsymbol{-8}$ ₛₛである。

(注) 負の解が -8 であることは, 前問の SKILL によってもわかる。

SKILL 3次方程式とグラフ

3次方程式 $f(x)=k$ の異なる実数解の個数は, $y=f(x)$ と $y=k$ のグラフの共有点の個数と同じである。

105 (1) $2x^2-x=4x-2$
を解くと
$$2x^2-5x+2=0$$
$$(2x-1)(x-2)=0$$
より $x=\dfrac{1}{2},\ 2$

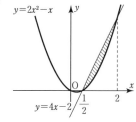

区間 $\dfrac{1}{2}\leqq x\leqq 2$ において
$$4x-2\geqq 2x^2-x$$
であるから, 求める面積を S とすると
$$S=\int_{\frac{1}{2}}^{2}\{(4x-2)-(2x^2-x)\}\,dx$$
$$=\int_{\frac{1}{2}}^{2}(-2x^2+5x-2)\,dx$$
$$=-\int_{\frac{1}{2}}^{2}(2x-1)(x-2)\,dx$$
$$=-2\int_{\frac{1}{2}}^{2}\left(x-\frac{1}{2}\right)(x-2)\,dx$$
$$=-2\times\frac{-1}{6}\left(2-\frac{1}{2}\right)^3$$
$$=\frac{9}{8}$$ ₐᵧ

(2) $y=x^2-3x+2$
$\quad =(x-1)(x-2)$
であるから，求める面積を S，
図の二つの図形の面積を S_1，
S_2 とすると

$y=x^2-3x+2$

$S=S_1+S_2$

$\quad =\int_0^1(x^2-3x+2)\,dx+\int_1^2\{-(x^2-3x+2)\}\,dx$

$\quad =\left[\dfrac{1}{3}x^3-\dfrac{3}{2}x^2+2x\right]_0^1-\left(-\dfrac{1}{6}\right)(2-1)^3$

$\quad =\dfrac{5}{6}+\dfrac{1}{6}=\mathbf{1}_{ウ}$

SKILL 放物線と面積（公式その1）

放物線と直線，放物線と放物線とで囲まれた部分の
面積は，公式

$$\int_\alpha^\beta(x-\alpha)(x-\beta)\,dx=-\dfrac{1}{6}(\beta-\alpha)^3$$

を用いることができる。

---

106 (1) $x\leqq0$，$2\leqq x$ のとき
$\quad y=|x(x-2)|=x(x-2)$
$0\leqq x\leqq2$ のとき
$\quad y=|x(x-2)|=-x(x-2)$
よって

$\int_0^3|x(x-2)|\,dx$

$=\int_0^2|x(x-2)|\,dx+\int_2^3|x(x-2)|\,dx$

$=\int_0^2\{-x(x-2)\}\,dx+\int_2^3x(x-2)\,dx$

$=\int_0^2(-x^2+2x)\,dx+\int_2^3(x^2-2x)\,dx$

$=\left[-\dfrac{1}{3}x^3+x^2\right]_0^2+\left[\dfrac{1}{3}x^3-x^2\right]_2^3$

$=\dfrac{4}{3}+\left\{0-\left(-\dfrac{4}{3}\right)\right\}=\dfrac{\mathbf{8}}{\mathbf{3}}_{アイ}$

(2) $x^2+x-2=(x+2)(x-1)$
であるから
$x\leqq-2$，$1\leqq x$ のとき
$\quad |x^2+x-2|=x^2+x-2$
$-2\leqq x\leqq1$ のとき
$\quad |x^2+x-2|=-(x^2+x-2)$
よって，求める面積を S とすると

$S=\int_{-2}^2|x^2+x-2|\,dx$

$=\int_{-2}^1|x^2+x-2|\,dx+\int_1^2|x^2+x-2|\,dx$

$=\int_{-2}^1\{-(x^2+x-2)\}\,dx+\int_1^2(x^2+x-2)\,dx$

$=\left[-\dfrac{1}{3}x^3-\dfrac{1}{2}x^2+2x\right]_{-2}^1+\left[\dfrac{1}{3}x^3+\dfrac{1}{2}x^2-2x\right]_1^2$

$=\dfrac{7}{6}-\left(-\dfrac{10}{3}\right)+\left\{\dfrac{2}{3}-\left(-\dfrac{7}{6}\right)\right\}=\dfrac{\mathbf{19}}{\mathbf{3}}_{ウエオ}$

（注） $\int_{-2}^1|x^2+x-2|\,dx$

$\quad =-\int_{-2}^1(x+2)(x-1)\,dx$

$\quad =\dfrac{1}{6}\{1-(-2)\}^3=\dfrac{27}{6}$ と計算してもよい。

107 (1) $\int_a^x f(t)\,dt=4x^2-4x-3$ ……①

において，$x=a$ とおくと $\int_a^a f(t)\,dt=0$ であるから

$\quad 0=4a^2-4a-3$

よって $(2a-3)(2a+1)=0$

$\quad a>0$ より $\boldsymbol{a=\dfrac{3}{2}}_{アイ}$

また，①の両辺を x で微分して $\boldsymbol{f(x)=8x-4}_{ウエ}$

(2) $\int_0^1 f(t)\,dt$ は定数であるので，これを k とおくと

$\quad f(x)=x^2+3kx$

であり

$k=\int_0^1 f(t)\,dt$

$\quad =\int_0^1(t^2+3kt)\,dt$

$\quad =\left[\dfrac{1}{3}t^3+\dfrac{3}{2}kt^2\right]_0^1$

$\quad =\dfrac{1}{3}+\dfrac{3}{2}k$ ゆえに $k=-\dfrac{2}{3}$

よって $\boldsymbol{f(x)=x^2-2x}_{オ}$

SKILL 定積分と微分法，定積分で表された関数

1. 定積分と微分法

$$\dfrac{d}{dx}\int_a^x f(t)\,dt=f(x)$$

2. 定積分で表された関数

a，b が定数のとき $\int_a^b f(t)\,dt$ は定数。

　　　　　　　　　⇨適当な文字に置き換える。

---

108 $y=-x^2+4x$
$\qquad y'=-2x+4$

だから，①の $x=a$ における接線の方程式は

$\quad y-(-a^2+4a)=(-2a+4)(x-a)$ ……④

④は $(0,\ 9)$ を通るから

$\quad 9-(-a^2+4a)=(-2a+4)(-a)$

$\quad 9+a^2-4a=2a^2-4a$

$\quad a^2=9$

$\quad a=\pm3$

④に $a=\pm3$ を代入して，接線の方程式を求めると

$\quad \boldsymbol{y=10x+9}_{アイウ}$，$\boldsymbol{y=-2x+9}_{エオカ}$ となる。

求める面積の，$x\leqq0$ の部分を S_1，$x\geqq0$ の部分を S_2 と
すると

$\quad S_1=\int_{-3}^0\{10x+9-(-x^2+4x)\}\,dx$

$$= \int_{-3}^{0} (x^2+6x+9)\,dx$$

$$= \int_{-3}^{0} (x+3)^2\,dx$$

$$= \left[\frac{1}{3}(x+3)^3\right]_{-3}^{0} = 9$$

$$S_2 = \int_{0}^{3} \{-2x+9$$
$$\qquad -(-x^2+4x)\}\,dx$$

$$= \int_{0}^{3} (x^2-6x+9)\,dx$$

$$= \int_{0}^{3} (x-3)^2\,dx$$

$$= \left[\frac{1}{3}(x-3)^3\right]_{0}^{3} = 9$$

したがって，求める面積は

$S_1+S_2 = \underline{\textbf{18}}_{\text{キク}}$ である。

（注） 積分の計算は

$$\int_{-3}^{0} (x^2+6x+9)\,dx = \left[\frac{1}{3}x^3+3x^2+9x\right]_{-3}^{0}$$
$$= -(-9+27-27) = 9$$

$$\int_{0}^{3} (x^2-6x+9)\,dx = \left[\frac{1}{3}x^3-3x^2+9x\right]_{0}^{3}$$
$$= 9-27+27 = 9$$

としてもよい。

SKILL 放物線と面積（公式その2）

接線と放物線の囲む部分の面積は，公式

$$\int_{a}^{b} (x-k)^2\,dx = \left[\frac{1}{3}(x-k)^3\right]_{a}^{b}$$

を用いることができる。

109 $\dfrac{1}{3}x^2 = mx$

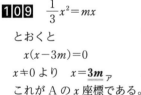

とおくと

$x(x-3m) = 0$

$x \neq 0$ より $x = \underline{\textbf{3}m}_{\text{ア}}$

これが A の x 座標である。

また

$$S(m) = S_1+S_2$$
$$= \int_{0}^{3m}\left(mx-\frac{1}{3}x^2\right)dx + \int_{3m}^{3}\left(\frac{1}{3}x^2-mx\right)dx$$
$$= \left[\frac{1}{2}mx^2-\frac{1}{9}x^3\right]_{0}^{3m} + \left[\frac{1}{9}x^3-\frac{1}{2}mx^2\right]_{3m}^{3}$$
$$= \left(\frac{9}{2}m^3-3m^3\right) + \left(3-\frac{9}{2}m\right) - \left(3m^3-\frac{9}{2}m^3\right)$$
$$= \underline{3m^3-\frac{9}{2}m+3}_{\text{イ～オ}}$$

このとき

$$S'(m) = 9m^2-\frac{9}{2} = 9\left(m-\frac{\sqrt{2}}{2}\right)\left(m+\frac{\sqrt{2}}{2}\right)$$

$0<m<1$ における増減表は

m	0	$\cdots$	$\dfrac{\sqrt{2}}{2}$	$\cdots$	1
$S'(m)$		$-$	0	$+$	
$S(m)$		↘	極小	↗	

したがって，$m = \underline{\dfrac{\sqrt{2}}{2}}_{\text{カキ}}$ のとき最小値

$$S\left(\frac{\sqrt{2}}{2}\right) = 3\left(\frac{\sqrt{2}}{2}\right)^3 - \frac{9}{2}\cdot\frac{\sqrt{2}}{2} + 3 = \underline{\frac{6-3\sqrt{2}}{2}}_{\text{ク～サ}}$$

をとる。

SKILL 3次関数の最小値

$S(m)$ が m の3次式だから，微分法を利用して $S(m)$ の最小値を求める。

110 (1) $f(x) = x^3-4x^2+3x$ とすると，接線の傾きは $f'(2)$ である。

$f'(x) = 3x^2-8x+3$ であるから

$f'(2) = 3\cdot2^2-8\cdot2+3 = -1$

よって，接線の方程式は

$y-(-2) = -(x-2)$

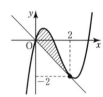

すなわち $\underline{\boldsymbol{y=-x}}_{\text{ア}}$

(2) 曲線 $y=f(x)$ と接線 l の共有点の x 座標を求める。

方程式 $x^3-4x^2+3x = -x$ を解くと

$x^3-4x^2+4x = 0$

$x(x-2)^2 = 0$

$x = 0,\ 2$

接線が曲線と交わる点の x 座標は0であり，グラフは右上の図のようになる。

よって，求める面積 S は

$$S = \int_{0}^{2}\{(x^3-4x^2+3x)-(-x)\}\,dx$$
$$= \int_{0}^{2}(x^3-4x^2+4x)\,dx$$
$$= \left[\frac{x^4}{4}-\frac{4}{3}x^3+2x^2\right]_{0}^{2} = \underline{\frac{4}{3}}_{\text{イウ}}$$

〔別解〕 3次関数と接線で囲まれた部分の面積 S は

公式 $\displaystyle\int_{\alpha}^{\beta}(x-\alpha)(x-\beta)^2\,dx = \frac{(\beta-\alpha)^4}{12}$ より

$$S = \int_{0}^{2}(x^3-4x^2+4x)\,dx$$
$$= \int_{0}^{2}x(x-2)^2\,dx = \frac{(2-0)^4}{12} = \underline{\frac{4}{3}}$$

数列

111 初項を a，公差を d とおくと

$a_4 = a+3d = 23$ ……①

$a_{10} = a+9d = 53$ ……②

②－①より $6d = 30$ よって $d = 5$

①より $a = 8$

ゆえに，初項は $\underline{\textbf{8}}_{\text{ア}}$，公差は $\underline{\textbf{5}}_{\text{イ}}$ である。

一般項は $a_n=8+(n-1)\cdot5=\underline{\boldsymbol{5n+3}}_{\text{ウエ}}$ であり，

和は $S_n=\dfrac{a_1+a_n}{2}\cdot n=\dfrac{8+(5n+3)}{2}\cdot n$

$\qquad\qquad =\underline{\dfrac{\boldsymbol{5n^2+11n}}{\boldsymbol{2}}}_{\text{オ〜ク}}$ である。

(注) 公差 $=\dfrac{53-23}{10-4}=5$ と求めることもできる。

SKILL 等差数列

初項 a，公差 d の等差数列で

$\quad a_n=a+(n-1)d$

$\quad S_n=\dfrac{a_1+a_n}{2}\cdot n=\dfrac{n\{2a+(n-1)d\}}{2}$

112 初項を a，公比を r とおくと

$\quad a_3=ar^2=12\ \cdots\cdots$①

$\quad a_6=ar^5=96\ \cdots\cdots$②

①を②に代入して $12\cdot r^3=96$ $r^3=8$

したがって $r=2$ ①より $a=3$

よって，初項は $\underline{\boldsymbol{3}}_{\text{ア}}$，公比は $\underline{\boldsymbol{2}}_{\text{イ}}$ である。

一般項は $a_n=\underline{\boldsymbol{3\cdot2^{n-1}}}_{\text{ウエオ}}$ であり，

和は $S_n=\dfrac{3\cdot(2^n-1)}{2-1}=\underline{\boldsymbol{3\cdot2^n-3}}_{\text{カキク}}$ である。

SKILL 等比数列

初項 a，公比 r の等比数列で

$\quad a_n=a\cdot r^{n-1}$

$\quad S_n=\begin{cases}\dfrac{a(r^n-1)}{r-1}=\dfrac{a(1-r^n)}{1-r}&(r\ne1)\\[2mm]na&(r=1)\end{cases}$

113 (1) $S_n=n^2+2n$ より

$a_{10}=S_{10}-S_9=(10^2+2\cdot10)-(9^2+2\cdot9)$

$\qquad =120-99=\underline{\boldsymbol{21}}_{\text{アイ}}$

$a_6+a_7+\cdots\cdots+a_{10}=S_{10}-S_5$

$\qquad\qquad\qquad =120-(5^2+2\cdot5)=\underline{\boldsymbol{85}}_{\text{ウエ}}$

また，$n\geqq2$ のとき

$a_n=S_n-S_{n-1}=(n^2+2n)-\{(n-1)^2+2(n-1)\}$

$\qquad =n^2+2n-(n^2-1)$

$\qquad =2n+1$

$a_1=S_1=1^2+2\cdot1=3$

であるから，この式は $n=1$ でも成り立つ。

よって $a_n=\underline{\boldsymbol{2n+1}}_{\text{オカ}}$

(2) $S_n=3^n+1$ より

$a_1=S_1=3^1+1=\underline{\boldsymbol{4}}_{\text{キ}}$ である。

また，$n\geqq2$ のとき

$a_n=S_n-S_{n-1}=(3^n+1)-(3^{n-1}+1)$

$\qquad =3^n-3^{n-1}=3^{n-1}(3-1)=\underline{\boldsymbol{2\cdot3^{n-1}}}_{\text{クケコ}}$

(注) $a_n=2\cdot3^{n-1}$ で $n=1$ とすると $a_1=2\cdot3^0=2$ となり，この式は $n=1$ では成り立たない。

SKILL a_n と S_n の関係

$\quad a_n=\begin{cases}S_n-S_{n-1}&(n\geqq2)\\S_1&(n=1)\end{cases}$

(注) $n=1$ では $a_n=S_n-S_{n-1}$ は成立しないことがある。たとえば $S_n=n^2+2n+\underset{\smile}{1}$ のように定数項があるとき。

114 (1) $2\cdot3+3\cdot5+4\cdot7+\cdots\cdots+(n+1)(2n+1)$

$=\displaystyle\sum_{k=1}^{n}(k+1)(2k+1)=\sum_{k=1}^{n}(2k^2+3k+1)$

$=2\cdot\dfrac{1}{6}n(n+1)(2n+1)+3\cdot\dfrac{n(n+1)}{2}+n$

$=\dfrac{1}{6}\{2n(n+1)(2n+1)+9n(n+1)+6n\}$

$=\dfrac{n}{6}\{2(n+1)(2n+1)+9(n+1)+6\}$

$=\underline{\dfrac{\boldsymbol{n(4n^2+15n+17)}}{\boldsymbol{6}}}_{\text{ア〜カ}}$

(2) $\displaystyle\sum_{k=1}^{n}2\cdot(-3)^{k-1}$

初項2，公比 -3 の等比数列の初項から第 n 項までの和だから

$\dfrac{2\{1-(-3)^n\}}{1-(-3)}=\underline{\dfrac{\boldsymbol{1-(-3)^n}}{\boldsymbol{2}}}_{\text{キ〜コ}}$

(3) $\dfrac{1}{(2k+1)(2k+3)}=\dfrac{1}{2}\left(\dfrac{1}{2k+1}-\dfrac{1}{2k+3}\right)$

だから

$\displaystyle\sum_{k=1}^{n}\dfrac{1}{(2k+1)(2k+3)}$

$=\dfrac{1}{2}\left\{\left(\dfrac{1}{3}-\dfrac{1}{5}\right)+\left(\dfrac{1}{5}-\dfrac{1}{7}\right)+\left(\dfrac{1}{7}-\dfrac{1}{9}\right)+\cdots\right.$

$\qquad\qquad\left.\cdots+\left(\dfrac{1}{2n+1}-\dfrac{1}{2n+3}\right)\right\}$

$=\dfrac{1}{2}\left(\dfrac{1}{3}-\dfrac{1}{2n+3}\right)=\underline{\dfrac{\boldsymbol{n}}{\boldsymbol{3(2n+3)}}}_{\text{サシス}}$

SKILL Σ記号と計算，等比数列の和，分数の数列の和

1. Σ記号の定義

$\quad\displaystyle\sum_{k=1}^{n}a_k=a_1+a_2+\cdots\cdots+a_n$

2. Σ計算の公式

$\quad\displaystyle\sum_{k=1}^{n}c=cn$ (c は定数)

$\quad\displaystyle\sum_{k=1}^{n}k=\dfrac{n(n+1)}{2}$

$\quad\displaystyle\sum_{k=1}^{n}k^2=\dfrac{1}{6}n(n+1)(2n+1)$

$\quad\displaystyle\sum_{k=1}^{n}k^3=\left\{\dfrac{n(n+1)}{2}\right\}^2$

3. 等比数列の和

$\quad\displaystyle\sum_{k=1}^{n}ar^{k-1}=a+ar+ar^2+\cdots\cdots+ar^{n-1}$

$$= \frac{a(1-r^n)}{1-r} = \frac{a(r^n-1)}{r-1}$$

（ただし $r \neq 1$）

4．分数の数列の和

$$\frac{1}{k(k+1)} = \frac{1}{k} - \frac{1}{k+1}$$

$$\frac{1}{(2k+1)(2k+3)} = \frac{1}{2}\left(\frac{1}{2k+1} - \frac{1}{2k+3}\right)$$

などのように，部分分数に分解する。

115 $\{a_n\}: 4, 12, 24, 40, 60, 84, \cdots\cdots$

$\{b_n\}: 8, 12, 16, 20, 24, \cdots\cdots$

数列 $\{b_n\}$ は初項8，公差4の等差数列なので

$b_n = 8 + (n-1) \cdot 4 = \boldsymbol{4n+4}$ ｱｲ である。

また，$n \geq 2$ のとき

$$a_n = a_1 + \sum_{k=1}^{n-1} b_k$$

$$= 4 + 4\sum_{k=1}^{n-1}(k+1)$$

$$= 4 + 4\left(\sum_{k=1}^{n-1}k + \sum_{k=1}^{n-1}1\right)$$

$$= 4 + 4\left\{\frac{1}{2}(n-1)\cdot n + (n-1)\right\} = 2n^2 + 2n$$

この式は $n=1$ のときも成り立つから

$$a_n = \boldsymbol{2n^2+2n}\ ﾞｳｴ$$

$$\sum_{n=1}^{100}\frac{1}{a_n} = \sum_{n=1}^{100}\frac{1}{2n(n+1)}$$

$$= \frac{1}{2}\sum_{n=1}^{100}\left(\frac{1}{n} - \frac{1}{n+1}\right)$$

$$= \frac{1}{2}\left\{\left(\frac{1}{1} - \frac{1}{2}\right) + \left(\frac{1}{2} - \frac{1}{3}\right) + \cdots \right.$$

$$\left. \cdots + \left(\frac{1}{100} - \frac{1}{101}\right)\right\}$$

$$= \frac{1}{2}\left(1 - \frac{1}{101}\right) = \frac{1}{2}\cdot\frac{100}{101} = \boldsymbol{\frac{50}{101}}\ ｵ\sim ｹ$$

（注）$\displaystyle\sum_{k=1}^{n-1}(k+1) = \underbrace{2+3+\cdots\cdots+n}$

初項2，公差1，項数 $n-1$ の等差数列の和

$$= \frac{2+n}{2}\cdot(n-1)$$

としても計算できる。

SKILL 階差数列

数列 $\{a_n\}$ の階差数列を $\{b_n\}$ とすると

$b_n = a_{n+1} - a_n$ である。このとき

$$a_n = a_1 + \sum_{k=1}^{n-1}b_k \quad (n \geq 2)$$

（注）$n=1$ でも成立するかどうか確認しよう。

116 (1) $a + 37 = 40$ （等差中項） より $\boldsymbol{a = 3}\ ｱ$

$a \times \dfrac{64}{3} = 64 = b^2$ （等比中項） より

$\boldsymbol{b = 8}\ ｲ$ （∵ $b > 0$）

(2) p, a, q がこの順に等差数列となるとき

$a = 3$ より $p + q = 6 \cdots\cdots①$

p, q, b がこの順に等比数列となるとき

$b = 8$ より $q^2 = 8p \cdots\cdots②$

①，②より $q^2 = 8(6-q)$

①より $q = -12$ のとき $p = 18$

$q = 4$ のとき $p = 2$

$q^2 + 8q - 48 = 0$

$(q+12)(q-4) = 0 \quad q = -12, 4$

したがって $(p, q) = \boldsymbol{(18, -12)}\ ｳ\sim ｷ,\ \boldsymbol{(2, 4)}\ ｸｹ$

SKILL 等差中項・等比中項

x, y, z がこの順に等差数列となるとき $2y = x + z$

x, y, z がこの順に等比数列となるとき $y^2 = xz$

117 $a_{n+1} - a_n = n^2 + 1$ だから，$n \geq 2$ のとき

$$a_n = 1 + \sum_{k=1}^{n-1}(k^2+1)$$

$$= 1 + \frac{1}{6}n(n-1)(2n-1) + (n-1)$$

$$= \boldsymbol{\frac{n(2n^2-3n+7)}{6}}\ ｱ\sim ｴ$$

この式は $n=1$ のときも成立する。

$b_{n+1} - b_n = (-3)^n$ だから，$n \geq 2$ のとき

$$b_n = 5 + \sum_{k=1}^{n-1}(-3)^k$$

$$= 5 + \frac{-3\{1-(-3)^{n-1}\}}{1-(-3)} = \boldsymbol{\frac{17-(-3)^n}{4}}\ ｵ\sim ｹ$$

この式は $n=1$ のときも成立する。

$c_{n+1} = -2c_n + 6$ より

$$c_{n+1} - 2 = -2(c_n - 2)$$

したがって，数列 $\{c_n - 2\}$ は，初項 $c_1 - 2 = 3$，公比 -2 の等比数列だから $c_n - 2 = 3\cdot(-2)^{n-1}$

よって $c_n = \boldsymbol{3\cdot(-2)^{n-1}+2}\ ｺ\sim ｽ$

SKILL 漸化式の解法

1. $a_{n+1} = a_n + f(n)$ の形

階差数列の考え方を用いる。

$$a_n = a_1 + \sum_{k=1}^{n-1}f(k) \quad (n \geq 2)$$

ただし，$n=1$ のときは $a_n = a_1$

2. $a_{n+1} = pa_n + q$ の形

(i) $p=1$ のとき，数列 $\{a_n\}$ は等差数列だから

$$a_n = a_1 + (n-1)q$$

(ii) $p \neq 1$ のとき，特性方程式 $x = px + q$ を解いて

$$x = \frac{q}{1-p} \quad \text{これを } \alpha \text{ とおいて}$$

$$a_{n+1} - \alpha = p(a_n - \alpha) \text{ と変形する。}$$

118 第1区画から第29区画に含まれる項の個数は

$$1 + 2 + 3 + \cdots\cdots + 29 = \frac{29(29+1)}{2} = \boldsymbol{435}\ ｱｲｳ$$

である。a_{456} は

$$456-435=21<30$$

より，第30区画に入っているので $a_{456}=\underline{\mathbf{30}}_{エオ}$ となる。

第1区画から第29区画に含まれる項の総和は

$$1\cdot1+2\cdot2+3\cdot3+\cdots\cdots+29\cdot29$$

$$=\sum_{k=1}^{29}k^2=\frac{1}{6}\cdot29\cdot(29+1)\cdot(2\cdot29+1)$$

$$=\frac{1}{6}\cdot29\cdot30\cdot59=\underline{\mathbf{8555}}_{カ～ケ}$$

である。また，

$$9000-8555=445,\quad 445\div30=14.8\cdots$$

したがって，$a_1+a_2+a_3+\cdots\cdots+a_n\geqq9000$ となるのは

第30区画の15項目以降なので，最小の自然数 n は

$$435+15=\underline{\mathbf{450}}_{コサシ}\quad である。$$

確率分布と統計的推測

119 箱には a 枚のカードが入っているので，そこから1枚のカードを無作為に取り出すとき，どのカードも取り出される確率は $\dfrac{1}{a}$ になる。

すなわち $P(X=2a-5)=\underline{\dfrac{\mathbf{1}}{\mathbf{a}}}_{アイ}$

$a=3$ のとき，箱に入っているカードは

$$1,\ 3,\ 5$$

の3枚であるから，

$$P(X=1)=P(X=3)=P(X=5)=\frac{1}{3}$$

これより，X の期待値（平均）$E(X)$ は

$$E(X)=1\cdot\frac{1}{3}+3\cdot\frac{1}{3}+5\cdot\frac{1}{3}=\underline{\mathbf{3}}_{ウ}$$

X の分散 $V(X)$ は

$$V(X)=(1-3)^2\cdot\frac{1}{3}+(3-3)^2\cdot\frac{1}{3}+(5-3)^2\cdot\frac{1}{3}$$

$$=\frac{4+0+4}{3}=\underline{\dfrac{\mathbf{8}}{\mathbf{3}}}_{エオ}$$

〔別解〕 $V(X)=E(X^2)-\{E(X)\}^2$

$$=\left(1^2\cdot\frac{1}{3}+3^2\cdot\frac{1}{3}+5^2\cdot\frac{1}{3}\right)-3^2$$

$$=\frac{1+9+25}{3}-9=\frac{8}{3}$$

SKILL 確率変数の期待値と分散

確率変数 X のとりうる値を $x_1,\ x_2,\ x_3,\ \cdots,\ x_n$ とする。

1. 期待値（平均）

$$E(X)=\sum_{k=1}^{n}x_kP(X=x_k)$$

2. 分散

X の期待値を m とすると

$$V(X)=\sum_{k=1}^{n}(x_k-m)^2P(X=x_k)$$

$$=E(X^2)-\{E(X)\}^2$$

---

120 X の期待値（平均）$E(X)$ は

$$E(X)=8$$

分散 $V(X)$ は

$$V(X)=4$$

であるから，X の標準偏差 $\sigma(X)$ は

$$\sigma(X)=\sqrt{V(X)}=\sqrt{4}=\underline{\mathbf{2}\ (\text{点})}_{ア}$$

また，$Y=10X+10$ であるから，Y の期待値 $E(Y)$ は

$$E(Y)=E(10X+10)=10E(X)+10$$

$$=10\cdot8+10=\underline{\mathbf{90}\ (\text{点})}_{イウ}$$

分散 $V(Y)$ は

$$V(Y)=V(10X+10)=10^2V(X)$$

$$=10^2\cdot4=\underline{\mathbf{400}}_{エオカ}$$

SKILL 変量変換

二つの確率変数 X，Y に対し，

$$Y=aX+b\ (a,\ b\ \text{は実数})$$

が成り立つとき，

期待値 $E(Y)=aE(X)+b$

分散 $V(Y)=a^2V(X)$

標準偏差 $\sigma(Y)=|a|\sigma(X)$

---

121 X の期待値（平均）$E(X)$ は

$$E(X)=1\cdot\frac{1}{5}+2\cdot\frac{1}{5}+3\cdot\frac{1}{5}+4\cdot\frac{1}{5}+5\cdot\frac{1}{5}=3$$

Y の期待値 $E(Y)$ も同様に $E(Y)=3$

したがって，$X+Y$ の期待値 $E(X+Y)$ は

$$E(X+Y)=E(X)+E(Y)=3+3=\underline{\mathbf{6}}_{ア}$$

また，X の分散 $V(X)$ は

$$V(X)=E(X^2)-\{E(X)\}^2$$

$$=\left(1^2\cdot\frac{1}{5}+2^2\cdot\frac{1}{5}+3^2\cdot\frac{1}{5}+4^2\cdot\frac{1}{5}+5^2\cdot\frac{1}{5}\right)-3^2$$

$$=\frac{1+4+9+16+25}{5}-9=2$$

Y の分散 $V(Y)$ も同様に $V(Y)=2$

確率変数 X，Y は互いに独立であるから，$X+Y$ の分散 $V(X+Y)$ は

$$V(X+Y)=V(X)+V(Y)=2+2=\underline{\mathbf{4}}_{イ}$$

さらに，確率変数 X，Y は互いに独立であるから，XY の期待値 $E(XY)$ は

$$E(XY)=E(X)E(Y)=3\cdot3=\underline{\mathbf{9}}_{ウ}$$

SKILL 確率変数の和と積

1. 2つの確率変数 X，Y について，

$$E(X+Y)=E(X)+E(Y)$$

※X，Y が独立かどうかにかかわらず成り立つ。

2. 2つの確率変数 X，Y が互いに独立であるとき

$$E(XY)=E(X)E(Y)$$

$$V(X+Y)=V(X)+V(Y)$$

※X，Y が独立であるときのみ成り立つ。

---

122 $X=1$ となるのは，2個のサイコロがともに1,
3, 5 の奇数の目が出るときであるから

$$P(X=1)=\frac{3^2}{6^2}=\frac{\textbf{1}}{\textbf{4}}\underset{\text{アイ}}{}$$

$X=2$ となるのは，$X=1$ となることの余事象である
から

$$P(X=2)=1-P(X=1)=1-\frac{1}{4}=\frac{\textbf{3}}{\textbf{4}}\underset{\text{ウエ}}{}$$

となる。

$Y=1$ となるのは，1個のサイコロからは奇数の目，
もう1個のサイコロからは偶数の目が出るときである
から

$$P(Y=1)=\frac{2\times 3\times 3}{6^2}=\frac{\textbf{1}}{\textbf{2}}\underset{\text{オカ}}{}$$

$Y=2$ となるのは，$Y=1$ となることの余事象である
から

$$P(Y=2)=1-P(Y=1)=1-\frac{1}{2}=\frac{\textbf{1}}{\textbf{2}}\underset{\text{キク}}{}$$

となる。

また，$X=1$，$Y=1$ となるのは，

「2個のサイコロがともに奇数の目が出る」

かつ

「1個のサイコロからは奇数の目，

もう1個のサイコロからは偶数の目が出る」

となるときであるが，このようなことは起こりえない
ので，

$$P(X=1,\ Y=1)=\underline{\textbf{0}\ (\textcircled{0})}_{\text{ケ}}$$

となる。

これより，

$$P(X=1,\ Y=1)\neq P(X=1)\cdot P(Y=1)$$

であるから，確率変数 X，Y は<u>**独立ではない。**</u>$(\textcircled{1})_{\text{コ}}$

> ### SKILL 確率変数の独立
> 確率変数 X，Y が独立であるとは，どの値の組
> $(X,\ Y)=(x_i,\ y_j)$ についても，
> $$P(X=x_i,\ Y=y_j)=P(X=x_i)P(Y=y_j)$$
> となっていることをいう。

123 確率変数 W は二項分布に従うので，

W の期待値（平均）m が $\dfrac{207}{2}$ であるから

$$np=\frac{207}{2}=\frac{3^2\cdot 23}{2}\ \cdots\cdots\text{①}$$

W の標準偏差 σ が $\dfrac{69}{8}$ であるから

$$\sqrt{np(1-p)}=\frac{69}{8}=\frac{3\cdot 23}{2^3}$$

すなわち $np(1-p)=\dfrac{3^2\cdot 23^2}{2^6}\ \cdots\cdots\text{②}$

①，②より

$$\frac{3^2\cdot 23}{2}(1-p)=\frac{3^2\cdot 23^2}{2^6}$$

$$1-p=\frac{23}{2^5}=\frac{23}{32}$$

$$p=1-\frac{23}{32}=\frac{\textbf{9}}{\textbf{32}}\underset{\text{アイウ}}{}$$

これと①から

$$n\cdot\frac{9}{32}=\frac{3^2\cdot 23}{2}$$

よって $n=23\cdot 16=\underline{\textbf{368}}_{\text{エオカ}}$

> ### SKILL 二項分布
> 1回の試行で事象 A の起こる確率が p であるとす
> る。この試行を n 回繰り返したときに事象 A の起
> こる回数 W の期待値（平均）m と標準偏差 σ はそ
> れぞれ
> $$m=np,\ \sigma=\sqrt{np(1-p)}$$

124 正規分布曲線は左右対称であるから

$$P(-1.5\leqq Z\leqq 0)=P(0\leqq Z\leqq \underline{\textbf{1.5}})_{\text{アイ}}$$

$$=0.4332\fallingdotseq\underline{\textbf{0.43}}_{\text{ウエ}}$$

また，

$$P(-k\leqq Z\leqq k)=\underline{\textbf{2}}_{\text{オ}}\times P(0\leqq Z\leqq k)$$

であるから，$P(-k\leqq Z\leqq k)=0.97$ のとき，

$$P(0\leqq Z\leqq k)=0.485$$

これを満たす値を正規分布表から探すと

$$k=\underline{\textbf{2.17}}_{\text{カキク}}$$

> ### SKILL 標準正規分布と正規分布表
> 確率変数 Z が標準正規分布 $N(0,\ 1)$ に従うときの
> $P(0\leqq Z\leqq z_0)$ に対応する面積の値をまとめたものが
> 正規分布表である。
> この正規分布表に加えて，正規分布曲線が y 軸に関
> して左右対称であることから成り立つ
> $$P(Z\leqq 0)=P(Z\geqq 0)=0.5$$
> $$P(-t\leqq Z\leqq 0)=P(0\leqq Z\leqq t)$$
> を利用して確率を考える。
> この内容は，母平均・母比率の推定や仮説検定など
> 幅広い内容の基礎であるから，必ず理解したい。

125 平均が49.8点，標準偏差が20点であるから，
得点 X は正規分布

$$N(49.8,\ 20^2)=\underline{\textbf{N(49.8}\ (\textcircled{7})}_{\text{ア}},\ \underline{\textbf{400}\ (\textcircled{2})})_{\text{イ}}$$

に従う。

このとき，$Z=\dfrac{X-49.8}{20}$ とすると，Z は標準正規分布

$N(1,\ 0)$ に従う。

合格者が142人より，合格最低点を m とすると，

$$P(X\geqq m)=\frac{142}{400}=0.355$$

Z を用いて表すと

$$P\left(Z \geqq \frac{m-49.8}{20}\right)=0.355$$

$$P(Z \geqq 0)-P\left(0 \leqq Z \leqq \frac{m-49.8}{20}\right)=0.355$$

$$0.5-P\left(0 \leqq Z \leqq \frac{m-49.8}{20}\right)=0.355$$

$$P\left(0 \leqq Z \leqq \frac{m-49.8}{20}\right)=0.145$$

正規分布表より $\quad \dfrac{m-49.8}{20}=0.37$

となるので $\quad m=0.37 \times 20+49.8=57.2$

より, およそ **57 点**$_{ウエ}$ となる。

また, 正規分布表より

$$
\begin{aligned}
P(X \geqq 80) &= P\left(Z \geqq \frac{80-49.8}{20}\right) \\
&= P(Z \geqq 1.51) \\
&= P(Z \geqq 0)-P(0 \leqq Z \leqq 1.51) \\
&= 0.5-0.4345=0.0655
\end{aligned}
$$

であるから, 80 点以上を取った人数は

$$400 \times 0.0655=26.2$$

より, およそ **26 人**$_{オカ}$ となる。

126 サイコロ 1 個を投げたとき, 6 の目が出る確率 p は $p=\dfrac{1}{6}$ なので, サイコロを n 回投げたときの 6 の目が出る回数 X は,

二項分布 $\boldsymbol{B}\left(\boldsymbol{n}, \dfrac{\boldsymbol{1}}{\boldsymbol{6}}\right)_{アイ}$

に従う。

これより, $n=18000$ のとき,

$$E(X)=np=18000 \times \frac{1}{6}=\boldsymbol{3000}_{ウ\sim カ}$$

$$V(X)=np(1-p)=18000 \times \frac{1}{6} \times \frac{5}{6}=\boldsymbol{2500}_{キ\sim コ}$$

となる。

$n=18000$ は十分に大きいので, この二項分布は,

正規分布 $\boldsymbol{N(3000, 2500)}_{サ\sim ツ}$

に近似することができる。

よって, 確率変数 X に対して,

$$Z=\frac{X-3000}{\sqrt{2500}}=\frac{X-3000}{50}$$

とすると, 確率変数 Z は標準正規分布 $N(0, 1)$ に従うので

$$
\begin{aligned}
P(X \geqq 3010) &= P\left(Z \geqq \frac{3010-3000}{50}\right) \\
&= P\left(Z \geqq \frac{1}{5}\right) \\
&= P(Z \geqq 0.2) \\
&= P(Z \geqq 0)-P(0 \leqq Z \leqq 0.2) \\
&= 0.5-0.0793=\boldsymbol{0.4207}_{テ\sim ニ}
\end{aligned}
$$

となる。

127 標準偏差が 4 であることから, $Z=\dfrac{X-m}{4}$ とおくと, Z は標準正規分布に従う。

(1) $m=100$ のとき, $Z=\dfrac{X-100}{4}$ とおく。

$X \geqq 98$ のとき, $Z \geqq \dfrac{98-100}{4}=-0.5$ であるから

$$
\begin{aligned}
P(X \geqq 98) &= P(Z \geqq -0.5) \\
&= 0.5+P(-0.5 \leqq Z \leqq 0) \\
&= 0.5+P(0 \leqq Z \leqq 0.5) \\
&= 0.5+0.1915=\boldsymbol{0.6915}_{ア\sim エ}
\end{aligned}
$$

また, $X \geqq 106$ のとき, $Z \geqq \dfrac{106-100}{4}=1.5$ であるから

$$
\begin{aligned}
P(X \geqq 106) &= P(Z \geqq 1.5) \\
&= 0.5-P(0 \leqq Z \leqq 1.5) \\
&= 0.5-0.4332=\boldsymbol{0.0668}_{オ\sim ク}
\end{aligned}
$$

(2) $m=100$ のとき, この母集団から無作為に大きさ 256 の標本を抽出すると, その標本平均の期待値 $\overline{m}$ は

$$\overline{m}=m=\boldsymbol{100}_{ケコサ}$$

標準偏差 $\overline{\sigma}$ は

$$\overline{\sigma}=\frac{\sigma}{\sqrt{256}}=\frac{4}{16}=\boldsymbol{0.25}_{シスセ}$$

(3) 確率変数 X の母平均を m, 母標準偏差を σ としたとき, 大きさ n の標本を抽出すると, その標本平均 $\overline{X}$ の分布は正規分布 $N\left(m, \dfrac{\sigma^2}{n}\right)$ に近似できるから

$$Z=\frac{\overline{X}-m}{\dfrac{\sigma}{\sqrt{n}}}$$

の分布が標準正規分布となる。

Z が標準正規分布に従うとき, $P(|Z| \leqq k)=0.95$ となる正の値 k は

$$P(0 \leqq Z \leqq k)=0.475$$

となるような値を正規分布表から探すと $k=1.96$

これより，母平均 m に対する信頼度95％の信頼区間は

$$-1.96 \leqq \frac{\overline{X} - m}{\frac{\sigma}{\sqrt{n}}} \leqq 1.96$$

を満たす m の区間となる。

$\overline{X} = 102$ であり，(2)より $\frac{\sigma}{\sqrt{n}} = 0.25$

であるから，信頼度95％の信頼区間は

$$-1.96 \leqq \frac{102 - m}{0.25} \leqq 1.96$$

$$102 - 1.96 \times 0.25 \leqq m \leqq 102 + 1.96 \times 0.25$$

よって

$101.51 \leqq m \leqq 102.49$ ソ〜ネ

SKILL　母集団と標本

母集団から大きさ n の標本を無作為抽出する。このとき

1. 母平均を m，母標準偏差を σ とすると，標本平均 $\overline{X}$ の

　　期待値（平均）$E(\overline{X}) = m$

　　標準偏差 $\sigma(\overline{X}) = \dfrac{\sigma}{\sqrt{n}}$

2. n が十分大きいとき，母平均 m に対する信頼区間は

　　信頼度95％では

$$\overline{X} - \frac{1.96\sigma}{\sqrt{n}} \leqq m \leqq \overline{X} + \frac{1.96\sigma}{\sqrt{n}}$$

　　信頼度99％では

$$\overline{X} - \frac{2.58\sigma}{\sqrt{n}} \leqq m \leqq \overline{X} + \frac{2.58\sigma}{\sqrt{n}}$$

---

128 A に投票をした母比率が 0.5 より多いかどうかを検定する。

正しいかどうかを判断したい仮説（対立仮説）は，

　　「A の得票率が **0.5 より大きい（⑥）** ィ」

であり，帰無仮説は，

　　「A の得票率は **0.5（④）** ァ」

である。

帰無仮説が正しいとすると，母比率 p は $p = \dfrac{1}{2}$ となり，出口調査の結果として出てきた標本における比率 p_0 に対し，調査人数が 400 であるから，標準化した確率変数 Z は，

$$Z = \frac{p_0 - p}{\sqrt{\dfrac{p(1-p)}{n}}} = \frac{p_0 - \dfrac{1}{2}}{\sqrt{\dfrac{1}{400} \cdot \dfrac{1}{2}\left(1 - \dfrac{1}{2}\right)}}$$

$$= \frac{\boldsymbol{p_0 - \dfrac{1}{2}} \ (⑤)}{\boldsymbol{\dfrac{1}{40}} \ (②)} \ _{\text{ウエ}}$$

となる。

ここで，出口調査の結果から，

$$z_0 = \frac{\dfrac{230}{400} - \dfrac{1}{2}}{\dfrac{1}{40}} = 3$$

であるから，

$$P(Z \geqq z_0) = P(Z \geqq 3)$$
$$= P(Z \geqq 0) - P(0 \leqq Z \leqq 3)$$
$$= 0.5 - 0.4987 = 0.0013$$

となり，この値は 0.05 よりも **小さい（①）** ォ ので，有意水準5％で，A は **当選確実といえる（⓪）** ヵ。

SKILL　統計的仮説検定

1. 母集団に対して帰無仮説を立てる

　　帰無仮説は「検証したいこと」に反する仮説。

2. 帰無仮説のもとで有意水準・棄却域を定める

　　有意水準は判断の基準となる確率で，5％や1％がよく用いられる。

　　棄却域は，帰無仮説が成り立つという仮定したとき，有意水準以下の確率でしか得られない値の範囲。

3. 標本から得られた値と棄却域から結論を下す

　　標本から得られた値が棄却域に

　　・含まれるときは，帰無仮説は棄却される。

　　　このとき，検証したかったもとの仮説である対立仮説が正しいと判断する。

　　・含まれないときは，帰無仮説は棄却されない。

　　　このとき，対立仮説が正しいかは判断できない。

ベクトル

129 (1) 求める単位ベクトルを $\vec{e} = (x, y)$ とおくと

$\vec{a} \perp \vec{e}$ より　$\vec{a} \cdot \vec{e} = 3x + y = 0$ ……①

また，$\vec{e}$ は単位ベクトルだから

　　$|\vec{e}| = \sqrt{x^2 + y^2} = 1$　よって　$x^2 + y^2 = 1$ ……②

①，②より　$10x^2 = 1$

$x < 0$ より　$x = -\dfrac{1}{\sqrt{10}}$，$y = \dfrac{3}{\sqrt{10}}$

よって　$\vec{e} = \left(\boldsymbol{\dfrac{-1}{\sqrt{10}}}, \ \boldsymbol{\dfrac{3}{\sqrt{10}}}\right)$ ァ〜キ

(2) $2\vec{a} + 3\vec{b}$ と $\vec{a} - 5\vec{b}$ が垂直だから

　　$(2\vec{a} + 3\vec{b}) \cdot (\vec{a} - 5\vec{b}) = 0$

　　$2|\vec{a}|^2 - 7\vec{a} \cdot \vec{b} - 15|\vec{b}|^2 = 0$

$|\vec{a}| = 2$，$|\vec{b}| = 1$ より

　　$2 \times 2^2 - 7 \times 2 \times 1 \times \cos\theta - 15 \times 1^2 = 0$

　　$\cos\theta = -\dfrac{1}{2}$

$0° \leqq \theta \leqq 180°$ より　$\boldsymbol{\theta = 120°}$ クケコ

---

(3) $|\vec{a}+t\vec{b}|^2=|\vec{a}|^2+2t\vec{a}\cdot\vec{b}+t^2|\vec{b}|^2$

ここで
$$|\vec{a}|^2=3^2+2^2=13,\ |\vec{b}|^2=2^2+(-1)^2=5,\ \vec{a}\cdot\vec{b}=4$$
だから
$$|\vec{a}+t\vec{b}|^2=13+2t\cdot4+t^2\cdot5=5t^2+8t+13$$
$$=5\left(t+\frac{4}{5}\right)^2+\frac{49}{5}$$

$|\vec{a}+t\vec{b}|\geqq0$ だから

$t=-\dfrac{4}{5}$ のとき最小値 $\sqrt{\dfrac{49}{5}}=\dfrac{7}{\sqrt{5}}$ をとる。
_{サシス} _{セソ}

〔別解〕 $\vec{a}+t\vec{b}=(3,\ 2)+t(2,\ -1)=(3+2t,\ 2-t)$
より
$$|\vec{a}+t\vec{b}|=\sqrt{(3+2t)^2+(2-t)^2}=\sqrt{5t^2+8t+13}$$
$$=\sqrt{5\left(t+\frac{4}{5}\right)^2+\frac{49}{5}}$$
よって

$t=-\dfrac{4}{5}$ のとき最小値 $\sqrt{\dfrac{49}{5}}=\dfrac{7}{\sqrt{5}}$ をとる。

SKILL 平面ベクトルの内積，垂直条件

1. ベクトルの内積
$$\vec{a}\cdot\vec{b}=|\vec{a}||\vec{b}|\cos\theta$$
（θ は $\vec{a}$ と $\vec{b}$ のなす角で $0°\leqq\theta\leqq180°$）
$\vec{a}=(a_1,\ a_2),\ \vec{b}=(b_1,\ b_2)$ のとき
$$\vec{a}\cdot\vec{b}=a_1b_1+a_2b_2$$

2. ベクトルの内積と垂直
$$\vec{a}\perp\vec{b}\Longleftrightarrow\vec{a}\cdot\vec{b}=0\quad(\text{ただし，}\ \vec{a}\neq\vec{0},\ \vec{b}\neq\vec{0})$$

130 (1)

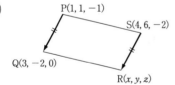

$R(x,\ y,\ z)$ とおくと，$\overrightarrow{SR}=\overrightarrow{PQ}$ だから
$$(x-4,\ y-6,\ z+2)=(2,\ -3,\ 1)$$
これを解いて $x=6,\ y=3,\ z=-1$
よって $\mathbf{R(6,\ 3,\ -1)}$
_{ア～エ}

(2) $\overrightarrow{AB}\cdot\overrightarrow{AC}=(-1)\times2+2\times(-2)+(-2)\times3$
$$=\mathbf{-12}_{\text{オカキ}}$$
$$\cos\theta=\frac{\overrightarrow{AB}\cdot\overrightarrow{AC}}{|\overrightarrow{AB}||\overrightarrow{AC}|}$$
$$=\frac{-12}{\sqrt{(-1)^2+2^2+(-2)^2}\sqrt{2^2+(-2)^2+3^2}}$$
$$=\frac{-12}{3\cdot\sqrt{17}}=-\frac{4}{\sqrt{17}}_{\text{ク～サ}}$$
$\sin\theta>0$ より $\sin\theta=\sqrt{1-\left(-\dfrac{4}{\sqrt{17}}\right)^2}=\dfrac{1}{\sqrt{17}}$
したがって，△ABC の面積は，$|\overrightarrow{AB}|=3$，

$|\overrightarrow{AC}|=\sqrt{17}$ より
$$\frac{1}{2}|\overrightarrow{AB}||\overrightarrow{AC}|\sin\theta=\frac{1}{2}\times3\times\sqrt{17}\times\frac{1}{\sqrt{17}}=\frac{3}{2}_{\text{シス}}$$

さらに，2つのベクトルに垂直なベクトルを
$\vec{p}=(x,\ y,\ z)$ とおくと
$$\vec{p}\cdot\overrightarrow{AB}=0\ \text{かつ}\ \vec{p}\cdot\overrightarrow{AC}=0\quad\text{より}$$
$$\begin{cases}-x+2y-2z=0\\2x-2y+3z=0\end{cases}$$
これを解いて $x=-z,\ y=\dfrac{1}{2}z$ ……①

一方，$|\vec{p}|=2$ より $|\vec{p}|^2=4$
すなわち $x^2+y^2+z^2=4$ ……②

①，②より $(-z)^2+\left(\dfrac{1}{2}z\right)^2+z^2=4$
$$z^2=\frac{16}{9}$$
$z>0$ より $z=\dfrac{4}{3}$

よって $\vec{p}=\left(-\dfrac{4}{3},\ \dfrac{2}{3},\ \dfrac{4}{3}\right)_{\text{セ～ツ}}$

SKILL 空間ベクトルのなす角

$\vec{a}\neq\vec{0},\ \vec{b}\neq\vec{0}$ のとき $\vec{a},\ \vec{b}$ のなす角を θ とおくと
$$\cos\theta=\frac{\vec{a}\cdot\vec{b}}{|\vec{a}||\vec{b}|}\quad(0°\leqq\theta\leqq180°)$$
$$=\frac{a_1b_1+a_2b_2+a_3b_3}{\sqrt{a_1^2+a_2^2+a_3^2}\sqrt{b_1^2+b_2^2+b_3^2}}$$
（ただし $\vec{a}=(a_1,\ a_2,\ a_3),\ \vec{b}=(b_1,\ b_2,\ b_3)$）

131

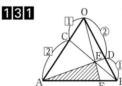

$AE:ED=s:(1-s)$ より
$$\overrightarrow{OE}=(1-s)\overrightarrow{OA}+s\overrightarrow{OD}$$
$$=(1-s)\overrightarrow{OA}+\frac{2}{3}s\overrightarrow{OB}$$
_{アイウ}
……①

次に BE : EC $=t:(1-t)$ とおくと
$$\overrightarrow{OE}=t\overrightarrow{OC}+(1-t)\overrightarrow{OB}$$
$$=\frac{1}{3}t\overrightarrow{OA}+(1-t)\overrightarrow{OB}\quad\text{……②}$$
_{エオ}
ここで $\overrightarrow{OA}\neq\vec{0}$，$\overrightarrow{OB}\neq\vec{0}$，$\overrightarrow{OA}\ /\!\!/\ \overrightarrow{OB}$ だから，
①，②より
$$\begin{cases}1-s=\dfrac{1}{3}t\\\dfrac{2}{3}s=1-t\end{cases}$$
これを解いて $s=\dfrac{6}{7}$
_{カキ}
したがって，①より
$$\overrightarrow{OE}=\frac{1}{7}\overrightarrow{OA}+\frac{4}{7}\overrightarrow{OB}$$
_{クケコ}
さらに，この式を

$$\overrightarrow{OE}=\frac{5}{7}\cdot\frac{\overrightarrow{OA}+4\overrightarrow{OB}}{4+1}\quad\text{と変形すると}$$

$$\overrightarrow{OF}=\frac{\overrightarrow{OA}+4\overrightarrow{OB}}{4+1}\quad\text{だから}\quad AF:FB=\underline{\textbf{4:1}}_{サ}$$

また $\overrightarrow{OE}=\dfrac{5}{7}\overrightarrow{OF}$ より OF:FE=7:2

したがって

$$\triangle AEF=\frac{4}{5}\triangle AEB$$

$$=\frac{4}{5}\times\frac{2}{7}\triangle OAB=\frac{8}{35}\triangle OAB$$

$\triangle OAB=T$ とおくと $\triangle AEF=\underline{\dfrac{\textbf{8}}{\textbf{35}}T}_{シスセ}$

〔別解〕 $\overrightarrow{OF}=k\overrightarrow{OE}=\dfrac{1}{7}k\overrightarrow{OA}+\dfrac{4}{7}k\overrightarrow{OB}$

とおくと点 F は辺 AB 上にあるから

$$\frac{1}{7}k+\frac{4}{7}k=1\quad\text{よって}\quad k=\frac{7}{5}$$

したがって

$$\overrightarrow{OF}=\frac{\overrightarrow{OA}+4\overrightarrow{OB}}{5}\quad\text{となり}\quad AF:FB=\textbf{4:1}$$

SKILL 線分の内分点と外分点の位置ベクトル

2 点 $A(\vec{a})$, $B(\vec{b})$ を結ぶ線分 AB を $m:n$ に内分する点を $P(\vec{p})$, 外分する点を $Q(\vec{q})$ とおくと

$$\vec{p}=\frac{n\vec{a}+m\vec{b}}{m+n},$$

$$\vec{q}=\frac{-n\vec{a}+m\vec{b}}{m-n}\quad\text{(ただし }m\ne n\text{)}$$

---

132 BH:HC$=s:(1-s)$ とおくと

$$\overrightarrow{AH}=(1-s)\overrightarrow{AB}+s\overrightarrow{AC}$$

$$=\underline{(1-s)\vec{b}+s\vec{c}}_{ア}\cdots\cdots①$$

(1) $\vec{b}\cdot\vec{c}=\sqrt{2}\times1\times\cos135°=\underline{-1}_{イウ}$

$\overrightarrow{AH}\perp\overrightarrow{BC}$, $|\vec{b}|=\sqrt{2}$, $|\vec{c}|=1$ より

$$\overrightarrow{AH}\cdot\overrightarrow{BC}=\{(1-s)\vec{b}+s\vec{c}\}\cdot(\vec{c}-\vec{b})=0$$

$$(1-s)\vec{b}\cdot\vec{c}-(1-s)|\vec{b}|^2+s|\vec{c}|^2-s\vec{b}\cdot\vec{c}=0$$

$$-(1-s)-2(1-s)+s+s=0$$

$$s=\underline{\frac{\textbf{3}}{\textbf{5}}}_{エオ}$$

①より $\overrightarrow{AH}=\underline{\dfrac{\textbf{2}}{\textbf{5}}\vec{b}+\dfrac{\textbf{3}}{\textbf{5}}\vec{c}}_{カ\sim ケ}$

(2) $|\overrightarrow{AH}|^2=\left|\dfrac{1}{5}(2\vec{b}+3\vec{c})\right|^2$

$$=\frac{1}{25}(4|\vec{b}|^2+12\vec{b}\cdot\vec{c}+9|\vec{c}|^2)$$

$$=\frac{1}{25}\{4\times2+12\times(-1)+9\times1\}=\frac{1}{5}$$

$|\overrightarrow{AH}|>0$ より $|\overrightarrow{AH}|=\underline{\dfrac{\textbf{1}}{\sqrt{\textbf{5}}}}_{コ}$

---

133 $3\overrightarrow{AP}+4\overrightarrow{BP}+5\overrightarrow{OP}=\vec{0}$ より

$$3(\overrightarrow{OP}-\overrightarrow{OA})+4(\overrightarrow{OP}-\overrightarrow{OB})+5\overrightarrow{OP}=\vec{0}$$

$$3(\overrightarrow{OP}-\vec{a})+4(\overrightarrow{OP}-\vec{b})+5\overrightarrow{OP}=\vec{0}$$

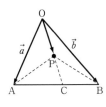

よって $\overrightarrow{OP}=\underline{\dfrac{\textbf{3}\vec{a}+\textbf{4}\vec{b}}{\textbf{12}}}_{ア\sim エ}$

$$\overrightarrow{OP}=\frac{3\vec{a}+4\vec{b}}{7}\times\frac{7}{12}$$

と変形できて

$\dfrac{3\vec{a}+4\vec{b}}{7}$ は AB 上の点を表す

から

$$\overrightarrow{OC}=\underline{\frac{\textbf{3}\vec{a}+\textbf{4}\vec{b}}{\textbf{7}}}_{オカキ}$$

(注) $\overrightarrow{OC}=k\overrightarrow{OP}$ とおいて $\overrightarrow{OC}=\dfrac{3k}{12}\vec{a}+\dfrac{4k}{12}\vec{b}$

C は AB 上にあるから $\dfrac{3k}{12}+\dfrac{4k}{12}=1$

これより $k=\dfrac{12}{7}$ としてもよい。(注終)

また, C は AB を $\underline{\textbf{4:3}}_{クケ}$ に内分する点である。

$$\left(\because\ \overrightarrow{OC}=\frac{3\vec{a}+4\vec{b}}{4+3}\right)$$

$\overrightarrow{OC}=\dfrac{12}{7}\overrightarrow{OP}$ より, AB を底辺としたときの

$\triangle OAB$ と $\triangle PAB$ の高さの比は

$$OC:PC=OC:(OC-OP)$$

$$=12:(12-7)$$

$$=12:5$$

よって, $\triangle OAB$ の面積と $\triangle PAB$ の面積の比は

$\underline{\textbf{12:5}}_{コサシ}$ となる。

SKILL 一直線上にある条件

$\overrightarrow{OC}=a\overrightarrow{OA}+b\overrightarrow{OB}$ のとき
C が直線 AB 上にある
$\iff a+b=1$

---

134 (1) $3s+2t=6$ より

$$\underline{\frac{s}{2}+\frac{t}{3}=1}_{アイ}$$

したがって

$$\overrightarrow{OP}=\underline{\frac{s}{2}(2\overrightarrow{OA})+\frac{t}{3}(3\overrightarrow{OB})}_{ウエ}$$

と変形できる。$\dfrac{s}{2}\geqq0$, $\dfrac{t}{3}\geqq0$ だから,

$2\overrightarrow{OA}=\overrightarrow{OC}$, $3\overrightarrow{OB}=\overrightarrow{OD}$ である点 C, D をとると

$$\overrightarrow{OP}=\frac{s}{2}\overrightarrow{OC}+\frac{t}{3}\overrightarrow{OD}$$

さらに $\dfrac{s}{2}=s'$, $\dfrac{t}{3}=t'$ とおくと

$$\overrightarrow{OP}=s'\overrightarrow{OC}+t'\overrightarrow{OD}\quad(s'+t'=1,\ s'\geqq0,\ t'\geqq0)$$

となるから，点 P は**線分 CD（①）**オ上にある。

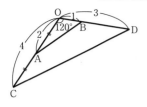

余弦定理から
$$CD^2=4^2+3^2-2\cdot4\cdot3\cdot\cos120°=37$$
CD > 0 より　CD = $\sqrt{37}$ カキ

(2)

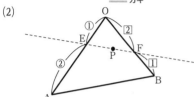

点 P は直線 EF 上にあるから
$$\overrightarrow{OP}=l\overrightarrow{OE}+m\overrightarrow{OF}\quad かつ\quad l+m=1$$
を満たす。一方，$\overrightarrow{OA}=3\overrightarrow{OE}$, $\overrightarrow{OB}=\dfrac{3}{2}\overrightarrow{OF}$ より，

$$\overrightarrow{OP}=\dfrac{l}{3}\overrightarrow{OA}+\dfrac{2}{3}m\overrightarrow{OB}$$
$$=s\overrightarrow{OA}+t\overrightarrow{OB}\quad だから$$

$$\begin{cases}s=\dfrac{l}{3}\\t=\dfrac{2}{3}m\end{cases}\Longleftrightarrow\begin{cases}l=3s\\m=\dfrac{3}{2}t\end{cases}$$

したがって　$l+m=3s+\dfrac{3}{2}t=1$

よって　$\boldsymbol{6s+3t=2}$ クケ

SKILL ベクトルの終点 P の存在範囲
$$\overrightarrow{OP}=s\overrightarrow{OA}+t\overrightarrow{OB}\quad(s,\ t は実数)$$
$s+t=1$ のとき……直線 AB
$s+t=1$, $s\geqq0$, $t\geqq0$ のとき……線分 AB

135

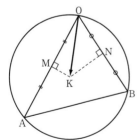

(1) $\vec{a}\cdot\vec{b}=3\cdot2\cdot\cos\angle AOB=\dfrac{3}{2}$ アイ

$$\overrightarrow{OK}\cdot\vec{a}=(s\vec{a}+t\vec{b})\cdot\vec{a}$$
$$=s|\vec{a}|^2+t\vec{a}\cdot\vec{b}$$
$$=9s+\dfrac{3}{2}t$$
ウエオ

同様にして
$$\overrightarrow{OK}\cdot\vec{b}=(s\vec{a}+t\vec{b})\cdot\vec{b}$$
$$=s\vec{a}\cdot\vec{b}+t|\vec{b}|^2$$
$$=\dfrac{3}{2}s+4t$$
カキク

(2) 外接円の中心 K は，△OAB の**3 辺の垂直二等分線の交点（②）**ケであるから，OA, OB の中点をそれぞれ M, N とおくと
$$\overrightarrow{OK}\cdot\vec{a}=|\vec{a}||\overrightarrow{OK}|\cos\angle MOK$$
であるが，$|\overrightarrow{OK}|\cos\angle MOK=OM$ であるから
$$\overrightarrow{OK}\cdot\vec{a}=|\vec{a}|\times OM=3\times\dfrac{3}{2}=\dfrac{9}{2}$$
コサ

同様にして
$$\overrightarrow{OK}\cdot\vec{b}=|\vec{b}||\overrightarrow{OK}|\cos\angle NOK$$
$$=|\vec{b}|\times ON=2\times1=\boldsymbol{2}$$
シ

したがって，(1)より
$$9s+\dfrac{3}{2}t=\dfrac{9}{2},\quad\dfrac{3}{2}s+4t=2$$

これを解いて　$s=\dfrac{4}{9}$ スセ, $t=\dfrac{1}{3}$ ソタ　となる。

〔別解〕　$\overrightarrow{OK}=\dfrac{1}{2}\vec{a}+\overrightarrow{MK}$ であり，$\overrightarrow{MK}\perp\vec{a}$ であるから，
$$\overrightarrow{MK}\cdot\vec{a}=0$$
したがって
$$\overrightarrow{OK}\cdot\vec{a}=\left(\dfrac{1}{2}\vec{a}+\overrightarrow{MK}\right)\cdot\vec{a}=\dfrac{1}{2}|\vec{a}|^2=\dfrac{9}{2}$$

同様にして，$\overrightarrow{OK}\cdot\vec{b}=\dfrac{1}{2}|\vec{b}|^2=\boldsymbol{2}$ となる。

SKILL ベクトルの内積の図形的意味

下の図において，$\angle AOB=\theta$ とおくと，
$\angle BHO=90°$ であるから
$OB\cos\theta=OH$ である。
したがって
$$\overrightarrow{OA}\cdot\overrightarrow{OB}=OA\cdot OB\cos\theta$$
$$=OA\cdot OH$$
となる。

136 (1) $\vec{a}\cdot\vec{b}=9\times3+1\times(-2)+4\times6=49$
$$|\vec{a}|=\sqrt{9^2+1^2+4^2}=\sqrt{98}=7\sqrt{2}$$
$$|\vec{b}|=\sqrt{3^2+(-2)^2+6^2}=\sqrt{49}=7$$
$$\cos\theta=\dfrac{\vec{a}\cdot\vec{b}}{|\vec{a}||\vec{b}|}=\dfrac{49}{7\sqrt{2}\cdot7}=\dfrac{1}{\sqrt{2}}$$
よって $0°\leqq\theta\leqq180°$ より　$\boldsymbol{\theta=45°}$ アイ

(2) $\vec{c}=(1,\ -2,\ 1)$, $\vec{d}=(x+1,\ -1,\ x)$
$$|\vec{c}|=\sqrt{1^2+(-2)^2+1^2}=\sqrt{6}$$
$$|\vec{d}|=\sqrt{(x+1)^2+(-1)^2+x^2}$$
$$=\sqrt{2x^2+2x+2}$$
$$\vec{c}\cdot\vec{d}=x+1+2+x=2x+3$$

$\vec{c}\cdot\vec{d}=|\vec{c}||\vec{d}|\cos30°$ より

$$2x+3=\sqrt{6}\sqrt{2x^2+2x+2}\,\frac{\sqrt{3}}{2}$$

$$=2\sqrt{3}\sqrt{x^2+x+1}\,\frac{\sqrt{3}}{2}\quad より$$

$$2x+3=3\sqrt{x^2+x+1}\ \cdots\cdots①$$

両辺を平方して

$$(2x+3)^2=9(x^2+x+1)$$

$$4x^2+12x+9=9x^2+9x+9$$

$$5x^2-3x=0$$

$$x(5x-3)=0$$

$\boldsymbol{x=0}_{\,ウ}$, $\dfrac{\boldsymbol{3}}{\boldsymbol{5}}_{\,エオ}$　　これは①を満たす。

$x=\dfrac{3}{5}$ のとき　$\vec{d}=\left(\dfrac{\boldsymbol{8}}{\boldsymbol{5}},\ \boldsymbol{-1},\ \dfrac{\boldsymbol{3}}{\boldsymbol{5}}\right)_{\,カキ}$

$\vec{c}\cdot\vec{d}=\dfrac{8}{5}+2+\dfrac{3}{5}=\dfrac{\boldsymbol{21}}{\boldsymbol{5}}_{\,クケコ}$

$|\vec{d}|=\sqrt{\left(\dfrac{8}{5}\right)^2+(-1)^2+\left(\dfrac{3}{5}\right)^2}=\dfrac{\boldsymbol{7\sqrt{2}}}{\boldsymbol{5}}_{\,サシス}$

137

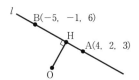

$\overrightarrow{OH}=\overrightarrow{OA}+k\overrightarrow{AB}$

$$=(4,\ 2,\ 3)+k(-9,\ -3,\ 3)$$

$$=(4-9k,\ 2-3k,\ 3+3k)$$

したがって，H の座標は

$\boldsymbol{H(4-9k,\ 2-3k,\ 3+3k)}_{\,ア\sim カ}\ \cdots\cdots①$

である。

$OH\perp AB$ より　$\overrightarrow{OH}\cdot\overrightarrow{AB}=0$

したがって

$$-9(4-9k)-3(2-3k)+3(3+3k)=0$$

これを解いて　$\boldsymbol{k=\dfrac{1}{3}}_{\,キク}$

このとき①より，H の座標は $\underline{\boldsymbol{(1,\ 1,\ 4)}}_{\,ケコサ}$ である。

さらに

$OH=\sqrt{1^2+1^2+4^2}=\underline{\boldsymbol{3\sqrt{2}}}_{\,シス}$

$AB=\sqrt{(-9)^2+(-3)^2+3^2}=3\sqrt{11}$

より，△OAB の面積は

$$\dfrac{1}{2}\times AB\times OH=\dfrac{1}{2}\times3\sqrt{11}\times3\sqrt{2}=\underline{\dfrac{\boldsymbol{9\sqrt{22}}}{\boldsymbol{2}}}_{\,セ\sim チ}$$

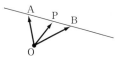
138

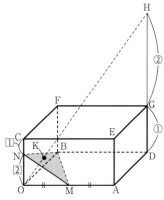

上の図から　$\overrightarrow{OH}=\overrightarrow{OA}+\overrightarrow{AD}+\overrightarrow{DH}$

$$=\underline{\boldsymbol{\overrightarrow{OA}+\overrightarrow{OB}+3\overrightarrow{OC}}}_{\,ア}\ \cdots\cdots①$$

次に K は △MBN 上の点であるから，下の図のように

$$\overrightarrow{MK}=l\overrightarrow{MB}+m\overrightarrow{MN}\quad とおける。$$

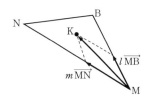

この式を変形すると

$$\overrightarrow{OK}-\overrightarrow{OM}=l(\overrightarrow{OB}-\overrightarrow{OM})+m(\overrightarrow{ON}-\overrightarrow{OM})$$

ここで，$\overrightarrow{OM}=\dfrac{1}{2}\overrightarrow{OA}$, $\overrightarrow{ON}=\dfrac{2}{3}\overrightarrow{OC}$ だから

$$\underline{\overrightarrow{OK}=\dfrac{1}{2}(1-l-m)\overrightarrow{OA}+l\overrightarrow{OB}+\dfrac{2}{3}m\overrightarrow{OC}}_{\,イ\sim カ}$$
$$\cdots\cdots②$$

さらに K は直線 OH 上にあるから，①より

$$\overrightarrow{OK}=s\overrightarrow{OH}=s\overrightarrow{OA}+s\overrightarrow{OB}+3s\overrightarrow{OC}\ \cdots\cdots③$$

4 点 O, A, B, C は同一平面上にないから，②，③より

$$\begin{cases}\dfrac{1}{2}(1-l-m)=s\\[2mm]l=s\\[2mm]\dfrac{2}{3}m=3s\end{cases}$$

これを解いて　$s=\dfrac{2}{15}$

したがって，③より

$$\overrightarrow{OK}=\frac{2}{15}(\overrightarrow{OA}+\overrightarrow{OB}+3\overrightarrow{OC})$$ キクケ

SKILL 点 P が平面 α 上にある条件

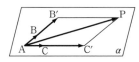

$$\overrightarrow{AB'}=s\overrightarrow{AB},\quad \overrightarrow{AC'}=t\overrightarrow{AC}\quad (s,\ t \text{ は実数})$$
とおけるから
点 P が α 上にある $\Longleftrightarrow$ $\overrightarrow{AP}=s\overrightarrow{AB}+t\overrightarrow{AC}$ となる
実数 s，t がある。

複素数平面

139 $A(\alpha)$，$B(\beta)$，$P(z)$ とおく。

$$\arg\frac{\alpha-z}{\beta-z}=\pm\frac{\pi}{2}\ \text{より}$$

$\angle APB=90°$
であるから，点 P は 2 点
A，B を直径の両端とする
円周上にある。
この円の中心は線分 AB
の中点で，これを表す複素数は

$$\frac{\alpha+\beta}{2}=\frac{1}{2}\alpha+\frac{1}{2}\beta$$

この円の半径は線分 AB の長さの半分で　$\dfrac{|\alpha-\beta|}{2}$

ゆえに，求める円の方程式は

$$\left|z-\left(\frac{1}{2}\alpha+\frac{1}{2}\beta\right)\right|=\frac{1}{2}|\alpha-\beta|$$ ア〜オ

140 $x=5-5\sqrt{3}i=10\left\{\cos\left(-\frac{\pi}{3}\right)+i\sin\left(-\frac{\pi}{3}\right)\right\}$

$$y=-\sqrt{2}+\sqrt{2}i=2\left(\cos\frac{3}{4}\pi+i\sin\frac{3}{4}\pi\right)$$

より

$$xy=10\times 2\left\{\cos\left(-\frac{\pi}{3}+\frac{3}{4}\pi\right)+i\sin\left(-\frac{\pi}{3}+\frac{3}{4}\pi\right)\right\}$$

$$=20\left(\cos\frac{5}{12}\pi+i\sin\frac{5}{12}\pi\right)$$

よって　$r=20$ アイ，$\theta=\dfrac{5}{12}\pi$ ウエオ

ド・モアブルの定理より

$$y^n=2^n\left(\cos\frac{3n}{4}\pi+i\sin\frac{3n}{4}\pi\right)$$

これが整数となるのは，k を整数として

$$\frac{3n}{4}\pi=k\pi \text{ と表せるときである。}$$

$3n=4k$ であり，3 は 4 の倍数ではないから，n は 4 の
倍数である。

ゆえに，最小の自然数 n は $n=4$ カ
このとき　$y^4=2^4(\cos 3\pi+i\sin 3\pi)=-16$ キクケ
また

$$(xy)^m=20^m\left(\cos\frac{5m}{12}\pi+i\sin\frac{5m}{12}\pi\right)$$

これが純虚数となるのは，l を整数として

$$\frac{5m}{12}\pi=\frac{\pi}{2}+l\pi \text{ と表せるときである。}$$

$5m=6+12l=6(2l+1)$ であり，5 は 6 の倍数ではな
いから，m は 6 の倍数である。
ゆえに，最小の自然数 m は $m=6$ コ

SKILL ド・モアブルの定理

n を整数として
$$(\cos\theta+i\sin\theta)^n=\cos n\theta+i\sin n\theta$$
この定理から，次のことが成り立つ。
$z=r(\cos\theta+i\sin\theta)\ (r>0)$ のとき
$$z^n=r^n(\cos n\theta+i\sin n\theta)$$

141 $0\leqq\arg z\leqq\dfrac{\pi}{2}$，$|z-(\sqrt{3}+i)|=\sqrt{2}$ より，

z は z の実部，虚部がともに 0 以上となる範囲で，
点 $A(\sqrt{3}+i)$ を中心とする半径 $\sqrt{2}$ の円 C の周上
を動く。

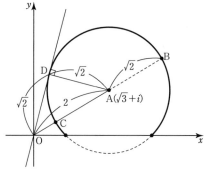

したがって，$P(z)$ とすると，$|z|$ が最大となるのは，
3 点 O，A，P がこの順に一直線上にあるとき，
すなわち P が図の点 B と一致するときであるから，
$|z|$ の最大値は $2+\sqrt{2}$ アイ
また，$|z|$ が最小となるのは，
3 点 O，P，A がこの順に一直線上にあるとき，
すなわち P が図の点 C と一致するときであるから，
$|z|$ の最小値は $2-\sqrt{2}$ ウエ
$\arg z$ が最大となるのは，直線 OP が図の点 D で円と
接する（P が点 D と一致する）ときである。
$AD=\sqrt{2}$，$OA=2$，$AD\perp OD$ より $OD=\sqrt{2}$ であるから

$$\angle AOD=\frac{\pi}{4}$$

よって，点 D は点 A を原点のまわりに $\dfrac{\pi}{4}$ だけ回転

し，原点からの距離を $\dfrac{\sqrt{2}}{2}$ 倍に縮小した点である。

ゆえに，点 D を表す複素数 z は

$$z=(\sqrt{3}+i)\cdot\frac{\sqrt{2}}{2}\left(\cos\frac{\pi}{4}+i\sin\frac{\pi}{4}\right)$$

$$=(\sqrt{3}+i)\cdot\frac{\sqrt{2}}{2}\left(\frac{1}{\sqrt{2}}+\frac{1}{\sqrt{2}}i\right)$$

$$=\underline{\frac{\sqrt{3}-1}{2}+\frac{\sqrt{3}+1}{2}i}_{\text{オ～コ}}$$

また，$\sqrt{3}+i=2\left(\cos\frac{\pi}{6}+i\sin\frac{\pi}{6}\right)$ より，

$\arg(\sqrt{3}+i)=\dfrac{\pi}{6}$ であるから，$\arg z$ の最大角は

$$\frac{\pi}{4}+\frac{\pi}{6}=\underline{\frac{5}{12}}_{\text{サシス}}\pi$$

SKILL 方程式の表す図形
方程式 $|z-\alpha|=r$ を満たす点の全体は，点 α を中心とする半径 r の円を表す。

142 (1) $z\bar{z}+3i(z-\bar{z})+5=0$ を変形すると

$z\bar{z}+3iz-3i\bar{z}+5=0$ ……①

$(z-3i)(\bar{z}+3i)=4$

$(z-3i)\overline{(z-3i)}=4$

よって $|z-3i|=2$

これは中心が点 $\underline{3i}_{\text{ア}}$，半径が $\underline{2}_{\text{イ}}$ の円を表す。

また，$|z+i|=2|z-2i|$ を変形すると

$|z+i|^2=4|z-2i|^2$

$(z+i)(\bar{z}-i)=4(z-2i)(\bar{z}+2i)$

整理して

$z\bar{z}+3iz-3i\bar{z}+5=0$

これは上の①式と同じであるから，方程式
$|z+i|=2|z-2i|$ が表す図形も中心が点 $\underline{3i}_{\text{ウ}}$，半径が
$\underline{2}_{\text{エ}}$ の円である。

(2)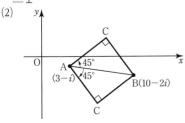

上の図のように，点 C は，点 B を点 A のまわりに
$\pm\dfrac{\pi}{4}$ だけ回転移動し，原点からの距離を $\dfrac{1}{\sqrt{2}}$ 倍に
縮小した点であるから

$$\gamma-\alpha=(\beta-\alpha)\cdot\frac{1}{\sqrt{2}}\left\{\cos\left(\pm\frac{\pi}{4}\right)+i\sin\left(\pm\frac{\pi}{4}\right)\right\}$$

$$=\frac{1}{2}(\beta-\alpha)(1\pm i)$$

よって

$$\gamma=\frac{1}{2}(\beta-\alpha)(1+i)+\alpha$$

$$=\frac{1}{2}\{(10-2i)-(3-i)\}(1+i)+(3-i)$$

$$=\frac{1}{2}(7-i)(1+i)+(3-i)=\underline{\mathbf{7+2i}}_{\text{オカ}}$$

または

$$\gamma=\frac{1}{2}(\beta-\alpha)(1-i)+\alpha$$

$$=\frac{1}{2}(7-i)(1-i)+(3-i)=\underline{\mathbf{6-5i}}_{\text{キク}}$$

SKILL 複素数の積の図形的な意味
$\alpha=r(\cos\theta+i\sin\theta)$ とするとき，積 αz は
点 z を原点のまわりに θ だけ回転し，
原点からの距離を r 倍した点である。
※平行移動（和・差）と組み合わせれば，原点以外
の点のまわりに回転させる場合も考えられる。

143 点 $B(\beta)$ は点 $A(\alpha)$ を原点のまわりに $\dfrac{2}{3}\pi$ だけ
回転移動した点であるから

$$\beta=\alpha\left(\cos\frac{2}{3}\pi+i\sin\frac{2}{3}\pi\right)$$

$$=\{(\sqrt{3}+1)+(\sqrt{3}-1)i\}\left(-\frac{1}{2}+\frac{\sqrt{3}}{2}i\right)$$

$$=\underline{\mathbf{-2+2i}}_{\text{アイウ}}$$

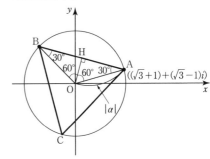

ここで $|\alpha|=\sqrt{(\sqrt{3}+1)^2+(\sqrt{3}-1)^2}=2\sqrt{2}$
であるから，図より

$$AB=2AH=2\times\frac{\sqrt{3}}{2}|\alpha|=\underline{\mathbf{2\sqrt{6}}}_{\text{エオ}}$$

点 $C(\gamma)$ は，点 $B(\beta)$ を点 $A(\alpha)$ のまわりに $\dfrac{\pi}{3}$ だけ回
転移動した点であるから

$$\gamma-\alpha=(\beta-\alpha)\left(\cos\frac{\pi}{3}+i\sin\frac{\pi}{3}\right)$$

$$=[(-2+2i)-\{(\sqrt{3}+1)+(\sqrt{3}-1)i\}]\times\frac{1}{2}(1+\sqrt{3}i)$$

$$=-2\sqrt{3}-2\sqrt{3}i$$

よって $\gamma=\alpha+(-2\sqrt{3}-2\sqrt{3}i)$

$$=\{(\sqrt{3}+1)+(\sqrt{3}-1)i\}+(-2\sqrt{3}-2\sqrt{3}i)$$

$$=\underline{\mathbf{(1-\sqrt{3})-(1+\sqrt{3})i}}_{\text{カ～ケ}}$$

平面上の曲線

144 (1) $y^2=8x=4\cdot 2x$ であるから，この放物線の
焦点は**点 (2, 0)**$_{\text{アイ}}$，準線は $x=-2$$_{\text{ウエ}}$ である。

(2) 点 $(0, -3)$ が焦点，直線 $y=3$ が準線である放物線の方程式は　$x^2=4\times(-3)\times y$

すなわち　$x^2=-12y$（②）$_{\text{オ}}$ である。

145 (1) 楕円 $\dfrac{x^2}{9}+\dfrac{y^2}{4}=1$ について，

$\sqrt{9-4}=\sqrt{5}$ より，焦点は

2 点 $(-\sqrt{5}, 0)$$_{\text{アイウ}}$，$(\sqrt{5}, 0)$$_{\text{エオ}}$

であり，この楕円の長軸は x 軸（⓪）$_{\text{カ}}$上にある。

(2) 求める楕円の方程式を $\dfrac{x^2}{a^2}+\dfrac{y^2}{b^2}=1$ とおくと，

焦点の条件から　$0<a<b$

この楕円の焦点が $(0, -1)$，$(0, 1)$ であることから

$b^2-a^2=1^2$　すなわち　$b^2-a^2=1$ ……①

また，この楕円が点 $(\sqrt{2}, 0)$ を通ることから

$\dfrac{2}{a^2}=1$　すなわち　$a^2=2$

これを①に代入して　$b^2-2=1$　より　$b^2=3$

よって，求める楕円の方程式は $\dfrac{x^2}{2}+\dfrac{y^2}{3}=1$$_{\text{キク}}$

146 (1) 双曲線 $\dfrac{x^2}{4}-\dfrac{y^2}{9}=1$ について，

$\sqrt{4+9}=\sqrt{13}$ より，焦点は 2 点 $(-\sqrt{13}, 0)$，$(\sqrt{13}, 0)$
であるから，焦点はともに x 軸（⓪）$_{\text{ア}}$上にある。

この双曲線の漸近線の方程式は $\dfrac{x}{2}\pm\dfrac{y}{3}=0$

このうち，第 1 象限を通るのは $\dfrac{x}{2}-\dfrac{y}{3}=0$，

すなわち $y=\dfrac{3}{2}x$（①）$_{\text{イ}}$ である。

(2) 双曲線 $\dfrac{x^2}{a^2}-\dfrac{y^2}{b^2}=-1$ の 1 つの焦点が点 $(0, 5)$ であるから

$a^2+b^2=5^2$　すなわち　$a^2+b^2=25$ ……①

この双曲線の漸近線の傾きは $\pm\dfrac{b}{a}$ であるから，

$a>0$，$b>0$ より

$\dfrac{b}{a}=\dfrac{4}{3}$　すなわち　$b=\dfrac{4}{3}a$ ……②

②を①に代入して　$a^2+\left(\dfrac{4}{3}a\right)^2=25$

$a>0$ に注意してこれを解くと　$a=3$$_{\text{ウ}}$
これと②より　$b=4$$_{\text{エ}}$

147 (1) $x^2+4y^2+6x-16y+21=0$ を変形すると
$(x+3)^2+4(y-2)^2=4$

すなわち　$\dfrac{(x+3)^2}{4}+(y-2)^2=1$

よって，この楕円は，楕円 $\dfrac{x^2}{4}+y^2=1$ を x 軸方向に

$\underset{\text{アイ}}{-3}$，y 軸方向に $\underset{\text{ウ}}{2}$ だけ平行移動したものである

ことがわかる。

(2) $y^2+4y-4x+8=0$ を変形すると

$\qquad (y+2)^2=4x-4=4(x-1)$

よって，この放物線は，放物線 $y^2=4x$ を x 軸方向に

1，y 軸方向に -2 だけ平行移動したものであること

がわかる。

放物線 $y^2=4x$ の

　焦点は点 $(1,\ 0)$，準線は直線 $x=-1$

であるから，放物線 $y^2+4y-4x+8=0$ の

焦点の座標は $(1+1,\ 0-2)$，すなわち $\underset{\text{エオカ}}{(2,\ -2)}$，

準線の方程式は $\underset{\text{キ}}{x=0}$ である。

SKILL 2次曲線の平行移動

図形 $f(x,\ y)=0$ を

　x 軸方向に p，y 軸方向に q だけ

平行移動して得られる図形の方程式は

　$f(x-p,\ y-q)=0$

---

148 (1) $y^2=-12x=4\cdot(-3)x$ であるから，

点 $(-3,\ 6)$ における接線の方程式は

$\qquad 6y=2\cdot(-3)(x-3)$　すなわち　$\underset{\text{アイ}}{y=-x+3}$

(2) 楕円 $\dfrac{x^2}{9}+\dfrac{y^2}{4}=1$ 上の点 $(x_1,\ y_1)$ における接線の

方程式は　$\dfrac{x_1 x}{9}+\dfrac{y_1 y}{4}=1$

この接線が点 $(6,\ 2)$ を通るとき　$\dfrac{2}{3}x_1+\dfrac{1}{2}y_1=1$

すなわち　$y_1=-\dfrac{4}{3}x_1+2$ ……①

点 $(x_1,\ y_1)$ は楕円 $\dfrac{x^2}{9}+\dfrac{y^2}{4}=1$ 上の点であるから

$\qquad \dfrac{x_1{}^2}{9}+\dfrac{y_1{}^2}{4}=1$ ……②

①を②に代入して　$\dfrac{x_1{}^2}{9}+\dfrac{1}{4}\left(-\dfrac{4}{3}x_1+2\right)^2=1$

整理すると　$x_1(5x_1-12)=0$

よって　$x_1=0,\ \dfrac{12}{5}$

①より　$x_1=0$ のとき $y_1=2$，

$\qquad x_1=\dfrac{12}{5}$ のとき $y_1=-\dfrac{6}{5}$

であるから，求める接線の方程式は

$\qquad \dfrac{2y}{4}=1,\ \dfrac{\frac{12}{5}x}{9}+\dfrac{-\frac{6}{5}y}{4}=1$

すなわち　$\underset{\text{ウ}}{y=2}$，$\underset{\text{エオカ}}{8x-9y=30}$

149 (1) 点 $(-\sqrt{2},\ \sqrt{2})$ が極座標で $(r,\ \theta)$ と表され

るとすると，

$r=\sqrt{(-\sqrt{2})^2+(\sqrt{2})^2}=2$

$\cos\theta=\dfrac{-\sqrt{2}}{r}=-\dfrac{\sqrt{2}}{2}$，$\sin\theta=\dfrac{\sqrt{2}}{r}=\dfrac{\sqrt{2}}{2}$

よって　$\theta=\dfrac{3}{4}\pi$

ゆえに，この点を極座標で表すと $\underset{\text{アイウ}}{\left(2,\ \dfrac{3}{4}\pi\right)}$ とな

る。

(2) 極座標で $\left(4,\ \dfrac{\pi}{3}\right)$ と表される点の直交座標における

x 座標は　$4\cos\dfrac{\pi}{3}=4\cdot\dfrac{1}{2}=2$

y 座標は　$4\sin\dfrac{\pi}{3}=4\cdot\dfrac{\sqrt{3}}{2}=2\sqrt{3}$

であるから，直交座標では $\underset{\text{エオカ}}{(2,\ 2\sqrt{3})}$ と表せる。

(3) 直線 $x+\sqrt{3}y=2$ ……① 上の点 $\mathrm{P}(x,\ y)$ が，極座標で

$(r,\ \theta)$ と表せるとすると，

$x=r\cos\theta,\ y=r\sin\theta$ であるから，①に代入して

$\qquad r\cos\theta+\sqrt{3}r\sin\theta=2$

$\qquad r(\cos\theta+\sqrt{3}\sin\theta)=2$

$\qquad \underset{\text{キクケ}}{r\left(\dfrac{\sqrt{3}}{2}\sin\theta+\dfrac{1}{2}\cos\theta\right)=1}$

$\qquad \underset{\text{コサ}}{r\sin\left(\theta+\dfrac{1}{6}\pi\right)=1}$

数と式・集合と論証

01

MARKER

式を展開するとき，工夫して文字を置き換えることで，計算が簡単になることがある。この問題では，会話に沿った工夫をして解いていくことになる。

(1) $X=x(4-x)$ とおくと，

$(x+n)(n+4-x)$

$=(x+n)\{n+(4-x)\}$

$=xn+x(4-x)+n^2+n(4-x)$

$=xn+X+n^2+4n-nx$

$=X+n^2+\boldsymbol{4n}$ ア ……①

①に $n=-1$ を代入すると

$(x-1)(-1+4-x)=X+(-1)^2+4\cdot(-1)$

$(x-1)(\boldsymbol{3-x})$ イ $=\boldsymbol{X-3}$ ウ

①に $n=1$ を代入すると

$(x+1)(5-x)=X+1^2+4\times1=X+5$

$n=2$ を代入すると

$(x+2)(6-x)=X+2^2+4\times2=X+12$

であるから，

$A=(x+1)(5-x)(x+2)(6-x)=(X+5)(X+12)$

と表せることを利用すると，

$B=Ax(4-x)=\boldsymbol{X(X+5)(X+12)}$ (②) エ ……②

(2) $x=2+\sqrt{2}$ のとき，

$X=(2+\sqrt{2})\{4-(2+\sqrt{2})\}=(2+\sqrt{2})(2-\sqrt{2})$

$=2^2-(\sqrt{2})^2=4-2=\boldsymbol{2}$ オ

であるから，②より

$B=2(2+5)(2+12)=\boldsymbol{196}$ カキク

また，$A=120$ のとき，

$(X+5)(X+12)=120$

$X^2+17X-60=0$

$(X+20)(X-3)=0$ ▶〈1〉

よって $X=\boldsymbol{3}$ ケ，$\boldsymbol{-20}$ コサシ

$X=3$ のとき $x(4-x)=3$

$x^2-4x+3=0$

$(x-1)(x-3)=0$

よって，$x=1,\ 3$

$X=-20$ のとき $x(4-x)=-20$

$x^2-4x-20=0$

2次方程式の解の公式から，

$x=-(-2)\pm\sqrt{(-2)^2-1\cdot(-20)}$

$=2\pm\sqrt{24}=2\pm2\sqrt{6}$

以上より，$A=120$ となるときの x の値は

$x=1,\ 3,\ 2\pm2\sqrt{6}$ の $\boldsymbol{4}$個 ス あり，最大のものは

$\boldsymbol{2+2\sqrt{6}}$ (⑦) セ

02

MARKER

自然数に関する条件を考えるときは，(3)のように条件を満たすものの集合を考え，具体的にいくつか数を書き出してみると見通しがよくなる。

条件 $p,\ q,\ r,\ s$ を満たす自然数の集合を，(3)のようにそれぞれ $P,\ Q,\ R,\ S$ とすると，

$P=\{2,\ 5,\ 8,\ 11,\ 14,\ 17,\ \cdots\cdots\}$

$Q=\{2,\ 6,\ 10,\ 14,\ 18,\ 22,\ \cdots\cdots\}$

$R=\{2,\ 14,\ 26,\ 38,\ 50,\ 62,\ \cdots\cdots\}$

$S=\{2,\ 4,\ 6,\ 8,\ 10,\ 12,\ \cdots\cdots\}$

である。

(1) $P\cap Q=\{2,\ 14,\ 26,\ \cdots\cdots\}$ であるから，条件「p かつ q」を満たす最小の自然数は $\boldsymbol{2}$ ア

(2) P の要素を小さい順に並べたとき，4で割ったときの余りが2であるもの，すなわち $P\cap Q$ の要素であるものは「2」をはじめとして4個ごとに現れる。

同様に，Q の要素を小さい順に並べたとき，$P\cap Q$ の要素は3個ごとに現れる。

このことから，

$P\cap Q=\{2,\ 14,\ 26,\ 38,\ 50,\ 62,\ \cdots\cdots\}=R$

であることがわかる。よって，「p かつ q」$\Longleftrightarrow r$ が成り立つので，「p かつ q」は r であるための **必要十分条件である**（⓪） イ ▶〈7〉

$\overline{Q}=\{1,\ 3,\ 4,\ 5,\ 7,\ 8,\ 9,\ 11,\ \cdots\cdots\}$

$\overline{S}=\{1,\ 3,\ 5,\ 7,\ 9,\ 11,\ \cdots\cdots\}$

であるから，$\overline{Q}\supset\overline{S}$ は成り立つが，$\overline{Q}\subset\overline{S}$ は成り立たない。

よって，$\overline{q}\Longleftarrow\overline{s}$ は成り立つが，その逆は成り立たないので，$\overline{q}$ は $\overline{s}$ であるための **必要条件であるが，十分条件でない**（①） ウ ▶〈7〉

R の要素はすべて偶数なので，

$R\cap S=R=\{2,\ 14,\ 26,\ 38,\ 50,\ \cdots\cdots\}$

一方，$P\cap S=\{2,\ 8,\ 14,\ 20,\ 26,\ \cdots\cdots\}$

であるから，$(R\cap S)\subset(P\cap S)$ は成り立つが，

$(R\cap S)\supset(P\cap S)$ は成り立たない。

よって，「r かつ s」$\Longrightarrow$「p かつ s」は成り立つが，その逆は成り立たないので，「r かつ s」は「p かつ s」であるための **十分条件であるが，必要条件でない**（②） エ ▶〈7〉

(3) (i) P の要素はすべて「3の倍数の自然数から1引いた数」になっているから，

$\boldsymbol{P=\{3k-1|k}$ は自然数$\boldsymbol{\}}$（③） オ

(注意) ①の表し方で要素を書き出すと

$P=\{5,\ 8,\ 11,\ \cdots\cdots\}$

となり，2が含まれないため不適である。

(ii) (2)より，$P\cap Q=R\neq\varnothing$ なので，②，③は不適。

また，$\overline{Q}\supset\overline{S}$ より，$Q\subset S$ が成り立つから，$P,\ Q,\ R$

を表す図として適切なのは ① カ ▶〈8〉

(参考) 数学Aで学習する整数の性質の内容を用いると，(2)の $P\cap Q$ の要素を次のように求めることもできる。

s，t を自然数として，条件 p を満たす自然数は $3s-1$，条件 q を満たす自然数は $4t-2$ と表すことができる。

条件「p かつ q」を満たす自然数を x とすると

$$x=3s-1=4t-2$$
$$3(s-1)=4(t-1)$$

3と4は互いに素であるから，整数 k を用いて

$$\begin{cases} s-1=4k \\ t-1=3k \end{cases}$$

と表せる。よって

$$s=4k+1, \quad t=3k+1 \qquad \blacktriangleright\langle 40\rangle$$

∴ $x=3(4k+1)-1=12k+2$

$s\geqq 1$ より $k\geqq 0$ であるから，

$$P\cap Q=\{2, \ 14, \ 26, \ \cdots\cdots\}$$

03

✎ **MARKER**

> 絶対値記号を外すときには，その中の正負を考える。また，「すべての x で成り立つ」必要十分条件を調べるとき，いくつかの x の値で候補（必要条件）を絞った上で，その候補から「すべての x で成り立つ」もの（十分条件）を調べる方法がある。

(1) $|x-1|=\begin{cases} x-1 & (x\geqq 1 \text{ のとき}) \\ -(x-1) & (x<1 \text{ のとき}) \end{cases}$

$|x-2|=\begin{cases} x-2 & (x\geqq 2 \text{ のとき}) \\ -(x-2) & (x<2 \text{ のとき}) \end{cases}$ ▶〈5〉

であるから，

$x<1$ かつ $x<2$ すなわち $x<\underline{\textbf{1}}_{\text{ア}}$

$1\leqq x$ かつ $x<2$ すなわち $1\leqq x<\underline{\textbf{2}}_{\text{イ}}$

$1\leqq x$ かつ $2\leqq x$ すなわち $2\leqq x$

の3つの場合に分けて考えればよい。

$x<1$ のとき

$f(x)=-a(x-1)-(x-2)$
$\quad = \underline{\textbf{(}-a-1\textbf{)}x+(a+2)}\;(\textbf{①, ⑨})_{\text{ウ, エ}}$

$1\leqq x<2$ のとき

$f(x)=a(x-1)-(x-2)$
$\quad = \underline{\textbf{(}a-1\textbf{)}x+(-a+2)}\;(\textbf{⑥, ④})_{\text{オ, カ}}$

$2\leqq x$ のとき

$f(x)=a(x-1)+(x-2)$
$\quad = \underline{\textbf{(}a+1\textbf{)}x+(-a-2)}\;(\textbf{⑧, ⓪})_{\text{キ, ク}}$

$0\leqq x\leqq 3$ を満たすいくつかの x で $-1\leqq f(x)\leqq 1$ が成り立つことは，「$0\leqq x\leqq 3$ のすべての x で $-1\leqq f(x)\leqq 1$」であるための必要条件である。

そこで，考える x の範囲の両端と，いずれかの絶対値の中が0となる $x=0$，1，2，3のとき，$-1\leqq f(x)\leqq 1$ が成り立つような a の値を調べる。

まず，$f(1)=a|1-1|+|1-2|=\underline{\textbf{1}}_{\text{ケ}}$ より，a の値にかかわらず $-1\leqq f(1)\leqq 1$ は成り立つ。

$f(0)=a|0-1|+|0-2|=a+2$ より，

$-1\leqq f(0)\leqq 1 \Longleftrightarrow -3\leqq a\leqq -1$ ……①

$f(2)=a|2-1|+|2-2|=a$ より，

$-1\leqq f(2)\leqq 1 \Longleftrightarrow -1\leqq a\leqq 1$ ……②

$f(3)=a|3-1|+|3-2|=2a+1$ より，

$-1\leqq f(3)\leqq 1 \Longleftrightarrow -1\leqq a\leqq 0$ ……③

①，②，③がいずれも成り立つことが必要であるから，これらを満たす a の値は

$a=\underline{\textbf{-1}}\;(\textbf{①})_{\text{コ}}$

であり，ここでは空欄P，Q，Rに当てはまるのはいずれも「必要」条件である（⓪）サ。

(2) $a=-1$ であることが十分条件であることを確かめる。(1)の結果から，$a=-1$ を代入すると

$0\leqq x<1$ のとき

$f(x)=-(-1+1)x+(-1)+2=\underline{\textbf{1}}\;(\textbf{②})_{\text{シ}}$

$1\leqq x<2$ のとき

$f(x)=(-1-1)x-(-1)+2=\underline{\textbf{-2}x+\textbf{3}}\;(\textbf{⑤})_{\text{ス}}$

このとき，$-4\leqq -2x\leqq -2$ より $-1\leqq f(x)\leqq 1$ が成り立つ。

$2\leqq x\leqq 3$ のとき

$f(x)=(-1+1)x-(-1)-2=\underline{\textbf{-1}}\;(\textbf{⓪})_{\text{セ}}$

以上のことから，$a=-1$ のとき，$0\leqq x\leqq 3$ を満たすべての x で $-1\leqq f(x)\leqq 1$ が成り立つことが確かめられた。ゆえに，問題の条件を満たす a の値は

$a=\underline{\textbf{-1 のみである。}}\;(\textbf{①})_{\text{ソ}}$

2次関数

04

✎ **MARKER**

> 2次方程式や2次不等式の解の存在に関する問題では，$y=f(x)$ のグラフを用いて以下の点について考察する。
>
> 1．判別式 $D=b^2-4ac$ の符号
>
> 2．軸の位置
>
> 3．$f(p)$ の符号（ただし，p は条件に関係する値）
>
> 整数解を数える問題は数直線をかき，境界に気をつけて解く。

(1) (i) 与式に $k=3$ を代入して，

$$x^2-4x+3<0$$
$$(x-1)(x-3)<0$$

よって，$\underline{\textbf{1}<x<\textbf{3}}_{\text{アイ}}$ ▶〈14〉(1)

(ii) $x^2-(k+1)x+k=0$ の判別式 D は

$$D=(k+1)^2-4k=k^2-2k+1=\underline{\textbf{(}k-1\textbf{)}^2}_{\text{ウ}}$$

不等式が成り立つ実数 x が存在しないためには，すべての実数 x について

$$x^2-(k+1)x+k\geqq 0$$

が成り立てばよいので，$D\leqq 0$

$$(k-1)^2\leqq 0$$

— 57 —

$$\therefore \quad k = \underline{\bm{1}}_{\text{エ}}$$

(iii) $x^2-(k+1)x+k<0$
$(x-k)(x-1)<0$

より，$k\neq1$ のとき，不等式の解は $k<x<1$ または $1<x<k$ である。

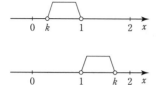

この範囲に整数が存在しない k の条件は，数直線より，$0\leqq k<1$ または $1<k\leqq2$ となる。
また，(ii)より $k=1$ のときも解をもたないので，整数解をもたない k の範囲は $\underline{\bm{0\leqq k\leqq2}}_{\text{オカ}}$
不等式を満たす整数解が 3 個以下である k の範囲を考えるために，まず不等式を満たす整数解がちょうど 3 個となる場合を考える。
$k<1$ のとき，$k<x<1$ を満たす整数 x が $x=0, -1, -2$ のちょうど 3 個であればよいので，
$$-3\leqq k<-2$$

$1<k$ のとき，$1<x<k$ を満たす整数 x が $x=2, 3, 4$ のちょうど 3 個であればよいので
$$4<k\leqq5$$

よって，整数解が 3 個以下であるような k の範囲は
$$-3\leqq k\leqq5$$
これを満たす整数 k は
$$k=-3, -2, -1, 0, 1, 2, 3, 4, 5$$
の $\underline{\bm{9\text{個}}}_{\text{キ}}$ であり，最小のものは $\underline{\bm{-3}}_{\text{クケ}}$
最大のものは $\underline{\bm{5}}_{\text{コ}}$

(2) (i) 与式に $k=0$ を代入すると
$$-x^2+x>0$$
$$x^2-x<0$$
$$x(x-1)<0 \quad \therefore \quad \underline{\bm{0<x<1}}_{\text{サシ}} \quad \blacktriangleright\langle14\rangle(1)$$

(ii) 2 次不等式とならないのは x^2 の係数が 0，すなわち $k=\underline{\bm{1}}_{\text{ス}}$ のときのみである。このとき，与式は $0x^2-0x+1>0$ となり，どのような x に対しても不等式は成り立つ。
よって，$\underline{\bm{\text{すべての実数}\ x}}_{\text{セ}}$（②）が解となる。

(iii) $k\neq1$ のとき，不等式がすべての実数 x に対して成り立つとすると，$y=(k-1)x^2-(k-1)x+k$ のグラフが下に凸の放物線で，x 軸より上側にグラフがあればよい。下に凸の放物線より

$k-1>0$ すなわち $k>1$
また，x 軸より上側にグラフがあればよいので，判別式 D は負になる。したがって，求める条件は
$$\underline{\bm{k>1\ \text{かつ}\ D<0}}\ (\text{⑤})_{\text{ソ}}$$

(iv) $D<0$ を解くと
$$\{-(k-1)\}^2-4\cdot(k-1)\cdot k<0$$
$$(k-1)^2-4k(k-1)<0$$
$$(k-1)(3k+1)>0$$
$$\therefore \quad k<-\frac{1}{3},\ 1<k$$

(iii)より，$k>1$ かつ $D<0$ であるから $1<k$
また，(ii)より，$k=1$ のときもすべての実数 x について成り立つので，求める k の値の範囲は
$$\underline{\bm{k\geqq1}}\ (\text{①})_{\text{タ}}$$

05

MARKER
2 次関数のグラフと x 軸がある範囲で交わるとき，「軸の位置」「範囲の端における関数の値」「頂点の y 座標（判別式）」に注目する。
また，2 次不等式を解くときには，グラフをかいて考えると視覚的に理解できる。

(1) $f(x)=\{x-(a+3)\}^2+a^2+2a-5$ より，G の頂点の座標は $(a+3,\ \underline{\bm{a^2+2a-5}}_{\text{アイ}})$ $\blacktriangleright\langle9\rangle$

(2) (i) グラフ A～E のうち，
条件 I を満たすものは A, B, C, E
条件 II を満たすものは B, D, E
条件 III を満たすものは A, D, E
よって，条件 I, II をともに満たすグラフは
$\underline{\bm{B\ \text{と}\ E}}\ (\text{⑥})_{\text{ウ}}$
条件 II, III をともに満たすグラフは $\underline{\bm{D\ \text{と}\ E}}\ (\text{⑨})_{\text{エ}}$

(ii) グラフ G が条件 I を満たすのは，G が下に凸の放物線であるから，その頂点の y 座標が負のとき，すなわち $a^2+2a-5<0$ ……①のときである。
2 次方程式 $a^2+2a-5=0$ の解が $a=-1\pm\sqrt{6}$ であることから，①の解は
$$\underline{\bm{-1-\sqrt{6}}}\ (\text{⓪})_{\text{オ}}<a<\underline{\bm{-1+\sqrt{6}}}\ (\text{①})_{\text{カ}} \quad \cdots\cdots①'$$

(注意) 条件 I について，2 次方程式 $f(x)=0$ の判別式 D について，$D>0$ として考えてもよい。

グラフ G が条件 II を満たすとき，$a+3>2$
すなわち $a>-1$ ……②
条件 III を満たすとき，
$$f(2)=2^2-2(a+3)\cdot2+2a^2+8a+4$$
$$=2a^2+4a-4>0$$
よって，$a^2+2a-2>0$ の解より
$$a<-1-\sqrt{3},\ -1+\sqrt{3}<a \quad \cdots\cdots③$$
グラフ G が $x>2$ の範囲で x 軸と異なる 2 つの交点をもつための必要十分条件は，条件 I, II, III をすべて満たす，すなわち①'，②，③をすべて満たすと

きである。

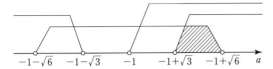

$$-1-\sqrt{6} \quad -1-\sqrt{3} \quad -1 \quad -1+\sqrt{3} \quad -1+\sqrt{6} \quad a$$

よって，これらの共通部分を考えて

$$\boldsymbol{-1+\sqrt{3}}_{(\text{⑨})}{}_{\text{キ}}<a<\boldsymbol{-1+\sqrt{6}}_{(\text{⑩})}{}_{\text{ク}}$$

(3) (i) 題意を満たすのは $-5\leqq a+3\leqq -1$ のときであるから，

$$\boldsymbol{-8\leqq a\leqq -4}_{\text{ケコ}}$$

(ii) グラフ G は下に凸の放物線であり，定義域が $-5\leqq x\leqq -1$ であるから，$f(x)$ が最大値をとるときの x の値に対応する G 上の点 $(x, f(x))$ は **2点** $(-5, f(-5))$，$(-1, f(-1))$ のうち，**放物線 G の軸から遠い方の点と一致する。**(②)${}_{\text{サ}}$

(iii) $-5\leqq x\leqq -1$ の中央 $\dfrac{(-5)+(-1)}{2}=-3$ と軸の位置で場合分けする。

(a) $-5\leqq a+3\leqq -3$，すなわち $-8\leqq a\leqq \boldsymbol{-6}_{\text{シ}}$ のとき，$x=-1$ で最大値をとる。

このとき
$$\begin{aligned}M&=f(-1)\\&=(-1)^2-2(a+3)\cdot(-1)\\&\quad+2a^2+8a+4\\&=\boldsymbol{2a^2+10a+11}_{\text{ス～チ}}\end{aligned}$$

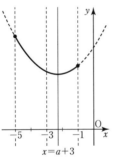

(b) $-3\leqq a+3\leqq -1$，すなわち $-6\leqq a\leqq -4$ のとき，$x=-5$ で最大値をとる。

このとき
$$\begin{aligned}M&=f(-5)\\&=(-5)^2-2(a+3)\cdot(-5)\\&\quad+2a^2+8a+4\\&=\boldsymbol{2a^2+18a+59}_{\text{ツ～ニ}}\end{aligned}$$

一方，軸が $-5\leqq x\leqq -1$ の範囲にあるので，$f(x)$ は $x=a+3$ のとき最小値 a^2+2a-5 をとる。最小値が 24 のとき

$$a^2+2a-5=24 \quad \cdots\cdots④$$

これを整理して解くと $a=-1\pm\sqrt{30}$

$5<\sqrt{30}<6$ より

$-7<-1-\sqrt{30}<-6$，$4<-1+\sqrt{30}<5$

$-8\leqq a\leqq -4$ であるから $a=\boldsymbol{-1-\sqrt{30}}_{\text{ヌネノ}}$

このとき，(a) より

$$\begin{aligned}M&=2(-1-\sqrt{30})^2+10(-1-\sqrt{30})+11\\&=\boldsymbol{63-6\sqrt{30}}_{\text{ハ～ホ}}\end{aligned}$$

〔別解〕 ④より $a^2=-2a+29$

これを用いて

$$\begin{aligned}M&=2a^2+10a+11\\&=2(-2a+29)+10a+11=6a+69\end{aligned}$$

としてから代入してもよい。

06

🖊 **MARKER**

最大値，最小値を考えるときには関数のグラフをかいて考えるとよい。2次関数の場合には，$y=a(x-p)^2+q$ の形に変形して，グラフの頂点から考える。なお，$a=0$ のときには1次関数となることに注意する必要がある。

(1) (i) 定義域が実数全体で，最小値が存在することからグラフは **下に凸である放物線**(①)${}_{\text{イ}}$であり，このとき x^2 の係数 a について，$\boldsymbol{a>0}$ (⑩)${}_{\text{ア}}$ となる。

(ii) $f(x)=a\left(x+\dfrac{b}{2a}\right)^2-\dfrac{b^2}{4a}+c$

と変形したとき，放物線の頂点の y 座標を考えると，

$$c+\dfrac{-b^2}{4a}=-5 \qquad \blacktriangleright\langle 9\rangle$$

となることから，$\mathbf{P}:\boldsymbol{c}$，$\mathbf{Q}:\boldsymbol{-b^2}$，$\mathbf{R}:\boldsymbol{4a}$ (②)${}_{\text{ウ}}$

(2) (i) $y=f(x)$ のグラフが直線となるから，$a=0$

$x=0$ のとき最小値 -5 つまり $y=-5$ なので，これを与式に代入すると

$$\begin{aligned}-5&=b\times 0+c\\c&=-5\end{aligned}$$

また，最大値が3であることより，$b\neq 0$ であり，このとき，$3=bx-5$ を解いて $x=\dfrac{8}{b}$ となる。

最大値，最小値から定義域を考えると

傾きが負，つまり $\boldsymbol{b<0}$ (②)${}_{\text{エ}}$ のとき（図1）

定義域は $\dfrac{8}{b}$${}_{\text{オ}}$ $\leqq x\leqq 0$

傾きが正，つまり $\boldsymbol{b>0}$ (⑩)${}_{\text{カ}}$ のとき（図2）

定義域は $0\leqq x\leqq \dfrac{8}{b}$${}_{\text{キ}}$ となる。

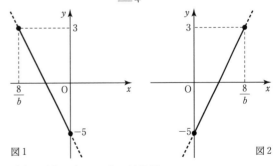

図1 　　　　　　　　　　　　　図2

(ii) 頂点が $(2, -1)$ の放物線は

$$y=a(x-2)^2-1 \qquad \blacktriangleright\langle 11\rangle$$

と表せる。条件(A)より，$f(x)$ が $x=0$ で最小値 -5 をとることから放物線は点 $(0, -5)$ を通るので

$$-5=a(0-2)^2-1$$

これを解くと $a=-1$ となり，式は

$$y=-(x-2)^2-1$$
$$=-x^2+4x-5$$
$$\therefore \quad a=\underline{-1}_{クケ}, \ b=\underline{4}_{コ},$$
$$c=\underline{-5}_{サ}$$

最大値 -2 をとることから $y=-2$ を代入すると

$$-2=-(x-2)^2-1$$
$$(x-1)(x-3)=0$$

したがって，$x=1, \ 3$ のとき，$y=-2$ とわかる。
定義域が $0 \leqq x \leqq 3$ とすると，$x=2$ のときに最大値 -1 をとり，条件を満たさない。
よって，求める定義域は $\underline{0 \leqq x \leqq 1}_{シス}$

(iii) 選択肢のグラフをかくと次のようになる。

⓪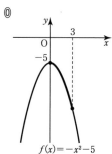
$f(x)=-x^2-5$

①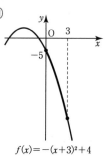
$f(x)=-(x+3)^2+4$

②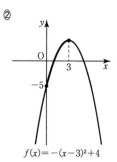
$f(x)=-(x-3)^2+4$

③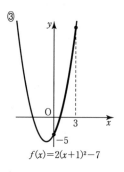
$f(x)=2(x+1)^2-7$

④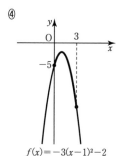
$f(x)=-3(x-1)^2-2$

⑤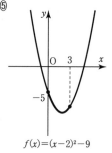
$f(x)=(x-2)^2-9$

グラフより，$0 \leqq x \leqq 3$ の範囲で $x=0$ のときに最小値 -5 をとる関数 $f(x)$ は $\underline{②, ③}_{セソ}$

図形と計量

07

MARKER

三角比の表を用いると，$30°$ などの有名角以外の三角比の値や，逆に三角比の値からおおよその角度を調べることができる。三角比の表に限らず，数表の読み方に慣れておきたい。

(1) $OA=AB=BP$ となるように辺 OP 上に点 A，B をとるとき，

$$OB=\frac{2}{3}OP=\frac{2}{3}OD$$

より $\quad \cos \angle DOP = \frac{OB}{OD} = \underline{\frac{2}{3}}_{アイ}$

$\triangle DOB$ において，$\angle DBO=90°$ より

$$\angle ODB=90°-\angle DOB$$

また，$\angle QOP=90°$ より $\angle QOD=90°-\angle DOB$
一般に，$\underline{\sin(90°-x)=\cos x}_{ウ}\ (⓪)$ が成り立つので，
$$\sin \angle ODB = \sin \angle QOD = \cos \angle DOP \qquad \blacktriangleright \langle 18 \rangle$$

三角比の表を参照すると，$\sin x = \frac{2}{3} = 0.666\cdots$ に最も近い値は

$$\sin 42° = 0.6691$$

よって，$\angle ODB = \angle QOD$ の大きさはおよそ $\underline{42°}_{エ}\ (③)$
$90°-42°=48°$ であるから $\sin 42°=\cos 48°$ であり，$\angle DOP$ の大きさはおよそ $\underline{48°}_{オ}\ (⑥)$

(2) 中心角を 3 等分してケーキを三等分にするとき，
$$\angle POD = \angle DOC = \angle COQ = 30°$$
であるから，$\angle COP = 90° - \angle COQ = \underline{60°}_{カキ}$

このとき $\quad \cos \angle COP = \underline{\frac{1}{2}}_{クケ}$

であるから，$OA = OC \cos \angle COP = OP \cdot \frac{1}{2}$

したがって，点 A を $OA:AP=\underline{1:1}_{コサ}$ となるようにとればよい。

08

MARKER

三角形の角の二等分線の長さを考える方法はいくつかある。具体的な角の大きさが与えられていない場合は，角の二等分線と対辺でできる二つの角の和が $180°$ であることを用いるとよい。

(1) $AB=3$, $AC=2$, $\angle BAC=60°$ より，$\triangle ABC$ に余弦定理を用いて $\qquad \blacktriangleright \langle 21 \rangle$

$$BC^2=3^2+2^2-2 \cdot 3 \cdot 2 \cos 60°$$
$$=9+4-2 \cdot 3 \cdot 2 \cdot \frac{1}{2}=7$$

よって，$BC>0$ より $\quad BC=\underline{\sqrt{7}}_{ア}$
角の二等分線の性質より
$$BP:PC=AB:AC=3:2$$

であるから $\quad$ BP$=\dfrac{3}{5}$BC$=\underline{\dfrac{3\sqrt{7}}{5}}_{\text{イウ}}$

AC$=2$, AB$=3$, BC$=\sqrt{7}$ より，△ABC に余弦定理を用いて $\quad\blacktriangleright\langle21\rangle$

$$\cos B=\dfrac{3^2+(\sqrt{7})^2-2^2}{2\cdot3\cdot\sqrt{7}}=\dfrac{2}{\sqrt{7}}=\underline{\dfrac{2\sqrt{7}}{7}}_{\text{エオカ}}$$

AB$=3$, BP$=\dfrac{3\sqrt{7}}{5}$, $\cos B=\dfrac{2}{\sqrt{7}}$ より，△ABP に余弦定理を用いて $\quad\blacktriangleright\langle21\rangle$

$$AP^2=3^2+\left(\dfrac{3\sqrt{7}}{5}\right)^2-2\cdot3\cdot\dfrac{3\sqrt{7}}{5}\cdot\dfrac{2}{\sqrt{7}}=\dfrac{108}{25}$$

AP>0 より $\quad$ AP$=\underline{\dfrac{6\sqrt{3}}{5}}_{\text{キクケ}}$

一方，△ABC の面積に注目すると，

$$\triangle ABC=\dfrac{1}{2}\cdot AB\cdot AC\cdot\sin\angle BAC \quad\blacktriangleright\langle22\rangle$$

$$=\dfrac{1}{2}\cdot3\cdot2\cdot\dfrac{\sqrt{3}}{2}=\underline{\dfrac{3\sqrt{3}}{2}}_{\text{コサシ}}$$

$\angle BAP=\angle CAP=\dfrac{1}{2}\angle BAC=30°$ より，AP$=x$ とおくと

$$\triangle ABP=\dfrac{1}{2}AB\cdot AP\sin30°=\dfrac{1}{2}\cdot3\cdot x\cdot\dfrac{1}{2}=\underline{\dfrac{3}{4}x}_{\text{スセ}}$$

$$\triangle APC=\dfrac{1}{2}AC\cdot AP\sin30°=\dfrac{1}{2}\cdot2\cdot x\cdot\dfrac{1}{2}=\underline{\dfrac{1}{2}x}_{\text{ソタ}}$$

△ABP$+$△APC$=$△ABC より

$$\dfrac{3}{4}x+\dfrac{1}{2}x=\dfrac{3\sqrt{3}}{2}$$

よって $\quad$ AP$=x=\dfrac{6\sqrt{3}}{5}$

(2) AB$=p$, AP$=x$, BP$=r$, $\angle APB=\theta$ より，△ABP に余弦定理を用いると $\quad\blacktriangleright\langle21\rangle$

$$AB^2=AP^2+BP^2-2\cdot AP\cdot BP\cdot\cos\angle APB$$

よって $\quad p^2=\underline{x^2+r^2-2rx\cos\theta\ (\text{①})}_{\text{チ}}$ ……①

AC$=q$, AP$=x$, CP$=s$, $\angle APC=180°-\theta$ より，△ACP に余弦定理を用いると

$$AC^2=AP^2+CP^2-2\cdot AP\cdot CP\cdot\cos\angle APC$$

よって $\quad q^2=x^2+s^2-2sx\cos(180°-\theta)$

一般に $\cos(180°-\theta)=\underline{-\cos\theta\ (\text{⑨})}_{\text{ツ}}$ が成り立つから

$$q^2=\underline{x^2+s^2+2sx\cos\theta\ (\text{②})}_{\text{テ}}\quad\text{……②}\quad\blacktriangleright\langle18\rangle$$

①$\times s+$②$\times r$ より

$$sp^2+rq^2=(r+s)x^2+r^2s+rs^2$$

整理して $\quad (r+s)x^2=(p^2-r^2)s+(q^2-s^2)r$ ……③

$\angle BAP=\angle CAP$ より，角の二等分線の性質から

$$AB:AC=BP:CP \quad\blacktriangleright\langle42\rangle$$

すなわち $\quad p:q=r:s$

これを変形して $\quad ps=qr$ ……④

③，④より

$$(r+s)x^2=p\cdot ps-r^2s+q\cdot qr-s^2r$$

$$(r+s)x^2=p\cdot qr-r^2s+q\cdot ps-s^2r$$

$$(r+s)x^2=pq(r+s)-rs(r+s)$$

両辺を $r+s>0$ で割ると $\quad x^2=pq-rs$

AP$=x>0$ より，$\quad$ AP$=\underline{\sqrt{pq-rs}\ (\text{③})}_{\text{ト}}$

09

🖊 **MARKER**

三角形の外接円の半径を考えるには，正弦定理を用いることが多い。

(1) △ABC の外接円の半径を R とすると，正弦定理より $\quad\blacktriangleright\langle19\rangle$

$$\dfrac{5\sqrt{2}}{\sin45°}=2R$$

よって $\quad R=\underline{5}_{\text{ア}}$

(2) PB$=x$ とおくと PA$=2\sqrt{2}x$

円周角の定理より

$$\angle APB=\angle ACB=45°$$

であるから，余弦定理より

$$AB^2=PA^2+PB^2$$
$$\qquad-2\cdot PA\cdot PB\cos45°$$

$$(5\sqrt{2})^2=(2\sqrt{2}x)^2+x^2-2\cdot2\sqrt{2}x\cdot x\cdot\dfrac{1}{\sqrt{2}}$$

これを整理して $\quad x^2=10$

$x>0$ より $\quad x=\sqrt{10}$

このとき $\quad$ PA$=2\sqrt{2}\cdot\sqrt{10}=\underline{4\sqrt{5}}_{\text{イウ}}$

(3) $\sin\angle PBA$ と外接円の半径 R の関係を調べるので，$\underline{\text{正弦定理 (③)}}_{\text{エ}}$ より

$$\dfrac{PA}{\sin\angle PBA}=2R \quad\blacktriangleright\langle20\rangle$$

よって $\quad \sin\angle PBA=\underline{\dfrac{PA\ (\text{②})}{2R}}_{\text{オカ}}$

2点 P，A は △ABC の外接円 O の円周上の点であるから，線分 PA が最大となるのは，$\underline{\textbf{線分 PA が円 O の直径となるとき (①)}}_{\text{キ}}$である。

△APB において，$\angle APB=45°$ より

$$\underline{\textbf{0°}<\angle\textbf{PBA}<\textbf{135°}\ (\textbf{⓪})}_{\text{ク}}$$

よって $\quad\underline{\textbf{0}<\sin\angle\textbf{PBA}\leq\textbf{1}\ (\textbf{②})}_{\text{ケ}}$

したがって，$\sin\angle PBA$ の最大値は $\underline{1}_{\text{コ}}$

$\sin\angle PBA=1$ のとき，$\angle PBA=90°$ であるから，PA は円 O の直径である。

PA が外接円 O の直径であるとき

$$PA=2R=\underline{10}_{\text{サシ}}$$

このとき，$\angle APB=45°$，$\angle PBA=90°$ であるから，△PAB は AB$=$BP$=5\sqrt{2}$ の直角二等辺三角形である。ゆえに，$\triangle PAB=\dfrac{1}{2}\cdot5\sqrt{2}\cdot5\sqrt{2}=\underline{25}_{\text{スセ}}$

(4) △PAB の面積が最大となるのは，AB を底辺とみたときの高さが最大となるときである。

点 P から底辺 AB に下ろした垂線の長さが最大となるのは，この垂線が円 O の中心を通るときであり，このとき PA$=$PB となる。

PA＝PB＝a とおき，余弦定理を用いると ▶〈21〉

$$(5\sqrt{2})^2＝a^2+a^2-2・a・a\cos45°$$

これを整理して $(2-\sqrt{2})a^2＝50$

よって $a^2＝\dfrac{50}{2-\sqrt{2}}＝25(2+\sqrt{2})$

このとき，△PAB の面積は

$$\dfrac{1}{2}・PA・PB\sin\angle APB＝\dfrac{1}{2}・a・a・\dfrac{1}{\sqrt{2}}$$ ▶〈22〉

$$＝\dfrac{25(2+\sqrt{2})}{2\sqrt{2}}＝\underline{\dfrac{\boldsymbol{25(\sqrt{2}+1)}}{\boldsymbol{2}}}_{ソ～テ}$$

〔別解〕 円周角の定理より

∠AOB＝2∠APB＝90°

OA＝OB＝5 より，線分 AB の
中点を H とすると

∠OAH＝45°

△OHA は直角三角形で

$$OH＝\dfrac{1}{2}AB＝\dfrac{5\sqrt{2}}{2}$$

よって $PH＝PO+OH＝5+\dfrac{5\sqrt{2}}{2}$

ゆえに $\triangle PAB＝\dfrac{1}{2}・5\sqrt{2}・\left(5+\dfrac{5\sqrt{2}}{2}\right)$

$$＝\dfrac{\boldsymbol{25(\sqrt{2}+1)}}{\boldsymbol{2}}$$

データの分析

10

MARKER

(1)(2) 箱ひげ図やヒストグラムから，代表値や最大
値・最小値，四分位数などを読み取る。

(3) 相関の強さは，散布図のデータの分布が直線に
近いかどうかで判断する。

(1) 箱ひげ図から，二つのグループについて次のように
読み取れる。 ▶〈27〉

	Ⅰ	Ⅱ
最大値	46	46
第3四分位数	32	42
中央値	29	35
第1四分位数	26	28
最小値	24	24

A：誤り。グループⅠとグループⅡの最大値と最小値
はともに一致し，範囲は 46－24＝22 となり，2つの
グループの範囲は等しい。

B：正しい。グループⅠの四分位範囲は 32－26＝6，
グループⅡの四分位範囲は 42－28＝14 であるから，
グループⅠよりグループⅡの四分位範囲の方が大き
い。

C：必ずしも正しいとは言えない。この箱ひげ図から

平均値を読み取ることができない。なお，一般に中
央値と平均値が一致するとは限らない。

D：正しい。グループⅡの第3四分位数が 42 m であ
るから，上位 25％ の記録が 42 m 以上となる。した
がって，上位 20％ の人の記録は少なくとも 42 m 以
上である。

E：必ずしも正しいとは言えない。グループⅠには
100 人おり，その記録のよい方から並べたとき，25
番目と 26 番目の人の記録の平均が第3四分位数の
32 m である。したがって，25 番目の人の記録は 32
m 以上ではあるが，32 m ちょうどになるとは限ら
ない。

以上より，必ず正しいといえるものは，**B と D**（②）ア
である。

(2) 40 人以上が来店した日数は 30 日以上，50 人以上が
来店した日数は 10 日であることから，中央値は 40 人
～49 人の階級に含まれる。このようになっている箱
ひげ図は **⓪**ᵢ のみである。

(3) A：正しい。散布図Ⅲは x が大きくなると y も大き
くなる傾向が見られるので，正の相関があり，相関
係数は正の値をとると考えられる。

B：正しい。散布図Ⅳは，Ⅲ，Ⅴと比べると，x が大き
くなると y も大きくなるという正の相関が見られ
ない。また，Ⅵと比べても x が大きくなると y が小
さくなるという負の相関も見られない。したがっ
て，Ⅳの相関係数は他の3つのデータに比べて 0 に
近い値をとると考えられる。

C：誤り。散布図Ⅴの方が散布図Ⅲよりも，x が大き
くなると y も大きくなる直線的な傾向が強い。し
たがって，ⅢよりもⅤの方が相関係数の値は大きく
なると考えられる。

D：誤り。散布図Ⅵは x が大きくなると y が小さくな
るという傾向が見られる。したがって，Ⅵの相関係
数は負の値になると考えられる。

以上より，必ず正しいといえるものは，**A と B**（⓪）ᵤ
である。

11

MARKER

(1) 選択肢に挙がっている話題が図のどこにあたる
のか，丁寧に判断する。

(2) 二つの変量 x, y に y＝ax+b という関係がある
とき，定義に従って平均値・分散・標準偏差の関
係を調べる。「x_1, x_2, x_3」のように，大きさが3程
度のデータで実際に様子を見てもよい。

(1) A：正しい。散布図Ⅰでは「4月数学」の値が大き
いほど「6月社会」の値が大きい傾向が見られるが，
その傾向は，散布図Ⅱでの「4月数学」の値が大き
いほど「6月数学」の値が大きい傾向と比べると弱
い。したがって，Ⅰの方がⅡよりも相関が弱いと考

えられる。

B：誤り。散布図Iでは「4月数学」の値が大きいほど「6月社会」の値が大きい傾向が見られるので，負ではなく，正の相関がある。

C：正しい。散布図IIでは「4月数学」の値が大きいほど「6月数学」の値が大きい傾向があり，散布図IIIでは「4月数学」の値が大きいほど「12月数学」の値が大きい傾向がある。これより，II，IIIとも，正の相関があると考えられる。

D：誤り。「4月の数学」と「6月の社会」についてのデータは散布図Iにある。4月の数学で80点以上を取った生徒のうち何名かは6月の社会で80点未満を取っていることが読み取れる。

E：正しい。「4月の数学」と「6月の数学」についてのデータは散布図IIにある。この図から，4月の数学で80点以上を取った生徒はすべて6月の数学でも80点以上を取ったことが読み取れる。

以上より，必ず正しいといえるものは，**A, C, E（⑤）**$_{\text{ア}}$である。

(2) 6月の数学のテストは130点満点であるから，これに課題を提出したことによる20点を加えると，150点満点となる。zはさらにこれを100点満点に換算するので

$$z = \frac{100}{150}(y+20) = \frac{2}{3}(\boldsymbol{y+20}) \ (\text{③})_{\text{イ}}$$

yとzの平均をそれぞれ$\bar{y}$と$\bar{z}$とする。40人のy，zの値をそれぞれ，(y_1, z_1)，(y_2, z_2)，…，(y_{40}, z_{40})とすると

$$\begin{aligned}\bar{z} &= \frac{1}{40}(z_1 + z_2 + \cdots + z_{40}) \\ &= \frac{1}{40}\left\{\frac{2}{3}(y_1+20) + \cdots + \frac{2}{3}(y_{40}+20)\right\} \\ &= \frac{2}{3}\left\{\frac{1}{40}(y_1+y_2+\cdots+y_{40}) + \frac{1}{40}\cdot 20\cdot 40\right\} \\ &= \frac{2}{3}(\bar{y}+20) \qquad \blacktriangleright\langle 29\rangle\end{aligned}$$

これより，yの偏差$y-\bar{y}$と，zの偏差$z-\bar{z}$の関係は，

$$\begin{aligned}z-\bar{z} &= \frac{2}{3}(y+20) - \frac{2}{3}(\bar{y}+20) \\ &= \frac{2}{3}(y-\bar{y})\end{aligned}$$

が成り立つ。
V_yは$(y-\bar{y})^2$の平均であり，また，V_zは

$$(z-\bar{z})^2 = \left\{\frac{2}{3}(y-\bar{y})\right\}^2 = \frac{4}{9}(y-\bar{y})^2$$

の平均であるから

$$V_z = \frac{4}{9}V_y$$

よって $\dfrac{V_z}{V_y} = \dfrac{\boldsymbol{4}}{\boldsymbol{9}} \ (\text{④})_{\text{ウ}}$

xの平均を$\bar{x}$とすると，xとyの共分散Pは，

$(x-\bar{x})(y-\bar{y})$の平均である。

また，xとzの共分散Qは，

$$\begin{aligned}(x-\bar{x})(z-\bar{z}) &= (x-\bar{x})\frac{2}{3}(y-\bar{y}) \\ &= \frac{2}{3}(x-\bar{x})(y-\bar{y})\end{aligned}$$

の平均であるから，

$$Q = \frac{2}{3}P$$

よって $\dfrac{Q}{P} = \dfrac{\boldsymbol{2}}{\boldsymbol{3}} \ (\text{①})_{\text{エ}}$

xの標準偏差をs_xとする。yの標準偏差は$\sqrt{V_y}$であるから，xとyの相関係数Rは

$$R = \frac{P}{s_x\cdot\sqrt{V_y}} \qquad\qquad \blacktriangleright\langle 28\rangle$$

また，zの標準偏差は$\sqrt{V_z}$であるから，xとzの相関係数Sは

$$\begin{aligned}S &= \frac{Q}{s_x\cdot\sqrt{V_z}} = \frac{\frac{2}{3}P}{s_x\cdot\sqrt{\frac{4}{9}V_y}} \\ &= \frac{\frac{2}{3}P}{s_x\cdot\frac{2}{3}\sqrt{V_y}} = \frac{P}{s_x\cdot\sqrt{V_y}} = R\end{aligned}$$

よって $\dfrac{S}{R} = \boldsymbol{1} \ (\text{⑧})_{\text{オ}}$

12

満点が異なる二つのテストのように，条件の異なる二つのデータを比較するときには，条件が揃うように次の性質を用いて変換する必要がある。
二つの変量a，bに，$b=ka$（kは定数）の関係があるとき，aとbの平均$\bar{a}$，$\bar{b}$にも

$$\bar{b} = k\bar{a} \ (\text{kは定数})$$

という関係が成り立つ（証明は**（参考）**を参照）。

(1) 英語を200点満点から100点満点に換算するとき，換算前の得点をx，換算後の得点をyとすると，

$$y = \frac{1}{2}x$$

の関係があるから，その平均$\bar{x}$，$\bar{y}$にも，

$$\bar{y} = \frac{1}{2}\bar{x} \qquad\qquad \blacktriangleright\langle 29\rangle$$

という関係がある。
$\bar{x} = 116$より，

$$\bar{y} = \frac{1}{2}\cdot 116 = \boldsymbol{58}_{\text{アイ}}$$

(2) x，yの分散をそれぞれV_x，V_yとすると，V_xは$(x-\bar{x})^2$の平均であるのに対し，V_yは，

$$(y-\bar{y})^2 = \left(\frac{1}{2}x - \frac{1}{2}\bar{x}\right)^2 = \frac{1}{4}(x-\bar{x})^2$$

の平均であるから，$V_y = \dfrac{1}{4} V_x$ となる。

x，y の標準偏差はそれぞれ $\sqrt{V_x}$，$\sqrt{V_y}$ であるから，

$$\sqrt{V_y} = \sqrt{\dfrac{1}{4} V_x} = \dfrac{1}{2} \sqrt{V_x}$$

よって，英語の点数を100点満点に換算したほうの標準偏差は**元に比べて 0.5 倍（③）**ゥになる。

数学の点数を z，その平均を $\bar{z}$，標準偏差を s_z とする。100点満点に換算する前の英語の点数と数学の点数の共分散を P，換算後の共分散を Q とすると，P は $(x - \bar{x})(z - \bar{z})$ の平均であり，Q は

$$(y - \bar{y})(z - \bar{z}) = \left(\dfrac{1}{2} x - \dfrac{1}{2} \bar{x} \right)(z - \bar{z})$$
$$= \dfrac{1}{2}(x - \bar{x})(z - \bar{z})$$

の平均であるから，

$$Q = \dfrac{1}{2} P$$

よって，英語の点数を100点満点に換算したほうの英語と数学の共分散は**元に比べて 0.5 倍（③）**ェになる。英語と数学の換算前の相関係数を R，換算後の相関係数を S とする。

$$R = \dfrac{P}{s_z \cdot \sqrt{V_x}}$$

であるから，

$$S = \dfrac{Q}{s_z \cdot \sqrt{V_y}} = \dfrac{\dfrac{1}{2} P}{s_z \cdot \dfrac{1}{2} \sqrt{V_x}} = \dfrac{P}{s_z \cdot \sqrt{V_x}} = R$$

よって，相関係数は100点満点に換算しても**元と等しい。（②）**ォ

（参考） 二つの変量 a，b に $b = ka$（k は定数）の関係があるとき，a と b の平均をそれぞれ $\bar{a}$，$\bar{b}$ とし，a，b の組を $(a_1,\ b_1)$，$(a_2,\ b_2)$，$\cdots$，$(a_n,\ b_n)$ とすると，

$$\bar{b} = \dfrac{1}{n}(b_1 + b_2 + \cdots + b_n)$$
$$= \dfrac{1}{n}(ka_1 + ka_2 + \cdots + ka_n)$$
$$= k \cdot \dfrac{1}{n}(a_1 + a_2 + \cdots + a_n) = k\bar{a} \qquad \blacktriangleright \langle 29 \rangle$$

場合の数と確率

13

✎ **MARKER**

"同様に確からしい"ということを意識することが確率を考える際に重要である。また，事象 E に出てくる"少なくとも"という言葉が用いられたとき，余事象の考え方を使うことで確率を簡単に求められることが多いので，押さえておきたい。

(1) 5本のくじの中から2本の当たりくじを引く確率なので，

$$P(A) = \dfrac{2}{5} \text{アイ}$$

(2) くじを引いたときの結果は「当たり」と「はずれ」の2通りであるが，当たりくじが2本，はずれくじが3本であることに注意する必要がある。

5本のくじそれぞれを引く事象については同様に確からしいといえるので，全事象を5本のくじそれぞれを引く5通りと見たとき，「当たり」は2通り，「はずれ」は3通りある。

よって，**当たりくじを引く事象とはずれくじを引く事象は同様に確からしいとは言えない（①）**ゥ

(3) A が当たりくじを引いたとき，残りのくじは当たりが1本，はずれが3本の合計4本であるから，A が当たりくじを引いたときの B が当たりくじを引く条件付き確率は $\dfrac{1}{4}$ である。よって，求める確率は

$$\dfrac{2}{5} \times \dfrac{1}{4} = \dfrac{1}{10} \text{エオカ} \qquad \blacktriangleright \langle 36 \rangle$$

〔別解〕 5本のくじに $1 \sim 5$（1と2が当たり）の番号をつけ，A と B が引くくじの場合の数を考えて

$$\dfrac{{}_2 P_2}{{}_5 P_2} = \dfrac{1}{10}$$

同様に，A がはずれくじを引いて，B が当たりくじを引く確率は

$$\dfrac{3}{5} \times \dfrac{2}{4} = \dfrac{3}{10} \qquad \blacktriangleright \langle 36 \rangle$$

A が当たりくじを引いて B も当たりくじを引く事象と，A がはずれくじを引いて B が当たりくじを引く事象は互いに排反であることから，B が当たりくじを引く確率はそれぞれの確率の**和（⓪）**ヵとなる。

よって $P(B) = \dfrac{1}{10} + \dfrac{3}{10} = \dfrac{4}{10} = \dfrac{2}{5} \text{クケ} \qquad \blacktriangleright \langle 34 \rangle(2)$

(4) $P_A(B) = \dfrac{1}{4}$，$P_{\bar{A}}(B) = \dfrac{2}{4} = \dfrac{1}{2}$ であり，$P(A) = \dfrac{2}{5}$，$P(B) = \dfrac{2}{5}$ となり，

$\boldsymbol{P_A(B) \neq P_{\bar{A}}(B)}$，$\boldsymbol{P(A) = P(B)}$ **（②）**ヮであることがわかる。

(5) E の余事象は **A，B の両方がはずれくじを引く事象（③）**ゥである。

A と B の両方がはずれくじを引く確率は

$$\dfrac{3}{5} \times \dfrac{2}{4} = \dfrac{3}{10}$$

となるから，

$$P(E) = 1 - \dfrac{3}{10} = \dfrac{7}{10} \text{シスセ} \qquad \blacktriangleright \langle 34 \rangle(3)$$

(6) 事象 F は「A と B が当たる」，「A と C が当たる」，「B と C が当たる」の3つの排反な事象の和である。さらに，それぞれ「C だけがはずれる」，「B だけがは

— 64 —

ずれる」,「A だけがはずれる」事象であると言い換えることができる。よって，正解は①，③，⑤ ソタチ
一方で，たとえば A がはずれくじを引く事象には，3人ともはずれくじを引く事象も含まれてしまうため，⓪②④は不適である。

ここで，A だけがはずれくじを引く確率は

$$\frac{3}{5} \times \frac{2}{4} \times \frac{1}{3} = \frac{1}{10}$$

であり，B だけがはずれくじを引く確率と C だけがはずれくじを引く確率も同様に計算すると $\frac{1}{10}$ となる。

それぞれの事象は互いに排反であることから，求める確率は

$$\frac{1}{10} + \frac{1}{10} + \frac{1}{10} = \frac{3}{10}_{ッテト}$$

(7) $F \subset E$ であるから，事象 E と事象 F がともに起こる確率 $P(E \cap F)$ は

$$P(E \cap F) = P(F)\ (\text{①})_{ナ} = \frac{3}{10}$$

となるため，事象 E が起きたときに事象 F が起こる条件付き確率 $P_E(F)$ は

$$P_E(F) = \frac{P(E \cap F)}{P(E)} = \frac{\frac{3}{10}}{\frac{7}{10}} = \frac{3}{7}_{ニヌ} \qquad \blacktriangleright \langle 36 \rangle$$

14

図の S 地点から C 地点への最短経路は A 地点と B 地点のどちらか一方を必ず通るということがポイントである。このように，n 列目と $n+1$ 列目の関係に着目する考え方は，数列など他の場面でも有効である。

(1) 最短で A に行く経路は，3 マス進み，分かれ道で左下を **2 回**$_{ア}$，右下を **1 回**$_{イ}$ 選ぶ進み方を考えればよいので，

$$_3C_2 = \frac{3 \times 2}{2 \times 1} = \textbf{3（通り）}_{ウ}$$

となり，B に行く経路も同様に 3 通りである。

(2) 最短で C 地点に行く経路は，4 マス進み，分かれ道で左下を 2 回，右下を 2 回選ぶ進み方を考えればよいので，

$$_4C_2 = \frac{4 \times 3}{2 \times 1} = \textbf{6（通り）}_{ク}$$

A 地点と B 地点の両方を通って C 地点に向かうと，必ず 6 マス以上進むことになるので，**そのような最短経路は存在しない。（①）**
また，C 地点に 1 マスでたどり着く地点を考えると，A，B，P_2，P_3 の 4 つの地点がある。

P_2，P_3 を通って C 地点に向かう進み方は明らかに最短経路ではないので，**必ず A 地点と B 地点のどちらか一方を通る（②）**といえる。よって，正しいのは①と②$_{オカ}$
また，C 地点への最短経路は A 地点，B 地点それぞれへの最短経路の数の**和（⓪）**$_{キ}$を考えればよいので，

$$3 + 3 = \textbf{6（通り）}_{ク}$$

と考えることもできる。

(3) 3 地点 A，B，C の関係と 3 地点 P_i，P_{i+1}，Q_{i+1} の関係は同様であると考えることができるため

$$p(i) + p(i+1) = q(i+1)\ (\text{②})_{ケ}$$

が成り立つ。
また，それぞれ

$$p(i) = {}_5C_i, \quad p(i+1) = {}_5C_{i+1}, \quad q(i+1) = {}_6C_{i+1}$$

であることに注意すると，

$$_5C_i + {}_5C_{i+1} = {}_6C_{i+1}$$

これは，

$$_nC_r + {}_nC_{r+1} = {}_{n+1}C_{r+1}\ (\text{③})_{コ}$$

と意味するものは同じである。

(4) 点 P_i から左下へ進むと点 Q_i，右下へ進むと点 Q_{i+1} であるため，Q_1，Q_2，$\cdots$，Q_6 への経路の総数は P_1，P_2，$\cdots$，P_5 への経路の総数の**2 倍**$_{サ}$となる。
実際に，次の図の通り，1 回進んで到着する地点は 2 箇所で経路は 2 通り，2 回進んで到着する地点は 3 箇所で $2 \times 2 = 4$ 通りである。よって，6 回進んで到着する地点である Q_1，Q_2，$\cdots$，Q_6 への経路の合計は **2^6 通り（②）**$_{シ}$とわかる。

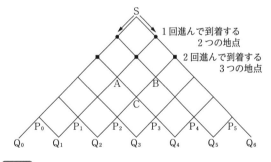

15

$x + y + z = 5$ を満たす負でない整数解の個数は，5 個の ○ と $(3-1)$ 個の | の並べ方の総数を考えるのと同じである。解に 0 を含めるかどうかで，数え方に工夫が必要なところがポイントである。

(1) さいころを 3 回投げるとき，目の出方は

$$6 \times 6 \times 6 = \textbf{216（通り）}_{アイウ}$$

また，出た目を x，y，z とおくと，目の和が 5 だから

$$x + y + z = 5\ (\text{①})_{エ}$$

という関係式が成り立つ。

— 65 —

(2) 5個のりんご（○）と2個の仕切り（｜）を一列に並べる順列に対応させて考える。たとえば，A が 2 個，B が 3 個，C が 0 個であることを

  ○○｜○○○｜

と表すことができる。

よって，全部で 7 個ものがあり，そのうち 5 個の○と 2 個の｜を一列に並べる並べ方の総数だから，

$$\frac{7!}{5!2!}\text{（通り）} \qquad \blacktriangleright \langle 33\rangle$$

また，7 つの場所から仕切りの場所を 2 つ選ぶ組合せと考えることもできるので，$_7C_2$（または $_7C_5$）を計算することでも求められる。よって，正解は③，⑤ オカ

(3) (2)より，$\dfrac{7!}{5!2!}=\dfrac{7\times6}{2\times1}=\mathbf{21\text{（通り）}}$ キク

(4) **さいころには 0 の目がない（⓪）** ケ ので，21 通りではない。

なお，考えるのは和が 5 の場合であるから，6 より大きい目がないことは，21 通りではないことの根拠としては不適切である。

りんごの例でも，**前もって 3 人にりんごを 1 個ずつ分けてから，残りを分ける（②）** コ と考えれば全員が少なくとも 1 個をもらえる配り方を数えることができる。以上の考え方で，0 の目がないさいころの問題と条件をそろえることができる。

よって，求めたい確率は

$$x+y+z=2$$

について，負でない整数解の個数を考えることと同じであるといえる。これは，（○）2 個と（｜）2 個の並べ方だから

$$\frac{4!}{2!2!}\text{（または }_4C_2)=\frac{4\times3}{2\times1}=6\text{（通り）}$$

となり，求める確率は

$$\frac{6}{216}=\mathbf{\frac{1}{36}}\text{ サシス}$$

(5) さいころを 4 回投げるとき，目の出方は

$$6\times6\times6\times6=1296\text{（通り）}$$

4 回投げて目の和が 9 である場合の数は，

$$w+x+y+z=9$$

の負でない整数解の個数を考えればよい。問題(a)と同様に考えて，○を 9 個，｜を 3 個準備する。w, x, y, z は 0 にならないので，先に○を 1 個ずつ分けておくと考えれば，求める目の出方の総数は○を 5 個，｜を 3 個の並べ方となり，

$$\frac{8!}{5!3!}\text{（または }_8C_3)=\mathbf{56\text{（通り）}}\text{ セソ} \qquad \blacktriangleright \langle 33\rangle$$

であるから，求める確率は

$$\frac{56}{1296}=\mathbf{\frac{7}{162}}\text{ タ～テ}$$

図形の性質

16

MARKER

接線と円の直径が垂直であることや，直径に対する円周角が 90° であることを用いて，平行線を引きながら直角三角形を見いだすことがポイントの一つである。

図形の問題は，着目する部分によってさまざまな解き方ができることが多い。

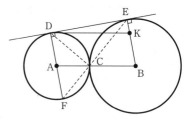

(1) AD∥BE より ∠FAC＝∠EBC
また，対頂角より ∠FCA＝∠ECB
であり，2 角がそれぞれ等しいことから

  △AFC∽**△BEC（②）** ア

相似な図形どうしで対応する辺の比は等しいので，

  AC：CB＝AF：BE＝3：5

BE＝5 であるから，AF＝3

よって，F は**点 A を中心とする半径 3 の円周上にある。（⓪）** イ

(2) DF は直径，DA は半径より

$$\triangle ACD=\frac{1}{2}\triangle CDF \qquad \left(\mathbf{\frac{1}{2}\text{ 倍}}\right)\text{ ウエ}$$

これを用いて △ACD の面積を求める。

（花子さんの求め方）

点 D を通り AB に平行な直線と BE との交点を K とおくと，△DKE は直角三角形なので

$$DE=\sqrt{DK^2-KE^2}=\sqrt{AB^2-(BE-AD)^2}$$
$$=\sqrt{8^2-2^2}=\sqrt{60}=\mathbf{2\sqrt{15}}\text{ オカキ}$$

また，△FDE も直角三角形なので

$$FE=\sqrt{DF^2+DE^2}=\sqrt{6^2+60}$$
$$=\sqrt{96}=\mathbf{4\sqrt{6}}\text{ クケ}$$

△AFC∽△BEC より，FC：EC＝3：5 であるから

$$FC=\frac{3}{8}FE=\frac{3}{8}\times4\sqrt{6}=\mathbf{\frac{3\sqrt{6}}{2}}\text{ コサシ}$$

さらに，直径に対する円周角であるから

∠FCD＝90° より

△DCF は直角三角形なので

$$DC=\sqrt{DF^2-FC^2}$$
$$=\sqrt{6^2-\left(\frac{3\sqrt{6}}{2}\right)^2}=\frac{3\sqrt{10}}{2}$$

$$\triangle CDF=\frac{1}{2}\times\frac{3\sqrt{6}}{2}\times\frac{3\sqrt{10}}{2}=\frac{9\sqrt{15}}{4}$$

より

$$\triangle \text{ACD} = \frac{1}{2}\triangle \text{CDF}$$

$$= \frac{\mathbf{9\sqrt{15}}}{\mathbf{8}}_{\text{ツ〜ナ}}$$

（太郎さんの求め方）

$$\triangle \text{DFE} = \frac{1}{2}\text{DE}\times \text{DF}$$

$$= \frac{1}{2}\times 2\sqrt{15}\times 6 = \mathbf{6\sqrt{15}}_{\text{スセソ}}$$

FC : CE＝3 : 5より，

$$\triangle \text{CDF} = \frac{3}{8}\triangle \text{DFE} \quad \left(\frac{\mathbf{3}}{\mathbf{8}}\text{ 倍}\right)_{\text{タチ}}$$

$$\triangle \text{CDF} = \frac{3}{8}\times 6\sqrt{15} = \frac{9\sqrt{15}}{4}$$

$$\triangle \text{ACD} = \frac{1}{2}\times \triangle \text{CDF} = \frac{\mathbf{9\sqrt{15}}}{\mathbf{8}}$$

17

✏ **MARKER**

三角形の分点がある場合にはチェバの定理，メネラウスの定理を用いて考えてみる。円と2直線がある場合には方べきの定理を用いて考えてみる。

(1) AD＝CDより，△DACは二等辺三角形だから，

∠ACD＝∠CAD

また，円周角の定理より

∠ACD＝∠ABD，∠CAD＝∠CBD

以上より∠ACDといつでも大きさが等しい角は

<u>**∠CBD（②）と∠ABD（⑤）**</u>ア イ

(2) ∠ABE＝∠CBEなので，角の二等分線の性質から

AE : CE＝BA : BC＝6 : 3＝2 : 1

よって，$\dfrac{\text{EC}}{\text{AE}} = \dfrac{\mathbf{1}}{\mathbf{2}}_{\text{ウエ}}$

(3) △ACDと直線FEに関して，<u>**メネラウスの定理**</u>

（②）オ より

$$\frac{\text{AE}}{\text{EC}}\times \frac{\text{CG}}{\text{GD}}\times \frac{\text{DF}}{\text{FA}}=1$$

▶〈40〉

$$\frac{2}{1}\times \frac{\text{CG}}{\text{GD}}\times \frac{2}{1}=1$$

よって，$\dfrac{\text{CG}}{\text{GD}} = \dfrac{\mathbf{1}}{\mathbf{4}}_{\text{カキ}}$

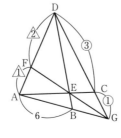

(4) △ADGに関して，チェバの定理より

$$\frac{\text{DF}}{\text{FA}}\times \frac{\text{AB}}{\text{BG}}\times \frac{\text{GC}}{\text{CD}}=1$$

▶〈40〉

$$\frac{2}{1}\times \frac{6}{\text{BG}}\times \frac{1}{3}=1$$

よって，BG＝**4**ク

GC＝aとおくと

GD＝4a

4点A，B，C，Dは同一円周上にあるから，方べきの定理より

BG×GA＝GC×GD ▶〈42〉

4×(4+6)＝a×4a

a＞0より a＝$\sqrt{10}$

よって，DC＝3a＝**$3\sqrt{10}$**ケコサ

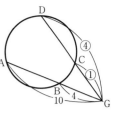

(5) AB＝6，BC＝3で，四角形ABCDの外接円は，△ABCの外接円でもあるから，弦ABが直径のとき外接円の直径が最小となる。

よって，外接円の直径は**6**シであり∠ACB＝90°

AB : BC＝6 : 3＝2 : 1より ∠BAC＝**30°**（⓪）ス

また，(1)から ∠ABD＝∠DBC と ∠ABC＝60°より

∠ABD＝30°

また，∠BAC＝∠BDCより

∠BDC＝∠ABDとなるので

AB∥DC

これより，$\dfrac{\text{AH}}{\text{CG}} = \dfrac{\text{AE}}{\text{CE}} = \dfrac{\text{AB}}{\text{DC}}$

よって，$\dfrac{\text{AH}}{\text{AB}} = \dfrac{\text{CG}}{\text{DC}}$

ここで，$\dfrac{\text{CG}}{\text{GD}} = \dfrac{1}{4}$ より

$$\frac{\text{CG}}{\text{DC}} = \frac{1}{3}$$

AB＝6であるから，AH＝$\dfrac{1}{3}\cdot 6 = \mathbf{2}_{\text{セ}}$

18

✏ **MARKER**

面や頂点の個数の関係について，いきなり一般の正多面体で考えるのは難しい。正四面体など考えることが容易なものから，普遍的な性質を見つけていく。

オイラーの多面体定理より

$$v-e+f=\mathbf{2}_{\text{ア}}$$

▶〈43〉

右の図より，正四面体の辺の数は

6個イ である。

また，三角形には辺が3個あり，隣り合う面と辺を共有しているので

$$e=3f\div 2 \quad \therefore \quad e=\frac{\mathbf{3}}{\mathbf{2}}\boldsymbol{f}（④）$$
ウ

上の図より，正四面体の頂点の数は**4個**エである。すべての面の頂点を数えると頂点の個数は3fであるが，これは1つの頂点に集まる面の数であるn回分だけ重複して数えていることに注意すると，

$$v=3f\div n=\frac{\mathbf{3}\boldsymbol{f}}{\boldsymbol{n}}（②）$$
オ

360°÷60°＝6より，正三角形の面が一つの頂点に6個以上集まると立体角はできず，それ以上集まるとへこみのない立体は作れないので，nは5以下とわかる。

n が 2 以下のときには立体が作れないので, n は **3 以上 5 以下** _カキ_ であるといえる。
以上より,

$$3 \leqq n \leqq 5, \quad v-e+f=2, \quad e=\frac{3f}{2}, \quad v=\frac{3f}{n}$$

$$f=\frac{n}{3}v, \quad e=\frac{n}{2}v \text{ より} \qquad v-\frac{n}{2}v+\frac{n}{3}v=2$$

$$v\left(1-\frac{n}{6}\right)=2$$

$$v(6-n)=12$$

これを満たす n, v の組は

$$(n, \ v)=(3, \ 4), \ (4, \ 6), \ (5, \ 12)$$

であるから, v は

$n=3$ で **最小値 4** _ク_, $n=5$ で **最大値 12** _ケコ_

をとる。
また, すべての面が正三角形となる正多面体は $(n, \ v)$ の組の数から **3 種類** _サ_ しかないことがわかる。
これまでと同様に考えると, すべての面が正方形でできている正多面体が満たす条件は

$$n=3, \quad v-e+f=2, \quad e=\frac{4f}{2}, \quad v=\frac{4f}{n}$$

これを解くと $f=6$ であるから, すべての面が正方形でできている正多面体は **正六面体（⓪）** _シ_
また, すべての面が正五角形でできている正多面体が満たす条件は

$$n=3, \quad v-e+f=2, \quad e=\frac{5f}{2}, \quad v=\frac{5f}{n}$$

これを解くと $f=12$ であるから, すべての面が正五角形でできている正多面体は **正十二面体（③）** _ス_

式と証明・高次方程式

19

MARKER

求めたい整式 $P(x)$ を適当な文字で表して, 条件式を整理していく。この問題で扱っているように, 表し方によって計算の煩雑さが変わってくるので, 余裕があればどの表し方であれば簡単に解けるのか考えられるとよい。

$P(4)=0$ であることから, 因数定理より
$P(x)$ は **$x-4$ （①）** _ア_ で割り切れる。 ▶〈50〉(2)
$P(x)$ が $x-4$ で割り切れ, $P(x)$ が 3 次以下の式であることから,

$$P(x)=(x-4)Q(x) \quad \cdots\cdots(*)$$ ▶〈46〉

を満たす 2 次以下の式 $Q(x)$ がある。ここで

$$Q(x)=r(x-2)(x-3)+s(x-3)+t$$

とおく。条件より

$$P(1)=12, \ P(2)=4, \ P(3)=a \quad \cdots\cdots(**)$$

$x=3$ を $(*)$ に代入すると,

$$P(3)=(3-4)Q(3)$$
$$\qquad =(3-4)\{r(3-2)(3-3)+s(3-3)+t\}$$
$$\qquad =-t$$

$P(3)=a$ だから, $a=-t$ すなわち **$t=-a$** _イウ_
また, $x=2$ を $(*)$ に代入すると, $P(2)=4$ より
$$4=-2(-s+t) \text{ すなわち } \bm{s=-a+2}_エ$$
以上より, s, t と $x=1$ を $(*)$ に代入すると

$$12=-3(2r-2s+t)$$

$$\bm{r=-\frac{1}{2}a}_{オカ}$$

となることから, s, t, r を $Q(x)$ に代入して

$$Q(x)=-\frac{1}{2}a(x-2)(x-3)+(-a+2)(x-3)-a$$

$$\qquad =-\frac{1}{2}\{ax^2-(3a+4)x+2a+12\}_{キ\sim サ}$$

$Q(x)=lx^2+mx+s$ とおいて同様に考えると, $(*)$ $(**)$ より,

$$\begin{cases} P(1)=-3(l+m+s)=12 \\ P(2)=-2(4l+2m+s)=4 \\ P(3)=-(9l+3m+s)=a \end{cases}$$

とわかるから, それぞれ簡単にすると

$$\begin{cases} l+m+s=-4 & (⑥) \\ 4l+2m+s=-2 & (③) \\ 9l+3m+s=-a & (④) \end{cases}_{シスセ}$$

となる。これらを解くと,

$$l=-\frac{1}{2}a, \quad m=\frac{3a+4}{2}, \quad s=-a-6$$

となり, $Q(x)$ および $P(x)$ を a の式で表せる。

$$Q(x)=u(x-1)(x-2)+v(x-2)(x-3)$$
$$\qquad\qquad +w(x-3)(x-1)$$

とおいて同様に考えると, $(*)$, $(**)$ より

$$\begin{cases} P(1)=-3\times 2v=12 \\ P(2)=-2\times(-w)=4 \\ P(3)=-1\times 2u=a \end{cases}$$

となるので, これらを解くと

$$\bm{u=-\frac{1}{2}a}_{ソタ}, \quad \bm{v=-2}_{チツ}, \quad \bm{w=2}_{テ}$$

となり, $Q(x)$ および $P(x)$ を a の式で表せる。

20

MARKER

次数が 4 次以上の方程式は, 文字を置き換えて次数を下げられないかをまず考える。2 次方程式に帰着させれば, 解の公式で答えを求めたり, 判別式で実数解・虚数解の個数を調べたりすることができる。

(1) $a=1$ のとき, 方程式①は
$$x^4+2x^2+1=0$$
となる。ここで, $t=x^2$ とおくと
$$t^2+2t+1=0$$
$$(t+1)^2=0$$
よって $t=x^2=-1$

ゆえに $x=\pm i$ （②）ア

(2) $a=0$ のとき，方程式①は
$$x^4+2x^2=0$$
となる。ここで，$t=x^2$ とおくと
$$t^2+2t=0$$
$$t(t+2)=0$$
となるので，$t=0$，-2 とわかる。
　よって，$\boldsymbol{x=0,\ \pm\sqrt{2}i}$ （③）イ

(3) (i) t についての 2 次方程式 $t^2+2t+a=0$ の判別式 D の値が 16 であるとき
$$D=2^2-4a=16$$
$\therefore$ $\boldsymbol{a=-3}$ ウエ
$a=-3$ を方程式②に代入して，
$$t^2+2t-3=0$$
$$(t+3)(t-1)=0$$
$\therefore$ $\boldsymbol{t=-3,\ 1}$ （⓪）オ

(ii) 方程式②が方程式①において $t=x^2$ とおきかえたものであることに注意すると，(ii)より方程式①の解は $x^2=-3$，1，つまり $x=\pm\sqrt{3}i$，±1 であるため，**実数解を 2 個，虚数解を 2 個もつ。**（③）カ

(4) (i) 判別式 D の値が -192 であるとき，
$$D=2^2-4a=-192$$
$\therefore$ $\boldsymbol{a=49}$ キク
方程式②に $a=49$ を代入すると，
$$t^2+2t+49=0$$
となる。ここで，解の公式より
$$t=\frac{-2\pm\sqrt{2^2-4\times1\times49}}{2}$$
$$=\frac{-2\pm\sqrt{-192}}{2}$$
$$=\boldsymbol{-1\pm4\sqrt{3}i}\ \text{ケ〜シ}$$

(ii) $t=-1\pm4\sqrt{3}i$ のとき，$x^2=-1\pm4\sqrt{3}i$ となるが，この式から x の値を求めることは難しいため，次のように考える。
　方程式①の左辺を変形すると，
$$x^4+2x^2+49=\boldsymbol{(x^2+7)^2-12x^2}\ \text{スセソ}$$
$$=(x^2+2\sqrt{3}x+7)(x^2-2\sqrt{3}x+7)$$
したがって，2 つの 2 次方程式
$$x^2+2\sqrt{3}x+7=0,\ x^2-2\sqrt{3}x+7=0$$
の解は，いずれも $x^4+2x^2+49=0$ の解であるから，これらの 2 次方程式を解けばよい。
　$x^2+2\sqrt{3}x+7=0$ について，解の公式より
$$x=\frac{-2\sqrt{3}\pm\sqrt{12-4\times1\times7}}{2}$$
$$=\frac{-2\sqrt{3}\pm\sqrt{-16}}{2}$$
$$=\boldsymbol{-\sqrt{3}\pm2i}\ \text{（⑤）タ}$$
また，$x^2-2\sqrt{3}x+7=0$ について，解の公式より

$$x=\frac{2\sqrt{3}\pm\sqrt{12-4\times1\times7}}{2}$$
$$=\frac{2\sqrt{3}\pm\sqrt{-16}}{2}$$
$$=\boldsymbol{\sqrt{3}\pm2i}\ \text{（①）チ}$$
以上より，方程式①の解は $x=-\sqrt{3}\pm2i$，$\sqrt{3}\pm2i$

〔別解〕
$ax^2+2b'x+c=0$ の解が
$$x=\frac{-b'\pm\sqrt{b'^2-ac}}{a}$$
であることを利用すれば，
$x^2+2\sqrt{3}x+7=0$ の解は
$$x=-\sqrt{3}\pm\sqrt{3-7}$$
$$=-\sqrt{3}\pm2i$$
$x^2-2\sqrt{3}x+7=0$ の解は
$$x=\sqrt{3}\pm\sqrt{3-7}$$
$$=\sqrt{3}\pm2i$$

21

MARKER

相加平均と相乗平均の関係は，最小値を求めるときにも有効な場合がある。ただし，その際には等号が成り立つ条件を意識して考えなければならない。

(1) $a^2+b^2\geqq ab$ の右辺と左辺それぞれに $a=2$，$b=1$ を代入すると
　(左辺)$=2^2+1^2=\boldsymbol{5}$ ア
　(右辺)$=2\cdot1=\boldsymbol{2}$ イ
よって，このとき (左辺)$\geqq$(右辺) が成立する。
W〜Z のいずれも
　(左辺)$-$(右辺)$=a^2+b^2-ab$
を式変形したものである。
式が 0 以上になることを示すには，その式を平方の和になるように変形するとよい。
W ab について必ず 0 以上とは言えないため不適。
X $-3ab$ について必ず 0 以上とは言えないため不適。
Y，Z 平方の和の形になっているため適する。
よって，正解は Y，Z の $\boldsymbol{2}$ 個 ウ

(2) 相加平均と相乗平均の大小関係 $\dfrac{a+b}{2}\geqq\sqrt{ab}$ に $a=x^2>0$，$b=\dfrac{9}{x^2}>0$ を代入すると，
$$\frac{1}{2}\left(x^2+\frac{9}{x^2}\right)\geqq\sqrt{x^2\cdot\frac{9}{x^2}}\qquad\blacktriangleright\langle51\rangle$$
$$x^2+\frac{9}{x^2}\geqq2\sqrt{x^2\cdot\frac{9}{x^2}}=6$$
となる。等号成立は $x^2=\dfrac{9}{x^2}$，つまり $x=\pm\sqrt{3}$ のときであり，このとき**最小値 6**（①）エをとる。

(3) $a>0$, $\dfrac{1}{b}>0$ なので相加平均と相乗平均の大小関係より

$$a+\dfrac{1}{b}\geqq 2\sqrt{a\cdot\dfrac{1}{b}}=\underline{\bm{2\sqrt{\dfrac{a}{b}}}}_{\text{オ}} \quad\cdots\cdots①$$ ▶⟨51⟩

また，同様に $b>0$, $\dfrac{4}{a}>0$ なので，

$$b+\dfrac{4}{a}\geqq 2\sqrt{b\cdot\dfrac{4}{a}}=\underline{\bm{4\sqrt{\dfrac{b}{a}}}}_{\text{カ}} \quad\cdots\cdots②$$ ▶⟨51⟩

不等式①について，

　等号成立は $a=\dfrac{1}{b}$，つまり $ab=1$ のとき

不等式②について

　等号成立は $b=\dfrac{4}{a}$，つまり $ab=4$ のとき

よって，①の式と②の式では，**等号が成り立つ $\bm{a}$, $\bm{b}$ の値が異なる（⓪）**$_{\text{キ}}$

なお，上で見たように不等式①②のいずれについても等号が成り立つ実数 a, b が存在するため②③は不適である。

さらに，不等式①②の両辺を掛け合わせて得られる不等式 $\left(a+\dfrac{1}{b}\right)\left(b+\dfrac{4}{a}\right)\geqq 2\sqrt{\dfrac{a}{b}}\cdot 4\sqrt{\dfrac{b}{a}}=8$

において，等号が成立する場合は①②の両方の等号が成立するときであるため，この不等式の等号が成り立つ実数 a, b は存在しない。すなわち，**等号が成り立たない（②）**$_{\text{ク}}$

$\left(a+\dfrac{1}{b}\right)\left(b+\dfrac{4}{a}\right)$ を展開して考えると，

$$\left(a+\dfrac{1}{b}\right)\left(b+\dfrac{4}{a}\right)=ab+\dfrac{4}{ab}+5$$

$ab>0$, $\dfrac{4}{ab}>0$ であることから，相加平均と相乗平均の大小関係より

$$ab+\dfrac{4}{ab}\geqq 2\sqrt{ab\cdot\dfrac{4}{ab}}=4$$ ▶⟨51⟩

$$\therefore\quad ab+\dfrac{4}{ab}+5\geqq 4+5=9$$

等号成立は $ab=\dfrac{4}{ab}$，つまり $ab=2$ のとき。

よって，$\left(a+\dfrac{1}{b}\right)\left(b+\dfrac{4}{a}\right)$ は

$ab=2$ のとき**最小値 9**$_{\text{ケ}}$ をとる。

図形と方程式

22

MARKER

軌跡を考えるとき，求めた図形の全体が求める軌跡であるとは限らない。きちんと動点が存在するか，などの確認をする。

---

(1) $(x-2)^2+y^2=4$ に $y=2x+k$ を代入して

$$(x-2)^2+(2x+k)^2=4$$

整理して $\underline{\bm{5x^2+(4k-4)x+k^2}}_{\text{アイウ}}(\text{③})=0 \quad\cdots\cdots①$

α, β は 2 次方程式①の解であるから，2 次方程式の**解と係数の関係（②）**$_{\text{エ}}$ より

$$\alpha+\beta=-\dfrac{4k-4}{5}=\underline{\dfrac{\bm{-4k+4}}{\bm{5}}}_{\text{オカキ}}$$

$$\alpha\beta=\dfrac{k^2}{5}$$

線分 AB の中点を $\mathrm{M}(X,\ Y)$ とすると

$$X=\dfrac{\alpha+\beta}{2}=\underline{\dfrac{\bm{-2k+2}}{\bm{5}}}_{\text{クケ}} \quad\cdots\cdots ⓐ$$

M は直線 $y=2x+k$ 上にあることから

$$Y=2X+k=2\cdot\dfrac{-2k+2}{5}+k=\underline{\dfrac{\bm{k+4}}{\bm{5}}}_{\text{コ}} \quad\cdots\cdots ⓑ$$

ⓐ，ⓑから k を消去する。ⓑより

$k=5Y-4$ をⓐに代入して

$$X=\dfrac{-2(5Y-4)+2}{5}$$

整理して $X+2Y-2=0$

したがって，点 M は直線 $\underline{\bm{x+2y-2=0}}_{\text{サシ}} \quad\cdots\cdots②$ 上にあることがわかる。

(2)(3) 点 M は線分 AB の中点であるから，円と直線が異なる 2 点で交わらないと点 M をとることができない。

すなわち，直線②上のすべての点を M がとるわけではない。したがって，直線②上に点があることは，その点が求める軌跡上にあるための**必要条件であるが十分条件ではない。（⓪）**$_{\text{ス}}$

円と直線が異なる 2 点で交わるための必要十分条件は，2 次方程式①の判別式を D としたとき，$\underline{\bm{D>0}}$**（⓪）**$_{\text{セ}}$ であることである。

$$\dfrac{D}{4}=(2k-2)^2-5k^2=-k^2-8k+4>0$$

$$k^2+8k-4<0$$

これを解いて $\underline{\bm{-4-2\sqrt{5}}}_{\text{ソタチ}}<k<-4+2\sqrt{5}$

このとき，$-2\sqrt{5}<k+4<2\sqrt{5}$ であるから

ⓑより $\underline{-\dfrac{\bm{2\sqrt{5}}}{\bm{5}}}_{\text{ツテト}}<Y<\dfrac{2\sqrt{5}}{5}$

したがって，点 M の軌跡は直線②の

$-\dfrac{2\sqrt{5}}{5}<y<\dfrac{2\sqrt{5}}{5}$ の部分である。

23

MARKER

軌跡を求めるにあたっては，どの点の軌跡を求めるのか，どの点がどの図形上を動くのかを意識する。また，座標平面で図形の性質を確認する際には，方程式で処理するだけでなく，点と直線の距離の公式などを用いて，図形としての性質を利用することも考えるとよい。

(1) 右の図のように, 点 P は
線分 MQ を $1:\underset{\text{ア}}{\underline{(a+1)}}$
に外分する。

よって, $Q(x,\ y)$ とすると

$$s=\frac{-(a+1)\cdot 3+1\cdot x}{1-(a+1)}=\underset{\text{イ〜オ}}{\underline{\frac{-x+3a+3}{a}}}$$

$$t=\frac{-(a+1)\cdot(-2)+1\cdot y}{1-(a+1)}=\underset{\text{カ〜ケ}}{\underline{\frac{-y-2a-2}{a}}}$$

▶〈52〉

(2) 円 C は原点 O を中心とする半径 2 の円であるから

円 $C:x^2+y^2=2^2=\underset{\text{コ}}{\underline{4}}$

点 P が円 C 上にあるとき, $s^2+t^2=4$ が成り立つ。

これと(1)より

$$\left(\frac{-x+3a+3}{a}\right)^2+\left(\frac{-y-2a-2}{a}\right)^2=4$$

両辺に a^2 をかけて

$$(-x+3a+3)^2+(-y-2a-2)^2=4a^2$$

すなわち

$$\underset{\text{サ〜チ}}{\underline{(x-3a-3)^2+(y+2a+2)=4a^2}}$$

よって, 点 Q は点 $(3a+3,\ -2a-2)$ を中心とする半径 $\underset{\text{ツ}}{\underline{2a}}$ の円上にある。

(3) 直線 $l:x+y-k=0$ と円 $C:x^2+y^2=4$ が接するとき, 円 C の中心 $(0,\ 0)$ と直線 l との距離は円 C の半径に等しいから

$$\frac{|0+0-k|}{\sqrt{1^2+1^2}}=2$$ ▶〈53〉(3)

よって $|k|=2\sqrt{2}$ $k>0$ より $\underset{\text{テト}}{\underline{k=2\sqrt{2}}}$

点 $P(s,\ t)$ が直線 l 上を動くとき, $k=2\sqrt{2}$ より

$$s+t-2\sqrt{2}=0$$

が成り立つ。これと(1)より

$$\frac{-x+3a+3}{a}+\frac{-y-2a-2}{a}-2\sqrt{2}=0$$

$$(-x+3a+3)+(-y-2a-2)-2\sqrt{2}a=0$$

$$\underset{\text{ナ〜ネ}}{\underline{x+y+(2\sqrt{2}-1)a-1=0}}$$ ……②

直線 l は $y=-x+2\sqrt{2}$

直線 ② は $y=-x+(1-2\sqrt{2})a+1$

$a>1$ より

$$(1-2\sqrt{2})a+1<(1-2\sqrt{2})\cdot 1+1=2-2\sqrt{2}<2\sqrt{2}$$

であり, これら 2 直線は傾きが等しく, y 切片が一致しないから, 平行である。

(4) (2)より, 円 C_a の中心は $(3a+3,\ -2a-2)$

円 C_a の中心と l_a との距離 d は, ② と $a>0$ より

$$d=\frac{|(3a+3)+(-2a-2)+(2\sqrt{2}-1)a-1|}{\sqrt{1^2+1^2}}$$ ▶〈53〉(3)

$$=\frac{|2\sqrt{2}a|}{\sqrt{2}}=|2a|=\underset{\text{ノ}}{\underline{2a\ (⑤)}}$$

円 C_a の半径は $2a$ であるから, $d=2a$ より右の図のようになり, C_a と l_a は a の値によらず, 接する。

$\underset{\text{ハ}}{\underline{(⓪)}}$ ▶〈56〉

24

(1) 不等式①は,

$$x^2-2ax+y^2-2y+a^2\le 0$$

$$(x^2-2ax+a^2)+(y^2-2y+1)-1\le 0$$

$$\underset{\text{アイウ}}{\underline{(x-a)^2+(y-1)^2\le 1}}$$

と変形できる。したがって, 領域 A は点 $(a,\ 1)$ を中心とする半径 $\underset{\text{エ}}{\underline{1}}$ の円周およびその内部である。▶〈55〉

(2) 領域 B は,「中心 $(0,\ 0)$ で半径が 4 である円周およびその内部」と「直線 $y=-2x$ の上側」の共通範囲である。これを表す図は $\underset{\text{オ}}{\underline{⓪}}$ である。

(3) いま, 円と直線が接する場合は下の図(i), (ii)の 2 通り。よって, **共通部分 C は, 領域 A と一致するか, または 1 点のみからなる。**$\underset{\text{カ}}{\underline{(①)}}$

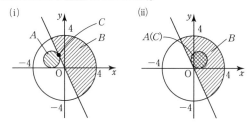

(4) 領域 A と B が共通部分をもつのは(3)の図(i)の場合から下の図(iii)の場合まで a が変化するときである。

(i)のとき, 中心 $(a,\ 1)$ と直線 $2x+y=0$ との距離が 1 となるから

$$\frac{|2a+1|}{\sqrt{2^2+1^2}}=1$$ ▶〈53〉(3)

$$|2a+1|=\sqrt{5}$$

よって $a=\dfrac{\pm\sqrt{5}-1}{2}$ ……①

図より $a<0$ であるから $a=\dfrac{-1-\sqrt{5}}{2}$

(iii)のとき, 2 つの円は外接しているので, 中心間の距離が半径の和 $4+1=5$ となる。

▶〈56〉

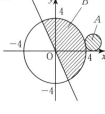

2 点 $(a,\ 1)$ と $(0,\ 0)$ の距離が 5 であるから

$$(a-0)^2+(1-0)^2=5^2$$

図より $a>0$

よって $a=2\sqrt{6}$

以上より, 求める a の範囲は

$$\underset{\text{キ〜サ}}{\underline{\frac{-1-\sqrt{5}}{2}\le a\le 2\sqrt{6}}}$$

領域 C と A が一致するのは(3)の図(ii)の場合から下の図(iv)の場合まで a が変化するときである。

(ii)のとき，①のうち $a>0$ であるものだから

$$a=\frac{-1+\sqrt{5}}{2}$$

(iv)のとき，2つの円は内接しているので，2つの円の半径の差 $4-1=3$ が中心間の距離になる。

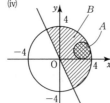

$$(a-0)^2+(1-0)^2=3^2$$

図より $a>0$

よって $a=2\sqrt{2}$

以上より，求める a の範囲は

$$\underline{\frac{-1+\sqrt{5}}{2}\leqq a\leqq 2\sqrt{2}}_{\text{シ}\sim\text{タ}}$$

三角関数

25

✏ **MARKER**

三角関数の合成や，sin と cos の置き換えが素早くできると，余裕をもって解答できる。2倍角の公式など，加法定理から導出できる公式は，自力でも導けるように練習しておきたい。

(1) $\sin\theta-\sqrt{3}\cos\theta=2\left(\frac{1}{2}\sin\theta-\frac{\sqrt{3}}{2}\cos\theta\right)$

$$=2\left(\sin\theta\cos\frac{\pi}{3}-\cos\theta\sin\frac{\pi}{3}\right)$$

$$=2\sin\left(\theta-\frac{\pi}{3}\right) \quad\blacktriangleright\langle 65\rangle$$

を利用すると

$$\sin\frac{4}{3}x-\sqrt{3}\cos\frac{4}{3}x=\underline{2\sin\left(\frac{4}{3}x-\frac{\pi}{3}\right)}_{\text{アイ}}$$

であるから $f(x)$ は

$$f(x)=\frac{1}{2}\left\{2\sin\left(\frac{4}{3}x-\frac{\pi}{3}\right)\right\}^2=\underline{2\sin^2\left(\frac{4}{3}x-\frac{\pi}{3}\right)}_{\text{ウ}}$$

$$=-\cos 2\left(\frac{4}{3}x-\frac{\pi}{3}\right)+1 \quad\blacktriangleright\langle 63\rangle$$

$$=\underline{-\cos\left(\frac{8}{3}x-\frac{2}{3}\pi\right)+1}_{\text{エ}\sim\text{ク}}$$

(2) ⓪：$\sin\left(\theta-\frac{3}{2}\pi\right)=\sin\left(\theta-\frac{3}{2}\pi+2\pi\right)$

$$=\sin\left(\theta+\frac{\pi}{2}\right)=\cos\theta$$

①：$\sin\left(\theta+\frac{3}{2}\pi\right)=-\cos\theta$

②：$\sin\left(\frac{\pi}{2}-\theta\right)=\cos\theta$

③：$\sin\left(\frac{\pi}{2}+\theta\right)=\cos\theta \quad\blacktriangleright\langle 59\rangle$

よって，$\underline{-\cos\theta=\sin\left(\theta+\frac{3}{2}\pi\right)}_{\text{ケ}}$（①）が成り立つ。

(3) $f(x)=-\cos\left(\frac{8}{3}x-\frac{2}{3}\pi\right)+1$

$$=\sin\left(\frac{8}{3}x-\frac{2}{3}\pi+\frac{3}{2}\pi\right)+1$$

$$=\sin\left(\frac{8}{3}x+\underline{\frac{5}{6}\pi}_{\text{コサ}}\right)+1$$

$$=\sin\frac{8}{3}\left(x+\frac{5}{16}\pi\right)+1$$

(4) (3)より，$y=f(x)$ のグラフは，$y=\sin\frac{8}{3}x$ のグラフを x 軸方向に $\underline{-\frac{5}{16}\pi}_{\text{シ}}$（③），$y$ 軸方向に1だけ平行移動したものであり，その周期は

$$2\pi\div\frac{8}{3}=\underline{\frac{3}{4}\pi}_{\text{ス}}\ \text{（⑧）} \quad\blacktriangleright\langle 60\rangle$$

(5) $0\leqq x\leqq 2\pi$ より，

$$\frac{5}{6}\pi\leqq\frac{8}{3}x+\frac{5}{6}\pi\leqq\frac{37}{6}\pi\left(=\frac{\pi}{6}+6\pi\right)$$

この範囲で $f(x)=\frac{1}{2}$ すなわち

$$\sin\left(\frac{8}{3}x+\frac{5}{6}\pi\right)=-\frac{1}{2}$$ を満たす x は

$$\frac{8}{3}x+\frac{5}{6}\pi=\frac{7}{6}\pi,\ \frac{11}{6}\pi,\ \frac{19}{6}\pi,$$

$$\frac{23}{6}\pi,\ \frac{31}{6}\pi,\ \frac{35}{6}\pi$$

に対応する $\underline{6\ \text{個}}_{\text{セ}}$ ある。

それらの x のうち，最小のもの α は

$$\frac{8}{3}\alpha+\frac{5}{6}\pi=\frac{7}{6}\pi \quad\text{よって}\quad \underline{\alpha=\frac{\pi}{8}}_{\text{ソ}}$$

また，$\tan 2\alpha=\tan\frac{\pi}{4}=1$ を2倍角の公式

$$\tan 2\alpha=\underline{\frac{2\tan\alpha}{1-\tan^2\alpha}}_{\text{タチ}}$$ に代入すると， $\quad\blacktriangleright\langle 63\rangle$

$$1=\frac{2\tan\alpha}{1-\tan^2\alpha}$$

$$1-\tan^2\alpha=2\tan\alpha$$

$$\tan^2\alpha+2\tan\alpha-1=0$$

よって $\tan\alpha=-1\pm\sqrt{2}$

$\tan\alpha>0$ より $\underline{\tan\alpha=\sqrt{2}-1}_{\text{ツテ}}$

26

✏ **MARKER**

弧度法の定義やおうぎ形の面積など，基本的な事項はその意味を理解するようにしたい。また，単位のラジアンは，ふつうは省略される。

(1) 半径と同じ長さの弧に対する中心角の大きさを1ラジアンというので，正解は $\underline{②，③}_{\text{ア}}$（順不同）

1ラジアンは $0<1<\frac{\pi}{2}$ より，その動径を示す OP は

$\underline{\text{第1象限}}_{\text{ウ}}$ にあり，

4 ラジアンは $\pi < 4 < \dfrac{3}{2}\pi$ より，その動径を示す OQ は**第 3 象限**にある。

(2) $216° = \dfrac{216}{180}\pi = \dfrac{\mathbf{6}}{\mathbf{5}}\pi$

$\dfrac{29}{45}\pi = \dfrac{29}{45} \times 180° = \mathbf{116°}$

(3) 弧の長さを l とすると，$l = r\theta$ より，

面積 S は $S = \dfrac{1}{2}lr = \dfrac{\mathbf{1}}{\mathbf{2}}\mathbf{r^2\theta}$ （①） ▶〈58〉

(4) (i) $x = \theta - \dfrac{\pi}{5}$ より，

$\theta - \dfrac{\pi}{30} = \theta - \dfrac{\pi}{5} + \dfrac{\pi}{5} - \dfrac{\pi}{30} = x + \dfrac{\pi}{6}$ なので

$2\sin\left(\theta - \dfrac{\pi}{5}\right) + 2\cos\left(\theta - \dfrac{\pi}{30}\right) = 1$ は

$2\sin x + 2\cos\left(x + \dfrac{\pi}{6}\right) = 1$ と表せる。

加法定理を利用して展開すると，

$2\sin x + 2\left(\cos x \cos\dfrac{\pi}{6} - \sin x \sin\dfrac{\pi}{6}\right) = 1$ ▶〈62〉

$\underline{\sin x + \sqrt{3}\cos x = 1}$

左辺を合成して $2\sin\left(x + \dfrac{\pi}{3}\right) = 1$ ▶〈65〉

よって $\underline{\sin\left(x + \dfrac{\pi}{3}\right) = \dfrac{1}{2}}$

(ii) $y = \sin\left(x + \dfrac{\pi}{3}\right)$ のグラフは，$y = \sin x$ のグラフを x 軸方向に $-\dfrac{\pi}{3}$ だけ平行移動したものである。よって，これをかくと ③ のような図になる。 ▶〈61〉

(iii) このグラフと $y = \dfrac{1}{2}$ のグラフの交点は，

$\dfrac{\pi}{2} \leqq \theta \leqq \pi$ より $\dfrac{3}{10}\pi \leqq x \leqq \dfrac{4}{5}\pi$，すなわち

$\dfrac{19}{30}\pi \leqq x + \dfrac{\pi}{3} \leqq \dfrac{17}{15}\pi$ の範囲で考えると，

$x + \dfrac{\pi}{3} = \dfrac{5}{6}\pi$

$\theta - \dfrac{\pi}{5} + \dfrac{\pi}{3} = \dfrac{5}{6}\pi$ よって $\boldsymbol{\theta = \dfrac{7}{10}\pi}$

27

📝 **MARKER**

グラフの共有点の個数が，解の個数と一致することをうまく利用する。何度も文字を置き換えるが，それぞれの文字の値の範囲や，値に応じた解の個数を確認しながら解き進めていく。

方程式①を変形した，$-2\cos 2x - 4\cos x + 2 = a$ の左辺を y とおいた式を考える。

$y = -2\cos 2x - 4\cos x + 2$
$\quad = -2(2\cos^2 x - 1) - 4\cos x + 2$
$\quad = -4\cos^2 x - 4\cos x + 4$

$\cos x = t$ とおくと，

$\boldsymbol{y = -4t^2 - 4t + 4}$ ……②

$\quad = -4(t^2 + t) + 4 = -4\left\{\left(t + \dfrac{1}{2}\right)^2 - \dfrac{1}{4}\right\} + 4$

$\quad = -4\left(t + \dfrac{1}{2}\right)^2 + 5$

よって，②のグラフの頂点は $\left(-\dfrac{1}{2},\ 5\right)$ ▶〈9〉

$0 \leqq x < 2\pi$ のとき，$-1 \leqq \cos x \leqq 1$ であるから，

$\boldsymbol{-1 \leqq t \leqq 1}$ （③）

②の放物線と $y = a$ との交点の個数は $-1 \leqq t \leqq 1$ に注意すると，グラフより

$\boldsymbol{-4 \leqq a < 4,\ a = 5}$ のとき 1 個

$4 \leqq a < 5$ のとき 2 個

ここで，$-1 \leqq t \leqq 1$ における $\cos x = t$ の解の個数について考える。t の値 1 個に対する x の値の個数は，

$\boldsymbol{t = -1,\ 1}$ のとき **1 個**

$-1 < t < 1$ のとき **2 個**

以上より，x の解の個数は

$a < -4,\ 5 < a$ のとき 0 個

$a = -4$ のとき 1 個

$a = 5,\ -4 < a < 4$ のとき 2 個

$a = 4$ のとき 3 個

$4 < a < 5$ のとき 4 個

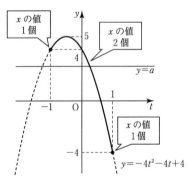

したがって，選択肢のうち方程式①の異なる実数解が 2 個であるような a の値は

$a = -1,\ 0,\ 2,\ \dfrac{7}{2},\ 5$

の **5 個** であり，最大のものは $\boldsymbol{a = 5}$ （⑧）最小のものは $\boldsymbol{a = -1}$ （②）である。

また，方程式①の異なる実数解が 3 個あるような a の値は $\boldsymbol{a = 4}$ （⑥）である。

指数関数・対数関数

28

📝 **MARKER**

指数と対数の関係を理解すること，指数・対数関数をグラフで考えることは重要である。別の文字に置き換えて考えるときには，文字の範囲に注意する。

(1) 指数と対数の関係より，
$$a^p = M \iff \underline{p = \log_a M \quad (②)}_{\text{ア}} \qquad \blacktriangleright \langle 69 \rangle$$

(2) A～F それぞれの右辺について，底の変換公式を用いて底を a に揃えて考えると

A （右辺）$= \dfrac{1}{\log_a b}$

B （右辺）$= \dfrac{\log_a \dfrac{1}{b}}{\log_a \dfrac{1}{a}} = \dfrac{-\log_a b}{-1} = \log_a b$

C （右辺）$= \dfrac{1}{2}\log_a b$

D （右辺）$= \dfrac{\log_a b}{\log_a \sqrt{a}} = 2\log_a b$

E （右辺）$= 2\log_a b = \log_a(b^2)$

F （右辺）$= \dfrac{\log_a \dfrac{1}{a}}{\log_a b} = \dfrac{-1}{\log_a b} \qquad \blacktriangleright \langle 71 \rangle$

これらを左辺と比べると，正解は $\underline{\textbf{B, D, F} \ (③)}_{\text{イ}}$

(3) $y = 3^x$，$y = \left(\dfrac{1}{3}\right)^x$，$y = \log_3 x$，$y = \log_{\frac{1}{3}} x$ のグラフはそれぞれ次のようにかける。

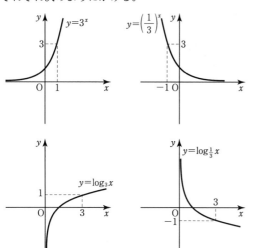

また，$\log_{\frac{1}{3}} x = \dfrac{\log_3 x}{\log_3 \dfrac{1}{3}} = -\log_3 x = \log_3 \dfrac{1}{x} \qquad \blacktriangleright \langle 71 \rangle$

であることに注意すると，

$y = 3^x$ のグラフと $y = \left(\dfrac{1}{3}\right)^x$ のグラフは

原点に関して対称でないが，y 軸に関して対称 $\underline{(②)}_{\text{ウ}}$

$y = \left(\dfrac{1}{3}\right)^x$ のグラフと $y = \log_{\frac{1}{3}} x$ のグラフは

原点に関して対称でないが，直線 $y = x$ に関して対称 $\underline{(③)}_{\text{エ}}$

$y = \log_3 x$ のグラフと $y = \log_{\frac{1}{3}} x$ のグラフは

原点に関して対称でないが，x 軸に関して対称 $\underline{(①)}_{\text{オ}}$

$y = \log_3 \dfrac{1}{x}$ のグラフと $y = \log_{\frac{1}{3}} x$ のグラフは

$\underline{\text{同一のもの} \ (④)}_{\text{カ}}$

(4) 指数関数，対数関数の性質より，与式についてのグラフは以下の通り $\qquad \blacktriangleright \langle 68 \rangle, \langle 72 \rangle$

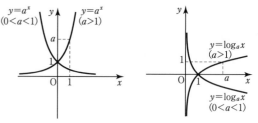

したがって，

$y = a^x$ の値域は $\underline{\textbf{\textit{y}} > \textbf{0} \ (⓪)}_{\text{キ}}$

$y = \log_a x$ の値域は $\underline{\textbf{実数全体} \ (③)}_{\text{ク}}$

(5) $t = \log_3 x$ とおくと，
$$\log_3 \dfrac{x}{3} = \log_3 x - \log_3 3 = t - 1 \qquad \blacktriangleright \langle 70 \rangle (2)$$
$$\log_{\frac{1}{9}} x = \dfrac{\log_3 x}{\log_3 \dfrac{1}{9}} = -\dfrac{1}{2}\log_3 x = -\dfrac{1}{2}t \qquad \blacktriangleright \langle 71 \rangle$$

これを関数 $y = \left(\log_3 \dfrac{x}{3}\right)^2 + 2\log_{\frac{1}{9}} x + 2$ に代入して，
$$y = (t-1)^2 + 2\cdot\left(-\dfrac{1}{2}t\right) + 2 = \underline{\textbf{\textit{t}}^2 - 3\textbf{\textit{t}} + 3}_{\text{ケコ}}$$

(6) $t = \log_3 x$ のとり得る値の範囲は，(4)と同様に考えて，$\underline{\textbf{実数全体} \ (③)}_{\text{サ}}$

(7) (5)の式を変形すると $y = \left(t - \dfrac{3}{2}\right)^2 + \dfrac{3}{4}$

したがって y は，$\underline{\textbf{\textit{t}} = \dfrac{\textbf{3}}{\textbf{2}}}_{\text{シス}}$ のとき，

すなわち $\underline{\textbf{\textit{x}} = 3^{\frac{3}{2}} = \textbf{3}\sqrt{\textbf{3}}}_{\text{セソ}}$ のとき最小値 $\underline{\dfrac{\textbf{3}}{\textbf{4}}}_{\text{タチ}}$ をとる。

29

✎ **MARKER**

$2^x + 2^{-x} = t$ とおくと，$4^x + 4^{-x}$ も t の式で表せることを利用して解き進めていく。文字を置き換えたときには，置き換えた文字がとりうる値の範囲を必ず確認する。

(1) $2^x + 2^{-x} = t$ とおき，両辺を 2 乗すると
$$(2^x + 2^{-x})^2 = t^2$$
$$4^x + 4^{-x} = \underline{\textbf{\textit{t}}^2 - \textbf{2}}_{\text{アイ}}$$

与式 $4(4^x + 4^{-x}) - 20(2^x + 2^{-x}) + 33 = 0$ に代入すると
$$4(t^2 - 2) - 20\cdot t + 33 = 0$$
$$\underline{\textbf{4}\textbf{\textit{t}}^2 - \textbf{20}\textbf{\textit{t}} + \textbf{25} = \textbf{0}}_{\text{ウエオ}} \quad \cdots\cdots (*)$$

指数関数の性質より，$y = 2^x$ と $y = 2^{-x}$ の値域はどちらも $\underline{\textbf{\textit{y}} > \textbf{0} \ (⓪)}_{\text{カ}}$ である。 $\qquad \blacktriangleright \langle 68 \rangle (1)$

$2^x > 0$，$2^{-x} > 0$ なので相加平均と相乗平均の関係より
$$t = 2^x + 2^{-x} \geq 2\sqrt{2^x \cdot 2^{-x}} = 2 \qquad \blacktriangleright \langle 51 \rangle$$

よって $\underline{\textbf{\textit{t}} \geq \textbf{2} \ (②)}_{\text{キ}}$

— 74 —

なお，等号が成立するのは $2^x=2^{-x}$ すなわち $x=0$ のときである。
方程式（＊）を解くと

$$4t^2-20t+25=0$$
$$(2t-5)^2=0$$

$t\geqq2$ に注意して，$\boldsymbol{t=\dfrac{5}{2}}$ ₍ク₎₍ケ₎

また，$t=2^x+2^{-x}$ に $x=3$ を代入すると，

$$\boldsymbol{t=2^3+2^{-3}=8+\dfrac{1}{8}=\dfrac{65}{8}}$$ ₍コ₎₍サ₎₍シ₎

$y=2^x$ と $y=2^{-x}$ のグラフはそれぞれ次のようになる。

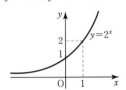 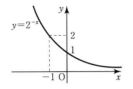

図より，互いに **y 軸に関して対称**である。（③）₍ス₎ また，これら 2 つの関数の和のグラフは **y 軸に関して対称である。**（③）₍セ₎

（参考） $f(x)=2^x$，$g(x)=2^{-x}$ とおくと，これらは互いに y 軸に関して対称であるから，

$$f(x)=g(-x),\ f(-x)=g(x)$$

したがって，

$$f(x)+g(x)=f(-x)+g(-x)$$

となるから，関数 $f(x)+g(x)$ のグラフは y 軸に関して対称である。

(2) $2^x+2^{-x}=\dfrac{5}{2}$ について，$2^x=u$ とおくと

$$u+\dfrac{1}{u}=\dfrac{5}{2}$$

$$\boldsymbol{2u^2-5u+2=0}$$ ₍ソ₎₍タ₎₍チ₎
$$(u-2)(2u-1)=0$$

u の定義域は指数関数の定義より **$u>0$**（①）₍ツ₎ であることに注意して，

$$\boldsymbol{u=2,\ \dfrac{1}{2}}$$ ₍テ₎₍ト₎₍ナ₎

このときの x の値は，$2^x=2$，$2^x=\dfrac{1}{2}$ をそれぞれ解いて

$$\boldsymbol{x=1,\ -1}$$ ₍ニ₎₍ヌ₎₍ネ₎

30

✎ **MARKER**

対数の定義にしたがって，対数ものさしの目盛りどうしにどのような関係があるのかを考えていく。選択肢に惑わされず，問題文からわかる関係を立式して変形していくことを心掛けたい。

(1) $\log_{10}2=0.3010$ とすると，

$$a^p=M \iff p=\log_a M$$ ▶〈69〉

より $\underline{\boldsymbol{10^{0.3010}}\,（①）=2}$ ₍ア₎

この式の両辺を $\dfrac{1}{0.3010}$ 乗すると

$$(10^{0.3010})^{\frac{1}{0.3010}}=2^{\frac{1}{0.3010}}$$

よって $\boldsymbol{2^{\frac{1}{0.3010}}}$（⑤）$=10$ ₍イ₎

〔別解〕 底の変換公式より

$$\log_{10}2=\dfrac{1}{\log_2 10}$$ ▶〈71〉

であるから $\log_2 10=\dfrac{1}{\log_{10}2}$

よって $2^{\frac{1}{\log_{10}2}}=10$ ▶〈69〉

すなわち $\boldsymbol{2^{\frac{1}{0.3010}}=10}$

(2) A の目盛りのつけ方から，8 の目盛りは 1 の目盛りから右に $\log_{10}8$ だけ離れた場所にある。ここで，

$$\log_{10}8=\log_{10}2^3=3\log_{10}2$$ ▶〈70〉〈3〉

であり，$\log_{10}2=0.3010$ とするので

$$\log_{10}8=3\cdot0.3010=\boldsymbol{0.9030}\ （③）$$ ₍ウ₎

(3) 「B の 1 の目盛りと b の目盛りの間の長さ」は，「B の 1 の目盛りと 2 の目盛りの間の長さ」と「A の 1 の目盛りと a の目盛りの間の長さ」の和であるから，

$$\log_{10}b=\log_{10}2+\log_{10}a$$

が成り立つ。これより，

$$\log_{10}b=\log_{10}2a$$ ▶〈70〉〈1〉

よって $\boldsymbol{b=2a}$（①）₍エ₎

(4) $b=2a$ を $b=a+2$ に代入した式を解くと，

$$2a=a+2$$

よって $\boldsymbol{a=2,\ b=4}$ ₍オ₎₍カ₎

$m<n$ とすると，対数ものさしにおいて m の目盛りと n の目盛りの間の長さは

$$\log_{10}n-\log_{10}m=\log_{10}\dfrac{n}{m}$$

となる。したがって，⓪〜⑤ それぞれの A の間の長さと B の間の長さは以下の通り。

⓪ A：$\log_{10}\dfrac{3}{2}$，B：$\log_{10}\dfrac{9}{6}=\log_{10}\dfrac{3}{2}$

① A：$\log_{10}\dfrac{5}{4}$，B：$\log_{10}\dfrac{9}{8}$

② A：$\log_{10}\dfrac{8}{6}=\log_{10}\dfrac{4}{3}$，B：$\log_{10}\dfrac{12}{9}=\log_{10}\dfrac{4}{3}$

③ A：$\log_{10}\dfrac{4}{3}$，B：$\log_{10}\dfrac{16}{9}$

④ A：$\log_{10}\dfrac{3}{2}$，B：$\log_{10}\dfrac{9}{6}=\log_{10}\dfrac{3}{2}$

⑤ A：$\log_{10}\dfrac{11}{9}$，B：$\log_{10}\dfrac{12}{10}=\log_{10}\dfrac{6}{5}$

よって，正解は ⓪，②，④ ₍キ₎₍ク₎₍ケ₎

対数ものさし A の 8 の目盛りと対数ものさし B の b の目盛りを合わせ，対数ものさし A の 1 の目盛りに対応する対数ものさし B の目盛りを c とすると，二つのものさしは次の図のような状態となる。

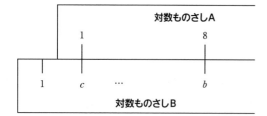

図より，

$$\log_{10} 8 = \log_{10} b - \log_{10} c$$
$$\log_{10} b = \log_{10} c + \log_{10} 8$$
$$\log_{10} b = \log_{10} 8c$$

▶〈70〉(1)

よって　$\underline{c = \dfrac{b}{8}}_{\text{コ}}$　（②）

微分法と積分法

31

✎ **MARKER**

微分を利用して接線の方程式を求める方法は必須。積分を用いて面積を求めるには，求めたい面積の両端の位置が必要であることも押さえておきたい。

$f(x) = x^3 - 3x^2 + 2x$ より，

$$f'(x) = 3x^2 - 6x + 2$$

であるから，$y = f(x)$ の $x = t$ での接線の方程式は，

$$y = f'(t)(x - t) + f(t)$$

▶〈77〉

$$= (3t^2 - 6t + 2)(x - t) + (t^3 - 3t^2 + 2t)$$
$$= \underline{(3t^2 - 6t + 2)x - 2t^3 + 3t^2}_{\text{ア～オ}}$$

となる。この接線が A(2, 0) を通るときの t の値は，

$$0 = (3t^2 - 6t + 2) \cdot 2 - 2t^3 + 3t^2$$
$$2t^3 - 9t^2 + 12t - 4 = 0$$
$$(t - 2)^2(2t - 1) = 0$$

よって　$\underline{t = 2, \dfrac{1}{2}}_{\text{カキク}}$

(1) 直線 l は $y = f(x)$ の $x = \dfrac{1}{2}$ での接線であり，

$$f\left(\dfrac{1}{2}\right) = \dfrac{1}{8} - \dfrac{3}{4} + 1 = \dfrac{3}{8}$$

であるから，直線 l と $y = f(x)$ の接点 P は，

$$\mathrm{P}\left(\dfrac{1}{2}, \underline{\dfrac{3}{8}}_{\text{ケコ}}\right)$$

また，直線 l の傾きは，

$$f'\left(\dfrac{1}{2}\right) = \dfrac{3}{4} - 3 + 2 = -\dfrac{1}{4}$$

であるから，直線 l を表す方程式は，

$$y = -\dfrac{1}{4}\left(x - \dfrac{1}{2}\right) + \dfrac{3}{8}$$

▶〈53〉(1)

すなわち　$\underline{y = -\dfrac{1}{4}x + \dfrac{1}{2}}_{\text{サ～ソ}}$

(2) 2次関数 $g(x)$ に対して，$y = g(x)$ のグラフが O(0, 0)，A(2, 0) を通ることから，x 軸と $x = 0$，2 で

交わるので，

$$g(x) = ax(x - 2)$$

▶〈11〉(3)

とおける。$y = g(x)$ のグラフが点 P を通るので，

$$\dfrac{3}{8} = a \cdot \dfrac{1}{2}\left(\dfrac{1}{2} - 2\right)$$

よって　$a = -\dfrac{1}{2}$

これらより，

$$g(x) = -\dfrac{1}{2}x(x - 2) = \underline{\dfrac{-1}{2}x^2 + x}_{\text{タチツ}}$$

(3) (i) 直線 l と $y = g(x)$ のグラフではさまれる部分のうち，

$$x\left(x - \dfrac{1}{2}\right) \leq 0 \quad \text{すなわち} \quad 0 \leq x \leq \dfrac{1}{2}$$

を示す図は，$\underline{⓪}_{\text{テ}}$

(ii) (i)より面積 S を計算すると，

$$\int_0^{\frac{1}{2}}\left\{\left(-\dfrac{1}{4}x + \dfrac{1}{2}\right) - \left(-\dfrac{1}{2}x^2 + x\right)\right\}dx$$

$$= \int_0^{\frac{1}{2}}\left(\dfrac{1}{2}x^2 - \dfrac{5}{4}x + \dfrac{1}{2}\right)dx$$

$$= \dfrac{1}{4}\int_0^{\frac{1}{2}}(2x^2 - 5x + 2)\,dx$$

$$= \dfrac{1}{4}\left[\dfrac{2}{3}x^3 - \dfrac{5}{2}x^2 + 2x\right]_0^{\frac{1}{2}}$$

$$= \dfrac{1}{4}\left(\dfrac{2}{3} \cdot \dfrac{1}{8} - \dfrac{5}{2} \cdot \dfrac{1}{4} + 2 \cdot \dfrac{1}{2}\right) = \underline{\dfrac{11}{96}}_{\text{ト～ヌ}}$$

32

✎ **MARKER**

定義から，微分係数は，平均変化率の極限を考えることで求められる。定義の部分が曖昧ならば，教科書に立ち返ってしっかりと理解しておきたい。グラフを図形的に見る問題では，ベクトルの考え方が使える場合も多いので，積極的に使ってみて定着させたい。

(1) $f(x) = 2x^2$ であるから，x が a から $a + h$ まで変化するときの $f(x)$ の平均変化率は，

$$\dfrac{f(a + h) - f(a)}{(a + h) - a}$$

$$= \dfrac{2(a + h)^2 - 2a^2}{h} = \dfrac{2(a^2 + 2ah + h^2) - 2a^2}{h}$$

$$= \dfrac{4ah + 2h^2}{h} = \underline{4a + 2h}_{\text{ア}} \quad (③)$$

これより，$f(x)$ の $x = a$ での微分係数は，

$$f'(a) = \lim_{h \to 0}\dfrac{f(a + h) - f(a)}{h}$$

▶〈74〉(1)

$$= \lim_{h \to 0}\underline{(4a + 2h)}_{\text{イ}} = \underline{4a}_{\text{ウ}}$$

(2) (i) $C : y = f(x)$ の $x = a$ での接線が直線 l であるから，その方程式は，

$$y = f'(a)(x - a) + f(a)$$

▶〈77〉

$$y = 4a(x - a) + 2a^2$$

よって　$y=\boldsymbol{4ax-2a^2}$ ▢エオ

(ii) l と x 軸との交点が Q であるから，Q の x 座標は l の方程式で $y=0$ のときだから，

$0=4ax-2a^2$ より，$x=\dfrac{a}{2}$

よって　$\mathrm{Q}\!\left(\dfrac{\boldsymbol{a}}{\boldsymbol{2}},\ 0\right)$ ▢カキ

(iii) 直線 m は直線 l と垂直なので，その傾きは $-\dfrac{1}{4a}$

さらに，直線 m は点 Q を通るので，その方程式は，

$y=-\dfrac{1}{4a}\!\left(x-\dfrac{a}{2}\right)$　▶〈53〉(1)

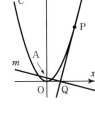

よって　$y=-\dfrac{\boldsymbol{1}}{\boldsymbol{4a}}\boldsymbol{x}+\dfrac{\boldsymbol{1}}{\boldsymbol{8}}$ ▢ク〜サ

(iv) 直線 m の y 軸との交点が点 A なので，(iii)の式から

$\mathrm{A}\!\left(0,\ \dfrac{1}{8}\right)$

$\angle\mathrm{AQP}=90°$ であるから，$\triangle\mathrm{AQP}$ の面積 S は，

$S=\dfrac{1}{2}\cdot\mathrm{AQ}\cdot\mathrm{QP}$

$=\dfrac{1}{2}\sqrt{\left(\dfrac{a}{2}\right)^2+\left(\dfrac{1}{8}\right)^2}\cdot\sqrt{\left(a-\dfrac{a}{2}\right)^2+(2a^2)^2}$

$=\dfrac{1}{2}\cdot\dfrac{1}{8}\sqrt{16a^2+1}\cdot\dfrac{1}{2}a\sqrt{16a^2+1}$

$=\dfrac{1}{32}a(16a^2+1)$

$=\dfrac{\boldsymbol{a^3}}{\boldsymbol{2}}+\dfrac{\boldsymbol{a}}{\boldsymbol{32}}$ ▢シスセ

〔別解〕 数学 C のベクトルを用いると，次のように求めることもできる。

$\overrightarrow{\mathrm{QA}}=\left(-\dfrac{a}{2},\ \dfrac{1}{8}\right),\ \overrightarrow{\mathrm{QP}}=\left(\dfrac{a}{2},\ 2a^2\right)$

より，$a>0$ に注意すると，$\triangle\mathrm{APQ}$ の面積 S は，

$S=\dfrac{1}{2}\left|-\dfrac{a}{2}\cdot2a^2-\dfrac{1}{8}\cdot\dfrac{a}{2}\right|$　▶〈107〉

$=\dfrac{\boldsymbol{a^3}}{\boldsymbol{2}}+\dfrac{\boldsymbol{a}}{\boldsymbol{32}}$

(v) $T=\displaystyle\int_0^a\{2x^2-(4ax-2a^2)\}dx$ とおくと，T は，**y 軸と曲線 C および直線 l によって囲まれた図形の面積（③）** ▢ソ を表す。　▶〈86〉

(3) (i) $a>0$ において，

$T=\displaystyle\int_0^a(2x^2-4ax+2a^2)dx$

$=\left[\dfrac{2}{3}x^3-2ax^2+2a^2x\right]_0^a$

$=\dfrac{2}{3}a^3-2a\cdot a^2+2a^2\cdot a=\dfrac{2}{3}a^3$

であるから，

$S-T=\left(\dfrac{a^3}{2}+\dfrac{a}{32}\right)-\dfrac{2}{3}a^3$

$=-\dfrac{\boldsymbol{a^3}}{\boldsymbol{6}}+\dfrac{\boldsymbol{a}}{\boldsymbol{32}}$ ▢タチツ

(ii) $S-T>0$ のとき，

$-\dfrac{a^3}{6}+\dfrac{a}{32}>0$

$3a-16a^3>0$

$a(3-16a^2)>0$

$a>0$ であるから，両辺を a で割って

$3-16a^2>0$

$a^2<\dfrac{3}{16}$

よって　$\boldsymbol{0<a<\dfrac{\sqrt{3}}{4}}$（⓪）▢テ

(iii) $S-T$ を $g(a)$ とおくと，

$g'(a)=-\dfrac{1}{2}a^2+\dfrac{1}{32}=-\dfrac{1}{2}\!\left(a^2-\dfrac{1}{16}\right)$

$=-\dfrac{1}{2}\!\left(a+\dfrac{1}{4}\right)\!\left(a-\dfrac{1}{4}\right)$

$a>0$ における $g(a)$ の増減表は次のようになる。

a	0	$\cdots$	$\dfrac{1}{4}$	$\cdots$
$g'(a)$		$+$	0	$-$
$g(a)$		$\nearrow$		$\searrow$

増減表より，$S-T$ は $\boldsymbol{a=\dfrac{1}{4}}$ ▢トナ で最大値をとり，

$g\!\left(\dfrac{1}{4}\right)=-\dfrac{1}{6}\cdot\dfrac{1}{4^3}+\dfrac{1}{32}\cdot\dfrac{1}{4}=\dfrac{\boldsymbol{1}}{\boldsymbol{192}}$ ▢ニ〜ノ

33

MARKER

導関数は元となる関数から次数が 1 つ下がること，$f(x)$ の増減が $f'(x)$ の符号と対応することに注目する。微積分の問題は，接線の方程式の導出，面積の計算，増減表を使用した極値の導出でほとんど尽くされるが，複雑な計算を速く正確にこなすことが求められる。

(1) $f(x)$ は 2 次関数より $f'(x)$ は 1 次関数である。
　▶〈75〉

また，$y=f(x)$ のグラフより，$f(x)$ は $x<1$ で減少，$1<x$ で増加しているから，

$x<1$ で $f'(x)<0$，$1<x$ で $f'(x)>0$　▶〈78〉

⓪〜⑤のうち，条件を満たすグラフは ① ▢ア である。

〔別解〕 $y=f(x)$ のグラフは，原点および点 $(2,\ 0)$ を通るから，

$f(x)=ax(x-2)$

と表せる。また，点 $(1,\ -1)$ を通るので

$f(1)=-a=-1$　よって　$a=1$

したがって

$f(x)=x(x-2)=x^2-2x$

$$f'(x)=2x-2$$

よって，$y=f'(x)=2x-2$ のグラフとして最も適切なものは①である。

(2) $y=f(x)$ は $x=0$，2 で x 軸と共有点をもつ 2 次関数であるから，

$$f(x)=kx(x-2) \quad \cdots\cdots ①$$

とおける。さらに，$y=f(x)$ は $(1,\ -1)$ を通るので，

$$f(1)=k\cdot 1(1-2)=-1$$

よって $k=1$

これを①に代入して，

$$f(x)=x(x-2)=x^2-2x$$
$$f'(x)=2x-2$$

となるので，$x=0$ での $y=f(x)$ の接線の傾きは

$$f'(0)=-2$$

である。したがって，$y=f(x)$ の $x=0$ での接線に直交し，原点を通る直線 l の方程式は，

$$y=-\frac{1}{-2}x \quad \text{すなわち} \quad y=\underline{\frac{1}{2}}x \qquad \blacktriangleright\langle 54\rangle$$
$$\phantom{y=-\frac{1}{-2}x \quad \text{すなわち} \quad y=}{}_{\text{イウ}}$$

これと $y=f(x)$ との共有点の x 座標は

$$f(x)=\frac{1}{2}x \quad \text{すなわち} \quad x^2-\frac{5}{2}x=0$$

の解だから，l と $y=f(x)$ の原点以外の交点の x 座標は，$x=\frac{5}{2}$ となる。よって，求める交点の座標は

$$\left(\underline{\frac{5}{2}},\ \underline{\frac{5}{4}}\right){}_{\text{エ〜キ}}$$

ここで，直線 l と $y=f(x)$ のグラフで囲まれる部分のうち，$x\leqq 1$ の部分の面積は，

$$\int_0^1\left\{\frac{1}{2}x-(x^2-2x)\right\}dx$$
$$=\int_0^1\left(-x^2+\frac{5}{2}x\right)dx$$
$$=\left[-\frac{1}{3}x^3+\frac{5}{4}x^2\right]_0^1=-\frac{1}{3}+\frac{5}{4}=\underline{\frac{11}{12}}{}_{\text{ク〜サ}}$$

(3) (i) $g(x)=\displaystyle\int_a^x f(t)\,dt$ より，

$$g'(x)=f(x)=x(x-2) \qquad \blacktriangleright\langle 84\rangle$$

となるので，$g(x)$ は

$\underline{\boldsymbol{x\leqq 0,\ 2\leqq x}\ (⑥)}_{\text{シ}}$ で $g'(x)\geqq 0$ より単調に増加し，$\underline{\boldsymbol{0\leqq x\leqq 2}\ (⑤)}_{\text{ス}}$ で $g'(x)\leqq 0$ より単調に減少する。

これより $g(x)$ は，

$\underline{\boldsymbol{x=0}}_{\text{セ}}$ で極大，$\underline{\boldsymbol{x=2}}_{\text{ソ}}$ で極小 $\qquad \blacktriangleright\langle 79\rangle$

(ii) (i)より，

$$G(a)=g(2)=\int_a^2(t^2-2t)\,dt$$
$$=\left[\frac{1}{3}t^3-t^2\right]_a^2=\left(\frac{8}{3}-4\right)-\left(\frac{a^3}{3}-a^2\right)$$
$$=\underline{-\frac{1}{3}}a^3+a^2-\underline{\frac{4}{3}}{}_{\text{タ〜ト}}$$

$$G'(a)=\left\{\int_a^2 f(t)\,dt\right\}'=-\left\{\int_2^a f(t)\,dt\right\}'$$
$$=-f(a)=-a(a-2)$$

$a>0$ における $G(a)$ の増減表は次のようになる。

a	0	$\cdots$	2	$\cdots$
$G'(a)$		$+$	0	$-$
$G(a)$		$\nearrow$		$\searrow$

増減表より，$G(a)$ は $a=\underline{\boldsymbol{2}}_{\text{ナ}}$ で最大値

$$G(2)=-\frac{1}{3}\cdot 2^3+2^2-\frac{4}{3}=\underline{\boldsymbol{0}}_{\text{ニ}}$$

をとる。

（注意） $G(2)=\displaystyle\int_2^2 f(t)\,dt=0$ である。

数列

34

MARKER

等差数列は $pn+q$，等比数列は $s\cdot r^{n-1}$ と表せることや，$\sum$ の基本的な計算は押さえておきたい。かけ算，割り算の形になっていて公式が使えないような $\sum$ 計算では，(3)の解のように工夫して和を求める。

(1) 条件から，4 つの数列の一般項をそれぞれ

$$a_n=p_1 n+q_1,\quad b_n=p_2 n+q_2,$$
$$c_n=s_1\cdot r_1^{n-1},\quad d_n=s_2\cdot r_2^{n-1}$$

とおいて考える。ただし，このとき p_1，p_2，s_1，s_2，r_1，r_2 はいずれも 0 ではないものとする。

A の数列は

$$a_n+b_n=(p_1+p_2)n+q_1+q_2$$

と表せるため，**常に等差数列である（⓪）**$_{\text{ア}}$

B の数列は，$c_n=2^{n-1}$，$d_n=3^{n-1}$ とすると

$$c_1+d_1=2,\quad c_2+d_2=5,\quad c_3+d_3=13$$

となり，これは等差数列でも等比数列でもないため，**常に等差数列であるとも，常に等比数列であるともいえない（②）**$_{\text{イ}}$

同様にその他の数列についても確認する。

C の数列は，$a_n=2n$，$c_n=2^{n-1}$ とすると

$$a_1+c_1=3,\quad a_2+c_2=6,\quad a_3+c_3=10$$

となり，これは等差数列でも等比数列でもない。

D の数列は

$$3a_n=3p_1 n+3q_1$$

と表せるため，常に等差数列である。

E，F，H の数列はそれぞれ

$$4c_n=4s_1\cdot r_1^{n-1},\quad \frac{1}{c_n}=\frac{1}{s_1}\cdot\left(\frac{1}{r_1}\right)^{n-1},$$
$$c_n d_n=s_1 s_2\cdot (r_1 r_2)^{n-1}$$

と表せるため，常に等比数列である。

G の数列は，$a_n=2n$，$b_n=2n+1$ とすると

$$a_1 b_1=6,\quad a_2 b_2=20,\quad a_3 b_3=42$$

となり，これは等差数列でも等比数列でもない。
以上より，8個の数列のうち，「常に等差数列であるとも，常に等比数列であるともいえない」数列はB，C，Gの**3個**_ウ_ある。

(2) $\{a_n\}$を初項2，公差2の等差数列，$\{b_n\}$を初項3，公差2の等差数列とすると
$$a_n=2+(n-1)\times 2=2n,$$
$$b_n=3+(n-1)\times 2=2n+1 \qquad \blacktriangleright\langle 87\rangle$$
これらを用いて計算すると，
$$\sum_{k=1}^{n}a_kb_k=\sum_{k=1}^{n}2k(2k+1)=\sum_{k=1}^{n}(4k^2+2k)$$
$$=4\cdot\frac{1}{6}n(n+1)(2n+1)+2\cdot\frac{1}{2}n(n+1) \qquad \blacktriangleright\langle 90\rangle(2)(3)$$
$$=\underline{\frac{1}{3}n(n+1)(\boldsymbol{4n+5})}_{\text{エオカ}}$$

(3) $\{a_n\}$を初項3，公差2の等差数列，$\{b_n\}$を初項5，公差2の等差数列とすると
$$a_n=3+(n-1)\times 2=2n+1,$$
$$b_n=5+(n-1)\times 2=2n+3 \qquad \blacktriangleright\langle 87\rangle$$
これらを用いると
$$\frac{1}{a_nb_n}=\frac{1}{(2n+1)(2n+3)}$$
$$=\underline{\frac{1}{2}\left(\frac{1}{2n+1}-\frac{1}{2n+3}\right)}_{\text{キク}}$$
と表される。よって
$$\sum_{k=1}^{n}\frac{1}{a_kb_k}=\frac{1}{2}\left(\frac{1}{3}-\frac{1}{5}+\frac{1}{5}-\cdots+\frac{1}{2n+1}-\frac{1}{2n+3}\right)$$
$$=\frac{1}{2}\left(\frac{1}{3}-\frac{1}{2n+3}\right)=\underline{\frac{\boldsymbol{n}}{\boldsymbol{3(2n+3)}}}_{\text{ケコサ}}$$

(4) $a_nc_n=n\cdot 3^{n-1}$であることから
$$S_n=1\cdot 1+2\cdot 3+3\cdot 3^2+\cdots\qquad\qquad+n\cdot 3^{n-1}$$
$$3S_n=\qquad 1\cdot 3+2\cdot 3^2+\cdots+(n-1)\cdot 3^{n-1}+n\cdot 3^n$$
となる。よって
$$S_n-3S_n=1\cdot 1+1\cdot 3+1\cdot 3^2+\cdots+1\cdot 3^{n-1}-n\cdot 3^n$$
$$=\underline{\sum_{k=1}^{n}\boldsymbol{3^{k-1}}-\boldsymbol{n}\cdot\boldsymbol{3^n}}_{\text{シス}}$$
$$-2S_n=\frac{3^n-1}{3-1}-n\cdot 3^n \qquad \blacktriangleright\langle 88\rangle$$
$$S_n=\underline{\frac{1}{4}\{(\boldsymbol{2n-1})\boldsymbol{3^n+1}\}}_{\text{セ〜ツ}}$$

35

✎ MARKER

$a_{n+1}=pa_n+q$ という形で表された漸化式は，
$\alpha=p\alpha+q$ の解 α を用いて $a_{n+1}-\alpha=p(a_n-\alpha)$ と変形し，$\{a_n-\alpha\}$ という等比数列とみて解くことができる（▶〈94〉）。
また，$a_{n+1}=pa_n+qn+r$ という式は，a_{n+2} と a_{n+1} の階差を使って解くこともできる。この問題では，二人の会話に沿って解いていくが，自力でも解けるように解法を確認しておこう。

$$a_2=4a_1-3=\underline{\boldsymbol{9}}_{\text{ア}}$$

$$a_3=4a_2-3=\underline{\boldsymbol{33}}_{\text{イウ}}$$
また，α，β を用いた式
$$a_{n+1}-\alpha=\beta(a_n-\alpha)$$
$$a_{n+1}=\beta a_n-\alpha(\beta-1)$$
の係数を $a_{n+1}=4a_n-3$ と比較すると，$\alpha=1$，$\beta=4$ となるので，a_n の式は
$$\underline{a_{n+1}-1=\boldsymbol{4}(a_n-1)}_{\text{エ}} \qquad \blacktriangleright\langle 94\rangle$$
という形に変形できる。これより，$\boldsymbol{\alpha=1}_{\text{オ}}$

〔別解〕 $a_{n+1}=4a_n-3$ ……①について，
$\alpha=4\alpha-3$ ……②を解くと $\alpha=1$ であるから，a_n の式は①－②より
$$a_{n+1}-1=4(a_n-1) \qquad \blacktriangleright\langle 94\rangle$$
という形に変形できる。これより，$\alpha=1$

$a_{n+1}-\alpha=p(a_n-\alpha)$ という式は，数列 $\{a_n-\alpha\}$ が初項 $a_1-\alpha$，公比 p の**等比数列（①）**_カ_ であることを表している。
数列 $\{a_n-1\}$ に関して，
$$a_1-1=\underline{\boldsymbol{2}}_{\text{キ}}$$
$$a_2-1=\underline{\boldsymbol{8}}_{\text{ク}}$$
$$a_3-1=\underline{\boldsymbol{32}}_{\text{ケコ}}$$
以上より，数列 $\{a_n-1\}$ は初項2，公比4の等比数列であるから，
$$a_n-1=\underline{\boldsymbol{2\times 4^{n-1}}\ (②)}_{\text{サ}} \qquad \blacktriangleright\langle 88\rangle$$
なお，
$$2\times 4^{n-1}=2(2^2)^{n-1}=2^{2n-1}$$
とも表せる。
$a_{n+1}=4a_n-3$ の n に $n+1$ を代入すると，
$$a_{n+2}=\underline{\boldsymbol{4a_{n+1}-3}}_{\text{シス}}$$
2つの漸化式の両辺の差をとると
$$a_{n+2}=4a_{n+1}-3$$
$$-)\quad a_{n+1}=4a_n-3$$
$$\underline{\boldsymbol{a_{n+2}-a_{n+1}=4(a_{n+1}-a_n)}\ (②)}_{\text{セ}}$$
これらより，数列 $\{a_{n+1}-a_n\}$ が等比数列となることがわかるので，この方法で一般項 a_n を求めることも可能である。
$\{b_n\}$ についても同様に
$$b_{n+2}=2b_{n+1}+n$$
$$-)\quad b_{n+1}=2b_n+n-1$$
$$\underline{b_{n+2}-b_{n+1}=\boldsymbol{2(b_{n+1}-b_n)+1}}_{\text{ソタ}}$$
$c_n=b_{n+1}-b_n$ とおくと，
$$c_{n+1}=2c_n+1$$
$$c_{n+1}+1=2(c_n+1)$$
ここで，$c_1=b_2-b_1=2-1=1$ であるから，$\{c_n+1\}$ は初項 $c_1+1=2$，公比2の等比数列となるので，
$$c_n+1=2^n \qquad \blacktriangleright\langle 88\rangle$$
したがって $c_n=\underline{\boldsymbol{2^n-1}}_{\text{チツ}}$
$c_n=b_{n+1}-b_n$ より，$\{c_n\}$ は $\{b_n\}$ の階差数列であるから，$n\geqq 2$ のとき

$$b_n = b_1 + \sum_{k=1}^{n-1} c_k \qquad \blacktriangleright \langle 92 \rangle$$

$$= b_1 + \sum_{k=1}^{n-1} (2^k - 1)$$

$$= 1 + \frac{2(2^{n-1} - 1)}{2 - 1} - (n - 1) \qquad \blacktriangleright \langle 88 \rangle$$

$$= \boldsymbol{2^n - n} \quad (\text{③})_{\bar{\tau}}$$

$b_1 = 2^1 - 1 = 1$ となり，$n = 1$ のときも成り立つ。

36

✏ **MARKER**

> 操作が具体的にイメージできないときには，実際に紙を折って試してみるとよい。多くの文字が出てくるが，計算は複雑ではないので1操作ずつ丁寧に考えたい。

(1) P_1 が頂点 A と一致するとき，

$$a_1 = MP_1 = \frac{1}{3}d$$

Q_1 は線分 BP_1 の中点であるため，

$$BQ_1 = \frac{1}{2}d, \quad AQ_1 = \frac{1}{2}d$$

P_2 は線分 AQ_1 の中点であるため，

$$AP_2 = \frac{1}{2}AQ_1 = \frac{1}{4}d$$

$$a_2 = AM - AP_2$$
$$= \frac{1}{3}d - \frac{1}{4}d = \frac{1}{12}d$$

Q_2 は線分 BP_2 の中点であるため，

$$BQ_2 = \frac{1}{2}(d - AP_2) = \frac{3}{8}d,$$

$$AQ_2 = d - BQ_2 = \frac{5}{8}d$$

P_3 は線分 AQ_2 の中点であるため，

$$AP_3 = \frac{1}{2}AQ_2 = \frac{5}{16}d$$

$$a_3 = \frac{1}{3}d - \frac{5}{16}d = \frac{1}{48}d$$

以上より，

$$(a_1, \ a_2, \ a_3) = \left(\frac{1}{3}d, \ \frac{1}{12}d, \ \frac{1}{48}d \right) \ (\text{②})_{\mathcal{F}}$$

(2) P_1 が M よりも頂点 A に近い点であるとき，$a_1 = MP_1 = a$ とおくと，

$$BP_1 = MP_1 + BM$$

$$= \boldsymbol{a + \frac{2}{3}d} \ (\text{④})_{\mathcal{A}}$$

$$BQ_1 = \frac{1}{2}BP_1$$

$$= \boldsymbol{\frac{1}{2}a + \frac{1}{3}d} \ (\text{⑤})_{\dot{\mathcal{I}}}$$

したがって，

$$AQ_1 = AB - BQ_1 = d - \left(\frac{1}{2}a + \frac{1}{3}d \right)$$

$$= -\frac{1}{2}a + \frac{2}{3}d$$

$$AP_2 = \frac{1}{2}AQ_1 = -\frac{1}{4}a + \frac{1}{3}d,$$

$$a_2 = MP_2 = \frac{1}{3}d - AP_2 = \boldsymbol{\frac{1}{4}a} \ (\text{⓪})_{\bar{\mathcal{I}}}$$

(3) P_1 が M よりも B に近い点であるとき，$a_1 = MP_1 = a$ とおくと，

$$BP_1 = BM - MP_1 = -a + \frac{2}{3}d$$

$$BQ_1 = \frac{1}{2}BP_1 = -\frac{1}{2}a + \frac{1}{3}d$$

したがって，

$$AQ_1 = AB - BQ_1$$

$$= d - \left(-\frac{1}{2}a + \frac{1}{3}d \right) = \frac{1}{2}a + \frac{2}{3}d$$

$$AP_2 = \frac{1}{2}AQ_1 = \frac{1}{4}a + \frac{1}{3}d,$$

$$a_2 = MP_2 = AP_2 - \frac{1}{3}d = \frac{1}{4}a$$

よって，(2)の **P_1 が M よりも頂点 A に近い場合の a_2 の式と同じ式で表される。(③)**$_{\dot{\mathcal{I}}}$

(4) (2)(3)より，P_1 の位置によらず

$$a_{n+1} = \frac{1}{4}a_n$$

が成り立つことがわかる。a_n は初項が a，公比が $\frac{1}{4}$ の等比数列であるから，一般項は

$$\boldsymbol{a_n = \left(\frac{1}{4} \right)^{n-1} a} \qquad \blacktriangleright \langle 88 \rangle$$
カキ

(5) (4)で求めた式に $n = 6$ を代入すると，

$$a_6 = \frac{1}{4^5}a = \frac{1}{1024}a$$

$$0.0001a = \frac{1}{10000}a < \frac{1}{1024}a < \frac{1}{1000}a = 0.001a$$

したがって，**P_6 と M とのずれは，P_1 と M とのずれの 0.001 倍未満になっている。(⓪)**$_{\mathcal{I}}$

確率分布と統計的推測

37

✏ **MARKER**

> 平均と標準偏差から，標本平均 $\overline{X}$ に対して，標準正規分布に従う変数 Z を考えることで，正規分布表を用いて確率を計算できる。
> まずは母集団や標本の大きさを正確に把握する。

(1) アンケート調査について母平均が 10 回，標準偏差が 5 回であるから，100 人を標本として無作為抽出し

たとき，標本平均 $\overline{X}$ の分布は，平均が **10 回**$_{アイ}$，標準偏差が $\dfrac{5}{\sqrt{100}}=$**0.5**$_{ウエ}$ の正規分布で近似できる。

これより，$Z=\dfrac{\overline{X}-10}{0.5}$ としたとき，Z は標準正規分布に従う。　▶〈100〉

$\overline{X}\geqq 11$ のとき

$$Z\geqq \frac{11-10}{0.5}=2$$

であるから，正規分布表より

$$\begin{aligned}
P(\overline{X}\geqq 11)&=P(Z\geqq 2)\\
&=0.5-P(0\leqq Z\leqq 2)\\
&=0.5-0.4772=\textbf{0.0228}_{オ\sim ク}
\end{aligned}$$

(2) (i) 一ヶ月に食品Bに使っている金額を X とすると，400世帯における調査では平均が 2500 円，標準偏差が 400 円であるから，

$$Z=\frac{X-2500}{400}$$

とすると，Z が標準正規分布に従う。　▶〈100〉

$X\geqq 2900$ のとき

$$Z\geqq \frac{2900-2500}{400}=1$$

であるから，

$$\begin{aligned}
P(X\geqq 2900)&=P(Z\geqq 1)\\
&=0.5-P(0\leqq Z\leqq 1)\\
&=0.5-0.3413=0.1587
\end{aligned}$$

となるから，2900 円以上と答えた世帯は，

$$400\times 0.1587=63.48$$

より，**63 世帯**$_{ケコ}$ である。

また，$X\geqq 2300$ のとき

$$Z\geqq \frac{2300-2500}{400}=-0.5$$

であるから，

$$\begin{aligned}
P(X\geqq 2300)&=P(Z\geqq -0.5)\\
&=0.5+P(-0.5\leqq Z\leqq 0)\\
&=0.5+P(0\leqq Z\leqq 0.5)\\
&=0.5+0.1915=0.6915
\end{aligned}$$

となる。よって，2300 円以上使っている世帯が賛成をするとしたとき，賛成する世帯数は

$$400\times 0.6915=276.6$$

より，**277 世帯**$_{サシス}$ となる。

(ii) A市の全世帯において，一ヶ月に食品Bに使っている金額 X の母平均が 2500 円，標準偏差が 400 円であるから，ここから 100 世帯の標本を取ったとき，X の標本平均 $\overline{X}$ は，平均 2500 円，標準偏差 $\dfrac{400}{\sqrt{100}}=40$ の正規分布に従う。

これより，$Z=\dfrac{\overline{X}-2500}{40}$ とすると，Z は標準正規分布に従う。　▶〈100〉

$\overline{X}\geqq 2600$ のとき

$$Z\geqq \frac{2600-2500}{40}=2.5$$

となるので，正規分布表より

$$\begin{aligned}
P(\overline{X}\geqq 2600)&=P(Z\geqq 2.5)\\
&=0.5-P(0\leqq Z\leqq 2.5)\\
&=0.5-0.4938=\textbf{0.0062}_{セ\sim チ}
\end{aligned}$$

また，正規分布表より

$$\begin{aligned}
0.9983&=0.5+0.4983\\
&=0.5+P(0\leqq Z\leqq 2.93)\\
&=P(-2.93\leqq Z\leqq 0)+0.5\\
&=P(Z\geqq -2.93)
\end{aligned}$$

であるから，

$$\frac{\overline{X}-2500}{40}\geqq -2.93$$

より，

$$\overline{X}\geqq 2500-40\times 2.93=2382.8$$

よって，**2383 円**$_{ツ\sim ナ}$ 以上となる確率が 0.9983 になる。

38

MARKER

(1) 確率変数 X が，二項分布 $B(n,\ p)$ に従うとき，

$$P(X=k)={}_n\mathrm{C}_k\,p^k(1-p)^{n-k}$$

となる。

(2) 確率変数 X，Y と定数 a，b，c について，

$$E(aX+b)=aE(X)+b,$$
$$E(X+Y)=E(X)+E(Y)$$

が成り立ち，さらに確率変数 X，Y が独立であるときは，

$$V(X+Y)=V(X)+V(Y)$$

が成り立つ。

(1) X が正規分布に従い，平均が 40 g であるから，この母集団から作物Aを1個取り出したとき，それがSサイズ（40 g 以下）である確率は，$\dfrac{1}{2}$ である。

これより，作物A全体から無作為に 50 個抽出したときの，Sサイズとなるものの個数は，

$$二項分布\ B\Bigl(50,\ \frac{1}{2}\Bigr)_{アイ}$$

に従う。

よって，この 50 個において「方法E」で1袋ずつ作るときに 25 袋作れるのは，50 個のうちSサイズがちょうど 25 個（このとき，Lサイズも 25 個）であるときであるから，その確率は，

$${}_{50}\mathrm{C}_{\textbf{25}\ ウエ}\Bigl(\frac{1}{2}\Bigr)^{25}\Bigl(1-\frac{1}{2}\Bigr)^{50-25}$$

この値を計算すると，0.11 程度になる。

(2) 方法Eで1袋ずつ作ると，その袋を含めた質量は $Y+W+2.0$ であるから，その期待値（平均）は，

$$E(Y+W+2.0)$$
$$=E(Y)+E(W)+2.0 \qquad \blacktriangleright\langle 96\rangle\langle 97\rangle$$
$$=30.0+49.0+2.0=\underline{\textbf{81.0 g}}_{\text{オカキ}}$$

となる。

また，S サイズと L サイズのものからそれぞれ無作為に 1 個ずつ取り出すので，これらの試行は互いに独立で，確率変数 Y，W は独立であるから，
$$V(Y+W+2.0)$$
$$=V(Y)+V(W)=3.0^2+4.0^2 \qquad \blacktriangleright\langle 96\rangle\langle 97\rangle$$
$$=9+16=25$$

であるから，標準偏差は，
$$\sqrt{25}=\underline{\textbf{5.0}}_{\text{クケ}}$$

となる。

確率変数 Y を標準化した確率変数 Z_1 は，
$$Z_1=\frac{Y-30.0}{3.0}$$

であるから，
$$P(Y\geqq 33)=P\left(Z_1\geqq \frac{33-30}{3}\right)$$
$$=P(Z_1\geqq 1)$$
$$=P(Z_1\geqq 0)-P(0\leqq Z\leqq 1)$$
$$=0.5-0.3413=0.1587$$

となる。

また，確率変数 W を標準化した確率変数 Z_2 は，
$$Z_2=\frac{W-49.0}{4.0}$$

であるから，
$$P(W\geqq 53)=P\left(Z_2\geqq \frac{53-49}{4}\right)$$
$$=P(Z_2\geqq 1)$$
$$=0.1587$$

となる。

よって，1 袋の中の S サイズのものが 33 g 以上で，かつ，L サイズのものが 53 g 以上となる確率は，
$$P(Y\geqq 33)\cdot P(W\geqq 53)=0.1587\cdot 0.1587$$
$$=0.0251\cdots$$

より，$\underline{\textbf{0.025}}_{\text{コサシ}}$ となる。

39

✎ **MARKER**

標本調査における母比率 p に対しての，信頼度 95％の信頼区間について，その計算の仕方を踏まえた上で，その意味についても理解しておきたい。

P 県全体での県知事の支持率を p とする。

大きさ n の標本において支持する人数を X とすると，X は二項分布 $B(n,\ p)$ に従う。

このとき，平均は $m=np$，標準偏差は $\sigma=\sqrt{np(1-p)}$ であり，n が十分に大きければ X の確率分布は正規分布 $N(m,\ \sigma^2)$ と見なせるので，
$$Z=\frac{X-np}{\sqrt{np(1-p)}}$$

は標準正規分布に従う。

このとき，$P(|Z|\leqq k)=0.95$ となる正の値 k は
$$P(0\leqq Z\leqq k)=0.475 \qquad \blacktriangleright\langle 99\rangle$$

となるような k の値を正規分布表で探すと，$k=1.96$ である。これより
$$P\left(-1.96\leqq \frac{X-np}{\sqrt{np(1-p)}}\leqq 1.96\right)=0.95$$

である。ここで，標本における支持率 $\dfrac{X}{n}$ を p_0 とすると，n が十分大きいときに $p \fallingdotseq p_0$ とでき，
$$P\left(-1.96\sqrt{\frac{p_0(1-p_0)}{n}}\leqq p_0-p\leqq 1.96\sqrt{\frac{p_0(1-p_0)}{n}}\right)$$
$$=0.95$$

とできるので，支持率 p に対する信頼度 95％の信頼区間は
$$p_0-1.96\sqrt{\frac{p_0(1-p_0)}{n}}\leqq p\leqq p_0+1.96\sqrt{\frac{p_0(1-p_0)}{n}}$$

$\blacktriangleright\langle 101\rangle$

となる。

Q 新聞での調査人数が 1225 人であるから，Q 新聞の調査における p の信頼度 95％の信頼区間は
$$p_0-1.96\sqrt{\frac{p_0(1-p_0)}{1225}}\leqq p\leqq p_0+1.96\sqrt{\frac{p_0(1-p_0)}{1225}}$$

すなわち
$$p_0-\underline{\textbf{1.96}}_{\text{（②）}\ \text{ア}}\times \underline{\frac{\sqrt{p_0(1-p_0)}}{35}}_{\text{イウ}}\leqq p$$
$$\leqq p_0+1.96\times \frac{\sqrt{p_0(1-p_0)}}{35}$$

同様に，R 新聞での調査人数が 1600 人であるから，p の信頼度 95％の信頼区間は，$\sqrt{1600}=40$ より
$$p_0-1.96\times \underline{\frac{\sqrt{p_0(1-p_0)}}{40}}_{\text{エオ}}\leqq p$$
$$\leqq p_0+1.96\times \frac{\sqrt{p_0(1-p_0)}}{40}$$

R 新聞での調査人数は 1600 人であるから，多数回，1600 人の無作為抽出をすると，95％の割合で，R 新聞での信頼度 95％の信頼区間が，実際の支持率 p を含んでいるということになる。

すなわち，R 新聞での信頼度 95％の信頼区間は実際の支持率 p に対して，「**1600 人を 100 回無作為抽出で調査すれば，95 回程度は信頼区間が p を含んでいる**」（②）$_{\text{カ}}$ ということになる。

Q 新聞では $p_0=0.45$ であるから
$$1.96\times \frac{\sqrt{p_0(1-p_0)}}{35}=1.96\times \frac{\sqrt{0.45(1-0.45)}}{35}$$
$$=1.96\times \frac{\sqrt{0.45\times 0.55}}{35}$$
$$=1.96\times \frac{0.01\sqrt{45\times 5\times 11}}{35}$$
$$=1.96\times \frac{0.01\times 3\times 5\sqrt{11}}{35}$$

$$=1.96\times\frac{0.15\times3.32}{35}$$

$$\fallingdotseq0.02788$$

より，信頼度95％の信頼区間は

$$0.45-0.02788\leqq p\leqq0.45+0.02788$$

$$0.42212\leqq p\leqq0.47788$$

なので，**42.21％** $_{\text{キ～コ}}$以上，**47.79％** $_{\text{サ～セ}}$以下となる。

また，R新聞では $p_0=0.46$ であるから

$$1.96\times\frac{\sqrt{p_0(1-p_0)}}{40}=1.96\times\frac{\sqrt{0.46(1-0.46)}}{40}$$

$$=1.96\times\frac{0.01\sqrt{46\times54}}{40}$$

$$=1.96\times\frac{0.01\times6\sqrt{69}}{40}$$

$$=1.96\times\frac{0.01\times6\times8.31}{40}$$

$$\fallingdotseq0.02443$$

より，信頼度95％の信頼区間は

$$0.46-0.02443\leqq p\leqq0.46+0.02443$$

$$0.43557\leqq p\leqq0.48443$$

なので**43.56％** $_{\text{ソ～ツ}}$以上，**48.44％** $_{\text{テ～ニ}}$以下となる。

ベクトル

40

ベクトルの問題でも，まずは図をかいて位置関係を把握することが重要である。その後，それぞれの点を基準となるベクトルでどのように表すことができるか，順序よく考えていく。

(1) (i) $\overrightarrow{OC}=3\vec{b}$ であるから，

OB：OC＝1：3 より

OC：BC＝3：2

となるから，点 C は

辺 OB を 3：2 に外分する点（⓪） $_{\text{ア}}$である。

(ii) 点 D は線分 AB の中点であるから，

$$\overrightarrow{OD}=\frac{1}{2}(\overrightarrow{OA}+\overrightarrow{OB})$$

$$=\frac{1}{2}\vec{a}+\frac{1}{2}\vec{b}$$ $_{\text{イ～オ}}$　▶〈108〉

(iii) 点 P は線分 AC 上の点であるから，

AP：PC＝s：$(1-s)$

とおける。このとき，

$$\overrightarrow{OP}=(1-s)\overrightarrow{OA}+s\overrightarrow{OC}\quad\cdots\cdots①$$ ▶〈110〉

また，点 P は直線 OD 上の点であるから，

$$\overrightarrow{OP}=k\overrightarrow{OD}\quad\cdots\cdots②$$ ▶〈102〉

とおける。したがって，正解は **B, C（④）** $_{\text{カ}}$

（参考） B，C以外の選択肢が不適であることについて，例えばFについては，次のように説明できる。

②式が正しいことから

$$\overrightarrow{OP}=k\left(\frac{1}{2}\overrightarrow{OA}+\frac{1}{2}\overrightarrow{OB}\right)=\frac{1}{2}k\overrightarrow{OA}+\frac{1}{2}k\overrightarrow{OB}$$

が成り立ち，$\overrightarrow{OA}$ の係数と $\overrightarrow{OB}$ の係数は等しくなる。しかし，$s=1+s$ を満たす実数 s は存在しないことから，不適であることがわかる。

(iv) $\overrightarrow{OC}=3\vec{b}$ と(ii)より，①，②の式は，

$$\overrightarrow{OP}=(1-s)\vec{a}+3s\vec{b}$$

$$\overrightarrow{OP}=\frac{1}{2}k\vec{a}+\frac{1}{2}k\vec{b}$$

となる。$\vec{a}\neq\vec{0}$，$\vec{b}\neq\vec{0}$，$\vec{a}\nparallel\vec{b}$ なので，

$$1-s=\frac{1}{2}k,\ \ 3s=\frac{1}{2}k$$ ▶〈109〉

$$\therefore\ \ s=\frac{1}{4},\ \ k=\frac{3}{2}$$

したがって，

$$\overrightarrow{OP}=\left(1-\frac{1}{4}\right)\vec{a}+3\cdot\frac{1}{4}\vec{b}=\frac{3}{4}\vec{a}+\frac{3}{4}\vec{b}$$ $_{\text{キ～コ}}$

(2) (i) OA＝2，OB＝1 より

$$|\vec{a}|=2,\ |\vec{b}|=1$$

AB＝2 より

$$|\overrightarrow{AB}|^2=2^2$$

$$|\vec{b}-\vec{a}|^2=4$$

$$|\vec{b}|^2-2\vec{a}\cdot\vec{b}+|\vec{a}|^2=4$$

$$1^2-2\vec{a}\cdot\vec{b}+2^2=4$$

$$\therefore\ \ \vec{a}\cdot\vec{b}=\frac{1}{2}$$

これを用いると，

$$\overrightarrow{OA}\cdot\overrightarrow{OC}=\vec{a}\cdot(3\vec{b})=3\vec{a}\cdot\vec{b}=\frac{3}{2}$$ $_{\text{サシ}}$

また，

$$\overrightarrow{CA}=\overrightarrow{OA}-\overrightarrow{OC}$$

$$=\vec{a}-3\vec{b}$$ $_{\text{ス}}$

$$\overrightarrow{CD}=\overrightarrow{OD}-\overrightarrow{OC}$$

$$=\left(\frac{1}{2}\vec{a}+\frac{1}{2}\vec{b}\right)-3\vec{b}$$

$$=\frac{1}{2}\vec{a}-\frac{5}{2}\vec{b}$$ $_{\text{セ～チ}}$

であるから，

$$\overrightarrow{CA}\cdot\overrightarrow{CD}=(\vec{a}-3\vec{b})\cdot\left(\frac{1}{2}\vec{a}-\frac{5}{2}\vec{b}\right)$$

$$=\frac{1}{2}|\vec{a}|^2-4\vec{a}\cdot\vec{b}+\frac{15}{2}|\vec{b}|^2$$

$$=\frac{1}{2}\cdot2^2-4\cdot\frac{1}{2}+\frac{15}{2}\cdot1^2=\frac{15}{2}$$ $_{\text{ツテト}}$

さらに，

$$|\overrightarrow{CA}|^2=|\vec{a}-3\vec{b}|^2$$

$$= |\vec{a}|^2 - 6\vec{a}\cdot\vec{b} + 9|\vec{b}|^2$$
$$= 2^2 - 6\cdot\frac{1}{2} + 9\cdot 1^2 = 10$$

$$|\overrightarrow{CD}|^2 = \left|\frac{1}{2}\vec{a} - \frac{5}{2}\vec{b}\right|^2$$
$$= \frac{1}{4}|\vec{a}|^2 - \frac{5}{2}\vec{a}\cdot\vec{b} + \frac{25}{4}|\vec{b}|^2$$
$$= \frac{1}{4}\cdot 2^2 - \frac{5}{2}\cdot\frac{1}{2} + \frac{25}{4}\cdot 1^2 = 6$$

$|\overrightarrow{CA}| > 0$, $|\overrightarrow{CD}| > 0$ より，$|\overrightarrow{CA}| = \sqrt{10}$，
$|\overrightarrow{CD}| = \sqrt{6}$ となるから，

$$\cos\angle PCD = \cos\angle ACD$$
$$= \frac{\overrightarrow{CA}\cdot\overrightarrow{CD}}{|\overrightarrow{CA}||\overrightarrow{CD}|} = \frac{\dfrac{15}{2}}{\sqrt{10}\cdot\sqrt{6}} \qquad \blacktriangleright \langle 105\rangle$$
$$= \underline{\frac{\sqrt{15}}{4}}_{\text{ナニヌ}}$$

(ii) $\overrightarrow{CP} = \overrightarrow{OP} - \overrightarrow{OC}$
$$= \left(\frac{3}{4}\vec{a} + \frac{3}{4}\vec{b}\right) - 3\vec{b}$$
$$= \frac{3}{4}\vec{a} - \frac{9}{4}\vec{b}$$
$$= \frac{3}{4}(\vec{a} - 3\vec{b}) = \underline{\frac{3}{4}}\overrightarrow{CA}_{\text{ネノ}}$$

$\triangle PCD$ の面積を S とすると，

$$S = \frac{CP}{CA}\cdot\triangle ACD$$
$$= \frac{3}{4}\cdot\frac{1}{2}\sqrt{|\overrightarrow{CA}|^2|\overrightarrow{CD}|^2 - (\overrightarrow{CA}\cdot\overrightarrow{CD})^2} \qquad \blacktriangleright \langle 107\rangle$$
$$= \frac{3}{8}\sqrt{10\cdot 6 - \left(\frac{15}{2}\right)^2} = \underline{\frac{3\sqrt{15}}{16}}_{\text{ハ～ホ}}$$

41

MARKER

空間図形でも，位置関係を把握すれば平面図形と同じようにベクトルを使って考えていくことができる。同一平面上にある点の条件をベクトルで表す方法は重要なので押さえておきたい。

(1) G は $\triangle ABC$ の重心であるから，

$$\overrightarrow{OG} = \frac{1}{3}(\overrightarrow{OA} + \overrightarrow{OB} + \overrightarrow{OC})$$
$$\blacktriangleright \langle 108\rangle$$
$$= \underline{\frac{1}{3}(\vec{a} + \vec{b} + \vec{c})}_{\text{アイ}}$$

いま，$OL : OG = 3 : 7$ となるから，

$$\overrightarrow{OL} = \frac{3}{7}\overrightarrow{OG} = \frac{1}{7}(\vec{a} + \vec{b} + \vec{c}) \qquad \blacktriangleright \langle 108\rangle$$
$$\overrightarrow{BL} = \overrightarrow{OL} - \overrightarrow{OB}$$
$$= \frac{1}{7}(\vec{a} + \vec{b} + \vec{c}) - \vec{b}$$

$$= \underline{\frac{1}{7}\vec{a} - \frac{6}{7}\vec{b} + \frac{1}{7}\vec{c}}_{\text{ウ～カ}}$$

(2) (i) 平面 α は，3 点 B，L，M の定める平面であるから，平面 α 上の点である点 N について，

$$\underline{\overrightarrow{BN} = s\overrightarrow{BL} + t\overrightarrow{BM}}_{\text{キ}} \quad (④) \qquad \blacktriangleright \langle 116\rangle$$

と表すことができる。

(ii) M は辺 OC の中点より $\overrightarrow{OM} = \frac{1}{2}\vec{c}$ だから，

$$\overrightarrow{BM} = \overrightarrow{OM} - \overrightarrow{OB} = \frac{1}{2}\vec{c} - \vec{b}$$
$$\overrightarrow{ON} = \overrightarrow{OB} + \overrightarrow{BN}$$
$$= \vec{b} + (s\overrightarrow{BL} + t\overrightarrow{BM})$$
$$= \vec{b} + s\left(\frac{1}{7}\vec{a} - \frac{6}{7}\vec{b} + \frac{1}{7}\vec{c}\right) + t\left(\frac{1}{2}\vec{c} - \vec{b}\right)$$
$$= \underline{\frac{1}{7}s\vec{a} + \left(1 - \frac{6}{7}s - t\right)\vec{b} + \left(\frac{1}{7}s + \frac{1}{2}t\right)\vec{c}}_{\text{ク～タ}}$$

ここで，点 N は辺 OA 上の点でもあるから，

$$1 - \frac{6}{7}s - t = 0, \quad \frac{1}{7}s + \frac{1}{2}t = 0$$
$$\therefore \quad s = \frac{7}{4}, \quad t = -\frac{1}{2}$$

したがって，$\overrightarrow{ON} = \frac{1}{7}s\vec{a} = \underline{\frac{1}{4}\vec{a}}_{\text{チツ}}$

(3) $\triangle OAB$ と $\triangle OCA$ はともに一辺の長さが 2 の正三角形であるから，

$$\vec{a}\cdot\vec{b} = \vec{a}\cdot\vec{c} = 2\cdot 2\cos 60° = \underline{2}_{\text{テ}} \quad (⑤)$$

また，$BC = r$，$OB = OC = 2$ より

$$|\overrightarrow{BC}|^2 = |\overrightarrow{OC} - \overrightarrow{OB}|^2$$
$$r^2 = |\vec{c} - \vec{b}|^2 = |\vec{c}|^2 - 2\vec{b}\cdot\vec{c} + |\vec{b}|^2$$
$$= 2^2 - 2\vec{b}\cdot\vec{c} + 2^2$$
$$\therefore \quad \underline{\vec{b}\cdot\vec{c} = 4 - \frac{r^2}{2}}_{\text{ト}} \quad (①)$$

ここで，

$$\overrightarrow{BM} = \overrightarrow{OM} - \overrightarrow{OB} = \frac{1}{2}\vec{c} - \vec{b}$$
$$\overrightarrow{MN} = \overrightarrow{ON} - \overrightarrow{OM} = \frac{1}{4}\vec{a} - \frac{1}{2}\vec{c}$$

であることから，

$$\overrightarrow{BM}\cdot\overrightarrow{MN} = \left(\frac{1}{2}\vec{c} - \vec{b}\right)\cdot\left(\frac{1}{4}\vec{a} - \frac{1}{2}\vec{c}\right)$$
$$= \frac{1}{8}(\vec{c} - 2\vec{b})\cdot(\vec{a} - 2\vec{c})$$
$$= \frac{1}{8}(\vec{c}\cdot\vec{a} - 2|\vec{c}|^2 - 2\vec{a}\cdot\vec{b} + 4\vec{b}\cdot\vec{c})$$
$$= \frac{1}{8}\left\{2 - 2\cdot 2^2 - 2\cdot 2 + 4\left(4 - \frac{r^2}{2}\right)\right\}$$
$$= \frac{1}{4}(3 - r^2)$$

これより，直線 BM と直線 MN が垂直に交わるとき，

$$\overrightarrow{BM}\cdot\overrightarrow{MN} = 0 \qquad \blacktriangleright \langle 106\rangle$$
$$3 - r^2 = 0$$

$r>0$ より, $r=\mathrm{BC}=\boldsymbol{\sqrt{3}}$ ₊

42

(1) $|\overrightarrow{\mathrm{AB}}|^2=|\overrightarrow{\mathrm{OB}}-\overrightarrow{\mathrm{OA}}|^2=|\vec{b}-\vec{a}|^2$
$\qquad =|\vec{b}|^2-2\vec{a}\cdot\vec{b}+|\vec{a}|^2$

$|\overrightarrow{\mathrm{AB}}|=3$, $|\vec{a}|=|\overrightarrow{\mathrm{BC}}|=4$, $|\vec{b}|=4$ より,

$\quad 3^2=4^2-2\vec{a}\cdot\vec{b}+4^2$

よって $\vec{a}\cdot\vec{b}=\dfrac{16+16-9}{2}=\dfrac{\boldsymbol{23}}{\boldsymbol{2}}$ ₐᵢᵤ

なお, $\vec{a}\cdot\vec{b}>0$ より, ∠AOB は鋭角である。
$\vec{b}\cdot\vec{c}$ についても同様に考えると,

$\quad |\overrightarrow{\mathrm{BC}}|^2=|\overrightarrow{\mathrm{OC}}-\overrightarrow{\mathrm{OB}}|^2=|\vec{c}-\vec{b}|^2$
$\qquad =|\vec{c}|^2-2\vec{b}\cdot\vec{c}+|\vec{b}|^2$

$|\vec{c}|=3$ より,

$\quad 4^2=3^2-2\vec{b}\cdot\vec{c}+4^2$

よって $\vec{b}\cdot\vec{c}=\dfrac{9+16-16}{2}=\dfrac{\boldsymbol{9}}{\boldsymbol{2}}$ ₑₒ

これを用いると,

$\cos\angle\mathrm{BOC}=\dfrac{\vec{b}\cdot\vec{c}}{|\vec{b}||\vec{c}|}$ ▶〈105〉

$\qquad =\dfrac{\dfrac{9}{2}}{4\cdot3}=\dfrac{\boldsymbol{3}}{\boldsymbol{8}}$ ₖₐₖᵢ

なお, $\vec{b}\cdot\vec{c}>0$ より, ∠BOC は鋭角である。
また,△OAB は OA＝OB の二等辺三角形で,かつ △OAB≡△BCO であり,∠BOC＝∠OAB＝∠OBA が成り立つので,∠OAB,∠OBA も鋭角であるといえる。
以上より,△OAB における 3 つの角は全て鋭角とわかるので,△OAB は鋭角三角形である。
さらに,OA＝BC,OB＝CA,OC＝AB より,四面体 OABC の 4 つの面は,それぞれ 3 辺の長さが等しい合同な三角形となるので,四面体 OABC は**すべての面が鋭角三角形（④）**ₖ となるとわかる。

(2) いま考えている四面体はすべての面が合同であることから,題意のような四面体が存在するときの必要十分条件は,「△OAB が鋭角三角形」と言い換えられる。
∠OAB＝∠COA,
∠OBA＝∠BOC より,△OAB が
鋭角三角形であるための必要十分条件は,∠AOB,∠BOC,∠COA がすべて鋭角であること,すなわち,$\vec{a}\cdot\vec{b}$, $\vec{b}\cdot\vec{c}$, $\vec{c}\cdot\vec{a}$ の**三つすべてが正（②）**ₖ であることと

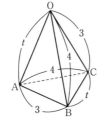

いえる。

$|\overrightarrow{\mathrm{AB}}|=3$ より $|\overrightarrow{\mathrm{AB}}|^2=3^2$

$\quad |\vec{b}-\vec{a}|^2=3^2$

$\quad |\vec{b}|^2-2\vec{a}\cdot\vec{b}+|\vec{a}|^2=9$

$\quad 4^2-2\vec{a}\cdot\vec{b}+t^2=9$

よって $\vec{a}\cdot\vec{b}=\dfrac{t^2+7}{2}$

$|\overrightarrow{\mathrm{BC}}|=t$ より $|\overrightarrow{\mathrm{BC}}|^2=t^2$

$\quad |\vec{c}-\vec{b}|^2=t^2$

$\quad |\vec{c}|^2-2\vec{b}\cdot\vec{c}+|\vec{b}|^2=t^2$

$\quad 3^2-2\vec{b}\cdot\vec{c}+4^2=t^2$

よって $\vec{b}\cdot\vec{c}=\dfrac{25-t^2}{2}$

$|\overrightarrow{\mathrm{CA}}|=4$ より $|\vec{a}-\vec{c}|^2=4^2$

$\quad |\vec{a}|^2-2\vec{c}\cdot\vec{a}+|\vec{c}|^2=16$

$\quad t^2-2\vec{c}\cdot\vec{a}+3^2=16$

よって $\vec{c}\cdot\vec{a}=\dfrac{t^2-7}{2}$

したがって, $\vec{a}\cdot\vec{b}$, $\vec{b}\cdot\vec{c}$, $\vec{c}\cdot\vec{a}$ のうち, **$\boldsymbol{\vec{a}\cdot\vec{b}}$（⑩）** ₙ は t の値によらず正である。
以上より,題意を満たす四面体が存在するための必要十分条件である t の値の範囲は,$\vec{b}\cdot\vec{c}>0$ かつ $\vec{c}\cdot\vec{a}>0$
すなわち,$25-t^2>0$ かつ $t^2-7>0$
$t>0$ より $\boldsymbol{\sqrt{7}<t<5}$ ₛₐₛᵢ

複素数平面

43

(1) $4\sqrt{2}+4\sqrt{2}i$ を極形式で表すと

$4\sqrt{2}+4\sqrt{2}i=8\left(\dfrac{1}{\sqrt{2}}+\dfrac{1}{\sqrt{2}}i\right)$

$\qquad =\boldsymbol{8\left(\cos\dfrac{\pi}{4}+i\sin\dfrac{\pi}{4}\right)}$ ₐᵢ

方程式①を満たす z について, $z=r(\cos\theta+i\sin\theta)$ とおくと,ド・モアブルの定理より

$z^3=r^3(\cos3\theta+i\sin3\theta)$ ▶〈123〉

よって,方程式①を極形式で表すと

$r^3(\cos3\theta+i\sin3\theta)=8\left(\cos\dfrac{\pi}{4}+i\sin\dfrac{\pi}{4}\right)$

大きさに着目して $r^3=8$ より $\boldsymbol{r=2}$ ᵤ
偏角に着目して

$3\theta=\dfrac{\pi}{4}+2n\pi$ $(n=0,\ 1,\ 2,\ \cdots\cdots)$

$0\leqq\theta<2\pi$ より $0\leqq3\theta<6\pi$ であるから

— 85 —

$$3\theta = \frac{\pi}{4}, \quad \frac{9}{4}\pi, \quad \frac{17}{4}\pi$$

$$\theta = \underset{\text{エオ}}{\frac{\pi}{12}}, \quad \underset{\text{カキ}}{\frac{3}{4}\pi}, \quad \underset{\text{クケ}}{\frac{17}{12}\pi}$$

以上から，①の3つの解を複素数平面上に図示すると，すべて原点が中心，半径が2の円周上にあることに注意すると，$\underset{\text{コ}}{②}$図となる。　　▶〈124〉

(2) α は①の1つの解であるから

$$\alpha^3 = 4\sqrt{2} + 4\sqrt{2}\,i = 8\left(\cos\frac{\pi}{4} + i\sin\frac{\pi}{4}\right)$$

よって，ド・モアブルの定理より

$$\alpha^6 = (\alpha^3)^2 = 8^2\left(\cos\frac{\pi}{2} + i\sin\frac{\pi}{2}\right) = \underset{\text{サシ}}{\mathbf{64}i}　▶〈123〉$$

方程式②について，$z^6 = \alpha^6$ であるから

$$(z^3)^2 = (\alpha^3)^2 = \underset{\text{ス～タ}}{(\mathbf{4\sqrt{2}+4\sqrt{2}\,i})^2}$$

$$z^3 = \pm\alpha^3 = 4\sqrt{2}+4\sqrt{2}\,i, \quad \underset{\text{チ～ナ}}{\mathbf{-4\sqrt{2}-4\sqrt{2}\,i}}$$

(1)と同様にして $z^3 = -4\sqrt{2}-4\sqrt{2}\,i$ を解くと

$$r^3(\cos3\theta + i\sin3\theta) = 8\left(\cos\frac{5}{4}\pi + i\sin\frac{5}{4}\pi\right)$$

$r^3 = 8$ より　$r = 2$

$$3\theta = \frac{5}{4}\pi + 2n\pi \quad (n = 0, 1, 2, \cdots)$$

$0 \le \theta < 2\pi$ より $0 \le 3\theta < 6\pi$ であるから

$$3\theta = \frac{5}{4}\pi, \quad \frac{13}{4}\pi, \quad \frac{21}{4}\pi$$

$$\theta = \frac{5}{12}\pi, \quad \frac{13}{12}\pi, \quad \frac{7}{4}\pi$$

以上から，方程式②の解を表す複素数を複素数平面上に図示すると，下の図のようにすべて原点を中心とする半径2の円周上にあり，偏角は小さい順に

$$\frac{\pi}{12}, \quad \frac{5}{12}\pi, \quad \frac{3}{4}\pi, \quad \frac{13}{12}\pi, \quad \frac{17}{12}\pi, \quad \frac{7}{4}\pi \text{ である。}$$

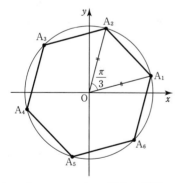

$A_1, A_2, \cdots, A_6$ に関する記述について

⓪　正しい。$\angle A_1 O A_2 = \frac{5}{12}\pi - \frac{\pi}{12} = \frac{\pi}{3}$，

　$OA_1 = OA_2$ であるから，$\triangle A_1 O A_2$ は正三角形である。

①　誤り。$A_1, A_2, \cdots, A_6$ は原点を中心とする半径2の円周上にある。

②，③　上の図より，誤り。

④　正しい。$A_1, A_2, \cdots, A_6$ は原点を中心とする半径2の円周を6等分する点になっている。

よって，正しい記述は $\underset{\text{ニヌ}}{⓪, ④}$

44

(1) 条件より，$\triangle OAB$ は左の図のようになるので，

$$\arg\frac{\alpha}{\beta} = \underset{\text{ア}}{\frac{\pi}{3}}$$

$$\left|\frac{\alpha}{\beta}\right| = \frac{OA}{OB} = \underset{\text{イ}}{\mathbf{2}}$$

点Bは点Aを原点のまわりに $-\frac{\pi}{3}$ だけ回転移動し，原点からの距離を $\frac{1}{2}$ 倍に縮小したものであるから

$$\beta = \alpha \cdot \frac{1}{2}\left\{\cos\left(-\frac{\pi}{3}\right) + i\sin\left(-\frac{\pi}{3}\right)\right\}$$

$$= \frac{1}{2} \cdot \frac{1 - \sqrt{3}\,i}{2}\alpha = \underset{\text{ウエオ}}{\frac{\mathbf{1 - \sqrt{3}\,i}}{\mathbf{4}}\alpha}$$

よって，$\triangle OAB$ の重心を表す複素数は

$$\frac{0 + \alpha + \beta}{3} = \frac{1}{3}\left(1 + \frac{1 - \sqrt{3}\,i}{4}\right)\alpha$$

$$= \underset{\text{カ～ケ}}{\frac{\mathbf{5 - \sqrt{3}\,i}}{\mathbf{12}}\alpha}$$

(2) 左の図のように，点Cは辺 AB 上にあるので

$$\angle OAC = \angle OAB = \underset{\text{コ}}{\frac{\pi}{6}}$$

2点 A_1, A_2 について，$\angle OA_1C = \angle OA_2C$ が成り立つとき，円周角の定理の逆より，4点 $\underset{\text{サ}}{\mathbf{O, A_1, A_2, C\ (②)}}$ は同一円周上にある。

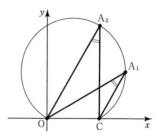

よって，点Aは円をえがく。

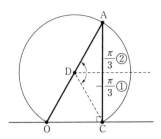

点Bと点Cが一致するとき，$\triangle OAC$ は $\angle C=90°$，$OA:OC=2:1$ の直角二等辺三角形であるから

$OC:CA=1:\sqrt{3}$

$\gamma=3$ より $CA=3\sqrt{3}$

よって $\boldsymbol{\alpha=3+3\sqrt{3}\,i}_{\text{シスセ}}$

図において，$\angle OCA=90°$ であるから，このときの OA が点 A のえがく円の直径であり，この円の中心は線分 OA の中点 $D(\delta)$ である。

ゆえに $\boldsymbol{\delta=\dfrac{3+3\sqrt{3}\,i}{2}}_{\text{ソ～ツ}}$

また，$OA=2OC=6$ であるから，円の半径は

$\dfrac{6}{2}=\underline{\boldsymbol{3}}_{\text{テ}}$

また，図の①より，点 A が点 C と一致するとき，線分 DA と実軸の正の向きとのなす角は $-\dfrac{\pi}{3}$ である。

図の②より，点 B と点 C が一致するとき，線分 DA と実軸の正の向きとのなす角は $\dfrac{\pi}{3}$ である。

点 C は辺 AB 上にあることから，点 A がえがくのは

$-\dfrac{\pi}{3}_{\text{ト}} \leqq \arg(\alpha-\delta) \leqq \dfrac{\pi}{3}_{\text{ナ}}$ を満たす部分である。

45

✎ **MARKER**

素数は自然数の範囲では 1 とそれ自身しか約数をもたないが，複素数の範囲で考えるとその他の約数をもつ場合がある。このような事実を踏まえながら，複素数の範囲で約数を考える問題である。

a_1，b_1，a_2，b_2 をそれぞれ整数として

$z_1=a_1+b_1i$，$z_2=a_2+b_2i$

とおくと，

$z_1+z_2=a_1+a_2+(b_1+b_2)i$

$z_1-z_2=a_1-a_2+(b_1-b_2)i$

$z_1z_2=a_1a_2-b_1b_2+(a_1b_2+a_2b_1)i$

となり，実部と虚部がそれぞれ整数となるため，ガウス整数同士の加法，減法，乗法については，その答えもガウス整数となる。一方で，例えば

$z_1=1$，$z_2=2$ とすると $z_1\div z_2=\dfrac{1}{2}$ となり，除法の答えは必ずしもガウス整数とはならない。よって，正しい組み合わせは $\underline{①}_{\text{ア}}$。

また，a_1，b_1，a_2，b_2 がいずれも自然数のとき，a_1+a_2

および b_1+b_2 は自然数であるため，加法の答えは（＊）を満たすガウス整数となる。一方で，例えば $z_1=z_2=1+i$ とすると，$z_1-z_2=0$，$z_1z_2=0+2i$ となり，減法と乗法の答えは必ずしも（＊）を満たすガウス整数とはならない。除法については上記よりガウス整数にならない場合があるため，正しい組み合わせは $\underline{③}_{\text{イ}}$。

$3+i=(1+i)(a-i)$ とおくと，

$3+i=a+1+(a-1)i$

実部と虚部をそれぞれ比較して $a=2$

すなわち $3+i=\underline{(1+i)(2-i)}_{\text{ウ}}$

また，$3+i=(1-i)(b+ci)$ とおくと，

$3+i=b+c+(c-b)i$

実部と虚部をそれぞれ比較して

$\begin{cases} b+c=3 \\ c-b=1 \end{cases}$

これを解いて $b=1$，$c=2$

すなわち $3+i=\underline{(1-i)(1+2i)}_{\text{エオ}}$

$5=(1+di)(e-2i)$ とおくと，

$5=2d+e+(de-2)i$

実部と虚部をそれぞれ比較して

$\begin{cases} 2d+e=5 \\ de-2=0 \end{cases}$

e を消去して $d(5-2d)-2=0$

$2d^2-5d+2=0$

$(2d-1)(d-2)=0$

d が整数であることから $d=2$，$e=1$

すなわち $5=\underline{(1+2i)(1-2i)}_{\text{カキ}}$

次に，$p^2+q^2=p^2-(qi)^2=(p+qi)(p-qi)$

であるから，$13=3^2+2^2$ であることに注目すると，

$13=\underline{(3+2i)(3-2i)}_{\text{クケ}}$

$|z|^2$ が素数となるようなガウス整数について考える。

$z=z_1z_2$ ならば $|z|^2=|z_1|^2|z_2|^2$

が成り立つので，$|z|^2$ が素数となるとき，$|z_1|^2$ または $|z_2|^2$ もまた素数となる。すなわち，$|z_1|^2$ または $|z_2|^2$ が 1 となり，$|z_1|$ または $|z_2|$ のいずれか一方は 1 である。一方，$|z|^2$ が素数であるから $|z|^2\geqq 2$ であり，もう一方は 1 より大きい。

したがって，正しい記述は $\underline{②}_{\text{コ}}$

平面上の曲線

46

✎ **MARKER**

方程式を $\dfrac{(x-p)^2}{a^2}+\dfrac{(y-q)^2}{b^2}=1$ の形に変形することで，原点を中心とする楕円 $\dfrac{x^2}{a^2}+\dfrac{y^2}{b^2}=1$ をどのように平行移動したものかがわかる。このことを用いて考察するとよい。

(1) $a=1$, $b=2$ のとき

$x^2+2y^2+cx+dy+f=0$ ……①

図1の楕円は原点を通ることが読み取れるので，
①に $x=0$, $y=0$ を代入して

$f=0$

このとき，①を変形して

$x^2+2y^2+cx+dy=0$ ……②

$\left(x+\dfrac{c}{2}\right)^2+2\left(y+\dfrac{d}{4}\right)^2=\dfrac{c^2}{4}+\dfrac{d^2}{8}$

これが図1の楕円を表すから

$\dfrac{c^2}{4}+\dfrac{d^2}{8}>0$

よって，①は

$\dfrac{\left(x+\dfrac{c}{2}\right)^2}{\dfrac{c^2}{4}+\dfrac{d^2}{8}}+\dfrac{\left(y+\dfrac{d}{4}\right)^2}{\dfrac{c^2}{8}+\dfrac{d^2}{16}}=1$

と変形でき，これは楕円 $\dfrac{x^2}{\dfrac{c^2}{4}+\dfrac{d^2}{8}}+\dfrac{y^2}{\dfrac{c^2}{8}+\dfrac{d^2}{16}}=1$ を

x 軸方向に $-\dfrac{c}{2}$，y 軸方向に $-\dfrac{d}{4}$ だけ平行移動した

楕円を表す。

図1は，原点を中心とする楕円を x 軸の負の方向，y 軸の正の方向に平行移動した楕円と読み取れるから

$-\dfrac{c}{2}<0,\ -\dfrac{d}{4}>0$

以上から

$\boldsymbol{c>（⓪）0}_{\text{ア}}$，$\boldsymbol{d<（①）0}_{\text{イ}}$，$\boldsymbol{f=（②）0}_{\text{ウ}}$

(2) (1)より，楕円①は楕円 $\dfrac{x^2}{\dfrac{c^2}{4}+\dfrac{d^2}{8}}+\dfrac{y^2}{\dfrac{c^2}{8}+\dfrac{d^2}{16}}=1$ を

平行移動したものであり，

その長軸の長さは $2\sqrt{\dfrac{c^2}{4}+\dfrac{d^2}{8}}$，

短軸の長さは $2\sqrt{\dfrac{c^2}{8}+\dfrac{d^2}{16}}$

であることから，d の値を変化させると**様々な大きさの楕円が現れ，他の図形は現れない。**（⓪）

また，$c>0$, $d\geqq0$ であるから，$x>0$, $y>0$ のとき，②の左辺について $x^2+2y^2+cx+dy>0$ であり，②を満たす x, y は存在しないことがわかる。

よって，**第1象限を通る図形は現れない。**（③）

なお，$d=0$ とすると，②の表す図形は明らかに第4象限を通る楕円となる。

また，等式②は，c, d の値にかかわらず $x=0$, $y=0$ とすれば成り立つので，この図形は原点を必ず通る。

すなわち，**必ず通る定点が存在する。**（⑤）

以上から，正しく述べているのは $\underline{⓪, ③, ⑤}_{\text{エオカ}}$ である。

47

✎ **MARKER**

(1)は基本問題。直交座標と極座標は相互に変換できるようにしておきたい。

(2)の太郎さんの考え方では，誘導にしたがって点Pと点Qの位置関係を把握し，極座標で考える。

最後の軌跡を求める設問では，条件が三角形で与えられているので，三角形ができない場合は軌跡から除かれることにも注意しておきたい。

(1) 直交座標が $(-2\sqrt{3},\ 2)$ である点Aを図示すると，次のようになる。

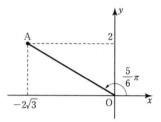

$x=-2\sqrt{3}$, $y=2$ であるから，点Aの極座標を $(r,\ \theta)$ とすると

$r=\sqrt{x^2+y^2}=\sqrt{(-2\sqrt{3})^2+2^2}=\underline{4}_{\text{ア}}$

$\cos\theta=\dfrac{x}{r}=\dfrac{-2\sqrt{3}}{4}=-\dfrac{\sqrt{3}}{2}$，$\sin\theta=\dfrac{y}{r}=\dfrac{2}{4}=\dfrac{1}{2}$

$0\leqq\theta<2\pi$ より $\theta=\underline{\dfrac{5}{6}\pi}_{\text{イウ}}$

(2)

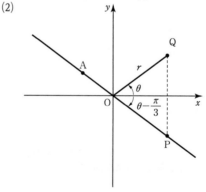

（太郎さんの考え方）

$Q(r,\ \theta)$ とすると $OP=OQ$，$\angle QOP=\dfrac{\pi}{3}$

であるから，

$P\left(r,\ \underline{\theta-\dfrac{\pi}{3}}_{\text{エ}}\right)$

上の図より，点Pと点Qは**x座標（⓪）**$_{\text{オ}}$が一致するので，$\boldsymbol{r\cos\theta=r\cos\left(\theta-\dfrac{\pi}{3}\right)}$**（①）**$_{\text{カ}}$ が成り立つ。

右辺を三角関数の加法定理で展開すると

$r\cos\theta=r\left(\cos\theta\cos\dfrac{\pi}{3}+\sin\theta\sin\dfrac{\pi}{3}\right)$

$r\cos\theta=\dfrac{1}{2}r\cos\theta+\dfrac{\sqrt{3}}{2}r\sin\theta$

整理して　$r\cos\theta=\sqrt{3}\,r\sin\theta$

$$x=\sqrt{3}\,y$$

ここで，$r=0$ とすると 3 点 O，P，Q が一致し，
△OPQ ができないので，$r\neq0$

よって，点 Q の軌跡は直線 $x-\sqrt{3}\,y=0$ の原点を除く部分である。

(花子さんの考え方)

2 点 A$(-2\sqrt{3},\ 2)$，O を通る直線の傾きは

$$\dfrac{2}{-2\sqrt{3}}=-\dfrac{\sqrt{3}}{3}$$ より，直線 OA の方程式は

$$\boldsymbol{y=\dfrac{-\sqrt{3}}{3}x}_{\ \text{キ}\sim\text{ケ}}$$ である。

図より，点 P と点 Q は $\boldsymbol{x}$ **軸**（⓪）$_{\text{コ}}$ に関して対称であるから，点 Q の軌跡は　$-y=-\dfrac{\sqrt{3}}{3}x$

すなわち，直線 $y=\dfrac{\sqrt{3}}{3}x$ である。ただし，P が原点 O と一致するとき，△OPQ ができないので原点を除く。

以上から，点 Q の軌跡は直線 $x-\underline{\sqrt{3}}_{\ \text{サ}}y=0$ の原点を除く部分である。

48

✎ **MARKER**

曲線と直線が接するとき，接点の座標を求めるには，連立方程式を解けばよい。さらに，図示してみることで接している状況がよくわかる。

$y=x-k$ を $x^2+4y^2=4$ に代入すると

$$x^2+4(x-k)^2=4$$
$$5x^2-8kx+4k^2-4=0\ \cdots\cdots①$$

この 2 次方程式が実数解をもつとき，判別式を D とすると　$D\geqq0$

$$\dfrac{D}{4}=(-4k)^2-5\cdot(4k^2-4)\geqq0$$
$$16k^2-20k^2+20\geqq0$$
$$k^2-5\leqq0$$
$$(k-\sqrt{5})(k+\sqrt{5})\leqq0$$

これを解いて　$\underline{\boldsymbol{-\sqrt{5}\leqq k\leqq\sqrt{5}}}_{\ \text{アイ}}$

すなわち，$k=x-y$ の最大値は $\sqrt{5}$，最小値は $-\sqrt{5}$ である。

$x-y=\sqrt{5}$ のとき，①より

$$5x^2-8\sqrt{5}x+16=0$$
$$(\sqrt{5}x-4)^2=0$$

よって　$x=\dfrac{4}{\sqrt{5}}=\underline{\dfrac{\boldsymbol{4\sqrt{5}}}{\boldsymbol{5}}}_{\ \text{ウエオ}}$

$$y=x-\sqrt{5}=\dfrac{4\sqrt{5}}{5}-\sqrt{5}=\underline{\dfrac{\boldsymbol{-\sqrt{5}}}{\boldsymbol{5}}}_{\ \text{カキク}}$$

$x-y=-\sqrt{5}$ のとき，①より

$$5x^2+8\sqrt{5}x+16=0$$

$$(\sqrt{5}x+4)^2=0$$

よって　$x=-\dfrac{4}{\sqrt{5}}=\underline{\dfrac{\boldsymbol{-4\sqrt{5}}}{\boldsymbol{5}}}_{\ \text{ケ}\sim\text{シ}}$

$$y=x+\sqrt{5}=-\dfrac{4\sqrt{5}}{5}+\sqrt{5}=\underline{\dfrac{\boldsymbol{\sqrt{5}}}{\boldsymbol{5}}}_{\ \text{スセ}}$$

一方，楕円 $x^2+4y^2=4$ について

$$\dfrac{x^2}{4}+y^2=1$$

と変形できるから，焦点の座標は

$$(\sqrt{4-1},\ 0),\ (-\sqrt{4-1},\ 0)$$

すなわち　$(\underline{\boldsymbol{\sqrt{3}}}_{\ \text{ソ}},\ 0),\ (-\sqrt{3},\ 0)$

であり，頂点の座標は

$$(\underline{\boldsymbol{2}}_{\ \text{タ}},\ 0),\ (-2,\ 0),\ (0,\ \underline{\boldsymbol{1}}_{\ \text{チ}}),\ (0,\ -1)$$

となる。

$k=\sqrt{5}$ のとき，楕円 $x^2+4y^2=4$ と
直線 $x-y=\sqrt{5}$，すなわち $y=x-\sqrt{5}$ との
位置関係は $\underline{⓪}_{\ \text{ツ}}$ となる。

$k=-\sqrt{5}$ のとき，楕円 $x^2+4y^2=4$ と
直線 $x-y=-\sqrt{5}$，すなわち $y=x+\sqrt{5}$ との
位置関係は $\underline{②}_{\ \text{テ}}$ となる。

●数学Ⅰ・数学A

第1問〔1〕

(1) a～d の関係について一つずつ確認する。

a：正しい。自然数全体（A）は有理数全体（B）に含まれる（$A \subset B$）。

b：誤り。有理数全体（B）と無理数全体（C）は共通部分をもたない集合である（$B \cap C = \varnothing$）。

c：誤り。自然数全体（A）と有理数全体（B）の共通部分は自然数全体である（$A \cap B = A$）。

d：誤り。D の要素には $\sqrt{2}$ や $\sqrt{3}$ などの無理数も含まれているが，$\sqrt{1}=1$ や $\sqrt{4}=2$ は自然数であり，無理数ではない。したがって，集合 D は無理数全体の集合 C の部分集合ではない。

よって，正しいものの組合せは **a（⓪）**ₐₚ。

(2) C と D の共通部分の集合は $C \cap D$ と表される。この要素の1つに $\sqrt{2}$ があることは，

$$\sqrt{2} \in C \cap D \quad (⓪, ④)_{イ, ウ}$$

と表される。

(3) 「$xy \in C$ ならば $x \in C$ かつ $y \in C$」は偽であることを示すための反例は，xy は無理数であるが，x または y が有理数となるものである。

a：$xy=(\sqrt{2}-1)(\sqrt{2}+1)=2-1=1$ が有理数となるので不適。

b：$xy=\sqrt{2}-1$ は無理数である。一方，$y=1$ が有理数であるから，反例である。

c：$xy=\sqrt{6}$ は無理数である。一方，x も y も無理数であるから不適。

d：$xy=20$ が有理数となるので不適。

e：$xy=4\sqrt{2}$ は無理数である。一方，$y=\sqrt{4}=2$ が有理数であるから，反例である。

f：$xy=6\sqrt{2}$ は無理数である。一方，$y=\sqrt{9}=3$ が有理数であるから，反例である。

以上より，a～f の x，y の組に対し，反例となるものの組合せは，**b, e, f（⑧）**ₑである。

〔2〕

(1) （歩数）＝（ピッチ z）×（タイム）

（距離）＝（ストライド x）×（歩数）
　　　　＝（ストライド x）×（ピッチ z）×（タイム）

であるから，

$$(平均速度)=\frac{(距離)}{(タイム)}=xz \quad (②)_{オ}$$

したがって，100 m 走においては

$$(タイム)=\frac{100}{xz} \quad \cdots\cdots ①$$

と表される。

(2) ピッチ z がストライド x の1次関数として表されるという仮定のもとで，ストライド x が 0.05 増加すると，ピッチ z が -0.1 増加するとき，変化の割合は

$$\frac{-0.1}{0.05}=-2$$

$z=-2x+b$ とおくと，$x=2.10$ のとき $z=4.60$ であるから

$$4.60=-2 \times 2.10 + b$$
$$b=8.80=\frac{44}{5}$$

したがって $z=-2x+\dfrac{44}{5}$ ₖ～ₖ

が成り立つと考えられる。

$z \leqq 4.80$ より

$$-2x+\frac{44}{5} \leqq 4.80$$
$$2x \geqq 8.80-4.80$$
$$x \geqq 2.00$$

$x \leqq 2.40$ より $\underline{2.00 \leqq x \leqq 2.40}_{コサシ}$

$y=xz$ とすると，y が最大のときタイムが最もよくなる。

$$y=x\left(-2x+\frac{44}{5}\right)=-2x^2+\frac{44}{5}x$$
$$=-2\left(x^2-\frac{22}{5}x\right)=-2\left(x-\frac{11}{5}\right)^2+\frac{242}{25} \quad ▶\langle 9\rangle$$

$\dfrac{11}{5}=2.20$ より，$2.00 \leqq x \leqq 2.40$ において，y は

$x=2.20$ ₛₑₙ のとき 最大値 $\dfrac{242}{25}$ をとる。

このときのピッチ z は

$$z=-2 \times 2.20 + 8.80 = \underline{4.40}_{タチツ}$$

①より，タイムは $\dfrac{100}{y}=100 \times \dfrac{25}{242}=10.330\cdots$

であるから $\underline{10.33 (③)}_{テ}$

第2問〔1〕

(1) $\sin A > 0$ より

$$\sin A = \sqrt{1 - \cos^2 A}$$

$$= \sqrt{1 - \left(\dfrac{3}{5}\right)^2} = \underline{\dfrac{4}{5}}_{\text{アイ}}$$

よって，$\triangle ABC$ の面積 S は

$$S = \dfrac{1}{2}bc\sin A \qquad\qquad ▶\langle 22\rangle$$

$$= \dfrac{1}{2} \times 6 \times 5 \times \dfrac{4}{5} = \underline{12}_{\text{ウエ}}$$

また $AI = CA = 6$

$AD = AB = 5$

$\angle IAD = 360° - (90° \times 2 + A) = 180° - A$

であるから，$\triangle AID$ の面積 T_1 は

$$T_1 = \dfrac{1}{2} \times AI \times AD \times \sin(180° - A)$$

$$= \dfrac{1}{2} \times 6 \times 5 \times \sin A = \underline{12}_{\text{オカ}}$$

また，$\triangle ABC$ に余弦定理を用いて

$$a^2 = b^2 + c^2 - 2bc\cos A \qquad\qquad ▶\langle 21\rangle$$

$$= 6^2 + 5^2 - 2 \times 6 \times 5 \times \dfrac{3}{5} = 25$$

ゆえに，正方形 BFGC の面積は $a^2 = \underline{25}_{\text{キク}}$

(2) (1)と同様にして

$$T_1 = \dfrac{1}{2}bc\sin A$$

$$T_2 = \dfrac{1}{2}ca\sin B$$

$$T_3 = \dfrac{1}{2}ab\sin C$$

となるが，これらはすべて $\triangle ABC$ の面積 S と等しい。
よって，**a, b, c の値に関係なく $T_1 = T_2 = T_3$（③）**$_{\text{ケ}}$
である。

(3) (2)より $T_1 = T_2 = T_3 = S = \dfrac{1}{2}bc\sin A$

正方形 BFGC の面積は

$$a^2 = b^2 + c^2 - 2bc\cos A$$

よって，六角形 DEFGHI の面積は

$$a^2 + b^2 + c^2 + T_1 + T_2 + T_3 + S$$

$$= (b^2 + c^2 - 2bc\cos A) + b^2 + c^2 + 4 \times \dfrac{1}{2}bc\sin A$$

$$= 2\{b^2 + c^2 + bc(\boldsymbol{\sin A - \cos A})\}\,(①)_{\text{コ}}$$

(4) （三角形の面積）$= \dfrac{1}{2}$（内接円の半径）$\times$（周の長さ）

と表すことができる。 $\qquad\qquad ▶\langle 23\rangle$

$S = T_1 = T_2 = T_3$ であるから，周の長さが最小となるとき，内接円の半径は最大となる。

○ $0° < A < B < C < 90°$ のとき

$\triangle ABC$ と $\triangle AID$ に着目すると

$\qquad \angle DAI = 360° - 90° \times 2 - A = 180° - A$

より $\angle DAI > A$

$AB = AD$，$AC = AI$ であるから $ID > a$

よって，$\triangle ABC$ の周の長さの方が $\triangle AID$ の周の長さよりも短い。

同様に，$\triangle ABC$ と $\triangle BEF$，$\triangle ABC$ と $\triangle CGH$ に着目すると，いずれも $\triangle ABC$ の周の長さが短くなることがわかる。

ゆえに，内接円の半径が最も大きいのは

$\underline{\triangle \textbf{ABC}}$（⓪）$_{\text{サ}}$

○ $0° < A < B < 90° < C$ のとき

$\triangle ABC$ と $\triangle AID$，$\triangle ABC$ と $\triangle BEF$ については上と同様である。

$\triangle ABC$ と $\triangle CGH$ については

$\qquad \angle HCG = 180° - C < C$

より，$\triangle CGH$ の周の長さの方が $\triangle ABC$ の周の長さよりも短い。

ゆえに，内接円の半径が最も大きいのは

$\underline{\triangle \textbf{CGH}}$（③）$_{\text{シ}}$

〔2〕

✎ **MARKER**

散布図を正しく読み取り，南アメリカの各国について「人口密度」の大きさを図から読み取ることを目指していく。このように，求めたいデータによっては，必ずしもすべての値を計算する必要はないので，実生活でデータを見るときにも活用したい。

図1の散布図を見ると，人口が多くなるほど面積が大きくなる傾向があり，各点は1本の右上がりの直線の近くに分布することがわかる。

したがって，この12の国の人口と面積の間には**強い正の相関がある**（⓪）$_{\text{ス}}$といえる。

このとき，人口と面積の相関係数は1に近い値をとる。よって，与えられた値の中で，12の国における人口と面積の相関係数に最も近いものは**0.98**（⑥）$_{\text{セ}}$と考えられる。

(1) 図1の⓪の国は人口，面積とも上から1番目の国であるから，拡大図の11の国は2番目から12番目であることに注意する。

A：誤り。

中央値は上から6番目と7番目の平均値となる。人口が上から7番目の国は③の国であり，その上の点にあたる国が6番目の国である。拡大図から，これらはいずれも1500万人から2000万人の間であることがわかる。

よって，人口の中央値は1500万人から2000万人の間にある。

B：正しい。

第3四分位数は上から3番目と4番目の平均値となる。拡大図から，面積が上から3番目と4番目の国は100万 km^2 と150万 km^2 の間にあることがわかる。

よって，第3四分位数は100万 km^2 と150万 km^2

の間にある。

C：正しい。

図 1 から，人口が 1000 万人の目盛りよりも左に
ある点は 4 個であるから，1000 万人未満の国の数
は 4，1000 万人以上の国の数は $12-4=8$ となる。

よって，人口が 1000 万人以上の国の方が，1000
万人未満の国より数が多い。

D：誤り。

面積が 100 の目盛りより上にある点は 5 個である
から，100 万 km² 以上の国の数は 5，100 万 km²
未満の国の数は $12-5=7$ となる。

よって，面積が 100 万 km² 以上の国の方が，100
万 km² 未満の国より少ない。

以上より，正しいものの組合せは **B，C（②）** ソ

(2) $(人口密度)=\dfrac{(人口\ x)}{(面積\ y)}$

で求めることができる。

よって，図 1 の散布図においては，各国を表す点と原
点を結ぶ直線の傾きの逆数が人口密度である。

ゆえに，この傾きが最も小さい国が，人口密度が最も
大きな国となる。

したがって，人口密度が最も大きい国を探すには，そ
の国を表す点と**原点を通る直線の傾き（⓪）**タ を調べ，
それが最も**小さい（③）**チ 国を探せばよい。

(3) (2)の方法で点を選ぶと，③の点と原点を結んだ直線
の傾きが，他のどの国を表す点と原点を結ぶ直線の傾
きよりも小さくなる。

よって，人口密度が最も大きい国を表す点は ③ ツ

第3問

🖍 **MARKER**

設問が長文になっているため，確率を求めるのに必
要な情報を整理して解いていく。ここでは，「箱 A
と箱 B のどちらか」から「二人の人が」順にくじを
引いていくこと，「くじはそれぞれ 100 本ずつ」入っ
ていて，「引いたくじはもとに戻さない」ことをおさ
えて各設問に取り組んでいこう。

(1) 1番目の人が当たりくじを引いた場合，その箱に入
っているくじの総数は $100-1=99$（本），当たりくじ
の本数は $10-1=9$（本）となる。

よって，2番目の人が同じ箱からくじを引いて当たる
確率は，

$\dfrac{9}{99}=\dfrac{1}{11}$ アイウ　　　▶〈34〉(1)

一方，1番目の人と異なる箱に入っているくじの総数
は 100（本）であり，当たりくじの本数は 10（本）で
あるから，2番目の人が1番目の人と異なる箱からく
じを引いて当たる確率は，

$\dfrac{10}{100}=\dfrac{1}{10}$ エオカ　　　▶〈34〉(1)

(2) 問題の条件から

$$P(A\cap W)=P(A)\cdot P_A(W)=\frac{1}{2}\times\frac{20}{100}=\frac{1}{10}\ \text{キクケ}$$

$$P(B\cap W)=P(B)\cdot P_B(W)=\frac{1}{2}\times\frac{10}{100}=\frac{1}{20}$$

1番目の人が当たりくじを引くとき，箱 A か箱 B の
いずれか一方から引くから，

$$P(W)=P(A\cap W)+P(B\cap W)$$
$$=\frac{1}{10}+\frac{1}{20}=\frac{3}{20}\ \text{コサシ}\qquad ▶〈34〉(2)$$

よって，1番目の人が当たりくじを引いたという条件
の下で，その箱が A であるという条件付き確率
$P_W(A)$ は，

$$P_W(A)=\frac{P(A\cap W)}{P(W)}=\frac{\dfrac{1}{10}}{\dfrac{3}{20}}=\frac{2}{3}\ \text{スセ}\qquad ▶〈36〉$$

また，1番目の人が当たりくじを引いた後，その箱の
当たりくじの本数は 1 本少なくなるので，同じ箱から
2番目の人がくじを引くとき，そのくじが当たりくじ
である確率は，

$$P_W(A)\times\frac{20-1}{100-1}+P_W(B)\times\frac{10-1}{100-1}$$
$$=P_W(A)\times\frac{19}{99}+P_W(B)\times\frac{9}{99}\ \text{ソ}$$

ここで，$P_W(B)=\dfrac{P(B\cap W)}{P(W)}=\dfrac{1}{3}$ だから，上式は

$$\frac{2}{3}\times\frac{19}{99}+\frac{1}{3}\times\frac{9}{99}=\frac{47}{297}\ \text{タ～ト}$$

一方，1番目の人が当たりくじを引いた後，もう一方
の箱ははじめの状態のままであることに注意すると，
1番目の人が当たりくじを引いた後，異なる箱から 2
番目の人がくじを引くとき，そのくじが当たりくじで
ある確率は，

$$P_W(A)\times\frac{10}{100}+P_W(B)\times\frac{20}{100}$$
$$=\frac{2}{3}\times\frac{10}{100}+\frac{1}{3}\times\frac{20}{100}=\frac{2}{15}\ \text{ナニヌ}$$

(3) $1\leq n\leq 19$ のとき，

$$P(B\cap W)=P(B)\cdot P_B(W)=\frac{1}{2}\times\frac{n}{100}=\frac{n}{200}$$

$$P(W)=\frac{1}{10}+\frac{n}{200}=\frac{n+20}{200}$$

となるので，

$$P_W(A)=\frac{P(A\cap W)}{P(W)}=\frac{\dfrac{1}{10}}{\dfrac{n+20}{200}}=\frac{20}{n+20}\ (②)\ \text{ネ}$$

$$P_W(B)=\frac{P(B\cap W)}{P(W)}=\frac{\dfrac{n}{200}}{\dfrac{n+20}{200}}=\frac{n}{n+20}\ (①)\ \text{ノ}$$

また，2番目の人が1番目の人と同じ箱からくじを引くとき，当たりくじを引く確率は

$$P_W(A) \times \frac{19}{99} + P_W(B) \times \frac{\boldsymbol{n-1}}{\boldsymbol{99}} \quad（②）_\text{ハ}$$

第4問

MARKER

三角形と円についての基本性質を活用して解き進めていく。とくに，数学Aで学習する定理について，その逆が成り立つものは押さえておきたい。

角の二等分線の性質より
　　BD：DC＝AB：AC＝3：5　　　　　▶〈38〉
よって　BD＝$\frac{3}{3+5}$BC＝$\frac{3}{8} \times 4 = \dfrac{\boldsymbol{3}}{\boldsymbol{2}}_\text{アイ}$

AC²＝AB²＋BC²より，三平方の定理の逆から
　　∠ABC＝90°
よって，△ABDに三平方の定理を用いて
　　AD²＝AB²＋BD²
　　　　＝$3^2+\left(\frac{3}{2}\right)^2 = \dfrac{45}{4}$

AD＞0より
　　AD＝$\dfrac{\boldsymbol{3\sqrt{5}}}{\boldsymbol{2}}_\text{ウエオ}$

∠BAD＝∠EACであり，
円周角の定理より
　　∠ABD＝∠AEC
であるから　△ABD∽△AEC
したがって
　　AB：AE＝AD：AC
　　3：AE＝$\frac{3\sqrt{5}}{2}$：5
　　$\frac{3\sqrt{5}}{2}$AE＝15
　　AE＝$\frac{2}{3\sqrt{5}} \times 15 = \boldsymbol{2\sqrt{5}}_\text{カキ}$

円Pと辺ABとの接点をHとすると　PH＝r
円Pは2辺AB，ACの両方に接しているから
　　∠BAP＝∠CAP
よって，3点A，P，Dは一直線上にある。
∠AHP＝∠ABD＝90°，∠HAP＝∠BADより
△AHP∽△ABDであるから
　　AP：AD＝PH：DB
　　AP：$\frac{3\sqrt{5}}{2}$＝r：$\frac{3}{2}$
　　$\frac{3}{2}$AP＝$\frac{3\sqrt{5}}{2}$r
　　AP＝$\boldsymbol{\sqrt{5}}r_\text{ク}$

また，円Pは円Oに内接するから，直線PFは円Oの中心を通る。すなわち，線分FGは円Oの直径である。
よって　FG＝AC＝5

PF＝rであるから
　　PG＝FG−PF＝$\underline{5-r}_\text{ケ}$
よって，円Oについての方べきの定理より
　　AP・PE＝FP・PG　　　　　　　▶〈42〉
　　$\sqrt{5}r(2\sqrt{5}-\sqrt{5}r)=r(5-r)$
　　$10r-5r^2=5r-r^2$
　　$r(4r-5)=0$

r＞0より
　　$r＝\dfrac{\boldsymbol{5}}{\boldsymbol{4}}_\text{コサ}$

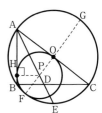

△ABCの面積は
　　$\frac{1}{2} \times 3 \times 4 = 6$
であるから，内接円Qの半径をr_1とすると
　　$\frac{1}{2}r_1(3+4+5)=6$
　　$r_1＝\boldsymbol{1}_\text{シ}$
よって，辺ABと内接円Qの接点をIとすると
　　BI＝r_1＝1より
　　AI＝3−1＝2
ゆえに
　　AQ＝$\sqrt{2^2+1^2}=\boldsymbol{\sqrt{5}}_\text{ス}$
また　IQ＝1

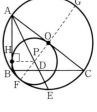

△AHP∽△AIQより
　　AH：AI＝HP：IQ
　　AH：2＝$\frac{5}{4}$：1
よって　AH＝$\dfrac{\boldsymbol{5}}{\boldsymbol{2}}_\text{セソ}$
このとき
　　AH・AB＝$\frac{5}{2}\cdot3=\frac{15}{2}$
　　AD・AQ＝$\frac{3\sqrt{5}}{2}\cdot\sqrt{5}=\frac{15}{2}$
　　AE・AQ＝$2\sqrt{5}\cdot\sqrt{5}=10$
円Qは2辺AB，ACの両方に接することから，3点A，Q，Dは一直線上にある。
これとAH・AB＝AD・AQが成り立つことから，方べきの定理の逆より，点Hは3点B，D，Qを通る円の周上にある。
一方，AH・AB≠AE・AQより，点Hは3点B，E，Qを通る円の周上にはない。
よって，正しい正誤の組合せは$①_\text{タ}$

第1問〔1〕

> **MARKER**
> 1次でない三角関数のグラフや最大・最小を考える
> ときには，2倍角の公式を用いて次数を下げたり，
> 合成により sin または cos にまとめることを考える。

(1) $f(0)=0^2+2\sqrt{3}\cdot0\cdot1+3\cdot1^2=\boldsymbol{3}_{\ \mathcal{ア}}$

$f\left(\dfrac{\pi}{2}\right)=1^2+2\sqrt{3}\cdot1\cdot0+3\cdot0^2=\boldsymbol{1}_{\ \mathcal{イ}}$

(2) $f(\theta)=(1-\cos^2\theta)+2\sqrt{3}\sin\theta\cos\theta+3\cos^2\theta$

$\qquad =2\sqrt{3}\sin\theta\cos\theta+2\cos^2\theta+1$ ……ⓐ

2倍角の公式より，$\sin\theta\cos\theta=\dfrac{1}{2}\sin2\theta$

$\qquad\qquad\qquad\qquad \cos^2\theta=\dfrac{1+\cos2\theta}{2}$

これらをⓐに代入して

$f(\theta)=2\sqrt{3}\cdot\dfrac{1}{2}\sin2\theta+2\cdot\dfrac{1+\cos2\theta}{2}+1$

$\qquad =\boldsymbol{\sqrt{3}\sin2\theta+\cos2\theta+2}_{\ \mathcal{ウエ}}$

(3) $f(\theta)=2\left(\dfrac{\sqrt{3}}{2}\sin2\theta+\dfrac{1}{2}\cos2\theta\right)+2$

$\qquad =2\left(\sin2\theta\cos\dfrac{\pi}{6}+\cos2\theta\sin\dfrac{\pi}{6}\right)+2$

$\qquad =\boldsymbol{2\sin\left(2\theta+\dfrac{\pi}{6}\right)+2}_{\ \mathcal{オカ}}$　　▶〈64〉

$\qquad =2\sin2\left\{\theta-\left(-\dfrac{\pi}{2\times6}\right)\right\}+2$

(i) このことから，$y=f(\theta)$ のグラフは，$y=\sin2\theta$ の
グラフを y 軸方向に2倍に拡大したものを，y 軸の
正の方向に2，θ 軸の**負の方向に** $\dfrac{\pi}{2\times6}$ （⑤）だけ
平行移動したものである。

(ii) (i)より，$y=f(\theta)$ のグラフは，$y=2\sin2\theta+2$
のグラフを θ 軸の負の方向に $\dfrac{\pi}{12}$ だけ平行移動
したものである。
したがって，定義域が $0\leqq\theta\leqq\dfrac{\pi}{2}$ のときの
$y=f(\theta)$ のグラフは②$_{\ \mathcal{ク}}$

〔**別解**〕 (1)より，$f(0)>f\left(\dfrac{\pi}{2}\right)$ であるから，
①，③は誤り。

$0\leqq\theta\leqq\dfrac{\pi}{2}$ より，$\dfrac{\pi}{6}\leqq2\theta+\dfrac{\pi}{6}\leqq\dfrac{7}{6}\pi$ であるから

$-\dfrac{1}{2}\leqq\sin\left(2\theta+\dfrac{\pi}{6}\right)\leqq1$

したがって，$1\leqq f(\theta)\leqq4$ であるから，④，⑤は誤り。

ここで，$f(\theta)=4$ となるのは，$2\theta+\dfrac{\pi}{6}=\dfrac{\pi}{2}$ のとき，
すなわち $\theta=\dfrac{\pi}{6}$ のときであるから，これを満たす
グラフは②である。

(iii) (1)と(3)(ii)より，$f(\theta)$ は

$\theta=\underline{\dfrac{\pi}{6}}$ （③）$_{\ \mathcal{ケ}}$ のとき最大値4

$\theta=\underline{\dfrac{\pi}{2}}$ （⑧）$_{\ \mathcal{コ}}$ のとき最小値1をとる。

〔2〕

> **MARKER**
> 整式 $P(x)$ を2次式 ax^2+bx+c で割った余りにつ
> いて考えるとき，2次方程式 $ax^2+bx+c=0$ が実数
> 解をもつか，虚数解をもつかで連立方程式の立て方
> が異なることに注意したい。

(1) $(1+i)^2=1^2+2\cdot1\cdot i+i^2=\boldsymbol{2i}$ （⑦）$_{\ \mathcal{サ}}$

$(1+i)^3=(1+i)^2(1+i)=2i(1+i)=\boldsymbol{-2+2i}$ （⑧）$_{\ \mathcal{シ}}$

(2) $P(1+i)=(1+i)^3+a(1+i)^2+b(1+i)+c$

$\qquad =(-2+2i)+2ai+b+bi+c$

$\qquad =\boldsymbol{(b+c-2)+(2a+b+2)i}_{\ \mathcal{スセソ}}$

$P(1+i)=1+3i$ より，実部と虚部を比較して

$\qquad b+c-2=1$ ……①

$\qquad 2a+b+2=3$ ……②　　▶〈47〉

②より　$b=-2a+1$

①より　$c=-b+3=(2a-1)+3=2a+2$

したがって，$\boldsymbol{b=-2a+1,\ c=2a+2}$ （⑥）$_{\ \mathcal{タ}}$

(3) $P(x)$ を x^2-2x+2 で割ったときの商を $Q(x)$，
余りを $kx+l$ とすると，

$\qquad P(x)=(x^2-2x+2)Q(x)+kx+l$

と表せる。
また，x^2-2x+2 に $x=1+i$ を代入すると

$\qquad (1+i)^2-2(1+i)+2=2i-(2+2i)+2=0$

であるから，

$\qquad P(1+i)=k(1+i)+l=(k+l)+ki$

$P(1+i)=1+3i$ より，実部と虚部を比較して

$\qquad k+l=1,\ k=3$

したがって，$\boldsymbol{k=3,\ l=-2}$ （③）$_{\ \mathcal{チ}}$

〔3〕

> **MARKER**
> 誘導にしたがって丁寧に計算することが求められ
> る。(3)のように関数の性質が成り立つかどうかは，
> 具体的な値を代入して調べてみるとよい。

(1) $2^0=1$ より

$\qquad f(0)=\dfrac{2^0+2^0}{2}=\boldsymbol{1}_{\ \mathcal{ツ}}$，$g(0)=\dfrac{2^0-2^0}{2}=\boldsymbol{0}_{\ \mathcal{テ}}$

$2^x>0$，$2^{-x}>0$ より，相加平均と相乗平均の大小関係
から

$$f(x)=\frac{2^x+2^{-x}}{2}\geqq\sqrt{2^x\cdot2^{-x}}=1 \qquad \blacktriangleright\langle51\rangle$$

等号成立は $2^x=2^{-x}$ のとき，$(2^x)^2=1$ より $2^x=1$
すなわち $\boldsymbol{x=\underline{0}}_{\,\,\text{ト}}$ のときであり，このとき $f(x)$ は最小
値 $\underline{1}_{\,\text{ナ}}$ をとる。
$g(x)=-2$ のとき

$$\frac{2^x-2^{-x}}{2}=-2$$

$$2^x-2^{-x}+4=0$$

ここで $2^x=t$ とおくと

$$t-\frac{1}{t}+4=0$$

両辺に t をかけて

$$t^2+4t-1=0$$

これを解くと，$t>0$ より，$t=\sqrt{5}-2$ を得る。
このとき $2^x=\sqrt{5}-2$
よって $x=\boldsymbol{\underline{\log_2(\sqrt{5}-2)}}_{\,\text{ニ〜ヌ}}$ $\qquad \blacktriangleright\langle69\rangle$

(2) $f(-x)$ と $g(-x)$ をそれぞれ計算すると

$$f(-x)=\frac{2^{-x}+2^{-(-x)}}{2}=\frac{2^{-x}+2^x}{2}=f(x)$$

$$g(-x)=\frac{2^{-x}-2^x}{2}=-\frac{2^x-2^{-x}}{2}=-g(x)$$

よって，$f(-x)=\boldsymbol{f(x)}\,(\text{⓪})_{\,\text{ネ}}$，$g(-x)=\boldsymbol{-g(x)}\,(\text{③})_{\,\text{ノ}}$
がつねに成り立つ。また，

$$\{f(x)\}^2-\{g(x)\}^2=\{f(x)+g(x)\}\{f(x)-g(x)\}$$

$$=\frac{2\cdot2^x}{2}\cdot\frac{2\cdot2^{-x}}{2}=1$$

よって，$\{f(x)\}^2-\{g(x)\}^2=\underline{1}_{\,\text{ハ}}$ がつねに成り立つ。
さらに，

$$g(2x)=\frac{2^{2x}-2^{-2x}}{2}$$

$$f(x)g(x)=\frac{2^x+2^{-x}}{2}\cdot\frac{2^x-2^{-x}}{2}=\frac{2^{2x}-2^{-2x}}{4}$$

よって，$g(2x)=\boldsymbol{2\,f(x)g(x)}_{\,\text{ヒ}}$ がつねに成り立つ。

(3) (A), (C), (D)のそれぞれに $\beta=0$ を代入すると，(1)より
$f(\beta)=1$，$g(\beta)=0$ であることから

$$f(\alpha)=g(\alpha) \quad\cdots\cdots(\text{A})$$

$$g(\alpha)=f(\alpha) \quad\cdots\cdots(\text{C})$$

$$g(\alpha)=-g(\alpha) \quad\cdots\cdots(\text{D})$$

となる。
(1)より，$\alpha=0$ のとき $f(\alpha)=1$，$g(\alpha)=0$ であることか
ら(A)と(C)はつねに成り立つ式ではないことがわかる。
また，$g(1)=\dfrac{2-\dfrac{1}{2}}{2}=\dfrac{3}{4}$ より，$g(1)=-g(1)$ は成り立
たない。よって，(D)もつねに成り立つ式ではない。
よって，$\underline{(\text{B})\,(\text{⓪})}_{\,\text{フ}}$ 以外の三つは成り立たないことがわ
かる。実際，(B)について左辺を計算すると

$$f(\alpha+\beta)=\frac{2^{\alpha+\beta}+2^{-(\alpha+\beta)}}{2}=\frac{2^\alpha\cdot2^\beta+2^{-\alpha}\cdot2^{-\beta}}{2}$$

一方，

$$f(\alpha)f(\beta)=\frac{2^\alpha+2^{-\alpha}}{2}\cdot\frac{2^\beta+2^{-\beta}}{2}$$

$$=\frac{2^\alpha\cdot2^\beta+2^\alpha\cdot2^{-\beta}+2^{-\alpha}\cdot2^\beta+2^{-\alpha}\cdot2^{-\beta}}{4}$$

$$g(\alpha)g(\beta)=\frac{2^\alpha-2^{-\alpha}}{2}\cdot\frac{2^\beta-2^{-\beta}}{2}$$

$$=\frac{2^\alpha\cdot2^\beta-2^\alpha\cdot2^{-\beta}-2^{-\alpha}\cdot2^\beta+2^{-\alpha}\cdot2^{-\beta}}{4}$$

であることから，右辺を計算すると

$$f(\alpha)f(\beta)+g(\alpha)g(\beta)=\frac{2(2^\alpha\cdot2^\beta+2^{-\alpha}\cdot2^{-\beta})}{4}$$

$$=\frac{2^\alpha\cdot2^\beta+2^{-\alpha}\cdot2^{-\beta}}{2}$$

よって，(B)はつねに成り立つ式であることがわかる。

第2問〔1〕

🖊 **MARKER**

> 条件を満たす $x,\ y$ の組について考察する。まずは
> 条件を不等式を用いて整理し，それらを満たす
> $(x,\ y)$ を座標平面に図示すると視覚的にとらえるこ
> とができる。なお，$x,\ y$ がともに整数であるときは，
> いずれかの文字について候補を絞ってから数え上げ
> るとよい。

(1) 食品 A を x 袋，食品 B を y 袋だけ食べるとき，
摂取するエネルギーの総量は $300x+400y$（kcal）
摂取する塩の総量は $2x+y$（g）
であるから，$x,\ y$ が満たすべき条件は

$$\underline{\boldsymbol{1200\leqq300x+400y\leqq2000}\,(\text{⓪})}_{\,\text{ア}} \quad\cdots\cdots\text{①}$$

$$\underline{\boldsymbol{2x+y\leqq9}\,(\text{⓪})}_{\,\text{イ}} \quad\cdots\cdots\text{②}$$

(2) ①が成り立つことを調べるには，各辺を 100 で割っ
た不等式

$$12\leqq3x+4y\leqq20 \quad\cdots\cdots\text{①}'$$

が成り立つことを調べればよい。
⓪：$(x,\ y)=(5,\ 0)$ のとき
$\quad 3x+4y=3\cdot5+4\cdot0=15$，$2x+y=2\cdot5+0=10$
よって，条件①′ は満たすが，条件②は満たさない。
ゆえに正しい。
①：$(x,\ y)=(0,\ 6)$ のとき
$\quad 3x+4y=3\cdot0+4\cdot6=24$，$2x+y=2\cdot0+6=6$
よって，条件①′ は満たさないが，条件②は満たす。
ゆえに正しくない。
②：$(x,\ y)=(1,\ 1)$ のとき
$\quad 3x+4y=3\cdot1+4\cdot1=7$，$2x+y=2\cdot1+1=3$
よって，条件①′ は満たさないが，条件②は満たす。
ゆえに正しくない。
③：$(x,\ y)=(3,\ 2)$ のとき
$\quad 3x+4y=3\cdot3+4\cdot2=17$，$2x+y=2\cdot3+2=8$
よって，条件①′，②ともに満たす。
ゆえに正しくない。
④：$(x,\ y)=(2,\ 3)$ のとき
$\quad 3x+4y=3\cdot2+4\cdot3=18$，$2x+y=2\cdot2+3=7$

よって，条件①′も②′も満たす。
ゆえに正しい。
したがって，正しいのは<u>**⓪，④**</u>ウエ

(3) $100x+100y=k$ とおき，k の最大値を考える。①′ を変形すると

$$-\frac{3}{4}x+3 \leqq y \leqq -\frac{3}{4}x+5$$
$$\cdots\cdots①''$$

②を変形すると

$$y \leqq -2x+9 \quad\cdots\cdots②′$$

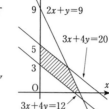

よって，①，②をともに満たす (x, y) の組を座標平面に図示すると，上の図の斜線部（境界を含む）となる。

この斜線部と，直線 $y=-x+\dfrac{k}{100}$ が共有点をもつような k の値について考える。

x, y の取りうる値が 0 以上の実数のとき，直線 $x+y=\dfrac{k}{100}$ が 2 直線 $2x+y=9$，$3x+4y=20$ の交点を通るとき，k は最大となる。

この 2 直線の交点を求めると $\left(\dfrac{16}{5}, \dfrac{13}{5}\right)$ であるから，k の最大値は $(x, y)=\left(\underline{\dfrac{\bm{16}}{\bm{5}}, \dfrac{\bm{13}}{\bm{5}}}\right)$ク～ス のとき

$$100\cdot\frac{16}{5}+100\cdot\frac{13}{5}=\underline{\bm{580}}\text{オカキ}$$ である。

x, y の取りうる値が 0 以上の整数のとき，図の斜線部に含まれる，x 座標，y 座標がともに整数である点について考える。

②より $0 \leqq y \leqq -2x+9$ であることから，$0 \leqq -2x+9$ が成り立つ，すなわち

$x=0, 1, 2, 3, 4$ のときについて考えればよい。

$x=0$ のとき，①″ から $3 \leqq y \leqq 5$
　　よって，$(x, y)=(0, 3), (0, 4), (0, 5)$
　　これらは②も満たす。

$x=1$ のとき，①″ から $\dfrac{9}{4} \leqq y \leqq \dfrac{17}{4}$
　　よって，$(x, y)=(1, 3), (1, 4)$
　　これらは②も満たす。

$x=2$ のとき，①″ から $\dfrac{3}{2} \leqq y \leqq \dfrac{7}{2}$
　　よって，$(x, y)=(2, 2), (2, 3)$
　　これらは②も満たす。

$x=3$ のとき，①″ から $\dfrac{3}{4} \leqq y \leqq \dfrac{11}{4}$
　　よって，$(x, y)=(3, 1), (3, 2)$
　　これらは②も満たす。

$x=4$ のとき，①″ から $0 \leqq y \leqq 2$
　　よって，$(x, y)=(4, 0), (4, 1), (4, 2)$
　　これらのうち，②も満たすのは
　　$(x, y)=(4, 0), (4, 1)$

したがって，条件①，②を満たす整数の組 (x, y) は
<u>**11 通り**</u>セソ ある。そのうち，$x+y$ の値が最大となるのは $(x, y)=(0, 5), (1, 4), (2, 3), (3, 2), (4, 1)$ のときであるから，k の最大値は $100\cdot(0+5)=\underline{\bm{500}}$タチツ である。

[2]

✎ MARKER

$f(x)$ が整式で表される関数であるとすると，$y=f(x)$ のグラフと x 軸が $x=\alpha$ で接するとき，方程式 $f(x)=0$ は重解 $x=\alpha$ をもつ。すなわち，$f(x)$ を因数分解すると，$(x-\alpha)^2$ を含むことは知っておきたい。また，「導関数の値の正負」と「もとの関数の増減」の関係を理解できているか，改めて確認しておこう。

(1) 3 次関数 $y=S(x)$ のグラフが原点を通り，点 $(3, 0)$ で x 軸と接することから，実数 k を用いて
$$S(x)=\underline{\bm{kx(x-3)^2}}\text{テト}$$
と表すことができる。

さらに，$y=S(x)$ のグラフの原点における接線の傾きが 9 であるから
$$S'(0)=9$$
$S(x)=kx^3-6kx^2+9kx$ であるから
$$S'(x)=3kx^2-12kx+9k$$
よって　$S'(0)=9k=9$
$$\bm{k=\underline{1}}\text{ナ}$$
ゆえに　$S(x)=x(x-3)^2$
ここで，$S(x)=\displaystyle\int_a^x f(t)\,dt$ であるから
$$S(a)=\int_a^a f(t)\,dt=\underline{\bm{0}}\text{ニ}$$
したがって，$a>0$ のとき
$$a(a-3)^2=0$$
$$a=\underline{\bm{3}}\text{ヌ}$$
$S(x)=x^3-6x^2+9x$ より
$$S'(x)=3x^2-12x+9$$
$$=3(x-1)(x-3)$$
$S'(x)=0$ のとき，$x=1, 3$ であるから，$S(x)$ の増減表は次のようになる。

x	$\cdots$	**1**ネ	$\cdots$	**3**ノ	$\cdots$
$S'(x)$	+	0	−	0	+
$S(x)$	↗		↘		↗

ここで，$f(x)=S'(x)$ であることに注意すると，$S(x)$ の増減表から，関数 $f(x)$ は
　$x<1$ の範囲では $f(x)$ の値は正
　$x=1$ で $\bm{f(x)}$ **の値は 0（⓪）**ハ
　$1<x<3$ の範囲では $f(x)$ の値は負
　$x=3$ で $\bm{f(x)}$ **の値は 0（⓪）**ヒ
　$3<x$ の範囲では $\bm{f(x)}$ **の値は正（①）**フ である。
また，このような条件を満たすグラフは<u>**①**</u>ヘ である。

(2) $S'(x)=f(x)$ であるから，$f(x)>0$ となる x の範囲で $S(x)$ が増加し，$f(x)<0$ となる x の範囲で $S(x)$ が減少する関係になっている。　▶〈78〉

この関係が成り立たない部分があるグラフは，**b, e** (⑤)_ホ である。

第3問

✎ MARKER

正規分布に従う確率変数を正規化する手順や，母平均の推定は基本であるからおさえておく。クッキー20枚を1箱にまとめるとき，その合計の重さは20倍ではなく，それぞれの質量を別の確率変数でおいて考えることに注意する。

(1) X が正規分布に従うから，$Z=\dfrac{X-10.2}{0.4}$ とおくと，Z は標準正規分布に従う。　▶〈100〉

$$X=10 \text{ のとき } \quad Z=\frac{10-10.2}{0.4}=-0.5$$

$$X=10.5 \text{ のとき } \quad Z=\frac{10.5-10.2}{0.4}=0.75$$

よって，正規分布表より

$$P(10\leq X\leq 10.5)=P(-0.5\leq Z\leq 0.75)$$
$$=P(-0.5\leq Z\leq 0)+P(0\leq Z\leq 0.75)$$
$$=P(0\leq Z\leq 0.5)+P(0\leq Z\leq 0.75)$$
$$=0.1915+0.2734=0.4649\fallingdotseq\mathbf{0.465}_{\text{アイウ}}$$

また，$X=9.8$ のとき，$Z=\dfrac{9.8-10.2}{0.4}=-1$ であるから

$$P(X\leq 9.8)=P(Z\leq -1)=P(Z\geq 1)$$
$$=0.5-P(0\leq Z\leq 1)$$
$$=0.5-0.3413=0.1587\fallingdotseq\mathbf{0.159}_{\text{エオカ}}$$

1個のサイコロを投げるとき，偶数の目が出る確率は

$$\frac{3}{6}=\frac{1}{2}=0.5$$

1個のサイコロを投げるとき，1の目が出る確率は

$$\frac{1}{6}=0.166\cdots$$

2個のサイコロを投げるとき，2個とも偶数の目が出る確率は

$$\frac{3^2}{6^2}=\frac{1}{4}=0.25$$

2個のサイコロを投げるとき，2個とも1の目が出る確率は

$$\frac{1}{6^2}=\frac{1}{36}=0.0277\cdots$$

3個のサイコロを投げるとき，3個とも1の目が出る確率は

$$\frac{1}{6^3}=\frac{1}{216}=0.0046\cdots$$

であるから，この中で $X\leq 9.8$ となる確率に最も近いのは**1個のサイコロを投げるとき，1の目が出る確率** (①)_キ である。

20枚のクッキーの質量を表す確率変数をそれぞれ X_1，X_2，$\cdots$，X_{20} とすると

$$Y=(X_1+0.5)+\cdots+(X_{20}+0.5)+50$$
$$=X_1+X_2+\cdots+X_{20}+60$$

となる。

$E(X_1)=E(X_2)=\cdots=E(X_{20})=10.2$ であるから

$$E(Y)=E(X_1+X_2+\cdots+X_{20}+60)$$
$$=E(X_1)+E(X_2)+\cdots+E(X_{20})+60 \quad ▶〈97〉$$
$$=10.2\times 20+60=\mathbf{264}_{\text{クケコ}}$$

また，

$$V(X_1)=V(X_2)=\cdots=V(X_{20})=0.4^2=0.16$$

より

$$V(Y)=V(X_1+X_2+\cdots+X_{20}+60)$$
$$=V(X_1)+V(X_2)+\cdots+V(X_{20}) \quad ▶〈97〉$$
$$=0.16\times 20=3.2$$

であるから，

$$\sigma=\sqrt{V(Y)}=\sqrt{3.2}=\sqrt{\frac{16}{5}}=\frac{\mathbf{4}\sqrt{\mathbf{5}}}{\mathbf{5}}_{\text{サシス}}$$

(2) 標本の大きさが100，標準偏差が0.4 g であるから，標本平均 $\overline{X}$ に対して，これを標準化した確率変数

$$Z=\frac{\overline{X}-m}{\dfrac{0.4}{\sqrt{100}}}$$

が正規分布 $N(0,1)$ に従う。

このとき

$$P(-k\leq Z\leq k)=2\times P(0\leq Z\leq k)$$

であるから，$P(-k\leq Z\leq k)=0.99$ のとき，

$$P(0\leq Z\leq k)=0.495$$

これを満たす正の値 k を正規分布表から探すと

$$k=2.58$$

したがって

$$P(-2.58\leq Z\leq 2.58)\fallingdotseq 0.99$$

これと $\overline{X}=10.2$ と合わせると，信頼度99％の信頼区間は，

$$-2.58\leq\frac{10.2-m}{\dfrac{0.4}{\sqrt{100}}}\leq 2.58 \quad ▶〈101〉$$

$$-2.58\cdot 0.04\leq 10.2-m\leq 2.58\cdot 0.04$$
$$-0.1032\leq 10.2-m\leq 0.1032$$

よって　$10.0968\leq m\leq 10.3032$

すなわち　$\mathbf{10.10}\leq m\leq\mathbf{10.30}_{\text{セ～チ}}$

信頼度が小さくなると，信頼区間の幅は狭くなるので，信頼度95％の信頼区間は，信頼度99％の信頼区間に対して**狭い範囲になる**。（⓪）_ツ

標本の大きさが n のときの信頼度99％の信頼区間は，

$$10.2-2.58\cdot\frac{0.4}{\sqrt{n}}\leq m\leq 10.2+2.58\cdot\frac{0.4}{\sqrt{n}}$$

となる。信頼度を変えずにこの区間の幅を半分にするためには，$\sqrt{n}$ を2倍，すなわち n を4倍にすればよいから，標本を100個から**400個**_{テトナ} にすればよい。

また，標本の大きさを変えずに信頼区間の幅を半分にするためには，$2.58 \div 2 = 1.29$ であり，正規分布表から Z について，

$$P(0 \leqq Z \leqq 1.29) \fallingdotseq 0.4015$$

であるから，

$$P(-1.29 \leqq Z \leqq 1.29) \fallingdotseq 0.8030$$

となるので，信頼度を **80.3%** $_{\text{ニヌネ}}$ にすればよい。

第4問

✏ **MARKER**

漸化式をもとに，誘導にしたがって数列のもつ性質について調べる問題である。等差数列や等比数列に関する基本事項をしっかり押さえておきたい。

(1) $a_n b_{n+1} - 2a_{n+1}b_n + 3b_{n+1} = 0$　……①

初項 3，公差 p の等差数列 $\{a_n\}$ について

$a_n = \mathbf{3 + (n-1)p}$ $_{\text{ア}}$　……②　　▶〈87〉

$a_{n+1} = 3 + np$　……③

初項 3，公比 r の等比数列 $\{b_n\}$ について

$b_n = \mathbf{3 \cdot r^{n-1}}$ $_{\text{イ}}$　　▶〈88〉

①の両辺を b_n（$\neq 0$）で割ると

$$a_n \frac{b_{n+1}}{b_n} - 2a_{n+1} + 3 \frac{b_{n+1}}{b_n} = 0$$

$\dfrac{b_{n+1}}{b_n} = r$ であることから

$$ra_n - 2a_{n+1} + 3r = 0$$

$\mathbf{2a_{n+1} = r(a_n + 3)}$ $_{\text{ウエ}}$　……④

④に②と③を代入すると

$$2(3 + np) = r\{3 + (n-1)p + 3\}$$

$$6 + 2np = 6r + npr - pr$$

$\mathbf{(r-2)pn = r(p-6) + 6}$ $_{\text{オカキ}}$　……⑤

⑤がすべての n で成り立つとき，n についての恒等式であるから

$$(r-2)p = 0 \quad (*)$$

かつ

$$r(p-6) + 6 = 0 \quad (**)$$

$p \neq 0$ より，$(*)$ から $r - 2 = 0$

すなわち　$r = 2$

よって，$(**)$ より

$$2(p-6) + 6 = 0$$

$\mathbf{p = 3}$ $_{\text{ク}}$

(2) $p = 3$，$r = 2$ であることから

$$a_n = 3 + (n-1) \cdot 3 = 3n, \quad b_n = 3 \cdot 2^{n-1}$$

よって，$\{a_n\}$，$\{b_n\}$ の初項から第 n 項までの和は

$$\sum_{k=1}^{n} a_k = \frac{1}{2}n(3 + 3n) = \frac{\mathbf{3}}{\mathbf{2}}\mathbf{n(n+1)}_{\text{ケコサ}} \quad ▶〈90〉$$

$$\sum_{k=1}^{n} b_k = \frac{3(2^n - 1)}{2 - 1} = \mathbf{3(2^n - 1)}_{\text{シス}}$$

(3) $a_n c_{n+1} - 4a_{n+1}c_n + 3c_{n+1} = 0$　……⑥

を変形すると

$$(a_n + 3)c_{n+1} = 4a_{n+1}c_n$$

$a_n > 0$ より，$a_n + 3 > 0$ であるから

$$c_{n+1} = \frac{\mathbf{4a_{n+1}}}{\mathbf{a_n + 3}}c_n \quad_{\text{セソ}}$$

さらに，$a_{n+1} = a_n + 3$ であることから

$$c_{n+1} = \frac{4a_{n+1}}{a_n + 3}c_n = \frac{4a_{n+1}}{a_{n+1}}c_n = 4c_n$$

よって，$\{c_n\}$ は **公比が 1 より大きい等比数列（②）** $_{\text{タ}}$ である。

(4) $r = \dfrac{b_{n+1}}{b_n} = 2$，$q \neq 0$，$b_n$ が正であることから，

$$d_n b_{n+1} - qd_{n+1}b_n + ub_{n+1} = 0 \quad ……⑦$$

を変形すると

$$qd_{n+1}b_n = d_n b_{n+1} + ub_{n+1}$$

$$d_{n+1} = \frac{(d_n + u)b_{n+1}}{qb_n} = \frac{\mathbf{2}}{\mathbf{q}}(d_n + u)_{\text{チ}}$$

$\{d_n\}$ が公比が 0 より大きく 1 より小さい等比数列となるための必要十分条件は

$$d_{n+1} = r'd_n \quad (0 < r' < 1)$$

の形で表されることであるため

$$0 < \frac{2}{q} < 1 \quad \text{かつ} \quad u = 0$$

すなわち $\mathbf{q > 2}$ $_{\text{ツ}}$ かつ $\mathbf{u = 0}$ $_{\text{テ}}$ となる。

第5問

✏ **MARKER**

正五角形に対する考察をベクトルで行ったのち，その結果を用いて正十二面体についての考察をする。計算が煩雑になりやすいので，途中の計算は丁寧に進めていくとよいだろう。

(1) 正五角形は円に内接し，各辺に対する中心角は

$$\frac{360°}{5} = 72°$$

であることから，円周角を考えると

$$\angle A_1 C_1 B_1 = \mathbf{36°}_{\text{アイ}}, \quad \angle C_1 A_1 A_2 = 36°$$

よって，錯角が等しいから，$\overrightarrow{A_1 A_2}$ と $\overrightarrow{B_1 C_1}$ は平行である。また，$A_1 A_2 = a$，$B_1 C_1 = 1$ より

$$\overrightarrow{A_1 A_2} = \mathbf{a}\overrightarrow{B_1 C_1}_{\text{ウ}}$$

よって

$$\overrightarrow{B_1 C_1} = \frac{1}{a}\overrightarrow{A_1 A_2} = \frac{1}{a}(\overrightarrow{OA_2} - \overrightarrow{OA_1}) \quad ……①$$

同様に，$\overrightarrow{OA_1} /\!/ \overrightarrow{A_2 B_1}$，$\overrightarrow{OA_2} /\!/ \overrightarrow{A_1 C_1}$ であることから，$\overrightarrow{A_2 B_1} = a\overrightarrow{OA_1}$，$\overrightarrow{A_1 C_1} = a\overrightarrow{OA_2}$ であり

$$\overrightarrow{B_1 C_1} = \overrightarrow{B_1 A_2} + \overrightarrow{A_2 O} + \overrightarrow{OA_1} + \overrightarrow{A_1 C_1}$$

$$= -a\overrightarrow{OA_1} - \overrightarrow{OA_2} + \overrightarrow{OA_1} + a\overrightarrow{OA_2}$$

$$= \mathbf{(a-1)(\overrightarrow{OA_2} - \overrightarrow{OA_1})}_{\text{エオ}} \quad ……②$$

$\overrightarrow{OA_2} - \overrightarrow{OA_1} = \overrightarrow{A_1 A_2} \neq \vec{0}$ なので，①と②より

$$\frac{1}{a} = a - 1$$

$$a^2 - a - 1 = 0$$

$a > 0$ より，$a = \dfrac{1 + \sqrt{5}}{2}$ を得る。

(2) 面 $OA_1B_1C_1A_2$ に着目すると，$\overrightarrow{A_2B_1}=a\overrightarrow{OA_1}$ より

$$\overrightarrow{OB_1}=\overrightarrow{OA_2}+\overrightarrow{A_2B_1}=\overrightarrow{OA_2}+a\overrightarrow{OA_1}$$

また

$$|\overrightarrow{OA_2}-\overrightarrow{OA_1}|^2=|\overrightarrow{A_1A_2}|^2=a^2$$
$$=\left(\frac{1+\sqrt{5}}{2}\right)^2=\underline{\frac{3+\sqrt{5}}{2}}_{\text{カキク}}$$

さらに

$$|\overrightarrow{OA_2}-\overrightarrow{OA_1}|^2=|\overrightarrow{OA_2}|^2-2\overrightarrow{OA_1}\cdot\overrightarrow{OA_2}+|\overrightarrow{OA_1}|^2$$
$$=2-2\overrightarrow{OA_1}\cdot\overrightarrow{OA_2}$$

よって

$$2-2\overrightarrow{OA_1}\cdot\overrightarrow{OA_2}=\frac{3+\sqrt{5}}{2}$$
$$2\overrightarrow{OA_1}\cdot\overrightarrow{OA_2}=2-\frac{3+\sqrt{5}}{2}=\frac{1-\sqrt{5}}{2}$$
$$\overrightarrow{OA_1}\cdot\overrightarrow{OA_2}=\underline{\frac{1-\sqrt{5}}{4}}_{\text{ケコサ}}$$

次に，面 $OA_2B_2C_2A_3$ において，$\overrightarrow{A_3B_2}=a\overrightarrow{OA_2}$ より

$$\overrightarrow{OB_2}=\overrightarrow{OA_3}+\overrightarrow{A_3B_2}=\overrightarrow{OA_3}+a\overrightarrow{OA_2}$$

さらに

$$\angle A_1OA_2=\angle A_2OA_3=\angle A_3OA_1$$
$$|\overrightarrow{OA_1}|=|\overrightarrow{OA_2}|=|\overrightarrow{OA_3}|$$

であるため

$$\overrightarrow{OA_1}\cdot\overrightarrow{OA_2}=\overrightarrow{OA_2}\cdot\overrightarrow{OA_3}=\overrightarrow{OA_3}\cdot\overrightarrow{OA_1}=\frac{1-\sqrt{5}}{4}$$

ゆえに

$$\overrightarrow{OA_1}\cdot\overrightarrow{OB_2}=\overrightarrow{OA_1}\cdot(\overrightarrow{OA_3}+a\overrightarrow{OA_2})$$
$$=\overrightarrow{OA_1}\cdot\overrightarrow{OA_3}+a\overrightarrow{OA_1}\cdot\overrightarrow{OA_2}$$
$$=(1+a)\overrightarrow{OA_1}\cdot\overrightarrow{OA_2}$$
$$=\frac{3+\sqrt{5}}{2}\cdot\frac{1-\sqrt{5}}{4}$$
$$=\frac{3-5-2\sqrt{5}}{8}=\underline{\frac{-1-\sqrt{5}}{4}}_{\text{シ}}\ (\textcircled{9})$$

また

$$\overrightarrow{OB_1}\cdot\overrightarrow{OB_2}=(\overrightarrow{OA_2}+a\overrightarrow{OA_1})\cdot(\overrightarrow{OA_3}+a\overrightarrow{OA_2})$$
$$=\overrightarrow{OA_2}\cdot\overrightarrow{OA_3}+a\overrightarrow{OA_2}\cdot\overrightarrow{OA_2}+a\overrightarrow{OA_1}\cdot\overrightarrow{OA_3}+a^2\overrightarrow{OA_1}\cdot\overrightarrow{OA_2}$$
$$=\frac{1-\sqrt{5}}{4}+a+a\times\frac{1-\sqrt{5}}{4}+a^2\times\frac{1-\sqrt{5}}{4}$$
$$=\frac{1-\sqrt{5}}{4}+\frac{1+\sqrt{5}}{2}-\frac{1}{2}+\frac{-1-\sqrt{5}}{4}=\underline{0}\ (\textcircled{0})_{\text{ス}}$$

最後に，面 $A_2C_1DEB_2$ において

$$\overrightarrow{B_2D}=a\overrightarrow{A_2C_1}=\overrightarrow{OB_1}$$

となるため，4 点 O, B_1, D, B_2 は同一平面上にあり，

$$OB_1=B_1D=DB_2=B_2O=a$$

かつ

$$\overrightarrow{OB_1}\cdot\overrightarrow{OB_2}=0 \qquad\qquad \blacktriangleright\langle 106\rangle$$

であることから，四角形 OB_1DB_2 は **正方形である** $(\textcircled{0})_{\text{セ}}$ ことがわかる。

第6問 〔1〕

✒ **MARKER**

ド・モアブルの定理を用いる。特に，複素数 $\cos\dfrac{\pi}{a}+i\sin\dfrac{\pi}{b}$ について，$a=b$ のときには効率的に累乗の計算ができる。また，$a\neq b$ のときにも適切な式変形により，ド・モアブルの定理を適用することができることがある。

$\alpha=\dfrac{1+\sqrt{3}\,i}{2}$ のとき

$$\alpha^2=\frac{(1+\sqrt{3}\,i)^2}{2^2}=\frac{-2+2\sqrt{3}\,i}{2^2}=\frac{-1+\sqrt{3}\,i}{2}$$

よって

$$\alpha=\frac{1}{2}+\frac{\sqrt{3}}{2}i=\cos\underline{\frac{\pi}{3}}_{\text{ア}}+i\sin\frac{\pi}{3}$$
$$\alpha^2=-\frac{1}{2}+\frac{\sqrt{3}}{2}i=\cos\underline{\frac{2\pi}{3}}_{\text{イ}}+i\sin\frac{2\pi}{3}$$

となる。

ド・モアブルの定理から

$$\alpha^n=\cos\frac{n\pi}{3}+i\sin\frac{n\pi}{3} \qquad\qquad \blacktriangleright\langle 123\rangle$$

ゆえに $\alpha^6=\cos2\pi+i\sin2\pi=1$

これより $\alpha^n=\alpha^{n+6}$ であり，$\alpha\neq1$ であるから，$\alpha^n=\alpha^{n+p}$ を満たす最小の自然数 p は

$$p=\underline{6}_{\text{ウ}}$$

このことを用いて

$$\alpha^{99}=\alpha^{3+16\times6}=\alpha^3=\cos\pi+i\sin\pi=\underline{-1}_{\text{エオ}}$$
$$\alpha^{100}=\alpha^{99}\times\alpha=(-1)\times\alpha=\underline{\frac{-1-\sqrt{3}\,i}{2}}_{\text{カキク}}$$

一方，

$$\cos\frac{\pi}{6}+i\sin\frac{\pi}{3}=\frac{\sqrt{3}}{2}+\frac{\sqrt{3}}{2}i$$
$$=\frac{\sqrt{3}}{2}(1+i)=\frac{\sqrt{6}}{2}\left(\frac{1}{\sqrt{2}}+\frac{1}{\sqrt{2}}i\right)$$
$$=\underline{\frac{\sqrt{6}}{2}}_{\text{ケコ}}\left(\cos\underline{\frac{\pi}{4}}_{\text{サ}}+i\sin\frac{\pi}{4}\right)$$

より

$$\left(\cos\frac{\pi}{6}+i\sin\frac{\pi}{3}\right)^{100}=\left(\frac{\sqrt{6}}{2}\right)^{100}\left(\cos\frac{\pi}{4}+i\sin\frac{\pi}{4}\right)^{100}$$

ド・モアブルの定理より

$$\left(\cos\frac{\pi}{4}+i\sin\frac{\pi}{4}\right)^{100}=\cos25\pi+i\sin25\pi=-1$$

であるから

$$\left(\cos\frac{\pi}{6}+i\sin\frac{\pi}{3}\right)^{100}=-\left(\frac{\sqrt{6}}{2}\right)^{100}=\underline{-\left(\frac{3}{2}\right)^{50}}_{\text{シ～ソ}}$$

と表される。

[2]

🖊 **MARKER**

楕円の定義「2定点（2つの焦点）からの距離の和が $2a$（一定）である点の軌跡」を理解していることがポイントとなる。また，焦点が $F(-c, 0)$, $F'(c, 0)$ である楕円 $\dfrac{x^2}{a^2} + \dfrac{y^2}{b^2} = 1$ について，$a^2 - b^2 = c^2$ という関係式が成り立つこともおさえておきたい。

(1) 楕円 $\dfrac{x^2}{a^2} + \dfrac{y^2}{b^2} = 1$ の焦点が $F(-c, 0)$, $F'(c, 0)$ であるとき，

$$a^2 - b^2 = c^2 \quad \cdots\cdots ①$$

が成り立つ。

また，2つの焦点から楕円上の点までの距離の和は $2a$ で表されるため，

$$t = 2a + FF' \quad \cdots\cdots ②$$

$c = 4$, $t = 18$ のとき，①，②より

$$\begin{cases} a^2 - b^2 = 16 \\ 18 = 2a + 8 \end{cases}$$

これを解くと，$b > 0$ より $\boldsymbol{a = \underline{5}}_{タ}$, $\boldsymbol{b = \underline{3}}_{チ}$

(2) ②より $\boldsymbol{t = \underline{2a + 2c}}_{ツテ} \quad \cdots\cdots ②'$

$a = 13$, $c = 12$ の楕円をかくときに必要なロープの長さは，②′より

$$t = 2 \cdot 13 + 2 \cdot 12 = \underline{\boldsymbol{50}}_{トナ}$$

このとき，①より $13^2 - b^2 = 12^2$

$$b^2 = 13^2 - 12^2 = 25$$

$b > 0$ より $\boldsymbol{b = \underline{5}}_{二}$

(3) $a = 5$, $t = 16$ のとき，②′より

$$16 = 2 \cdot 5 + 2c$$

よって $\boldsymbol{c = \underline{3}}_{ネ}$

①より $5^2 - b^2 = 3^2$

$$b^2 = 5^2 - 3^2 = 16$$

$b > 0$ より $\boldsymbol{b = \underline{4}}_{ヌ}$

ロープで作られる三角形の底辺の長さは鉛筆を動かしても変化しないため，面積が最大となるのは鉛筆が y 軸上にあるとき，すなわち，底辺の長さが $2c$，高さ b の三角形となるときである。

よって，面積の最大値は

$$\dfrac{1}{2} \times 6 \times 4 = \underline{\boldsymbol{12}}_{ノハ}$$

(4) 長さ $t = 16$ のロープを用いて楕円をえがくとき，2定点 $F(-c, 0)$, $F'(c, 0)$ について，c の値を増加させると，②′より

$$a = \dfrac{1}{2}(16 - 2c)$$

であるから，a の値は減少する。

また，鉛筆が y 軸上にあるものとし，c の値を増加させると，ロープでできる三角形の高さは低くなる。

すなわち，b の値は減少する。

よって，**$\boldsymbol{a}$, $\boldsymbol{b}$ の値はどちらも減少する。（②）**$_{ヒ}$

24(02)